VOYAGES
DE
PYTHAGORE.

Tom. 6.

Pythagore recite ses Voyages et promulgue ses Loix.

Tom. 1.ᵉʳ Pag. 1.ʳᵉ

VOYAGES
DE PYTHAGORE
EN ÉGYPTE,

DANS LA CHALDÉE, DANS L'INDE,

EN CRÈTE, A SPARTE,

EN SICILE, A ROME, A CARTHAGE,

A MARSEILLE ET DANS LES GAULES;

SUIVIS

DE SES LOIS POLITIQUES ET MORALES.

TOME SIXIÈME.

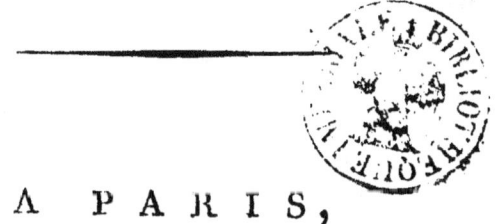

A PARIS,

CHEZ DETERVILLE, LIBRAIRE, RUE DU BATTOIR,
N°. 16, QUARTIER DE L'ODÉON.

AN SEPTIÈME.

PRÉLIMINAIRE
SUR LES LOIS DE PYTHAGORE.

L'histoire place le nom de Pythagore parmi ceux des anciens philosophes législateurs. Plusieurs villes eurent recours à lui ; et quelques-unes des lois qu'il leur donna, se retrouvent sur les XII tables.

« Rome, disent Denis d'Halicarnasse et Mazochi, envoya des députés dans les villes de la Grande-Grèce, pour prendre connaissance de leurs lois, lorsqu'elle voulut rédiger celles des XII tables ».

« Le succès glorieux des institutions de Pythagore avait élevé les républiques de la Grande-Grèce au plus haut degré de prospérité ». SWinburne.

« Les lois de Pythagore furent regardées comme sacrées à Crotone et dans toutes les autres villes de la Grande-Grèce ».

Voy. Cicéron, Diogène Laërce, Porphyre.

« Les chefs de différentes républiques vinrent prendre les leçons de Pythagore ».

Acad. inscript. XLV. in-4°. p. 296.

« Rome, occupée toute entière à se défendre contre les ennemis de sa liberté.... ne se doutait pas qu'à côté d'elle, il y eût des peuples heureux, autant qu'on peut l'être par la philosophie. Elle se battait contre les Veïens, les Fidenates, les Tarquins, tandis qu'à Crotone, à Velie, à Metapont, à Tarente, à Locres, on y creusait des plans de morale et de politique, pour le bonheur des villes et des familles ». Lebatteux.

« Pythagore possédait dans un degré éminent l'art civil et politique, ou la science des lois et des devoirs de la société ».

Diogène Laërce. VIII. 6.

Cocchi, *Régime de Pythag.* p. 4. *in-8°.*

« Il fit d'excellens disciples législateurs ».

Bibliothèque des phil. tom. II. p. 191. *in-8°.*

Nous pourrions nous hérisser d'une longue série de citations grecques et latines.

Pythagore, qui fonda une école, sans écrire de gros livres, réforma des cités, sans laisser de code.

On ne pensa point à rassembler ses lois : entreprise difficile ! Il fallait compulser presque toute l'antiquité, pleine des souvenirs de Pythagore. Il fallait passer en revue presque tous les proverbes grecs et latins; car le législateur de Crotone, etc. s'exprimant presque toujours en images, chacune de ses paroles devenait une loi proverbiale, en sortant de sa bouche. Presque tous les anciens adages sont les restes de ses lois morales et politiques, plus ou moins défigurées.

La plupart sont symboliques, et renferment plusieurs sens, à dessein.

Le même sens aussi est quelquefois répété sous diverses images.

Pythagore, consulté successivement par plusieurs peuples, variait la forme, pour rajeunir le fonds de ses préceptes qui devaient être toujours les mêmes.

Outre que son imagination ne lui permettait pas de s'exprimer séchement, les intérêts bien entendus de la vérité obligeaient Pythagore à jeter un voile sur ses maximes législatives et philosophiques, comme il en abaissait un, au milieu de son école, entre ses disciples et lui.

Ces circonstances contribuèrent à donner à ses lois un caractère particulier, et à les conserver jusqu'à nous, mais non dans leur intégrité.

Pour le rassemblement et la rédaction de ces lois, nous avons trouvé des sources abondantes, mais éparses et cachées chez les biographes de la philosophie ancienne, et principalement dans les écrits des nombreux élèves de l'école pythagorique. Les disciples du *maître* se faisaient un devoir de lui rapporter tout ce qu'ils pensaient de mieux, d'après ses principes.

Le rédacteur des lois de Pythagore a fait comme eux.

Plusieurs de ces lois ne paraîtront peut-être pas toujours conformes aux diverses idées qu'on s'est formé de Pythagore, d'après la diversité des écrivains. Ainsi que tous les grands hommes qui se sont livrés à la mémoire des hommes, Pythagore n'a pas toujours été peint fidellement.

Les règles de la critique ont présidé à la rédaction de ses lois, comme à celle de ses voyages (1). Le poids des autorités, et non leur nombre, a déterminé l'admission de telle loi plutôt que de telle autre. Toutes ne se trouvent pas ici.

Pour ne point outrepasser les bornes d'un seul volume, les citations et les notes indis-

---

(1) Dans la contexture des voyages de Pythagore, le rédacteur a été contraint plusieurs fois de s'appliquer ce passage ingénieux de Strabon. *Lib.* I.

Non Homericum est, nova fabularum portenta proferre quae à nullo vero dependeant. Verisimiliora nimirum videntur auditori, quae is ita mentitur, ut vera falsis admisceat...

Poëta (Homerus) fabulas ad morum formationem referens, veritatis magnâ ex parte rationem habuit, interdum tamen etiam mendacio adhibito : veritatem quidem amplectens, mendacium autem demulcens... &c.

PRÉLIMINAIRE. 5

pensables s'y trouvent ; les autres sont restées sur le manuscrit.

L'esprit de l'antiquité, que nous nous sommes étudié à saisir, est le seul fil nécessaire pour reconnaître, dans le labyrinthe de ces premiers temps, la législation et la doctrine de Pythagore. La chronologie n'y peut rien ; les usages, les mots populaires, et quelques monumens mutilés, apprennent plus de choses que des dates contradictoires.

L'ordre alphabétique dans lequel ces lois sont rangées, était familier aux Anciens, et seul admissible dans une collection composée de fragmens.

Il est vraisemblable que Pythagore lui-même ne pût mettre beaucoup de méthode dans la législation qu'il promulguait, selon le besoin. Toutes les lois qu'il donna, à travers son voile, et en-deçà, *intra velum*, étaient verbales, à la manière des oracles.

Sans en avertir le lecteur, il saura distinguer les *lois secrettes*, ou *sacrées*; celles locales et temporaires : mais toutes ont leur application.

Si cette distribution des lois pythagoriques avait besoin d'autorités, nous dirions :

« Dans le long répertoire des ouvrages de Théophraste, on en trouve un qui a beaucoup d'analogie avec notre travail ».

A 3

Des Lois, *par ordre alphabétique*; vingt-quatre livres.

Théophraste, nous apprend Cicéron, *de finib*... V. y exposait les lois et les coutumes des différentes républiques, tant grecques que barbares.

« Les dictionnaires, dit le nouveau traducteur d'Hérodote, dans ses *notes*, II, étaient déjà communs dans Athènes, du temps de Strattis, ou Straton, poëte de l'ancienne comédie ».

On trouve dans l'*Histoire naturelle* de Pline, XXXIV, plusieurs catalogues d'artistes, selon l'ordre des lettres, ainsi qu'une nomenclature de pierres précieuses, XXXVII. 10.

Revenons : souvent les Pythagoriciens, qui se piquaient de laconisme, se contentaient de dire *le livre* (*biblion*), pour désigner tout le répertoire des lois politiques et morales de leur Maître; Recueil qu'ils estimaient *la loi*, ou *le livre par excellence*; *le livre de la raison*, ou *la raison écrite*.

Raison et Pythagore, Pythagore et Vérité étaient synonimes dans l'école italique. On sait que *dixit, ipse dixit; il l'a dit, le Maître l'a dit*, équivalait à *la Loi le veut, la Raison le veut; c'est la Vérité même.*

Philon était Pythagoricien, quand il disait :
« La Loi n'est autre chose que la Raison qui commande ce qu'il faut faire, et défend ce qu'il ne faut pas faire ».

D'après cet axiome de l'école pythagorique :

Lex est Ratio recta... etc. *Secta Pythag*. Nic. Scutellio. p. 43. *in-4°.*

On remarquera que la plupart des *mots soulignés*, pour former l'ordre alphabétique des lois de Pythagore, servaient en même temps à ses disciples de *réclames ;* en sorte qu'ils n'avaient besoin, pour citer la loi, ou se la rappeler, que de prononcer un seul mot de cette loi.

La lecture des lois de Pythagore demande qu'on se transporte à Crotone ; là, est un vieillard célèbre par ses voyages et son école. A la plus petite dissention politique, les villes voisines députent vers lui : les consultans ne sont point admis à voir l'oracle, retranché derrière un voile. On attend avec une religieuse impatience qu'un mot tombe de ses lèvres ; enfin, une voix grave se fait entendre : une parole est proférée ; mais ce mot, presque toujours en image, a double sens. Il faut y distinguer l'esprit et la lettre, et ne pas s'en tenir à celle-ci qui n'exprime souvent qu'une chose vulgaire. Pythagore croyait devoir en agir ainsi, pour commander l'attention, et donner l'attrait de la nouveauté aux vieilles lois de la justice.

Quoique l'ordre alphabétique paraisse exclusif de toutes méthodes, et peu propre à faire saisir l'enchaînement des principes politiques et moraux de Pythagore, cependant on s'apercevra que toutes ces lois se tiennent, et partent du même législateur. Le lecteur, avec un léger travail, en trouverait la concordance. Nous avons cru devoir lui laisser ce soin.

Voici encore quelques-unes des autorités que nous avons recueillies en grand nombre, à ce sujet.

È Pythagoricis symbolis et id quod dici videtur, absconditur; et quod abscondi, intelligitur. Ex *Telete*, Stobæus, lib. V. *sent.*

Ridicula nobis videntur, sed haud dubie aliud sapientes illi voluere, quam quod verba sonant. Page 108, in Plutarchi *Quaest. rom. animadv.* M. Z. Boxhornii. *in*-4°.

Ejus viri (Pythag.) philosophia partim ex discipulis et sectatoribus peti debet. Vossius, *de Philos. sectis.* ch. VI.

Il y a bien de l'apparence que plusieurs des dits de Pythagore ne se doivent pas prendre à la lettre, mais en un sens mystique.

Page 16 et 17 d'un livre intitulé : *que la terre peut estre une planète.*

... Le style symbolique n'ayant ni l'obscurité des hiéroglyphes, ni la clarté du langage ordinaire, parut à Pythagore très-propre à inculquer les plus grandes et les plus importantes vérités ; car le symbole, par son double sens, qui est le propre et le figuré, enseigne en même temps deux choses, et il n'y a rien qui plaise davantage à l'esprit que cette double image qu'il sait envisager d'un coup-d'œil (1).

Comme Démétrius Phalérius l'a remarqué, le symbole a beaucoup de gravité et de force, et il tire de sa briéveté un aiguillon qui pique, et qui fait qu'on ne l'oublie pas facilement.

Par le moyen des symboles, Pythagore enseignait sa doctrine, sans la divulguer et sans la cacher.

Nec loquens, nec celans, sed significans.
                                                Héraclite.

Les symboles sont des sentences courtes, et comme des énigmes qui, sous l'enveloppe de termes simples et naturels, présentent à l'esprit des vérités analogiques qu'on veut lui enseigner. Ces sortes de symboles furent comme

---

(1) Extrait de la *Vie de Pythagore*, par Dacier. 109 et 110.

le berceau de la morale; car n'ayant besoin, non plus que les proverbes, ni de définition, ni de raisonnement, et allant droit à inculquer le précepte, ils étaient très-propres à instruire les hommes, dans un temps surtout où la morale n'était pas encore traitée méthodiquement. Voilà pourquoi ils étaient si fort en usage, non-seulement en Égypte, mais en Arabie, etc.... Et ils convenaient encore plus à Pythagore qui, à l'exemple des Égyptiens, cherchait à enseigner sa doctrine, sans la divulguer et sans la cacher (1).

Pausanias dit qu'il a appris par ses observations en Arcadie, que chez les anciens Grecs, les sages n'exprimaient leur science que par énigmes, et jamais ne la rendaient d'une manière simple et sans figures...

La législation eut recours, pour instruire les hommes, à des symboles physiques et à des allégories ingénieuses (2).

On pourrait encore appliquer à la législation pythagorique, une réflexion fort sensée du commentateur d'Horace, l'estimable et laborieux Dacier.

Il est arrivé à Zénon ce qui arrive d'ordinaire à tous les fondateurs de quelqu'institu-

---

(1) Dacier, *loco citato.*
(2) *Accords de la philosophie avec la religion.* t. I. 1776.

tion. Ceux qui viennent après eux, prennent souvent leurs règles d'une manière si grossière, qu'ils donnent lieu de les tourner en ridicule, eux et leurs fondateurs (1).

Les *prologues* des lois de Pythagore sortent probablement de son école, ainsi que les *préambules* si connus des lois de Charondas et de Zaleucus, ses disciples.

On pourrait attribuer ces prologues à Lysis.

Beaucoup trop des lois qu'on va lire, ont perdu sans doute dans la rédaction, malgré nos efforts à leur conserver cette teinte antique, l'un de leurs principaux charmes.

Pythagore, trop souvent, affectait un laconisme qui serait inintelligible pour les modernes, si nous n'avions pas pris le soin quelquefois, non pas de commenter, mais de rendre par une périphrase le mot de la loi. Sans cela, le sens eût échappé à des yeux peu exercés, dans cette manière de s'exprimer. Par prudence et par goût, Pythagore promulguait la vérité toute entière, mais presque toujours à demi-mot.

Dans la rédaction des lois de Pythagore, il nous est échappé quelques vers; voici, à ce sujet, une note assez curieuse de Ménage :

---

(1) *Remarques sur la satyre*. III. liv. I. p. 266.

« Il est comme impossible de faire de la prose, sans faire plusieurs vers ; ils ne sont remarquables que lorsqu'ils sont rimés ». Comme nous en faisons plusieurs dans notre prose, sans nous en apercevoir, les Grecs et les Latins faisaient de même dans leurs oraisons plusieurs ïambes et plusieurs anapestiques, sans avoir dessein de le faire. Les grammairiens en ont remarqué dans Isocrate et dans Cicéron.

Nous ajouterons que les premiers législateurs s'exprimaient en vers. Lycurgue fit traduire ses lois par un poëte. Solon soumit les siennes au rithme des Muses.

Les *vers dorés* de Pythagore attestent que de son temps, cet usage avait encore lieu.

Qu'on nous permette cette dernière citation, que nous sommes loin de nous appliquer personnellement !

Paul Beni a critiqué, entre autres défauts de Tite Live, les vers qui se rencontrent dans la prose de cet écrivain. Mais on lui répond avec *Vivès*, qu'il est presque impossible, quelque vigilant que l'on soit, d'éviter ce défaut en écrivant ; et que les harangues des meilleurs orateurs ne sont presque qu'un entassement de vers bien souvent très harmonieux. J'ajoute à cette réflexion qui est solide, que cela arrive plutôt à ceux qui écrivent bien,

PRÉLIMINAIRE.

qu'aux autres, à cause de l'harmonie ou des cadences auxquelles ils s'accoutument, à force de consulter l'oreille (1) ».

Fidelles aux formes pythagoriques, autant qu'il a été possible, à une si grande distance de temps, nous nous sommes fait un devoir de l'être, surtout quant aux principes servant de base à la législation politique et morale de Pythagore.

Ces principes lui attirèrent des persécutions, faute d'être compris. Idolâtre des vertus républicaines, l'indépendance, l'égalité, la frugalité etc...., il en avait conçu une si haute idée, que très-peu de gens, à ses yeux, en étaient dignes et capables. Le peuple, tel qu'il le trouva presqu'en tous lieux, rempli de superstitions et sans mœurs, ne lui semblait pas fait pour être libre.

Pythagore, en conséquence, le traite avec beaucoup de hauteur, fondé sur une distinction que J. J. Rousseau a si bien saisie, *de l'homme et des hommes*. L'homme éclairé et sage était le républicain de Pythagore ; les hommes-peuples, c'est-à-dire corrompus par le contact d'une population plus nombreuse que choisie, ne lui paraissaient qu'un troupeau

---

(1) *Mélanges* de Marville. tom. II. p. 445.

qu'il faut mener doucement, mais, pour ainsi dire, à la baguette.

On sent combien de tels principes durent révolter d'amours propres et attirer d'ennemis au législateur de Crotone. Néanmoins, on essaya de sa politique, èt nous avons vu plus haut que la Grande-Grèce fut heureuse, tant qu'elle voulut être pythagoricienne.

Enfin, disons : ce volume est consacré à remplir le vœu de George Pasch, de Dantzick, dans son Histoire littéraire de la morale des Anciens :

Optandum adeò ut quae supersunt hujus (Pythagorae) philosophiae passim latentia fragmenta in lucem traherentur, ac collecta in unum volumen publicarentur.

Introductio in rem litterariam moralem veterum sapientiae antistitum. Kiloni. 1707. *in*-4°.

LOIS
POLITIQUES ET MORALES

DE PYTHAGORE.

PROLOGUES.

I.

Zoroastre est le législateur des **Perses**.
Lycurgue, celui des Spartiates.
Solon, celui des Grecs.
Numa, celui des Romains.
Voici le Législateur des hommes
A quels signes le reconnaître ?
A ses prodiges ?
A ses mystères ?
A son génie ?
Il ne faut point de génie, de mystères, de prodiges, pour promulguer les lois de la raison : il suffit d'un bon esprit et d'une ame droite.

II.

« Ce législateur des hommes prétend-t-il

donc ce que n'ont pu Orphée et le Trismegiste, Lycurgue et Numa » ?

Sa mission est plus belle que la leur : ils parlèrent au nom des Dieux du peuple ; écho de la raison, il est mieux inspiré.

III.

Le génie de la Nature donne à chacun de nous en naissant, son poste sur la terre :

Il dit à l'un :

Sois l'homme qui sait beaucoup.

A l'autre :

Sois l'homme qui s'exprime bien.

Quand ce fut le tour de Pythagore, une voix l'apostropha ainsi :

Sois l'homme qui dit vérité, et qui parle raison !

IV.

D'autres, font des lois pour acquérir de la gloire :

Pardonnons-leur.

D'autres, font des lois pour avoir de l'or :

Méprisons-les.

Le législateur des hommes a dit la vérité, seulement pour le plaisir de la dire :

Consultons sa parole écrite.

V.

V.

Ce livre n'est pas destiné à la génération qui passe, mais pour celle qui arrive. Il faut au législateur des hommes, des ames vierges, des esprits neufs, des cerveaux tendres, capables de céder à l'impression du cachet de la vérité, capables aussi d'en conserver l'empreinte.

VI.

Ce livre est l'œuvre de presque toute la vie d'un *homme* (1).

Ce n'est pas trop de toute la vie, pour composer un *livre* qui doit servir de règle à la vie entière.

VII.

Sesostris reçut dans Thèbes les honneurs du triomphe, pour avoir tué des hommes.

Pythagore eut les honneurs de la persécution, pour avoir voulu régénérer l'espèce humaine.

VIII.

A l'âge que l'Égypte exigeait de ses hyéro-

---

(1) *Vir*. Pythagore.

phantes, Pythagore devint législateur, et trouva qu'il est plus doux d'instruire les hommes, que de les tromper.

I X.

Ce n'est point la docilité des peuples qui manque au génie du législateur.

Législateurs !

C'est vous qui répondez mal aux besoins du peuple.

LOIS.

A.

1. Crotoniates ! tenez pour sage une loi des *Abderitains* (1), déclarant infâme le dissipateur de son patrimoine.

2. Crotoniates ! prenez leçon du peuple *abeille*; chaque ruche a plusieurs rois : comme lui, redoutez la magistrature d'un seul.

3. Femme en ménage ! modèles-toi sur l'*abeille* plutôt que sur la fourmi.

4. Ne sois pas moins sobre que l'*abeille* : jamais elle n'a posé sa trompe sur la chair des animaux, pour pomper leur sang.

5. Abstiens-toi de cueillir la fleur où l'*abeille* est posée : attends que cet insecte laborieux, ait achevé sa récolte.

6. Si, la veille du jour où tu as décidé d'abattre un arbre, des *abeilles* y venaient déposer leur rayon de miel : laisses tomber la hache de tes mains.

---

(1) Ce peuple ne jouissait point d'une réputation de sagesse.

N. B. Pythagore avait rassemblé toutes les opinions qu'il avait trouvées chez les différens peuples chez lesquels il avait voyagé. Mignot, *acad. inscript.*

Pythagore se composa une morale toute de faits singuliers, et d'exemples frappans. Deslandes, *hist. philosoph.*

Pythagore citait tous les jours aux Crotoniates, les exemples des villes et des états. Dacier, *vie de Pythag.*

. . . . Sa philosophie est une *polymathie* (savoir universel). Héraclite, le physicien.

7. Permets aux *abeilles* de butiner sur les fleurs de ton jardin : les fleurs appartiennent plus encore aux *abeilles* qu'à l'homme.

8. Ne caches point ta vie, comme le veut un sage ; ne fais que l'abriter. *Abrites ta vie* sous le toit de l'amitié.

9. Aimes ton ami dans le tombeau, comme s'il n'était qu'*absent*.

10. Législateur, magistrats et rois ! *abstenez-vous* du vin et du jeu, des femmes et de la chair des animaux.

11. Les rois sont sujets au vertige : Crotoniates ! mettez vos premiers magistrats au régime du vin d'*absynthe*.

12. Ne mêles point d'*absynthe* dans la coupe des absens.

13. Législateur ! ne laisses point aux hommes d'état le temps de s'*acclimater* dans la région des honneurs et du pouvoir.

14. Crotoniates ! n'admettez aux magistratures que les citoyens habiles dans la science de l'harmonie et des *accords*.

15. Législateur ! *accouches* de tes lois, sans douleur, comme une femme robuste et saine.

16. Magistrats ! ne permettez point au flatteur de s'*accouder* à votre table.

17. Assieds-toi au banquet de la vie ; ne t'y *accoudes* pas.

18. *Achèves* ta vie : n'en dépose point le fardeau, à la première fatigue.

19. Crotoniates (1) ! gardez la mémoire

---

(1) Ils étaient grands buveurs.

d'*Acheloüs*, magistrat suprême d'*Etolie*, qui, le premier, mit de l'eau dans son vin.

20. Crotoniates! à l'issue d'un combat, n'imitez point *Achille* (1) : ne faites point trafic de cadavres.

21. Trempes le cuivre, tu en feras de l'airain. Trempes le fer, tu en feras de l'*acier*.
Législateur! trempes le peuple, même dans les eaux de la sagesse; tu n'en feras jamais des hommes.

22. Marches *à côté* de la foule; jamais au milieu, ni en tête.

23. Pour expier une faute, ou un crime, le peuple a recours aux *actes* de religion.
Toi, produis des actes de justice.

24. Législateur! refuses le droit de cité aux *acteurs* de profession : gens habiles à feindre ce qu'ils n'éprouvent pas.

25. Que la loi donne *action* contre les *actions* seulement! Elle ne doit connaître ni des paroles, ni des écrits, pas plus que de la pensée.

26. Ne dérobes aucune de tes *actions*, si ce n'est celle que les lois de la décence et de la propreté condamnent au secret (2).

27. Peuples italiques! vous demandez des lois nouvelles : tenez-vous-en à vos anciens *adages*.

28. On dira le dernier *adieu* aux morts, en leur serrant la main (3).

---

(1) On l'appelait *Necropernas*, vendeur de morts.
(2) *Nemo eum* (*Pythagoras*) *unquam vidit alvum exonerantem*.
(3) Au lieu de les baiser sur la bouche, antique usage, nuisible à la santé.

29. N'admires rien (1) : les Dieux sont nés de *de l'admiration*.

30. Refuses la magistrature chez un peuple dont les lois ressemblent aux îles flottantes du lac *Admona* (2).

31. *Adosses* ta vie contre celle d'un autre toi-même. L'homme isolé ressemble aux urnes d'argile et sans base.

32. Que l'épouse *adultère* soit punie, non par la perte du nez, comme en Egypte, mais par une réclusion dans la seule société de son complice !

33. Crotoniates ! gardez le souvenir d'*Æaque*, législateur d'Ægine : les insulaires n'étaient que des fourmis ; *Æaque* en fit des hommes.

34. Crotoniates ! malheur à vous, si chez vous les lois cèdent aux *affaires* !

35. Te charges-tu du poids des *affaires* publiques ? renonces aux tiennes.

36. Ne te mêles jamais des *affaires* du peuple : n'en as-tu pas assez des tiennes ?

37. Ais peu d'*affaires* : l'homme n'est pas né pour en avoir beaucoup (3) : le sage n'en a qu'une.

38. Le soleil n'éclaire qu'un monde ; n'ais pas deux *affaires*.

39. Ne parles point des Dieux (4) sur la place

---

(1) Plusieurs philosophes, postérieurs à Pythagore, se sont fait honneur de cet axiome.
(2) Aujourd'hui, *il lago di Bassano*.
(3) *Noli multa agere*... Sextus Pythagoreus.
(4) *In templo nihil quod ad vitam*... Symbol. I.

publique, ni des *affaires publiques* dans le temple des Dieux.

40. Crotoniates ! défiez-vous d'un magistrat qui *affecte* d'être plus sage que la loi.

41. N'appartiens à aucun pays ; sois comme le berger d'*Afrique* (1).

42. Ne vas point en *Afrique*, pour voir des monstres : voyages chez un peuple en révolution.

43. Législateurs ! gardez le souvenir d'*Agénor*, premier magistrat des Argiens, savant dans l'art de gouverner un troupeau.

44. Des écuyers mal-adroits, pour monter leur coursier, lui enseignent à *s'agenouiller* devant eux.

Magistrat ! pour le faire obéir, n'avilis point le peuple.

45. Crotoniates ! flétrissez la mémoire d'*Agis*, fils d'*Eurysthène*, et l'auteur de l'esclavage des *Hilotes*.

46. Peuples italiques ! avant et par-dessus tout, soyez *agriculteurs* !

La nature dit à l'oiseau : «Voles ; au poisson, nages ; à l'homme, cultives ».

47. Crotoniates ! ne raillez point ce peuple d'*Ethiopie* qui reconnaît pour monarque le *chien* d'un berger. Les *Agrigentains*, qui ont gardé si long-temps *Phalaris* à leur tête, étaient-ils plus sages ?

48. Quand tu aurais le bouclier d'*Ajax* (2)

---

(1) Les pasteurs de Libye faisaient usage de maisons ambulantes.

(2) Composé de sept cuirs, et recouvert de lames d'airain.

pour la couvrir, n'exposes point la raison dans une assemblée populaire.

49. Sois sage, comme *Ajax* était vaillant, sans l'assistance des Dieux.

50. Tu n'es qu'un législateur vulgaire, si tu appelles les Dieux à ton *aide :* les Dieux n'ont que faire où il y a des lois sages (1).

51. Sois sobre ! L'ame *à jeûn* (2) est toujours plus sage.

52. Hommes ! cessez de faire peuple ; ou consentez à vivre esclaves :

Les *aigles* sont indépendans, parce qu'ils ne volent jamais en troupe.

Les moutons qui marchent par troupeaux, ont perdu leur sexe et obéissent à des bergers.

53. Fais couver ton ame par la méditation : ton ame se verra bientôt les ailes de l'*aigle* (3).

54. Apprivoises un *aigle* blanc, et fais qu'il vienne te caresser sur la place publique : la multitude te croira toi-même un *aigle*.

55. Magistrat ! si tu n'es point un *aigle* (4), crains la foudre populaire.

56. Crotoniates ! ne dites pas :
« L'*aigle* est le roi des oiseaux ».

Les oiseaux, plus sages, plus libres que les hommes, n'ont d'autre roi que leur instinct, d'autre maître que la nécessité.

---

(1) Plutarque, *de l'amour.* XXII.
(2) *Anima sicca*, vieux proverbe.
(3) *Commentaire* d'Hiéroclès.
(4) Selon d'anciens naturalistes, le tonnerre ne tombe jamais sur les aigles.

57. Le prêtre dit au peuple : « Mortels ! *aimez* les Dieux tout autant que vous-mêmes ».

La raison dit à l'homme : « *Aimes* ton père et ta femme, tes enfans et ton ami plus que toi même. »

58. Femme ! n'affectes point les *airs* qui sient à l'homme :

Les deux sexes ne doivent avoir rien de commun.

59. Législateur ! que le bâton d'*Alcandre* (1) ne pèse point sur ta pensée !

60. Femmes de Crotone ! gardez-vous de mettre au rang des fables, l'amour conjugal d'*Alceste*.

61. Crotoniates ! que les Dieux vous préservent de princes semblables au bon *Alcinoüs* qui disait : « Donnons au chantre divin, qui a charmé nos oreilles, de beaux habits, et beaucoup d'or. Une imposition sur le peuple nous fera raison de cette dépense ».

62. Sois sobre : on ne parlerait déjà plus d'*Alcman* (2), s'il n'eut été que grand mangeur.

63. Mère prudente ! ne laisses lire à tes filles les poëmes d'*Alcman*, qu'en ta présence.

64. Ne manges point avec les prêtres, et ne te nourris pas de leurs *alimens*. (3)

65. Ne te dis point libre, tant que tes *alimens* ne dépendent pas de toi seul.

---

(1) Nom du Lacédémonien qui frappa Lycurgue.
(2) Poëte lyrique de Sardes.
(3) Jambl. XXIV.

66. Ne sois pas plus de temps à préparer tes *alimens* qu'à les consommer.

67. Voyageur ! pour connaître les mœurs d'un peuple, regardes à ses *alimens*.

68. Pèses tes *alimens* au poids de tes besoins.

69. Chasseur matinal ! épargnes, du moins, la première *allouette* qui t'annonce l'accroissement des jours.

70. Ne tiens pas les détails au-dessous de toi : le grave *Anacharsis* est l'inventeur des *allumettes* (1).

71. Crotoniates ! n'aspirez point à devenir l'*alpha* des peuples de l'Italie : une lettre est l'égale de toute autre lettre.

72. Epoux ! prenez leçon de l'*alpheste* (2).

73. Sois sobre : un corps trop gras *amaigrit* l'ame.

74. Ne fais point de ton corps le tombeau de ton *ame*.

75. Ami du silence ! fuis la maison d'une femme verbeuse et devenue vieille :

Plus l'*amande* sèche et se ride, plus elle fait de bruit dans son noyau.

76. Peuple ! tu brises le noyau, pour posséder l'*amande* :

Ce n'est point en persécutant le sage, que tu peux acquérir la sagesse.

77. Jeune homme ! respectes le vieillard :

---

(1) Aïeul du jeune Anacharsis, de l'abbé Barthelemy.
(2) *Cynœdus*, le *labre jaune*. Le mâle et la femelle de ce poisson ne se quittent jamais, et se laissent prendre, plutôt que de se séparer.

Plus les *amandiers* ont d'âge, plus ils rapportent de fruits.

78. Crotoniates! ne vous mettez pas de moitié pour l'encens que les Athéniens brûlent sur l'autel des *Amazones* : réservez votre culte à des vertus plus douces.

79. Peuple de Crotone! recommandes à tes sénateurs d'éviter les *ambages* des lois de Solon.

80. Homme de génie! travailles à la perfectibilité de l'espèce humaine :
Abandonnes le peuple aux *ambitieux*.

81. Législateur! ne prostitues pas la liberté au peuple : c'est l'*ambrosie* du sage.

82. Sois long-temps à faire un *ami* et à t'en défaire (1).

83. Sois ton *ami*, au défaut d'un autre *ami*.

84. Avant le médecin, appelles ton *ami*.

85. Ne prends pas pour *ami* l'époux qui vit mal avec sa femme.

86. Choisis-toi de bonne heure un *ami*; car la vie est courte.

87. Si tu ne peux trouver un *ami*, cherches, du moins, un compagnon dans la même peine; afin de vous soulager tous deux, en vous parlant de ce qui vous manque.

88. Acquiers un *ami*, pour que quelqu'un ait le droit de te reprendre quand tu fais mal.

---

(1) . . . *In omnia, amicitiae rerum omnium Pythagoras author erat et institutor.*
Nic. Scutellius, *vita Pythag in*-4°. p. 4.

89. Ne sois le despote de personne, pas même de ton chien.

Ne sois l'esclave de personne, pas même de ton *ami*.

90. Trouves un *ami* : avec un *ami*, tu pourras te passer des Dieux.

91. Renfermes-toi avec un *ami* : et vivez ensemble, comme si vous n'existiez plus pour le reste des hommes.

92. Consacres le lieu où tu es né, celui où tu as pris femme, celui ou tu as vu pour la première fois ton *ami*.

93. As-tu un reproche à faire à ton *ami*? n'attends pas au lendemain : si tu mourrais dans la nuit, tu quitterais ton *ami*, sans qu'il ait pu se justifier devant ton cœur.

94. Peuple! ne crois pas avoir plus d'*amis* que n'en ont les rois.

95. Ecris tes lois sur l'*amiante*, afin que, si le peuple, dans un moment d'humeur, les jetait au feu, elles puissent survivre à ses caprices, et se retrouver au moment du repentir.

96. L'*amour* est chose sainte : Ne fais pas de l'*amour*, un lieu commun de conversation.

97. Crotoniates ! honorez la mémoire d'*Amphiaraüs*:

Quoique roi et devin (1), il s'étudia, toute sa vie, non pas à paraître juste, mais à l'être.

98. Nations italiques ! honorez la mémoire d'*Amphictyon*, fils d'Hélenus, l'inventeur du lien fédératif qui porte son nom.

---

(1) *Fatidicus rex*. Stac. VII.

99. Honorez la mémoire d'*Amphion*, législateur de Thèbes ; il fit des hommes avec des pierres.

100. Magistrats! profitez des malheurs d'*Anacharsis* (1) : c'était un sage qui cessa de l'être, quand il voulut introduire chez les *Scythes* la religion des *Grecs*.

101. Magistrat d'un peuple qui a des mœurs! sacrifies à Vulcain les vers d'*Anacréon*.

102. Crotoniates ! fermez la porte de vos magistratures aux *anatomistes* de profession : il est dangereux de confier le sceptre du pouvoir à des mains habituées au scalpel.

103. Législateur! ne jettes pas l'*ancre* avant la sonde.

104. *Ancus*, roi de Rome, mit un subside sur le sel !

Crotoniates! veillez à ce que vos magistrats n'en mettent point sur l'air.

105. Epouse d'un mari inconstant! rappelles-toi *Andromaque* : elle allaita les enfans d'*Hector*, qui n'étaient pas les siens.

106. Magistrats! ne permettez aux prêtres en voyage d'autre monture que l'*âne*.

C'est l'*âne* qui porte les mystères d'Eleusis.

107. Ne méprises pas le peuple *juif*, parce qu'il adore un *âne* : les nations, idolâtres d'un *homme*, sont-elles plus sages ?

108. Ne prostitues point les accords de la

---

(1) *Anacharsis l'ancien*, qui mourut vers le milieu de la carrière de *Pythagore*.

lyre à l'usage de l'animal (1) aux longues oreilles, ni les lois de la sagesse à l'usage de l'animal aux mille têtes (2).

109. Peuple de Crotone ! ne te permets plus des plaisanteries grossières sur certains animaux paisibles, laborieux et sobres, tels que l'*âne* : il y a de l'ingratitude à railler des êtres, dont nous ne dédaignons pas les services journaliers ; il y a de la lâcheté à se moquer de ceux qui ne peuvent nous répondre.

110. Ne voyages point jusqu'au *Gange*, seulement pour y pêcher des *anguilles* (3).

111. Sois plutôt *ânier*, que magistrat chez un peuple ignorant.

112. Sois désintéressé, en faisant du bien au peuple : de tous les *animaux*, il est le plus ingrat.

113. N'entreprends pas la réforme d'une grande nation. Un grand peuple est une monstruosité une institution contre nature.

De toutes les espèces d'*animaux*, la pire est le genre humain devenu peuple.

114. Homme ! ne fais point aux autres *animaux* ce que tu ne voudrais pas qu'ils te fissent (4).

---

(1) Selon les Pythagoriciens, l'*âne* est insensible à la musique. AElian, *hist. anim.* X. 25.

(2) *Polucephalon. Bellua multorum capitum. Populare animal est asinus.* Laus asini. p. 31.

(3) Elles étaient renommées.

(4) *Pythagoras adeo fuit mansuetus, ut doceret nullum animal esse necandum, et nullam mitem plantam violandam...*

Guido Fontenayo, *magnum collectorium historicum*, folio XXVII. *verso. in-*4°.

115. Las du peuple et des rois, converses avec les autres *animaux* : il y a plus de profit.

116. Sans nécessité, ne réveilles aucun de tes *animaux* domestiques, endormis sur ton passage.

117. Crotoniates ! n'exposez point, dans vos marchés, les membres palpitans des *animaux* dépecés sous les yeux de vos femmes et de vos enfans.

Que ceux qui se nourrissent de chair, dérobent à la vue les traces des meurtres que la nécessité leur fait commettre !

118. Proposes des lois à un peuple qui adore les *animaux*, de préférence au peuple qui les mange.

119. Donnes à manger avant toi aux *animaux* qui ont travaillé pour toi.

120. Ne fais point travailler des *animaux* malades ou à jeûn.

121. Pour épargner le temps, ne lis que les *annales* d'un seul peuple ; tous les peuples se ressemblent.

122. La femme honnête ne portera qu'un seul anneau, et le même toute sa vie.

123. Le matin du jour *anniversaire* de ta naissance, brûles des parfums autour du lit paternel.

124. N'épouses point une amphore à deux *anses* (1).

125. Magistrat ! modèles-toi sur un vase sans *anses* ; qu'on ne sache par où te prendre.

---

(1) Une femme, dans le style symbolique de l'école Pythagorique, avait pour synonime *amphore*.

126. Citoyennes de Crotone ! honorez le souvenir d'*Antigone*, fille d'*OEdipe* : elle renonça à l'hyménée et au trône, pour servir de guide à son père aveugle, pauvre et persécuté.

127. Gouvernans et gouvernés ! gardez-vous d'être *antipodes* (1).

128. Crotoniates ! refusez une place dans vos temples au Jupiter, *Apaturius* des *Athéniens* (2) : périsse la religion, plutôt que la bonne foi !

129. Magistrats et législateurs ! ne parlez, n'écrivez que par *aphorismes*.

130. Abstiens-toi de l'*aphye* (3).

131. L'*aphye* (4) à peine a vu le feu, qu'il est temps de le servir au banquet.

Jeune fille ! passes vîte à l'autel de l'hymen, pour peu que tu ais touché l'arc brûlant de l'amour.

132. Préfères le bâton de l'expérience, au char rapide de la fortune. Le philosophe voyage *à pied*.

133. Ne fais point route à cheval, avec ton ami *à pied*.

134. Familles agricoles ! parmi les objets de votre culte, ne rougissez pas d'admettre le

---

(1) Les *antipodes* furent connus de Pythagore ; ils étaient l'une des conséquences de son système cosmologique.

(2) Le trompeur, le dieu de la Superchérie.

(3) Cicéron nous donne le sens de cette loi, en appelant la multitude, le vulgaire, *aphya populi*.

Ce poisson vit habituellement dans la fange.

(4) De la famille des petits goujons.

bœuf

bœuf *Apis* de l'Egypte : ce Dieu laboureur en vaut bien un autre.

135. Crotoniates ! devenez aussi laborieux que vos frères les *Apuliens* (1). Une nation, amie du travail, laisse peu à faire au législateur.

136. Magistrat ! le niveau dans tes mains, donne aux lois leur *aplomb*.

137. Homme d'état ! ne souffres rien entre le peuple et la loi : qu'elle tombe sur lui d'*aplomb* !

138. Magistrat ! ne laisses point à l'*araignée* le loisir de tendre sa toile sur le livre de la loi.

139. Ne te mêles point du gouvernement : laisses l'*araignée* et l'ambitieux tendre des piéges aux mouches et aux hommes.

140. Ne lèves point la coignée sur l'*arbre* planté par ton père.

141. Prends soin, pendant sa vieillesse, de l'*arbre* qui t'a nourri dans ton jeune âge.

142. Ne portes point la hache contre l'*arbre* qui t'a donné l'hospitalité pendant un orage.

143. Célèbres une petite fête de famille au pied de l'*arbre*, le premier en fleur dans ton jardin.

144. Législateurs de l'Italie ! laissez le peuple rendre un culte aux *arbres*, comme dans l'*Inde*.

145. Ne livres point aux ciseaux la cheve-

---

(1) Aujourd. la *Pouille*.

lure de tes *arbres* : tes *arbres* ne sont point des esclaves (1).

146. Peuple de Crotone ! ne forces point le sage à prendre parti dans tes dissentions civiles : il ne pourrait plus te servir d'arbitre.

147. Jeunes filles ! ne touchez point sans précaution à l'*arc* de l'amour, même quand il est détendu.

148. Crotoniates ! honorez le fondateur de l'*aréopage*.

149. Modèles-toi sur la colonne d'un temple *aréostyle* (2) : évites la foule.

150. Citoyens, comprimés par quelqu'ambitieux, faites un sacrifice au dieu-pasteur *Aristée* (3) : il vous enseignera l'art de prendre, au piége, les animaux malfaisans.

151. Crotoniates ! gardez vos *armes*, même en cultivant vos terres.

Un peuple libre doit toujours être sur la défensive.

152. Gouvernans ! point d'*armes* où il y a des lois !

Gouvernés ! plus de lois, où il y a des *armes*.

153. Magistrat ! interdis le port habituel des *armes* au peuple et aux enfans.

---

(1) On coupait avec égalité, autour de la tête, les cheveux des esclaves. Les prêtres modernes, qui se tondent en rond, ignorent apparemment qu'ils s'assimilent aux esclaves.

(2) Les colonnes de cette sorte d'édifice ne se touchent point.

(3) Ceux qui attrappent les loups, font prière à *Aristeus*, parce qu'il fut le premier qui inventa la manière de les prendre aux piéges. Plutarque, trad. par Amiot.

154. Défends aux prêtres de receler des *armes* derrière les autels.

155. Que la loi ne soit pas une *arme trop tranchante* (1) !

156. Peuple de Crotone ! obéis à tes magistrats, comme une *armée* à ses généraux.

157. Législateurs ! revenez quelquefois sur vos pas ; ne regardez jamais en *arrière*.

158. Peuple, ami des *arts* ! il ne faut pourtant pas que tes cités offrent, au voyageur, plus de statues que d'hommes.

159. Peuple de Crotone ! abandonnes ou laisses tomber en désuétude les *arts* qui abrégent la vie de l'homme.

160. Père de famille ! membre d'un état monarchique ou populaire ! entretiens tes enfans des *arts* consolateurs : mais ne leur parles pas de la liberté.

Nés comme toi dans les liens civils, la liberté n'existe pas plus pour eux que pour toi.

161. Ne restes à la cour des rois, ou dans les assemblées du peuple, que le temps nécessaire pour cuire à propos une *asperge* (2).

162. Crotoniates ! que vos *assemblées* politiques soient courtes et rares ! vos paroles, pressées par le temps, n'en auront que plus d'effet.

163. Crotoniates ! ne portez pas de peine contre le sage qui arrive tard à vos *assemblées*, ou qui en sort avant les autres : le sage a moins de temps à perdre que la multitude.

―――――――――――――――――――――

(1) *Gladium acutum averte*. Symb.
(2) *Hiéroglyphes*, de Pierius. LVIII. 34.

164. Peuple de Crotone ! ne troubles point le repos de tes Dieux, en tenant des *assemblées* politiques dans leurs sanctuaires.

165. Magistrats ! punissez le prêtre qui aurait présidé une *assemblée* populaire dans un temple.

166. Citoyens de Crotone ! plus sages qu'en Egypte, n'admettez à vos *assemblées* politiques, ni soldats, ni prêtres.

167. Respectes les morts, et ne t'*asseois* pas sur leur tombe : te serais-tu assis sur leur couche, quand ils sommeillaient ?

168. Magistrats de Crotone ! si les prêtres font la découverte de quelque Divinité nouvelle, dites-leur de la garder pour eux seuls : le peuple en a bien *assez*.

169. *Assieds-toi*, pendant le culte des Dieux (1) :
Le sage *assis* (2) est encore plus sage.

170. Manges debout (3) : médites, *assis*.

171. *Assieds-toi*, pour parler au peuple debout ;
Sois debout, pour haranguer le peuple *assis*.

172. Ne sois d'aucune *association* savante : les sages mêmes, quand ils font corps, deviennent peuple.

173. *Associes*-toi un de tes semblables ; il faut

---

(1) *Adoraturi, sedeant.* Pythag. *symbol.*
(2) *Anima sedens fit sapientior.* Vieux proverbe, né de l'école italique.
Sedentarii olim sapientissimi habebantur. Herbert, *de relig. Gentil.* VII. *in-*4°.
(3) Cette loi a quelque rapport au *symb.* LV.

être deux pour faire, avec agrément et sûreté, le voyage de la vie.

174. Magistrat, père de famille ! *assouplis* tes enfans aux gymnastiques, et le peuple aux lois.

175. Magistrat ! sois comme le héros *Astéropée* (1) : saches tenir le gouvernail, de l'une et de l'autre main.

176. Ne cherches point au ciel d'autres Dieux que les *astres*.

177. Puisqu'il faut frapper les yeux du peuple, donnes-lui pour Divinité le soleil. Il aime des Dieux qui marchent (2).

178. Peuples italiques ! gardez le souvenir d'*Astreus*, législateur si équitable, qu'il fut nommé le père de la justice. Hélas ! sa fille mourut avec lui (3).

179. Crotoniates ! ne tenez plutôt point d'assemblées publiques, s'il vous fallait, comme dans *Athènes*, trois oboles pour y venir.

180. Crotoniates ! les *Athéniens* ont déclaré ne vouloir d'autre monarque que Jupiter : ne souffrez personne au-dessus de vous que le soleil.

181. Crotoniates ! défendez-vous de la passion du jeu : les *Athéniens* jouaient aux dez,

---

(1) *Proverbe grec*, pris de l'*Iliade*.
(2) Les premiers Grecs, dit Platon, et les Barbares, voyant le mouvement perpétuel du soleil, de la lune, de la terre, des étoiles et du ciel, les nommèrent *Dieux*, parce que, par leur nature, ils couraient toujours, et qu'en grec, le mot *courrir* se dit *thein*; de-là est venu celui de *theos*, qui veut dire *Dieu*. In Crat.
(3) Thémis.

quand ils se laissèrent surprendre pour la troisième fois par Pisistrate.

182. Honorez le nom des *Athéniens*, s'ils furent le premier peuple qui sut se gouverner lui-même (1).

183. Les prêtres d'*Atis* se retranchent le sexe.

Crotoniates ! exigez moins de vos pontifes ; qu'ils en soient quittes pour le sacrifice de leur langue !

184. Crotoniates ! rappelez-vous, au besoin, le nom d'*Atis*, ancien roi de Lydie et l'inventeur de différens jeux propres à dérober au peuple le sentiment de sa misère.

185. Que ton domaine soit d'une étendue proportionnée à tes besoins !

Mortel ! un point suffit pour loger un *atôme*.

186. Ne méprises personne ; un *atôme* fait ombre.

187. Chasseurs ! épargnez l'*attagen* (2).

Crotoniates ! abstenez-vous de la chair de cet oiseau généreux, qui perd son chant quand il a perdu sa liberté.

188. Homme de génie ! qui as de grandes vérités à dire ; prépares-toi d'avance, comme l'*attagen* (3), une retraite souterraine, pour t'y abriter contre la piqûre des insectes.

189. Ne débauches pas le chien de l'*aveugle*

---

(1) C'était une tradition qu'Homère consacra dans ses poëmes.
(2) Vulgairement, le *franc colin*.
(3) Le *franc-colin* se couvre de terre, pour échapper à l'ennemi.

190. Maîtres de vérités ! que votre école soit un hospice, et non pas une *auberge* (1) !

191. Donnes au peuple des lois, *avant* la liberté.

192. Ne provoques point le peuple à reclamer sa liberté : à quoi lui servirait-elle ? La liberté n'est pas plus faite pour lui que l'harmonie des sons et des couleurs pour le sourd et l'*aveugle*.

193. Crotoniates ! à l'exemple des sages *Augilemanes* (2), n'entreprenez rien sans consulter vos ancêtres : n'ayez d'autres trépieds que leurs tombeaux.

194. Peuple de Crotone ! accordes au sage un peu de la confiance que tu prodigues à tes *augures*.

195. Législateur ! retires-toi, si le peuple te met en concurrence avec ses *augures*.

196. N'interromps pas une femme qui danse, pour lui donner un *avis*.

197. Magistrats républicains ! n'admettez sur vos tables que la vaisselle d'*Aulide* ou de *Tenedos* (3) : de riches métaux répugnent à la frugalité. Abandonnez-en l'usage aux rois dissipateurs du bien des peuples.

198. Crotoniates ! dans vos murs, que chaque homme ait sa femme, et s'y tienne ! Déportez l'adultère chez les *Auses* (4).

---

(1) *Pythagoras haud quaquam admittebat eos qui disciplinas cauponantur.* Jambl. 245.
(2) Ou *Augilites*. Pomponius Mela. I. 8.
(3) Vaisselle de terre, ou fayence fort propre.
(4) Peuple où les femmes sont communes.

199. Peuple de Crotone ! que les tombeaux des hommes vertueux te servent d'*autels*! toutes-fois sans confondre la reconnaissance et la superstition.

200. Ne t'abaisses point à parler aux peuples de la terre au nom des cieux : gardes le silence, ou parles en ton nom. L'*autorité* d'un philosophe vaut bien celle d'un Dieu.

201. Ne choisis point les paroles que tu adresses au peuple : comme l'*autruche*, il digère tout.

202. Quelques soient tes infortunes, gardes une larme pour les malheurs d'*autrui*.

203. Crotoniates ! pour donner aux tables de vos lois la facilité de tourner sur leur *axe* (1), ne l'arrosez pas de sang, comme ont fait tant de peuples : empruntez au sage l'huile de sa lampe.

204. Législateur ! sois mathématicien ! tu tu ne dois t'exprimer que par *axiomes*.

205. Ministre de la santé ! dans tes médicamens, interdis-toi l'*axonge* (2).

206. Bénis la mémoire d'*Axyle*, fils de *Teuthras*, citoyen d'*Arisbe* en *Phrygie* (3) ; il bâtit sa maison sur le grand chemin pour exercer plus souvent l'hospitalité.

207. Crotoniates ! ne souffrez pas sur votre territoire d'autres lieux d'*azile* que le temple de la justice.

---

(1) *Axones*. Les lois de Solon étaient écrites sur des tables de buis, mobiles autour d'un axe, ou pivot.
(2) graisse d'homme.
(3) Colonie de Mitylène.

208. Donnes *azile*, en hiver, aux oiseaux dont la mélodie égaya tes travaux ou charma tes loisirs pendant les autres saisons.

209. En hiver, ne demandes point *azile* à un ingrat.

La cendre des tombeaux est moins froide que celle du foyer d'un ingrat.

210. Peuples italiques ! chacun de vous veut avoir sa législation locale :

Sachez, pourtant, que les lois de la justice sont *azones* (1), comme les rayons du soleil.

B.

211. Législateur ! proportionnes le mât au navire : ne donnes point à *Babylone* les institutions de Sparte.

212. Epoux d'une femme qui a les mœurs encore vierges, ne transportes pas ton ménage à *Babylone*.

213. Habitans de *Crotone* ! laissez les *Babyloniens* perdre leur cire et leur miel aux funérailles :

Il convient d'ensevelir les morts dans un lit de feuillage, (2).

214. Magistrat ! du jour que tu entres en fonctions, tiens ton *bagage* prêt pour aller en exil (3).

---

(1) C'est-à-dire, ne sont pas d'une zone plutôt que d'une autre, ou bien sont de tous les climats.

(2) C'est ce que Pline appelle *des funérailles à la pythagorique*.

(3) *Stragula semper convoluta habeto*. Symb.

215. Jeune homme, n'entres pas dans le *bain* qu'une femme vient de quitter.

216. Crotoniates! consacrez des *bains* au seul usage du voyageur.

217. Ne souilles point le ruisseau qui t'a désaltéré.

Ne médis pas de la femme qui t'a laissé prendre un *baiser*.

218. Ne donnes point un *baiser* à ta femme devant le peuple; il la croirait ta concubine.

219. Magistrat! tiens pour suspect celui qui use la barbe et les genoux (1) des Dieux, par ses fréquens *baisers*.

220. Jeunes époux! ne vous donnez point de *baisers* dans le voisinage, ou à la vue du tombeau d'un père, d'un ami...

221. Jeunes époux! soyez sobres de caresses : trop fréquentes, elles sont stériles : pour féconder le champ nuptial, n'y semez que des *baisers* sages.

222. Un enfant ne recevra des *baisers* sur la bouche, que de la bouche de sa mère.

223. Dates tes lois du signe de la *balance* (2).

224. Les *Scythes* adorent une *épée*, symbole de la guerre :

Crotoniates! divinisez la *balance*, symbole de l'égalité.

225. Voyages, jusqu'à ce que tu rencontres un peuple usant de ses mains pour *balances*; il ne fait bon vivre que là.

---

(1) C'est-à-dire, de leurs statues.
(2) *Symb.* de Pythagore.

226. N'estimes pas fort grande la différence entre le *bandeau* d'un roi, et les bandelettes d'une victime.

227. Peuple de Crotone ! demandes à ton sénat une législation d'un seul morceau, et sans couture, comme la *bandelette* d'une momie.

228. Que le magistrat, surpris sommeillant sur la chaise curule, passe au *banc des rameurs* !

229. Manges de bout à un *banquet*. — Ne t'assieds qu'à une table frugale.

230. Mortels, assis au *banquet* de la vie, n'y perdez pas le temps : l'heure sonnée pour se lever et partir, on ne vous laissera rien emporter (1).

231. Assis à table avec tes amis, sois volontiers législateur et magistrat du *banquet* (2) : mais ne sois législateur et magistrat que là.

232. Ne t'enivres pas, même au *banquet* des sages.

233. Crotoniates ! comme en *Crète*, laissez aux femmes le soin de présider vos *banquets*.

234. Peuple ami des talens ! ne traites point de *barbares* les nations qui n'ont que des mœurs.

235. Ne caches point ton âge, en te coupant la *barbe*.

---

(1) A la table des riches, les convives emportaient quelques bons morceaux offerts par l'hôte ; ce qu'on appelait *apophoreta*.

(2) *Symposiarcha*. Voy. le *Pantheisticon*, de J. Toland. *in-8°*.

336. Jeune homme! honores le vieillard, et respecte sa *barbe*.

237. Gardes ta *barbe* : la barbe sied au menton de l'homme, autant que la massue aux mains d'Hercule.

238. Chef de maison! ne te laisses point couper la *barbe* (1) par ta femme, ou tes enfans.

139. Ne mesures point ton estime pour une nation sur son antiquité!

Un vieux peuple est un enfant qui a une longue *barbe*.

240. Jeune homme! si tu te permets l'usage du poisson, bornes-le au chaste (2) *barbeau*.

241. Jeunes filles de Crotone! en cueillant les *barbeaux*, ménagez les épis.

242. Sois la *barque* d'un riche navire, plutôt que le navire lui-même.

243. Sois plutôt conducteur d'une *barque*, que magistrat d'une ville : un peu d'huile calme la mer ; la multitude ne s'appaise point à si peu de frais.

244. Panché sur la *barrière*, sois spectateur des jeux du peuple.

245. La sagesse des lois ne suffit point au peuple : pour les lui rendre sacrées, écris-les avec du sang de taupe (1) sur un miroir concave exposé aux pâles rayons de Phœbé :

----

(1) Métaphore pythagorique, pour exprimer : *sois le maître chez toi*

(2) La chair de ce poisson, dit Athenée, détend l'arc de l'Amour.

(3) Voy. Cælius et plusieurs autres qui font de Pytha-

Si ce *batelage* te répugne, quittes le *forum*, rentres dans tes foyers, et ne sois que le législateur de tes enfans.

246. Magistrat! ne tolères de *bateleurs* que dans les temples.

247. Ne *bâtissez* point sur l'eau; la place d'une maison est sur la terre.

248. N'habites de maison que celle *bâtie* par toi ou les tiens.

249. Pour soutenir tes vieux jours, ne demandes un *bâton* qu'à l'arbre planté de tes mains dans tes jeunes ans.

250. Crotoniates! n'associez pas le sceptre du pouvoir au *bâton augural*.
C'est déjà beaucoup trop de l'un d'eux.

251. Gardes-toi de t'appuyer sur le *bâton* des augures.

252. Crotoniates! assemblés pour élire vos magistrats, rappelez-vous *Battus*, l'inventeur de la pierre de touche.

253. Législateur! prépares-toi par le silence à ta grande mission, et dédaignes le charlatanisme de *Battus* (1), qui contrefit le bègue, (2), pour faire accroire aux insulaires de *Théra*, que les Dieux avaient délié sa langue.

254. Le peuple ressemble aux charbons ar-

---

gore un magicien, d'après cette loi. Voyez aussi Naudé, qui les réfute dans son traité *des grands hommes accusés de magie*.

(1) Le mot français *batelage* pourrait bien remonter à cette époque et à ce personnage.

(2) Vers l'an 630 avant l'ère commune.

dens ou noircis : n'y touches qu'avec des *ba-tylles* (1) ou de bonnes lois. Il brûle ou salit.

255. Citoyennes de Crotone, qui redoutez de vieillir, pensez à la belle vieillesse de *Baucis* et de *Philemon*.

256. Crotoniates! donnez le tombeau (2) des grands hommes pour base à leur statue.

257. Citoyens de Crotone! ne vous montrez pas avides de nouvelles, comme on l'est dans Athènes : ne donnez point au voyageur sujet de dire : « Les Crotoniates ressemblent à ces poissons (3) de la haute-mer, toujours *béant*, et prets à digérer ce qui se présente ».

258. Ne te dis vertueux et sage que quand tu te sentiras passionné pour le bon, comme tu l'es pour le *beau*.

159. Où tu rencontres le *beau*, rends-lui un culte.

260. Homme simple! consoles-toi : il en est de la science comme de la *beauté*! On peut se passer de celle-ci pour faire bon ménage : tu peux vivre heureux en l'absence de l'autre.

261. Si tu as sujet de gronder ta femme, tes enfans ou ton ami, ne le fais point par un *beau temps*. Un jour serein doit désarmer ta sévérité, et sollicite l'indulgence; c'est punir deux fois un coupable, que de le châtier pendant une fraîche matinée de printemps, ou une belle nuit d'été.

___

(1) *Pincettes*, instrumens de fer, dont les Anciens usaient pour leurs foyers.

(2) Loi symbolique, pour dire : « A leur mort seulement, honorez les grands hommes ».

(3) Le *chané*, ou *bailleur*; aujourd'hui le *serran*.

262. Crotoniates! naturalisez chez vous un ancien usage des *Bebryciens* : (1) leur sénat délibère sous la voute des cieux ; le soleil l'avertit de rendre des lois ou des jugemens, aussi lucides que les rayons du jour.

263. Honorez le souvenir de *Bellerophon*, qui se refusa constamment au vœu d'une femme adultère.

264. Citoyennes Crotoniates! honorez *Bellone*, non pas la sœur de *Mars*, mais l'inventrice de l'aiguille à coudre.

265. Crotoniates! flétrissez le souvenir de *Belus*, le premier des hommes qui voulut passer pour un Dieu.

266. Crotoniates! tenez pour sage cette loi des *Beotiens*, qui oblige le débiteur insolvable de mauvaise foi, à venir dans la place publique pour s'y asseoir sur un boisseau renversé.

267. Vieillards caducs! ne murmurez pas contre la nature : il est une saison de l'année où le soleil lui-même a des *béquilles* (2).

268. Ne brûles pas les *béquilles* qui t'ont prêté leur secours pendant ta convalescence.

269. On donnera la forme d'un berceau à la tombe des enfans qui cessent de vivre, dès le premier âge.

270. Traces-toi un plan de vie tel que tu n'aurais rien à y changer, si arrivé à ta tombe, on te reportait dans ton *berceau*.

---

(1) Peuple de Bithynie.
(2) C'est ce que Plutarque appelle, d'après Pythagore, *les bâtons du soleil d'automne.* Voy. le traité *de Iside*.

271. Quelques jours avant ta naissance, on s'occupait de ton *berceau* :

Quelques années avant l'heure de ton trépas, occupes-toi de ta tombe.

272. Homme de génie persécuté ! récuses le tribunal du peuple : est-ce au troupeau à se constituer juge du *berger* ?

273. Envois le désir à l'école du *besoin*.

274. Si tu ne comptes pas plus de désirs que de *besoins*, tu es sage.

275. Pasteur du peuple ! tais lui certaines vérités : ce *bétail* n'a point la tête assez forte pour paître au soleil.

276. Peuples de tous les pays ! souvenez-vous de ce que le sage *Bias* disait souvent : « Je ne reconnais d'autre république, ni d'autre monarchie que la loi, quand c'est la raison ».

277. Crotoniates ! enfin voulez-vous devenir sages ? mettez autant de zèle à faire le *bien*, qu'on en apporte à faire le *mal*.

278. Magistrat ! prends à toi deux hommes : l'un pour t'avertir, à ton lever, du *bien* que tu dois et peux faire dans le jour ;

L'autre, pour te dire, à ton coucher, le *mal* que tu as fait, ou laissé faire.

279. Vieillard ! refuses un *bienfait* : tu n'as pas le temps de t'acquitter (1).

280. Acquittes les *bienfaits* le plutôt que tu peux :

---

(1) D'où est venu le proverbe grec, cité par Platon ; au Ier liv. de *l'art des rhéteurs*.

N'en perds le souvenir que le plus tard possible.

281. Ne séjournes pas chez une nation tellement civilisée, que les *bienséances* y dispensent des devoirs.

282. Il est des nations si pudiques, qu'elles ne peuvent souffrir la vérité sans voile (1) :
Peuple de Crotone! sois moins pudibond. La vérité est bonne à voir nue.
Que le mensonge prenne un manteau!
Que l'hypocrisie mette un masque!
Les *bienséances* ont fait bien du tort à la vérité.

283. Prends la perfection pour but, toutefois sans te flatter d'y atteindre :
L'homme est un *bige* (2), attelé d'un coursier blanc (3) et d'un noir (4).

284. La vie humaine est *biviale* (5). Jeune homme, crains de te tromper de route :
L'une aboutit au bien; l'autre au mal.

285. Penses librement, et dis ce que tu penses :
Tout homme a ce droit, sans être *Bizenus*, fils de Neptune (6).

286. Législateur! laisses au peuple son Dieu *blanc* (7); son Dieu *noir*, si ce double culte le porte au bien, le détourne du mal.

---

(1) Pythagore désigne ici les Perses et presque tous les Orientaux; c'est chez eux que naquit *l'apologue*.
(2) Char à deux chevaux.
(3) Symbole du bien.
(4) Symbole du mal.
(5) C'est l'*Y* grec pythagorique.
(6) Allusion au proverbe : *Bizeni libertas*.
(7) Pythagore tolère ici le manichéisme.

Tome VI.   D

287. Père de famille ! coupes ton *blé* ; ne coupes point ta barbe : la barbe est une moisson stérile.

288. Travailles en silence, comme le *bœuf* laboureur ; si sa langue faisait plus de bruit, le sillon qu'il trace en serait moins droit (1).

289. Habitans de Crotone ! à l'imitation de Rome, célébrez la fête des *bœufs laboureurs* (2).

290. Refuses de prendre place au banquet d'un agriculteur, se repaissant de la chair de ses *bœufs*.

291. Laisses au peuple du Nil l'eau de grains fermentés (3) : l'eau des fontaines est la *boisson* du sage.

292. Crotoniates ! pour vivre heureux et libres, ne faites point votre *boisson* habituelle de l'eau d'orage, ni de l'eau dormante.

293. Ne cours point après le *bonheur*; il est chez toi ; gardes la maison (4).

294. Jeune homme ! ne t'y trompes pas : le plaisir n'est pas le *bonheur*; le *bonheur* sait très-bien se passer du plaisir.

295. Jeune homme ! assieds-toi au banquet

---

(1) *Il a un bœuf sur la langue.* On employait fréquemment ce proverbe grec, pour dénoter un homme taciturne par principe, par allusion à la machoire épaisse de ce lourd et massif animal. C'est en ce dernier sens qu'on disait que Pythagore mettait un bœuf sur la langue de ses disciples, pour signifier le long silence qu'il leur imposait.

OEuvres de Tourreil. p. 494 et 495. *in-*4°. tom. II.

(2) *Ludi bubetii.*

(3) Le *zythum* des Egyptiens, la cervoise, la bierre.

(4) D'où le proverbe grec : *Domi manere oportet, bene fortunatum.*

de la vie, entre la sagesse et l'imagination : tu ne te leveras point de table, avant d'avoir goûté le bonheur.

296. Législateur! ais le peuple dans ta main ; ou ne te charges pas de son *bonheur.*

297. Prends un ami ; il est doux de vieillir deux ensemble sous le même toit.
Une existence isolée n'est pas la vie complète.
Tu ne saurais être heureux seul (1).
Le *bonheur* est un ouvrage à deux.

298. N'aspires point à la vanité d'être riche ; tu contribuerais à ce qu'il y ait des pauvres.
Livres-toi au desir naturel d'être heureux : il y a du *bonheur* pour tout le monde.

299. Citoyennes de Crotone! n'oubliez pas que nous avons donné à la Divinité des femmes le surnom de *Bonne-Déesse.*

300. Pour être sage, tu ne saurais t'y prendre de trop *bonne heure* (2). C'est l'affaire de toute la vie de l'homme.

301. Préfères pour une seule drachme de *bon sens* (3), à tout un talent d'or d'érudition.

302. Législateur! restes inconnu! sois invisible pour le peuple! A la *bonté* de tes lois, qu'il te croie plus qu'un homme!

303. Rends un culte à la *borne* qui sépare deux propriétés.

304. Que la *borne* d'un champ te soit aussi sacrée qu'un autel!

---

(1) *Un homme seul est un homme nul.* Prov. grec.
(2) *Ab incunabilis...* Brucker. p. 1069. tom. I.
(3) *Bona mens*, dit à ce sujet un disciple de Pythagore. Voy. *aur. sent.* Democr.

305. Crotoniates! que la *borne* qui marque les limites de vos domaines, offre en même-temps un siége commode au voyageur fatigué.

306. Législateur! poses une *borne* en même-temps aux passions du citoyen et à ses propriétés.

Qui a peu, veut avoir davantage;
Qui a beaucoup, veut avoir encore plus.

307. Ne portes point la vue au-delà de ton champ. Que la *borne* de ton héritage soit à tes yeux celle du monde! Ecris, dessus, la devise des colonnes d'Hercule (1).

308. Ne déplaces point la *borne* de ton héritage, posée par tes ancêtres.

309. Tu n'invites personne à ta table, quand elle n'est couverte que de mets ordinaires.

N'ouvres-point la *bouche*, si tu n'as rien à dire d'excellent ou de profitable.

310. Fermes ta *bouche* aussitôt que ton cœur est fermé.

311. Magistrat! aux premiers symptômes d'une émeute populaire, interdis la place publique aux femmes (2) ainsi qu'aux victimaires et aux *bouchers*.

312. Apprends, de bonne heure, à te servir du *bouclier* de la philosophie:

Cette arme défensive veut de l'usage.

313. Epoux! sois le *bouclier* de ta femme!

---

(1) *Nec plus ultra*.
(2) La révolution française de 1789 et des années suivantes, est venu confirmer la sagesse de cette ancienne loi. Presque toutes les insurrections meurtrières commençaient par des femmes, et finissaient par des bouchers.

Epouse! sois la ceinture d'honneur de ton mari.

314. Deux amis se donneront l'un à l'autre, en faisant échange de leurs *boucliers*.

315. Honorez le souvenir de *Boudha* (1), l'un des premiers législateurs de l'Inde.

316. Citoyens de Crotone! faites descendre de cheval ou de son char celui de vos premiers magistrats qui a couvert de *boue* vos femmes et vos enfans (2).

317. Restes pauvre, si, pour devenir riche, il faut te courber et salir tes mains dans la *boue*.

318. Saches amuser le peuple, si tu ne peux le contenir : sois *bouffon*, ou législateur.

319. Renonces à l'étude de la politique, de toutes les sciences la plus éventuelle : *Crésus* fut redevable du sceptre à une *boulangère*.

320. Citoyennes de Crotone! soyez abeilles plutôt que *bouquetières*.

321. Jeune fille, douée de la beauté! demandes à l'abeille laborieuse si les fleurs ne doivent servir qu'à faire des *bouquets*.

322. Ne sois pas plus sensible aux applaudissemens ou aux murmures de la multitude, qu'au *bourdonnement* d'une ruche. C'est la même chose.

323. Préfères le *bourdonnement* des ruches à celui des assemblées populaires.

---

(1) Ou *Fo*.
(2) *Bibliothèque des philosophes*, au chapitre de Pythagore. p. 201. tom. II. in-8°.

324. Sois plutôt la *boussole* que le pilote.

325. Prends les mains de celui qui t'a frappé ; serres-les doucement dans les tiennes, et dis lui :
« Frère ! je te plains de n'avoir de raison qu'au bout du *bras* ».

326. Conservez le souvenir de *Bramah* (1), législateur de l'Inde ; n'eût-il rendu d'autre service que de soustraire à la voracité du peuple la *vache* bienfaisante.

327. Peuple de Crotone ! lors d'un incendie, tu puises au fleuve voisin, avant d'embrasser les autels : fais de même dans toute autre calamité ? Les Dieux ont donné deux *bras* à l'homme, pour n'en être pas importunés à toute heure.

328. Ne teins pas dans leur sang la toison des *brebis*.

329. Ne te plains pas de la *brièveté* de la vie : il y a encore plus de gens qui meurent trop tard, que de gens qui meurent trop tôt.

330. Ne sois ni le cothurne du prince, ni le *brodequin* du peuple.

331. Sépares deux chiens hargneux ; rapproche deux amis *brouillés*.

332. A la rencontre de deux amans *brouillés*, passes ton chemin.

Arrêtes-toi, à la rencontre de deux époux *brouillés*.

333. Si tu es dans l'âge du repos, éloignes tes foyers de la place publique :

---

(1) Il fut en outre chef d'une école ou d'une secte (les *Bramines*, ou *interprêtes de la nature*). Voy. l'*atlantis* de Bacon.

Le peuple et les enfans aiment le *bruit*.

334. Défies-toi de ceux qui craignent de faire du *bruit* en marchant.

335. Passes sur la terre, sans faire de *bruit*.

336. Donnes tes conseils à un peuple *brut*.
Refuses-les à une nation polie.

337. Ne rebutes point, ne méprises pas l'homme grossier :
Le bâton de *Brutus*, sous sa rude écorce (1), renfermait une verge d'or.

338. Crotoniates ! vous demandez ce qu'il faut à une nation pour se maintenir libre au dedans, redoutable au dehors :
Du pain, un peu de sel et des lois, comme à Rome sous *Brutus*.

339. Hommes et femmes! honorez tous la mémoire de *Lucius Junius Brutus*.

340. Père de famille! veux-tu recueillir du miel exempt de toute amertume ? éloignes tes abeilles de la fleur de *buis*.
Une éducation douce donne rarement des fruits amers.

341. Crotoniates ! veillez à ce que vos mille sénateurs ne vous fassent de l'esprit, en guise de bonnes lois.
Il faut bien des *bulles* d'air pour enfler une voile et faire marcher un vaisseau.
Il faut bien des bulles d'esprit pour faire avancer la raison d'un pas.

342. Nations italiques! déportez dans l'île *Burchana*, si féconde en fèves, l'ambitieux avide de magistratures.

---

(1) C'était un sureau. Voy. Naudé, *coups d'état*.

343. Enfans du peuple ! n'élevez point de statues colossales à vos grands hommes : seulement, conservez-en les traits sur des *bustes* fidelles, placés au pied d'un arbre de haute espèce et de longue durée.

344. Législateur ! crains de manquer le *but* en voulant te mettre à la portée du peuple :

Au lieu de descendre jusqu'à lui, éléves-le plutôt jusqu'à toi.

Mais l'un est plus facile que l'autre.

345. Magistrat d'un peuple *buveur*! trempes ses lois dans le vin.

346. Jeunes filles de Crotone ! aimez vos amis comme des frères ;

N'aimez pas vos frères comme des amis :
Souvenez-vous de *Byblis*.

C.

347. Pères et mères de famille ! ne vous *cachez* jamais de vos enfans.

348. Mouilles ton *cachet* (1), pour le préserver de la cire :

Mouilles ta vie de quelques larmes, afin de ne pas trop t'y attacher.

349. Crotoniates ! ne déguisez pas les choses avec des mots ; appelez chaque objet par son nom : n'imitez pas les Athéniens (2), qui disent *maison* pour dire *cachot*.

---

(1) *Gemma uda.*
N. B. On se rappelera que le père de Pythagore était graveur en cachets.
(2) *Chrestomathia Helladii.* in-4°.

350. Que ton sépulcre ne ressemble pas au *cachot* d'une prison !

351. Bergers de Lucanie ! gardez le souvenir de *Cacus*, voleur de troupeaux, et puni de mort par Hercule.

352. Ne sommeilles point dans une maison où se trouve un *cadavre* : ne séjournes pas chez un peuple mort à la liberté.

353. Consultes le soleil plutôt que les *cadrans*.

354. Magistrat ! surveilles le mauvais citoyen imitateur de la *caille* (1) malicieuse, qui trouble le ruisseau où elle s'est desaltérée.

355. Frappes deux *cailloux* ; ils te donneront des étincelles : empêches deux peuples de se heurter ; il n'en jaillirait que du sang.

356. *Cales* ta vie.

357. Quand le vent souffle avec trop de violence, le nautonier *cale* les voiles.

Magistrat ! pendant les orages populaires, *cales* la loi.

358. Législateur ! n'abandonnes point aux prêtres le soin du *calendrier*, et le nombre des fêtes publiques.

359. Tous les ans, chaque famille rédigera un *calendrier* à son usage, contenant les événemens domestiques de l'année.

360. Ne portes point des Dieux au peuple qui n'en a pas.

---

(1) La *caille*, chez les Egyptiens, était l'hiéroglyphe de la malice. Voy. *Encyclopedia alstedii*.

Les *Callaïques*, nation de l'Ibérie, s'en passent.

361. Peuple! ne t'agites pas trop; tu portes dans ton sein tous les germes du crime : restes *calme* !

362. Malédiction sur la tête d'un fils sacrilége, qui prend le nom de son père pour attester une *calomnie* !

363. Jeunes filles de Crotone! gardez le souvenir de *Calycé* : elle alla mourir à *Leucade*, plutôt que de vivre avec son ami rebelle aux lois de l'hymenée.

364. Aux premiers symptômes d'une révolution politique, sors de la ville, embarques-toi, navigues sur les eaux du golphe (1) *Calydonien* : les tempêtes fréquentes qu'on y essuye, te seront moins fatales que les dissentions populaires.

365. Magistrat! crains les surprises : la garde d'un *camp* est moins difficile que celle des lois.

366. Magistrats de Crotone! ne souffrez pas des grouppes habituels d'oisifs, le long du (2) canal de votre ville : tenez pour suspect tout citoyen dont la langue seule travaille.

367. Filles de Crotone! ne vous fiez pas à la vertu des eaux de *Canathe*, (3) ou *Junon*,

---

(1) Auj. le golfe *Engia*.
(2) Les Latins exprimaient cela d'un seul mot, *caniculae*; en français, *canailles*.
(3) La fontaine *Canath*, dans le Péloponèse, près *Nauplie*; auj: *Napoli* de Romanie.

recouvre sa virginité : déposez la vôtre dans le temple d'Hymenée, c'est plus sage et plus certain.

368. Peuple de Crotone ! ne confies pas tes magistratures aux *Canopes*, aux hommes qui ont plus de ventre que de tête.

369. Traverses la vie, sans y laisser plus de traces qu'un *canot* sur une rivière.

370. Crotoniates ! respectez la mémoire de *Capanée* : il respectait peu les Dieux, mais beaucoup les mœurs.

371. Ne vas point acheter des odeurs à (1) *Capoue*. Fais-toi une bonne réputation : c'est le premier des parfums.

372. Crotoniates ! n'élevez point de statues colossales à vos Dieux. Imitez les *Cappadoces* : leur divinité est une montagne.

373. Laisses à l'air et à l'eau leur libre cours. Ainsi que l'homme, ils se corrompent dans la *captivité*.

374. Jeune homme ! qui désires te donner un beau *caractère* de tête : ne loges dans ton cerveau que des idées saines et justes ; ne t'occupes que de pensées nobles et vraies : ne laisses point errer ton imagination sur des objets vils et discordans.

375. Des rhéteurs moralistes distinguent *quatre vertus* (2) *cardinales* :

---

(1) Dès le temps de Pythagore, le marché public de cette ville commençait à être connu dans toute l'Italie, par le commerce des parfums.

(2) Les quatre vertus cardinales des écoles chrétiennes ne sont que renouvelées des écoles grecques.

Jeune homme! saches, que la vertu est une, indivisible; elle doit se trouver dans toutes tes actions, comme l'ame se trouve répandue dans toute l'économie animale.

376. Jeune homme! respectes la chevelure du vieillard. Le *cardon* n'est un bon légume, que quand il a blanchi.

377. Préfères une seule *caresse* de ton chien à toutes les faveurs du peuple ou des rois.

378. *Caresses* tes enfans, de préférence au peuple ou au prince.

379. Crotoniates! à l'exemple des *Cariens*, ne vendez vos armes ni votre sang.

380. Avant d'être législateur, apprends la coupe (1) des pierres : un peuple est une *carrière* de pierres brutes.

381. Les navires *carthaginois* ont deux pilotes et deux gouvernails :
Législateur! donnes au peuple deux magistrats; c'est trop de trois, et pas assez d'un seul.

382. Crotoniates! que vos habits soient simples, mais propres, décens et point tristes, comme la longue robe noire des *Cassiterides* (2).

383. Homme de génie! sois comme la *colombe* de Deucalion; rentres chez toi, et restes-y, tant que durera le *cataclysme* (3) popu-

---

(1) De ce que Pythagore enjoint symboliquement aux législateurs d'être tailleurs de pierres, les francs-maçons ont conclu que ce sage était des leurs, et même chef de loges, et grand-maître, parce que ses disciples l'appelaient communément *Maître*.

(2) Les trois Angleterres.
(3) Déluge, inondation, débordement.

laire. Ne produis la vérité au dehors que par un temps calme.

384. Peuples italiques ! convertissez en *catacombes* les roches arides. Que les morts n'occupent point une place utile aux vivans !

385. Jeune homme ! que tes désirs soient la monture, et tes besoins le *cavalier*.

386. Crotoniates ! honorez le souvenir de *Caunus*, législateur (1) ami de l'égalité (2).

387. Ministre d'Esculape ! uses de *caustiques* (3) : sois sobre d'amputations.

388. *Cèdes aux* lois (4), même mauvaises : Ne *cèdes* point aux hommes, s'ils ne sont pas meilleurs que toi.

389. Sois rude aux méchans ! ressembles au *cèdre* ; son bois est incorruptible, parce qu'il est amer. Les insectes n'osent le piquer.

390. Jeune épousée ! qu'on s'aperçoive à ta *ceinture* seulement, que tu n'es plus vierge.

391. Dans le jour, ne déchires point le voile de celle dont l'hymen dénoue pour toi la *ceinture* pendant la nuit.

392. N'obliges jamais ta femme à t'ouvrir elle-même son voile et sa *ceinture*.

393. Que le *célibataire* de cinquante ans, cède le pas à un père de famille de trente ans.

---

(1) Chez les Lelèges, dans la Carie, où il fonda une ville.
(2) . . . *Gaudentem legibus aequis*. Nicœnetus *parth*.
(3) Les Anciens professèrent long-temps cette loi chirurgicale de Pythagore.
(4) Democr. Pythag. *aur. sentent.*

394. Ne crois point à la moralité d'une nation qui garde au milieu d'elle des courtisannes et des *célibataires*.

395. Législateur ! interdis le mariage aux prêtres ; qu'ils restent *célibataires* ! les prêtres ne sont pas citoyens (1).

396. Crotoniates ! essayez de la politique toute naturelle des Celtes ; ils ne ferment jamais les portes de leurs maisons, et s'en trouvent bien.

397. Crotoniates ! dans l'occasion, rappelez-vous *Celeos*, roi d'Éleusis ; il inventa des claies propres à parquer les moutons et le peuple.

398. Crotoniates ! n'employez point les métaux, ni le marbre dans la fabrique des urnes cinéraires : un vase d'argile convient pour renfermer un peu de *cendre*.

399. Mortel orgueilleux ! ton ame est un peu d'air (2), ton corps, un peu de cendre (3).

400. Défendez la mémoire de *Ceneus* : contemporain de *Nestor* et de *Thésée*, dont il eut la sagesse et le courage, ce thessalien, las de voir les Dieux sommeiller, allait de ville en ville pour y planter sa lance dans les places publiques, disant : « Voici la divinité secourable aux gens de bien, terrible aux méchans.

---

(1) Le grand Condé était Pythagoricien, quand il disait à un prêtre : « Passez ! passez ! vous êtes un homme sans conséquence ».

(2) *Ame*, *anemos*, en grec ; *anima*, en latin ; vent, air, souffle.

(3) De la poussière détrempée par Prométhée.

Qu'ils approchent! Je promets justice aux premiers, châtiment aux seconds ».

Crotoniates! le prêtre et les méchans voudraient le faire passer pour un impie.

401. Crotoniates! ayez des *censeurs*, de préférence à des prêtres.

402. Législateurs de Crotone! n'instituez pas, comme dans Athènes, une magistrature censoriale (1) pour les femmes : les pères et les maris doivent être les seuls *censeurs* de leurs filles et de leurs épouses.

403. Crotoniates! puisqu'il vous faut des Dieux, honorez comme tels les *centenaires*. Entretenez dans vos temples tout vieillard âgé d'un siècle; la nature n'accorde d'aussi longs jours qu'aux mortels de mœurs libérales.

404. Homme d'état! avant toutes choses, attaches au col du peuple, le *cep* (2) de la loi.

405. Citoyennes de Crotone! honorez le souvenir de *Cephale*, législateur des femmes d'*Ithaque*; avant lui, elles n'étaient que des ourses.

406. Crotoniates! laissez les autres peuples agrandir par des conquêtes leur territoire : naturalisez sur le vôtre les arbres utiles qui vous manquent : appelez à vous le fruit (3) rouge et rafraîchissant de *cérasonte* (4).

---

(1) Les vingt γυναικος-νομοι.
(2) Allusion à une ordonnance de Solon, pour mettre un cep de bois, de quatre coudées, au cou d'un chien dangereux.
(3) Les *cerises*. Plin. VIII. 7.
(4) *Cerasus*, ville de Pont, sur la mer Noire.
L'Italie fut long-temps sans profiter du conseil de Pythagore; les cerises n'y furent transportées que par Lucullus.

407. Peuple italique ! tes crimes et tes calamités sont dus à tes mauvaises institutions ; et tes mauvaises institutions sont une suite nécessaire des maux que tu endures. Cherches des législateurs assez habiles pour t'affranchir de ce *cercle vicieux*.

408. Législateur ! ne traces point au peuple un *cercle* trop (1) étroit.

409. Vieillard, essayes ton *cercueil*.

410. Législateur ! inscris tes commandemens sur les colonnes du temple de *Cerès*.
Un peuple à jeûn est sourd aux lois les plus parfaites.

411. *Cernes* le peuple que tu prends à tâche d'instruire : isoles-le de tous ses voisins, meilleurs ou pires que lui.

412. Homme libre ! ne fais point de serment ; les sermens sont des *chaînes* (2).

413. Ne manges point la *chair* du *bœuf* qui te donne ses sueurs, de la *vache* qui te donne son lait, de la *brebis* qui te donne sa laine, de la *poule* qui te donne ses œufs (3).

414. Ne t'asseois ni sur la *chaise* augurale, ni sur la *chaise* curule.

415. Peuple de Crotone ! si tes magistrats partagent leurs *chaises curules* avec des femmes ; dis à tes magistrats : « Quittez vos femmes, ou vos *chaises curules* ; vous ne pouvez garder les unes et les autres à-la-fois ».

416. Magistrat ! ne partages le lit d'aucune

---

(1) *Angustum annulum ne ferendum.* Symb. IX.
(2) Plutarque définit le serment : *tormentum liberorum.*
(3) Jambl. XXI.

femme ;

femme; dans la crainte qu'elle ne veuille à son tour partager ta *chaise curule*.

417. Crotoniates! comme à *Chalcis*, que le plus jeune de vos magistrats touche à sa *quarantième* année!

418. Nouveaux époux, en prenant possession de la *chambre* nuptiale, pensez être introduits dans un temple pour y rendre un culte à la nature; vos jouissances doivent avoir quelque chose de religieux.

419. Ne juges point du *chameau*, ni de l'homme, pendant leurs amours.

420. Conducteur de *chameaux* et de peuples, si tu ne crains pas de les charger, que ce soit également! Le plus lourd fardeau est supportable, quand il ne pèse pas plus d'un côté que de l'autre.

421. Peuple de Crotone! crains de te livrer à l'inconstance de l'opinion :
Le *chameleon* est malade, quand il change de couleur.

422. Ne sois point l'ami d'un homme qui cultive négligemment sa terre : il négligera de même le *champ de l'amitié*.

423. Laisses parler des Dieux, soit en bien, soit en mal : cultives ton *champ*.

424. Soit voué à l'infamie, quiconque aliène le champ (1) de ses pères!

425. Si chaque citoyen ne peut avoir son *champ*, qu'il ait du moins sa maison!

---

(1) Cette loi fut reçue par les habitans de la ville de Locres. Voy. Aristot. *polit.*

426. Législateur ! *fais entrer les champs* (1) *dans la ville* : rappelles les citadins dédaigneux et blâsés aux goûts simples de la nature.

427. Familles agricoles ! à l'exemple des premiers Phéniciens, n'ayez d'autres Dieux que le *champ* qui vous nourrit.

428. Crotoniates ! acceptez de bonnes lois en *chansons*, comme Lycurgue en donna aux Lacédémoniens : mais ne prenez pas des *chansons* pour des lois.

429. Législateurs et magistrats ! ne vous mettez pas en frais de génie : on fait tout du peuple et du chameau avec des *chansons*.

430. Soumets les *chants* du peuple aux règles de la lyre (2).

431. N'étudiez point la sagesse par *chapitres* : la morale méthodique rétrécit l'ame (3), glace le cœur. Bornez-vous à la raison traditionnelle du bon vieux temps, et aux conseils journaliers de l'expérience.

432. Le corps est le *char* de l'ame, disent les Egyptiens. Jeune homme ! modères la course du *char*. Trop rapide, l'ame qu'il porte perd l'équilibre des passions et l'aplomb de la sagesse.

433. Crotoniates ! conservez la mémoire de

---

(1) La loi symbolique de Pythagore était renfermée dans la première ligne. Le reste en est comme le commentaire de ses disciples.

Cette observation s'applique à beaucoup d'autres endroits de ce code. *Rus , civitas.*

(2) *Cantibus utendum ad lyram.* Symb.

(3) Pythagore prêcha d'exemple : la science n'eut une méthode que long-temps après lui.

Charilaüs, roi de Sparte, pour vous garder de choisir des magistrats qui lui ressemblent : il n'avait pas le courage d'être méchant envers les méchans.

434. Ne détournes pas, n'arrêtes point une *charrue* dans sa marche.

Si tu as à te plaindre d'un laboureur, attends, pour lui demander raison, qu'il ait achevé le sillon commencé.

435. Agriculteur, père de famille ! n'attèles point à ta *charrue* un cerf et une tortue (1).

436. Nul ne pourra exercer de magistrature, qu'il n'ait auparavant conduit de ses mains, pendant trois années, la *charrue* paternelle.

437. Ne prends point un *chasseur* pour ami (2), ni sa fille pour épouse.

438. Crotoniates ! gardez-vous d'élire pour magistrat un *chasseur* de profession, vous fut-il présenté par *Minerve* (3).

439. Magistrats ! soyez chastes ! Ne faites pas violence à la loi.

440. Magistrat, père de famille ! bannis de ta maison le *chat* qui laisse échapper une souris, pour prendre un insecte.

441. Tu es magistrat inepte et mauvais père, si tu ne viens à bout du peuple et de ta famille qu'à l'aide ou par la crainte du *châtiment*.

---

(1) Allusion à un trait de la folie supposée d'Ulysse. Cette loi symbolique recommande d'assortir les mariages.
(2) Pythagore était grand ennemi des chasseurs, dit C. Blount, *commentaires sur Apollonius de Thyane*. I.
(3) Allusion à *Erechtheus*, que Minerve, disait-on, donna elle-même pour roi aux Athéniens.

Le *châtiment* est le Dieu des esclaves et des animaux.

442. Crotoniates! jaloux d'une bonne police, ne *châtrez* point vos *coqs* vigilans.

443. Législateur! ne donnes point au peuple des *chaussures* trop larges (1), si tu veux qu'il marche droit et d'un pas ferme.

444. Ne désignes pas l'emplacement de ta tombe sur le grand *chemin*. La multitude a peu d'égards pour les morts. Les morts ne lui inspirent pas autant de crainte que les Dieux.

445. N'imites point la *chenille*; ne consens pas à ramper aux pieds du prince ou devant le peuple, pour avoir le droit un jour de porter des ailes.

446. Crotoniates! ne renversez pas la loi pour vous asseoir dessus. La loi est la *mesure* commune (le *chenix*) (2).

447. Qu'aucun citoyen n'aille par la ville, monté sur un *cheval*!

448. Refuses d'être l'écuyer d'un *cheval* trop bien nourri (3), et le législateur ou le magistrat d'un peuple opulent.

449. Ne passes point derrière un *cheval*, ni devant le peuple.

450. Crotoniates! laissez croître votre *chevelure* : « De longs *cheveux* embellissent en-

---

(1) *Chaussures*, symbole de *lois*, dans l'école pythagorique.
(2) *In choenice non sedendum*. Voy. le *chenix de Pythagore*, par Durondel.
(3) *Comm.* d'Hiéroclès. XXXII, III et IV.

core de beaux hommes, disait Lycurgue aux Lacédémoniens ».

451. Magistrat! gardes ta *chevelure* dans toute sa longueur (1), ainsi que ta barbe ; parles aux regards du peuple ; il a les oreilles dans les yeux.

452. Défies-toi de la femme qui change la couleur de ses *cheveux*, même quand ce serait pour te plaire davantage.

453. Comptes les vertus de l'homme par tes doigts : ses fautes, par tes *cheveux*.

454. La robe d'une femme mariée descendra jusqu'à ses talons. Les vêtemens d'une jeune fille n'iront point plus bas que la *cheville du pied*.

455. Les autres peuples disent : « Numa fut roi des Romains ; Policrate fut roi de Samos ».

Crotoniates ! dites : « Tel..., chef de famille, est roi de cinquante chevaux, de vingt bœufs, d'une bergerie de cent moutons, d'un troupeau de trente *chèvres* etc ».

456. Magistrat ! interdis aux *chèvres* l'approche des oliviers, aux *femmes*, l'entrée des assemblées publiques.

457. Ne cherches point le sage à la cour des rois, ni dans les assemblées populaires ; le sage est *chez lui*.

458. Manges *chez toi* : on n'est libre, on n'est sobre que *chez soi*.

459. Tu seras toujours plus à ton aise *chez toi*, que dans le palais le plus vaste.

---

(1) *Hodieque proverbium*, comatum *Samium*, *tanquam gravissimum depraedicat*. Jambl. VI.

460. Après bien des recherches vaines, pour rencontrer un ami, attaches-toi un *chien de berger*; un *chien* fidelle est l'ombre d'un ami.

461. Défais-toi de ton *chien*, si tu t'apperçois qu'il ne te sert qu'au plaisir secret de dominer. L'homme qui commence par se permettre le despotisme sur son *chien*, finit par être tenté de devenir le tyran de sa famille et de son pays.

462. Ménages, dans le tombeau de son maître, une place au *chien* fidelle qui n'aura pu lui survivre.

463. Comptes sur la fidélité de ton *chien* jusqu'au dernier moment, sur celle de ta femme, jusqu'à la première occasion.

464. L'épouse qui a de l'ordre, ploye avec soin ses vêtemens et ceux de son mari, pour conserver leur lustre.

Magistrats de Crotone! ne *chiffonnez* pas les lois (1); n'en faites pas non plus litière au peuple.

465. Peuples en république! souvenez-vous de ce que *Chilon*, l'un des sept sages, se plaisait à répéter : « Où la loi parle, que les orateurs se taisent »!

466. Crotoniates! n'aspirez point à la *chimère* d'une pure démocratie.

L'égalité parfaite existe chez les morts.

467. Soit à jamais flétri le nom des insulaires de *Chio*, s'ils furent les premiers qui achetèrent des esclaves!

---

(1) Qu'on nous passe cette expression symbolique, en faveur de sa justesse.

468. Ne crains pas la mort : le sage *Chiron* refusa le don de toujours vivre.

469. Sois tunique (1), plutôt que *chlamyde* (2).

470. Jeune homme ! es-tu menacé d'un *choc* violent ? Passes une nuit sous le toit du sage.

471. Législateur ! choisis ! tu ne peux plaire, à la fois, au sage et au peuple.

472. Prends femme dont tu puisses dire : « J'aurais pu la choisir plus belle et non meilleure ».

473. Sois *chorège* (3) plutôt que magistrat. Un chœur de musiciens est plus facile à mettre d'accord que les habitans d'une ville.

474. Ne te mets pas en colère pour des mots : tu n'en as pas même le droit pour des *choses*.

475. Ne vends pas au peuple les lois qu'il te demande : laisses aux prêtres trafiquer des *choses saintes*.

476. Suis de près l'éducation de tes enfans. Le *chou-fleur* négligé redevient *chou* (4).

477. Gardes-toi d'épouser à la *chute du jour* (5).

---

(1) Habits de dessous, chez les Grecs.
(2) Habit de dessus, chez les mêmes.
(3) Comme qui dirait aujourd'hui, maître de chœur à l'Opéra.
(4) Cette loi est prise dans un traité *sur le chou*, composé par Pythagore. Pline en parle.
(5) C'est-à-dire : n'attends pas que tu sois sur le retour de l'âge, pour prendre femme.

478. Blessé au visage dans une rixe, interdis-toi le miroir, jusqu'à ce que la *cicatrice* soit totalement effacée.

479. Femme en ménage ! ne te modèles pas sur la *cigale*; insecte criard, qui fait plus de bruit que d'ouvrage.

480. Femmes de Crotone ! ne parlez pas plus haut que vos maris.
La *cigale* se tait, quand le mâle se fait entendre (1).

481. Le *cigne* plonge tout entier au fond d'un canal et reparaît à la surface de l'eau, sans avoir mouillé son plumage. Etranger aux opinions vulgaires, tâches d'être *cigne* au milieu de la multitude.

482. Le *cigne* se tait toute sa vie, pour bien chanter une seule fois (2).
Homme de génie ! restes obscur et gardes le silence, jusqu'au moment de paraître dans tout l'éclat d'une réputation que rien ne saurait ternir.

483. Evites le chemin fréquenté par le peuple : le peuple est un *silindre* (3) de plomb qui roule sur un plan incliné; il écrase indistinctement tout ce qui se trouve sur sa route.

484. Est-il en toi quelque propension à l'orgueil, vas méditer sur un *cinéraire*; il te

---

(1) La femelle des cigales est muette, tout ainsi que si elle avait étudié en l'escole de Pythagoras. . .
Comme une autre Theano, elle garde les secrets, en se taisant. *Dialogue* de Théophylacte, trad. par Morel. 1603. *in*-8°. p. 32 et 35.
(2) *Cigni cantus*. Prov. grec.
(3) *Vers dorés* de Pythag.

dira : « Les restes d'un grand homme peuvent à peine remplir le *creux* des deux mains ».

485. Citoyennes de Crotone ! voyagez à *Cio* : depuis plusieurs siècles, dans cette île, toutes les femmes sont chastes, toutes les filles sont vierges.

486. Les hommes-peuples sont des pourceaux.
Législateur ! le sceptre de la raison ne pèse pas assez sur eux ; pour les contenir, armes-toi de la verge de *Circé*.

487. Peuple de *Ciro* (1) ! n'approches point du feu âpre de la liberté.

488. Gardons-nous d'initier les princes aux mystères de la nature : ils doivent ignorer qu'à ses yeux la vie d'un *homme* n'est pas plus importante que celle d'un *ciron* (2).

489. Travailles des mains, selon tes forces : les *ciseaux* d'Atropos ne tranchent pas du premier coup le fil de la vie d'un homme laborieux.

490. Crotoniates ! n'appelez point l'étranger dans vos murs ; n'en ouvrez point les portes à tout venant : une *cité* bien ordonnée ressemble à la table d'un banquet, proportionnée au nombre des convives.

491. Persistes à être sage, au risque d'être le seul sage de la *cité* : n'en rougis point.

492. Législateur ! enfermes les temples dans la *cité* ; et non, la *cité* dans les temples.

---

(1) Ciro, symbole de la mollesse, et de l'absence d'un caractère prononcé.
(2) *Vie de Pythag.* par Fénélon. *in*-12. p. 150.

493. Epoux brouillés, rappelez-vous *Cithe-ron*; ce premier magistrat de Platée (1) prévenait le scandale des divorces juridiques, en conseillant des séparations volontaires et momentanées.

494. Crotoniates! un sénat de mille têtes, est beaucoup trop. Peu de législateurs, mais sages; peu de soldats, mais braves; peu de peuple, beaucoup de *citoyens*.

495. Ne prends le titre de *citoyen* que là où sont de bonnes lois.

496. En te soumettant aux devoirs de *citoyen*, ménages-toi le temps d'être homme.

497. Magistrat! surveilles le culte; ne souffres dans la république que des Dieux *citoyens*.

498. Crotoniates! refusez aux prêtres le titre de *citoyen*; leur patrie est dans l'Olympe.

499. Mari nouveau! parmi les Divinités protectrices de ton ménage, n'admets point la Déesse qui préside aux grilles de fer (*Clathra*); qu'il te suffise du dieu de la Bonne Foi (2)!

500. Parques les troupeaux avec des *claies*; et le peuple avec des lois, plutôt qu'avec des murailles.

501. Jeunes époux, qui desirez faire long-temps bon ménage! que la serrure de votre appartement nuptial n'ait qu'une *clef*! que cette *clef* n'ouvre point d'autre serrure!

502. proposes pour première loi, au peuple qui t'en demande, de retourner avant tout aux *clefs de bois* de nos bons aïeux.

---

(1) Ville de Béotie.
(2) *Dius Fidius*. Donatus *de urbe Româ*.

503. Ne sois point magistrat du peuple, si, pour ouvrir ou fermer sa bouche, il te manque une *clef d'or* (1).

504. Peuples en république ! gardez le souvenir de *Cléobule*, l'un des sept sages ; et appliquez-vous sa maxime accoutumée : « Point de démocratie, là où l'on ne s'abstient du crime que par la crainte du châtiment ».

505. Crotoniates ! dans vos assemblées politiques, versez dans le *clepsydre* du sage, une double mesure d'eau.

506. Crotoniates ! n'allez point ramasser vos Dieux dans les égoûts : Laissez à Rome sa déesse *Cloacine*.

507. Avant d'aspirer à la chaise curule, saches qu'un magistrat du peuple est semblable à la *colombe* que des nautoniers oisifs placent au haut du mât pour servir de but à leurs javelots.

508. Crotoniates ! imitez les *Athéniens* : dressez un autel à la *clémence* ; tous les hommes en ont besoin.

509. Magistrat ! sois comme le crieur public (2) : avant de parler au peuple, consulte le *clepsydre* (3).

510. Législateur ! sois bref ! la lecture d'une loi ne doit pas consumer plus de temps que n'en met le *clepsydre* à laisser tomber neuf gouttes d'eau (4).

---

(1) Sophoclès. *OEdip. Colon.*
(2) Chargé d'annoncer les heures.
(3) C'est-à-dire : choisis l'heure favorable pour haranguer la multitude.
(4) Instrument hydraulique, imaginé par les Anciens, pour mesurer le temps ; il leur tenait lieu d'horloge, de montre...

511. Crotoniates! donnez à vos *clepsydres* (1) des formes moins ignobles que ceux construits en Egypte (2) : jusque dans les plus petits détails, respectez la décence.

512. Crotoniates! ne dégradez point votre ville, en y souffrant une *clientelle* entre les magistrats et la loi (3).

513. Crotoniates! ayez peu de lois : mais que ces lois ressemblent aux *clous* d'airain de la nécessité !

514. Législateur! ne laisses point ton *code* à la garde des prêtres :

Ne touches point à leurs Divinités; qu'ils ne portent pas non plus la main à tes lois !

Les lois du sage sont plus sacrées que les Dieux du peuple.

515. Législateur! divises ton *code* en deux tables :

Sur l'une, graves les lois de la justice, pour le peuple ; sur l'autre, les règles de l'équité, à l'usage des hommes qui ne sont pas peuple.

516. Magistrats de Crotone! bannissez de la ville toute femme qui se dévoue à la *parure* et au service d'une autre femme (4).

517. Tu ne resteras point, la tête couverte, sans nécessité ; ne portes point de *coiffure* épaisse et lourde.

518. Ne manges point ton *cœur* (5).

---

(1) Horloges d'eau.
(2) Un singe urinant.
(3) Loi dirigée contre l'usage des clientelles qui commençait à s'introduire à Rome.
(4) *Ornatrix. Coiffeuse*, femme-de-chambre.
(5 IVe symbole, d'où est venue notre expression : *je me mange les sens*, usitée dans des momens d'humeur.

519. Préfères les peines du *cœur* à ses loisirs.

520. Mets de bonne heure tes passions au régime : que ton *cœur* soit sobre, ainsi que ta bouche, afin de vivre longuement.

521. Fuis d'une égale vîtesse, une *cohue* sans lois, et une cohorte sans discipline.

522. Si tu te permets la *colère*, que ce soit une sainte *colère*, celle d'*Hercule* (1), frappant de sa massue, le crime heureux (2).

523. Evites les accès de *colère*: cette passion ressemble aux tremblemens de terre; par ses secousses violentes, elle ébranle tout l'édifice du corps humain.

524. Architectes ! qu'il vous soit défendu de donner la forme humaine aux *colonnes* des édifices ! Abstenez-vous d'*Atlantides* (3).

525. Un tombeau pourra servir en même-temps de *colonne itinéraire* ou terminale ; c'est honorer les morts que de les rendre utiles aux vivans.

526. Magistrat ! préserves les lois de tout

---

(1) D'où le proverbe : *Herculis ira*.
(2) Il est dict que les gentils-hommes qui faisoient profession de chevaliers errants, n'avoyent aucun plus grand soucy que d'abolir par la force de leurs bras, les mauvaises coustumes que les tyrants, et *mange-peuples* se donnoyent licence de mettre sus à la foule, et grevance de leurs subjects. Et ce vertueux zèle a esté cause que les Grecs ont déifié leurs *Hercules*.
Page 546 des *Mélanges historiques*, de Pierre de Sainct Julien. *in*-8°. Lyon, 1589.
(3) Colonnes, ainsi appelées du nom d'*Atlas* qui porta le Ciel sur ses épaules. Elles précédèrent les Cariatides, de beaucoup.

alliage : qu'elles restent aussi pures que l'or de *Colophon* (1)

527. Homme d'état ! imprimes aux lois de la république un caractère aussi sacré que les *commandemens* de la religion.

528. Nations civilisées ! dans vos jours de fêtes, renoncez au plaisir barbare de voir *combattre* des coqs, des taureaux, des chiens les uns contre les autres.

529. Sénateurs et magistrats ! à l'exemple des *comètes*, ne vous montrez au peuple, qu'à des époques rares et fixes.

530. Législateurs ! n'apparaissez que de loin en loin, comme les *comètes* (2).

531. Peuples et magistrats ! ne provoquez point les révolutions politiques : quand on ne va point au-devant d'elles, ce sont des *comètes* paisibles qui ne font de mal à personne.

532. Epoux ! la nuit du jour de l'anniversaire de votre mariage, ne manquez pas d'en faire *commémoration*.

533. Ne donne point de lois au *commerce* ; il n'en souffre pas plus que l'océan qui porte ses vaisseaux : le *commerce* repose tout entier sur la confiance.

534. Législateur ! défends les bains publics, et les sépultures *communes*.

535. Ecris tes lois à la pointe du *compas*.

---

(1) *Aurum Colophonium*, prov. grec. Voy. Hérodote.
(2) Pythagore enseigna sur les comètes une opinion digne du siècle le plus éclairé Dutens, tom. 1. XI. p. 214. *Découvertes des Anciens, attribuées aux Modernes.*

536. Aimes à converser avec toi-même et à te rendre *compte* de ton existence.

537. Ne répliques point à la loi :
La loi n'a point de *comptes* à rendre.

538. Crotoniates ! faites rendre des *comptes* à tous vos magistrats : les Dieux eux-mêmes rendent des *comptes* au destin.

539. Peuple ! pèses tes lois ; *comptes* tes magistrats.

540. Crotoniates ! dispensez vos magistrats de prêter serment, quand ils entrent en charge, mais non de rendre *compte*, quand ils sortent.

541. Ne maries point *Minerve* à *Comus* (1).

542. Père de famille ! dates la vie de tes enfans du moment que leur mère *a conçu*.
Le jour de sa naissance, l'homme est déjà vieux de neuf mois.

543. Crotoniates ! empruntez aux Romains leurs autels à la *concorde* des familles.

544. Magistrat ! ne souffres point que le culte des Dieux entre en *concurrence* avec celui des lois : le peuple ne peut obéir également bien à deux maîtres à la fois.

545. Législateurs et magistrats ! pour ses propres intérêts, ne mettez pas le peuple dans votre *confidence* : la nature n'admet personne à la sienne : mais soyez droits comme la nature.

546. Les rois se coalisent : nations républicaines (2) ! *confédérez*-vous.

---

(1) Pour dire : ne traites point d'affaires à table.
(2) *Rhegium*, *Locres*, *Métapont*, *Crotone*, et autres cités libres de la Grande-Grèce.

547. Magistrat! n'empêches point, mais surveilles les *confraternités* religieuses.

548. Sois l'esclave qui verse l'eau sur les mains ensanglantées d'un *conquérant*, plutôt que le *conquérant* lui-même.

549. Législateur! refuses des lois à un peuple esclave ou *conquérant*.

550. Consultes ta *conscience* avant tout le monde, mais après ton ami.

551. N'aye d'autre Divinité que ta *conscience*.

552. A Sparte, le crime seul ferme aux aspirans les portes du *conseil des anciens* :

A Crotone, que ce soit non pas seulement le crime, mais encore l'incapacité des candidats.

553. Si tu as un ami, dispenses-toi d'aller à Rome, pour sacrifier au Dieu des bons conseils (1).

554. On endurcit la corne des jeunes chevaux, en les faisant marcher sur un chemin de cailloutages (2) :

Père de famille! par de légères *contrariétés*, donnes du caractère à tes enfans.

555. Législateur! prends leçon des athlètes : saches user de *contre-poids* (3).

556. Magistrat! pourvois aux besoins du peuple : la liberté n'en est pas un pour lui; il ne te la demande point, quand il se plaint, ou murmure. Le peuple ne vise pas si haut, et se rend plus de justice : du travail pour se procurer du pain; du pain pour soutenir ses

_____
(1) *Consus.*
(2) Les Anciens ne ferraient point leurs chevaux.
(3) Balancier, *alterès*. Pausan. *eliac.*

travaux ;

travaux ; il ne lui faut et il ne veut que cela ; il ne sort point de ce cercle étroit, tracé à sa *convenance*.

557. Ne t'asseois pas à un banquet où le sang ruisselle sous la dent des *convives* : Que la table où tu manges soit pure (1) !

558. Peuple de Crotone ! n'enlèves point le sexe au *coq* (2) qui compte les heures et mesure le temps.

559. Père de famille ! places la couche du paresseux dans le voisinage du *coq* matinal.

560. Peuple de Rhégium ! ne sacrifies point le *coq* vigilant : prends soin de ceux qui veillent pour toi, quand tu dors (3).

561. Que le *coq* matinal soit le premier de tes animaux domestiques (4) !

562. Estimes davantage le *corbeau* que le flatteur parasite : le premier se repaît de cadavres ; le second s'engraisse de la substance des vivans.

563. Sois la *corbeille* qui ramasse et conserve pour demain les restes d'aujourd'hui.

564. Homme d'état ! la Liberté est un *cordial* : ne l'administres à un vieux peuple que goutte à goutte.

565. Crotoniates ! comme à *Corinthe* (5),

---

(1) *Coena pura absq; sanguine.* Apulejus. *asclep. ad finem.*
(2) *Gallum ne sacrificato.* XXVII *symb.* selon Dacier.
(3) *Gallum nutrito.* Symb.
(4) *Gallum enutrias.* Pythag. *Symb.*
(5) Bayle, *dict. Périandre, in fine.*

soumettez à des lois somptuaires l'entretien de vos sénateurs.

566. N'entreprends pas de percer l'*isthme de Corinthe* (1) ; encore moins de ramener toute une multitude à la raison :

Rien de plus aisé que la *dégénération* des hommes en peuple ;

Rien de plus difficile que la *régénération* du peuple en hommes.

567. Laisses aux prises le peuple et ses magistrats :

Ne te places point entre la *corne* du taureau et le bâton ferré de son maître.

568. Apprends tes lois à la *corneille* babillarde : le peuple les trouvera bien meilleures sur le bec d'une *corneille* que dans la bouche d'un homme.

569. Crotoniates ! gardez-vous que le corps social ne dégénère en *corporations* (2).

570. Crotoniates ! mesurez votre république sur le premier de vos Dieux :

Hercule, plus grand de *corps*, aurait eu moins de *force* d'ame.

571. Magistrat du peuple ! défends aux artistes de représenter les Dieux avec un *corps*.

572. Homme d'état ! ne te mesures point, *corps-à-corps* avec le peuple : qu'il se sente frappé de la loi, comme d'un coup de foudre !

---

(1) Large de cinq mille pas, suivant Mela.
(2) Pythagore fit trouver bon au peuple de Crotone, d'abolir toutes les compagnies et conventicules.

Rouillard, *reliefs forenses. in-8°*.

573. Les pieds portent ; les mains servent ; la tête ordonne :

Crotoniates ! prenez pour législateur le *corps humain*.

574. Crotoniates ! soyez plus difficiles que les *Phrygiens;* ils prirent pour législateur le premier charlatan qui sut les amuser : ne recevez point de lois de la main d'un second *Corybas* (1).

575. Ne permets pas qu'une main étrangère touche à la chevelure de ta femme ou de tes filles (2).

576. Sois *cosmopolite*, jusqu'à ce que tu rencontres une nation sage et de bonnes lois !

577. Nations, amies du luxe, renoncez à la liberté : les *Cosses*, peuplade d'Asie, doivent leur indépendance au gland dont ils se contentent.

578. Peuple de Crotone ! rejettes l'habit étroit et court; il dégrade les belles formes de la nature :

Adoptes les draperies amples et longues ; elles donnent un air de gravité qui ne messied point à une nation sage.

Que le *costume* des hommes ait de la noblesse ; celui des femmes, de l'élégance !

579. Ne sois point des deux sexes, comme (3) le *cothurne*.

―――――――――――――

(1) Fondateur des *Corybantes*, gens mal famés.
(2) *Cosmeta*, nom grec et latin, des coiffeurs de l'un et de l'autre sexe.
(3) Sorte de chaussure servant aux hommes et aux femmes.

F 2

580. Les nouveaux mariés ne prendront pas possession du lit conjugal, avant le *coucher* (1) *du soleil.*

581. Gardes les limites de ton patrimoine : ne perds ni ne gagnes une *coudée* de terre ; et ne sois ni plus négligent, ni plus ambitieux que tes ancêtres.

582. Peuple de Crotone! ne regardes pas d'un même œil un coup de foudre et un coup d'autorité.

583. Dans la *coupe* de l'*amitié* seulement, abstiens-toi de mêler l'eau à ton vin.

584. L'épouse ne boira point dans une autre *coupe* que celle de son mari.

585. Heureux possesseur d'une femme aimable et d'une *coupe d'albâtre*, ne touches qu'avec une extrême délicatesse à ces objets fragiles ; et prends le soin de les éloigner de tout ce qui pourrait leur occasionner une chute.

586. Mouilles tes lèvres, au moins une fois par jour, dans la *coupe* (2) *de l'amitié.*

587. Magistrat! ne permets point au peuple de boire à longs traits dans la *coupe* (3) *libre* de l'*égalité*. Crains qu'il ne s'enivre. L'ivresse de l'indépendance a toujours de fâcheuses suites.

---

(1) Cette loi contredit l'usage de quelques anciens peuples grecs. Voyez les *vases* d'Hamilton. page 53. *in-folio.*
(2) *Philoteesia.*
(3) Expression homérique. *Iliad.* **VI.** *ad finem.*

588. Père de famille ! ne mûris point tes fruits (1), à force de coups (2).

589. Crotoniates ! honorez d'une double *couronne* celui de vos concitoyens qui a fait une bonne action, et qui ne croit pas aux (3) Dieux.

590. Crotoniates ! ne laissez porter une *couronne* qu'aux Dieux, aux femmes et aux enfans.

591. Ne loues point, en *courant* (4).

592. Magistrat ! ne laisses point le peuple perdre la loi un seul instant de vue :
La vue des *courroyes* en impose aux esclaves.

593. Ne sois le *courtisan* ni des rois, ni du peuple : et saches que si ce vil métier est plus facile auprès du peuple, il est moins dangereux chez les rois.

594. Jeune homme ! n'attends pas le déclin du jour pour embrasser la vertu. La vertu n'est point une *courtisanne*.

595. Ne *crains* pas les Dieux ; *crains* les hommes.

596. La *crainte* fit, et les rois et les peuples :

---

(1) Tes enfans.
(2) Cette loi domestique est devenue un proverbe grec, que Plutarque rapporte dans son traité : *de la manière de discerner un flatteur*.
(3) Voy. tom. II des *voyages de Pythagore*. §. des *initiations*.
(4) Ce précepte, quelquefois, est rendu par celui-ci : *Adoraturi sedeant*. Adores assis, comme *le Grec l'ordonne*.
Par *le Grec*, notre vieux pibrac entend Pythagore.

Législateur ! mets en jeu le même ressort pour contenir et les rois et les peuples.

597. Les Dieux sont anciens :
Crotoniates ! si l'on vous demande : y a-t-il des choses plus anciennes que les Dieux ?
Dites : il y a la *crainte* et l'espérance.

598. Magistrats ! comme à *Sparte*, sous le vestibule des tribunaux, élevez un autel à la *crainte*. La crainte des châtimens en impose au peuple et à l'enfance.

599. Honorez la mémoire de *Créophyle*, le Samien : il donna l'hospitalité au divin *Homère* aveugle, vieux et pauvre.

600. Ne sois point le législateur d'un peuple qui dresse un autel au Dieu *Crepitus* (1). Ce peuple n'a besoin que d'un porcher.

601. Magistrat ! veilles au maintien de la sainte égalité dans les *repas* (2) *publics* : fais que chaque convive ait sa part seulement ; jamais deux, comme à Sparte, ou en *Crète*, en faveur des héros : les grands hommes ne mangent pas plus que les hommes ordinaires.

602. Crotoniates ! à l'exemple des insulaires de *Crète*, tous les neuf ans, faites reviser vos lois par un sage.

603. Crotoniates ! à l'imitation des *Crétois*, chassez de vos murs, ou n'y laissez pas entrer les orateurs de profession.

---

(1) Le nom de ce Dieu d'Egypte, traduit, sent trop mauvais.

Quosdam fuisse Ægyptios qui venerarentur ventris crepitus. Origen. lib. V. *contra celsum.*

(2) C'est ce que les Grecs appelaient *daita eisen* (festin égal).

604. Jeune homme ! sois une éponge, en la présence du sage qui parle :
Sois un *crible* en la présence de l'insensé qui ne se tait pas.

605. Vannes le peuple, avant de lui donner des lois, et passes-le au *crible*.

606. Législateur ou magistrat ! ne places jamais le citoyen entre son père et sa patrie : préviens un *crime*.

607. Es-tu jaloux de conserver intacte ton indépendance individuelle ? évites les liens d'une existence collective :
La liberté se plait au milieu d'une *famille* (1) rassemblée en son nom ; elle fuit la multitude qui l'appelle à grands *cris*.

608. Magistrats du peuple ! ne vous modelez point sur les pêcheurs d'Egypte, qui jettent de la fange aux yeux du *crocodile*, pour s'en rendre maîtres.

609. Législateur un peu sévère ! crains que le peuple ne ressemble aux *crocodiles nouveaux-nés* ; ceux-ci mordent le bâton qui leur facilite la sortie de l'œuf en le cassant.

610. Passes, sans t'arrêter, devant les Dieux du peuple ; ils sont, ainsi que lui, volages et jaloux, disait Solon à *Crœsus*.

611. Si tu n'es pas disposé à tout *croire*, n'admets point des Dieux (2).

612. Homme sage ! ne discutes point avec le

---

(1) L'*école italique*, dans le style symbolique de Pythagore.
(2) *De diis, nihil tam admirabile, quod non credendum. Appendix symbol. Pythag.* Jamblic. Brussic.

peuple : c'est à lui de *croire sur parole* ; qu'il se taise, ou tais-toi !

613. Selon le proverbe : la *Thessalie* n'a pas encore donné un mauvais cheval ni un honnête homme :

Crotoniates ! craignez qu'on ne dise de vous :

Il n'est jamais sorti de *Crotone* un faible athlète, ni un homme sage.

614. Ne prostitues point la lyre aux longues oreilles de la multitude ; les *crotales* leur suffisent :

Hercule s'en servit avec succès, pour se délivrer des sales oiseaux du lac Stymphalide.

615. Crotoniates ! faites qu'on puisse dire :

Crotone n'est point une monarchie ;

Crotone n'est point une république ;

Crotone est la ville d'un peuple heureux sous des lois sages.

616. Ne *crucifies* (1) point ton âme sur ton corps.

617. Crotoniates ! gardez un souvenir de reconnaissance à *Ctesibius*, l'inventeur des pompes hydrauliques.

618. Au milieu des dissentions civiles, sois *cube* (2).

619. Sois semblable au Dieu des *Arabes* (3) :

―――――――――――――――――

(1) Jambl. *vita Pythag.* n°. 228. *in*-4°.

(2) *Vir bonus à Pythagoraeis vocabatur* tetragonus. Vide P. Bungi *numerorum mysteria*, par. 1618. *in*-4°, p. 42. appendix.

(3) *Arabes* Deum habent... ; ejus simulachrum aspexi, *tetragonum* videlicet lapidem.

Maxim. Tyrii *serm.* XXXVIII.

parmi les oscillations de la vie sociale, restes cubes.

620. Magistrat! gardes-toi d'imiter le réparateur de chaussures : ne donnes point aux lois l'extension de ses *cuirs*.

621. Magistrat! bannis de la cité les *cuisiniers* de profession.

622. Crotoniates! à tous les autres cultes, préférez celui *de la loi* : la loi est au-dessus de tout, même des Dieux.

623. Rends à ton père le *culte* que la multitude prostitue à ses Dieux et à ses rois.

624. Cultives ton champ : les Dieux te dispensent de tout autre *culte* : l'agriculture est la première religion de l'homme.

625. Crotoniates! si le besoin d'un *culte* vous tourmente, honorez les *hommes devenus Dieux*, de préférence aux Dieux devenus hommes.

626. Il n'y aura pas deux *cultes* dans un ménage : l'épouse ne doit pas avoir d'autres Dieux que son mari.

627. Jettes de la graine de *cumin* aux pigeons, et débites des nouvelles au peuple ; ils te suivront partout.

628. N'entreprends pas la *cure* d'un malade, sans le voir (1).

629. Législateur! ne tentes pas l'impossible : renonces au projet de faire entrer toutes les eaux de l'Océan Atlantique dans un *cyathe* (2) :

---

(1) Pythagore recommande ici la médecine clinique.
(2) Petite mesure grecque ; il en fallait six pour faire un cotyle.

le temple de la liberté n'est pas assez vaste pour recevoir tout un peuple à-la-fois.

630. Crotoniates! ne permettez pas aux prêtres de *Cybèle* de mandier dans vos murs, ni sur votre territoire : Eh! n'est-ce pas aux Dieux à nourrir leurs ministres?

631. Gardez le souvenir de *Cydon* (1) : il se faisait un devoir religieux d'exercer l'hospitalité au moins une fois par jour.

632. A *Cydonis* (2), pendant les saturnales, l'esclave a le droit de fouetter l'enfant de son maître.

Peuple de Crotone! consacres dans l'année au moins un jour pour la censure de tes magistrats.

633. Crotoniates! ne mettez point aux prises le *cygne* et l'*aigle* : quelque soit l'issue du combat, vous ne pourriez qu'y perdre.

634. Pour vivre longuement, ne passes point par les grandes magistratures, quoique disc *Anacréon* du roi de Cypre, *Cyniras* (3).

635. Citoyennes de Crotone! pour plaire, ne lavez point votre visage avec les excrémens du crocodile détrempés dans l'huile de *Cypre* : ayez des mœurs.

636. Ne te chauffes pas avec le bois de *cyprès* (4) : ne vis point aux dépens des morts.

637. A l'exemple d'*Astyage*, ancêtre de

---

(1) Χυδωνος. Il était de Corinthe, et donna lieu à un proverbe grec, honorable à sa mémoire.
(2) Ville de Crète.
(3) Qui vécut cent soixante ans, selon le poëte.
(4) *Ligna cupressina ne coacervato.* Symb.

DE PYTHAGORE. 91

Cyrus, ne substitues point une chevelure étrangère à celle que la faulx du temps moissonne sur ta tête.

638. Familles agricoles ! honorez le souvenir de *Cyrus* :

S'il fit beaucoup de mal aux villes (1) superbes ; il respecta la paix des chaumières.

639. Magistrat du peuple ! sois comme *Cyrus* (2), qui savait le nom de tous les soldats de son armée.

640. Père de famille ! ne souffres pas que le (3) *cytine* croisse dans ton jardin.

641. Crotoniates ! à vos cérémonies religieuses dont les Dieux n'ont que faire, substituez des solennités rurales, comme on en célèbre à *Cyzique* (4).

Les Grecs d'Asie ont la fête du (5) blé en fleur, celle des noix, des châtaignes : celle de tous les fruits vaudrait bien la fête de *tous les Dieux*.

D.

642. Marches droit sur la ligne du bien :
Pour peu qu'on s'en écarte, le mal est à côté ; un *dactyle* (6) à peine les *sépare*.

643. Crotoniates ! gardez la mémoire de

---

(1) Telle que *Babylone*.
(2) Le grand Cyrus.
(3) *Cytinus*, ou *hypocystis*, plante agréable, mais parasite et connue des Anciens.
(4) Colonie de Milet.
(5) Du 24 avril au 23 mai de leur calendrier.
(6) Mesure ancienne linéaire ; nous dirions aujourd'hui *un travers de doigt*.

Danaüs. Il creusa les premières citernes en Grèce.

644. Donnes à ton fils des leçons (1) de *danse*, pour l'accoutumer aux mouvemens reglés de l'ame. L'ame n'a point de tenue dans un corps rebelle à l'harmonie.

645. Jamais, ne mets le pied dans la *danse* du peuple (2).

646. Crotoniates ! à l'exemple des sages Egyptiens et des Grecs, avant Thésée, dans vos fêtes nationales, exécutés des *danses philosophiques*, propres à développer toutes (3) vos facultés à la fois.

647. Magistrat de Crotone ! tiens les portes de la ville constamment fermées à ces *danseuses* venues d'Asie pour amollir l'Europe.

648. Conservez la mémoire de *Daphnis*, de Sicile : le premier d'entre les poëtes, il consacra ses talens à la muse bucolique.

649. Nations italiques ! soyez libres, comme les *Dardanes* (4), mais non pas féroces comme eux.

650. Laisses au peuple la chair du *dasquille* (5) : cette nourriture lui convient.

651. Jeune homme ! ne fais point *débauche* de sagesse.

---

(1) Diotegène, Pythagoricien. Voy. Stobée.
(2) Cette loi symbolique donna lieu à un proverbe grec.
(3) Socrate pythagorisait, quand il définissait la danse : l'exercice de tous les membres.
(4) Peuple voisin de l'Epire, ou de la Macédoine.
(5) Ce poisson *cibatur stercore et luto*.
Cette loi est une de celles qui motivèrent les persécutions éprouvées par Pythagore et son école.

652. Si l'on vous demande : qu'est-ce que la philosophie ?

Dites : C'est une passion (1) pour la vérité, qui donne aux paroles du sage le pouvoir de la lyre d'Orphée.

Le philosophe apprivoiserait l'ourse (2) de la *Daunie* (3).

653. Crotoniates ! évitez toute révolution politique : elle amène ordinairement à sa suite un *débordement* de lois.

654. Magistrat ! restes *debout*.

Aux jeux olympiques, le conducteur de chars, pour fournir sa carrière, s'asseoit rarement.

655. Crotoniates ! dix *décades* d'années, est la mesure pleine de la vie humaine et politique : tous les dix ans, revisez vos lois ; refaites-les, à chaque siècle.

656. Les Egyptiens purgent leurs corps une fois par *decan* (4) de chaque mois.

Chaque nuit, purges ton cerveau des erreurs qu'il a pu contracter dans le jour.

657. Accoutumes le peuple à parler *décemment*.

658. Peuples d'Italie ! que chacune de vos cités soit une république (5) ! n'ayez de commun que la *défense*.

659. Homme de génie ! éclaires le peuple de

---

(1) *Zelus sapientiae. vita Pythag.* Nic. Scutel. *in-°*.
(2) *Dauniam ursam domat*. Idem.
(3) *Daunia*, forêt d'Italie.
(4) C'est-à-dire, une fois tous les dix jours.
(5) Loi dirigée contre la politique romaine.

loin, et caches-lui la main qui porte le flambeau.

Le peuple n'a de reconnaissance que pour ses bienfaicteurs absens ou *défunts*.

660. *Défies*-toi de tout ; ne désespères de rien.

661. Le peuple est au premier occupant, comme un terrain inculte et vague : rarement, il reste à celui qui le *défriche*.

Profitez de l'avis, législateurs du peuple !

662. Jeune homme ! imites le convive délicat : *dégustes* le plaisir, avant d'en prendre à pleine coupe.

663. Voyageur ! ne souilles point de tes *déjections* le lit d'un ruisseau, ni le pied d'un arbre, ni les fleurs écloses sur ta route.

664. Si, afin de vous embarrasser, on vous demande : Pourquoi l'homme et les autres animaux sont-ils assujettis aux *déjections* ? dites :

Parceque l'habitant de la terre ne doit pas ressembler à celui de la lune (1).

665. Crotoniates ! si votre magistrat vous demande des gardes, rappellez-vous la ruse de *Déjocès*, pour en obtenir de la nation *Mède*.

666. Législateur ! défends aux magistrats de mettre à prix les *délations* : mesure utile peut-être ; peut-être même nécessaire, mais qui n'est point honnête.

---

(1) Les Pythagoriciens, prévenus en faveur de la lune, lui ont donné des animaux plus beaux et plus grands que ceux d'ici-bas, et accordent même à ces animaux le privilège de n'être point sujets aux superfluités que les alimens produisent dans les intestins. Hugens, *plur. des mondes*.

667. Législateur ! ne souilles pas les chastes balances de Thémis, en y recevant des monnaies (1) d'or, pour contre-poids d'un *délit*.

668. Législateur ! pour remettre en commun tous les biens de la terre, attends la régénération des hommes par un nouveau déluge (2).
Les peuples d'à-présent n'en sont point dignes, ni capables.

669. Crotoniates ! n'attendez pas la mort (3) de vos magistrats pour leur *demander compte*.

670. Ne redoutes pas tant de quitter la vie : ce n'est qu'un changement de *demeure* ; tu sors d'une maison, pour entrer dans une autre un peu plus petite.

671. Sois homme entièrement, plutôt que demi-Dieu.

672. Crotoniates ! n'ayez point de demi-Dieux : ce sont les demi-hommes qui ont imaginé les *demi-Dieux*.

673. Métapontains ! ayez des *demi-Dieux*, si bon vous semble : n'ayez point de *demi-lois*.

674. La raison est à moitié chemin de la vérité.
Législateur ! fais que le peuple en reste-là ; les *demi-vérités* seules sont à sa portée, et lui suffisent.

675. Rhégiens ! ne recevez pas la *démocratie* de la main d'un roi : un présent aussi

---

(1) Les amendes pécuniaires. Archytas, *de lege et justitiâ*. Stob. *fragm*.
(2) De Deucalion.
(3) Loi dirigée contre l'Egypte.

considérable, et si fort au-dessus de la portée du grand nombre, est suspect (1).

676. Crois la moitié du mal qu'on vient te *dénoncer*.

677. N'immoles la vie d'aucun être sensible, au plaisir d'une vaine curiosité, ni même aux progrès de l'anatomie. La modération et la médiocrité t'apprendront à vivre longuement en santé, mieux que des *démonstrations anatomiques*.

678. Soit flétrie, la mémoire de *Dennus*, le *Mantinéen*, qui, le premier donna des leçons d'armes.

679. Jeune homme ! ne te *dépêches* pas de vivre.

680. *Dépêches*-toi de faire le bien, plutôt ce matin que ce soir : car la vie est courte, et le temps vole.

681. Sois le *dernier* à savoir ce que tu vaux, et ne l'apprends que par les autres.

682. Ne joues point avec les *dez* de la fortune ; ce sont presque toujours des *dez* pipés.

683. Joues aux *dez* avec le peuple qui te demandes des lois.

684. Magistrat d'un grand peuple! gouvernes-le à coups de *dez* (2) : les lois du hasard lui conviennent mieux que celles de la raison.

685. Occupes ton ame ; il en est de l'ame

---

(1) Cette loi semble dirigée contre un apophtègme de Solon. Voy. *dicta sapientum*.

(2) Ceci a trait à la *cubomancie*, ou divination par le jet des dez.

oisive,

oisive, comme d'une maison qui se dégrade beaucoup plus vîte, quand elle reste *déserte*.

686. Peuple de Crotone! si la terre te donnes de belles moissons et de beaux fruits, ne lui demandes pas des pierres et des métaux : ne *désosses* point ta nourrice.

687. Hommes publics! rentrez chez vous, si vous ne voulez pas être despotes :
Il en faut à la multitude.

688. Crotoniates! ne souffrez d'autres *despotes* que la loi; et ne le soyez pas d'elle.

689. Ne cherches point à lire dans ta destinée :
Le *destin* est fils de la nuit, nous apprend le bon Hésiode.

690. Familles et peuples! ne négligez pas les détails domestiques : il n'est point de petits *détails*.

691. La Nature ou le grand Tout, n'est que la somme d'infinis, infiniment petits.
Législateur! donnes de l'importance aux *détails* : n'en dédaignes aucun.

692. Abstiens-toi de la bienfaisance, tant qu'il te reste une *dette* à payer.

693. En mourant, ne laisses à ton fils d'autres *dettes* que celles de la reconnaissance.

694. Laisses croire au peuple que le déluge de *Deucalion* (1) est un châtiment du ciel, pour laver les hommes des taches de sang dont ils se souillaient.

695. Honorez le souvenir de *Deucalion* : ce

---

(1) Apollodor. Ovid. *métam.* liv. I.

législateur avait le secret de la métempsycose des pierres brutes en hommes.

696. Femmes de Crotone ! dans la foule des divinités offertes à votre culte, distinguez (1) *Deverronna* : elle rend chères à leurs maris les épouses soigneuses qui font régner l'ordre et la propreté dans leur ménage.

697. Homme avide de connaissances ! la nature souffre que tu l'observes ; elle ne permet pas que tu la *devines*.

698. Législateur ! appelles l'homme à ses *droits* :
Ne parles au peuple que de ses *devoirs*.

699. Seul, ne tiens pas sur la terre la place de *deux*.

700. Ne fais point tout seul le trajet du berceau à la tombe :
La meilleure manière de voyager sur le chemin de la vie, est de marcher *deux* ensemble, et à petites journées.

701. Quoique la vie soit courte, ne fais jamais *deux choses* à la fois, pas même deux bonnes choses à la fois.

702. Renonces aux affaires publiques, et aux *dez* qu'on agite dans un *cornet* (2).

703. Ne cherches point à faire du diamant avec de l'*améthiste*.
Une *améthiste* parfaite (3) ne pourra te donner qu'un *diamant* imparfait.

---

(1) Déesse du balayage.
(2) Phimos.
(3) Fils d'un lapidaire, Pythagore devait s'y connaître.

704. Crotoniates! sachez la musique, pour savoir être justes.

La justice est le *diapason* (1) des vertus; elle les suppose toutes.

705. Crotoniates! ne souffrez point de *dictateur*, pas même à vos banquets.

706. Composes ta vie sous la *dictée* de ta conscience (2).

707. Femmes de Crotone! gardez le souvenir de *Didon*: elle aima mieux perdre la vie sur un bûcher, que de contracter une union désavouée par son cœur.

708. Parles des Dieux, jamais de *Dieu* (3).

709. Dis aux prophanes, sur la place publique: *Les Dieux seuls sont sages.*

Dis à l'initié, dans le sanctuaire de la raison: *Le sage seul est Dieu.*

710. Si tu ne peux vivre sans un *Dieu* (4), que ton ami t'en serve!

711. Hommes! soyez vous-mêmes vos *Dieux* (5)! faites-vous du bien les uns aux autres: faire le bien, c'est être *Dieu*.

712. Peuple de Crotone! tu ne donneras point de noms à tes *Dieux*.

Tu ne prendras point le nom de tes *Dieux*.

713. Peuple de Crotone! ne forces point le sage de sacrifier aux *Dieux*; chacun les

---

(1) *Comm.* d'Hiéroclès. *rem.* de Dacier.
(2) *Fac ea quae honesta judicas.* Stob. serm. 46. n° 152.
(3) *Rem.* de Dacier *sur Hiéroclès.* tom. II. p. 247.
(4) *Amicos deorum instar colendos.* Jamb. XXXV.
(5) *Homo homini deus.*

honore à sa manière : toi, en ensanglantant leurs autels ; lui, en s'étudiant à prendre leur ressemblance.

714. Peuple ! ne te fais des *Dieux* que de bois, de cire, ou d'argile, et ne leur donnes pas ton image (1).

715. Hommes de génie ! Hommes sages ! ne vous laissez pas voir à la multitude plus souvent que ses *Dieux*.

716. Crotoniates ! ne forcez personne d'adorer vos *Dieux* : les *Dieux*, plus tolérans que vous, veulent de libres hommages.

717. Ne parles point des *Dieux* : les *Dieux* se taisent sur eux-mêmes (2).

718. Crotoniates ! ne blasphêmez point les *Dieux*, en les disant auteurs de vos peines. Les *Dieux* ne font ni bien ni mal aux hommes. Vos destinées sont dans vos mains.

719. Quand tu parles des *Dieux*, écartes les lumières.

720. Crains de parler des *Dieux*, en présence du peuple (3).

721. Ne choisis pas, pour faire des reproches à ta femme, à tes enfans ou à ton ami, le temps d'une *digestion* laborieuse et pénible.

722. N'ouvres point au peuple ta main pleine

---

(1) Cette loi a des variantes, comme presque toutes les autres. On lui fait dire : « Ne fabriques point de Mercure avec toute sorte de bois ».
(2) *Linguam coërce, deos imitans.* Jambl.
(3) *In multitudine dicere de deo non audeas.*
        Sextus Pythagoreus.

de vérités : le peuple en a besoin ; mais il n'en est pas *digne*.

723. Soit flétrie la mémoire de *Diome* (1), le premier qui commit le meurtre d'un bœuf!

Crotoniates! observez que *Diome* était un prêtre.

724. Conserves la mémoire de *Diomède* : il était impie, mais brave.

725. Crotoniates! le bon Hésiode donne la *discorde* pour mère au serment : Et moi, je vous dis qu'elle en est plutôt la fille.

726. Pendant les *discordes* civiles, quel parti le sage doit-il prendre?
Qu'il se retire sur la montagne voisine, pour étudier en paix la marche harmonique des astres!

727. *Disputes* sans aigreur (2), ou l'on croira que tu as tort.

728. Le monde est un grand concert de musique : n'y fais point *dissonance*.

729. Restes à *distance* égale et du peuple et des rois.

730. Hommes en société! appliquez-vous cette loi d'agriculture (3), qui veut cinq pieds de *distance* entre un arbre et un autre arbre.

731. Crotoniates! d'une seule *Divinité*, ne faites pas plusieurs Dieux.

732. L'ame et le corps se donnent la main ;

---

(1) Porphyre, abstin. de la chair. II. 10.
(2) Hiéroclès a fort bien commenté cette loi. p. 108.
(3) Loi romaine antique.

il n'existe pas de mariage plus étroit : les deux ne font qu'un. Magistrat ! veilles à ce que le prêtre n'entreprenne pas leur *divorce*.

733. Vénères le nombre *dix* : c'est celui des doigts de deux mains l'une dans l'autre. Symbole de l'amitié, gage de la bonne foi, ce nombre est plus saint que la religion du serment.

734. Magistrat, pere de famille ! ne permets pas le doute au peuple et à tes enfans ; qu'ils obéissent en disant : *La loi le veut*. — *Il a parlé* (1).

735. Donnes à tes concitoyens la *dixme* de ta vie (2) ; depuis cinquante jusqu'à soixante ans.

736. Si tu crains la boue et le sang, ne touches que du *doigt* à un peuple en révolution (3).

737. Crotoniates ! vous demandez à être heureux : retournez à la bonne foi de ces premiers temps, où l'homme ne connaissait que l'alphabet des signes et le calcul des *doigts*.

738. Refuses des lois à un peuple qui ne compte plus par ses *doigts* : il en sait trop, pour n'être pas déjà corrompu.

739. Magistrats ! servez-vous de la *doloire*, plus souvent que de la *coignée*.

---

(1) *Le Maître l'a dit* : DIXIT ; formule sacramentelle de l'école pythagorique.
(2) Pythagore accordait cent années au cours naturel de la vie humaine.
(3) *Ne dexteram facile porrigito*. . . Symb.

740. Un tremblement de terre et la foudre peuvent boulverser ton champ, abattre ta maison : acquiers la propriété de la vertu. Rien ne troublera ta paisible possession ; c'est un *domaine* qu'on porte avec soi.

741. N'aye qu'un *domicile*.

742. Ne changes de *domicile* qu'à la mort.

743. Crotoniates ! obtenez de vos épouses qu'elles sacrifient tous les jours au *Dieu des femmes sédentaires* (1).

744. Laisses aux ambitieux à *dominer* le peuple :

Domines tes passions ; c'est plus aisé encore.

745. Attends, pour adorer les Dieux, que tu les aies vû face à face : jusqu'à présent, ils ne se sont montrés aux hommes que par le *dos*.

746. Magistrat ! assieds-toi sur ta chaise curule, de façon à ne pas tourner le *dos* à la lumière.

747. Crotoniates ! ne souffrez parmi vous ni hommes de plaisir, ni hommes de peine : de peine et de plaisir, que chaque homme ait sa dose !

148. Pour bien choisir ta femme, écartes, avant, la *dot*.

L'épouse n'apportera, en *dot*, que son voile.

749. N'épouses point une femme riche : tes enfans seraient ennemis nés du travail.

750. Tant qu'il y aura des Dieux et des

---

(1) *Domi-ducus.*

G 4

hommes, tu ne peux guère te dispenser d'une *double* doctrine : les *abeilles* (1) font du miel pour les hommes, et de la cire pour les Dieux.

751. Dans le *doute*, abstiens-toi.

752. Législateur, ou magistrat! modèles-toi sur *Dracon* : châties sévèrement les vices, pour n'avoir point à punir des crimes.

753. *Dracon*, premier législateur d'Athènes, condamnait à la mort les *fainéans*.

Crotoniates! qu'ils soient condamnés au travail! ils seront mieux punis.

754. Réserves toute la sévérité des lois de *Dracon* pour les gens de guerre, il n'y a rien de trop.

755. L'agriculteur ne permet pas au bœuf de déployer toute sa force.

— Homme d'état! ne permets point au peuple d'exercer tous ses *droits*.

756. Sacrifies tout aux lois de ton pays ; tout, hormi tes *droits* à l'indépendance et à l'égalité (2).

757. Peuple de Crotone! fermes l'oreille au conseiller perfide qui t'avertit de tes *droits*, sans te rappeler à tes *devoirs*; c'est un ambitieux qui veut bâtir sur tes ruines.

758. Législateur! ne t'y trompes pas : les *droits* de l'homme n'appartiennent point aux peuples; par la raison que les hommes devenus peuple, cessent d'être des hommes.

––––––––––––––––

(1) *Selon la pensée d'un ancien*, dit Lamothe Levayer, dans ses *problèmes sceptiques*. Cet *ancien* est Pythagore.
(2) Demoph. *sentent. Pythag.*

769. Habitant de Crotone! ne te fabriques point d'idoles : la nature t'en offre de toutes faites. Imites les *Druides*, qui rendent un culte au plus beau chêne de la forêt où ils se trouvent.

760. Si tu traites des Dieux, que ce soit dans le stile des Muses, et toujours de vive voix : comme les *Druides*, n'écris rien.

761. L'or est malléable en tous les temps ; l'esprit de l'homme ne l'est que dans la jeunesse.

Père de famille ! profites de l'âge *ductile* de ton fils.

762. Ne fatigues point tes poumons à parler au peuple et à l'océan, agités par les vents en discorde : retires-toi sur la *dune* voisine, et observes la tempête dans le calme du silence.

763. Homme sage ! retires-toi du peuple : le peuple est le tyran de ses magistrats, quand ils sont trop mous ; l'esclave de ses rois, pour peu qu'ils soient *durs*.

764. Pour amollir ta couche, ne ravis point aux oiseaux nouveaux-nés le *duvet* de leur mère ; qu'il te suffise du tendre feuillage de la forêt voisine, ou de l'herbe des prés, lors de la fenaison.

765. Citoyennes de Crotone ! honorez la mémoire de *Dyanasse*, mère de Lycurgue.

E.

766. N'agites point une *eau* stagnante, ni un peuple esclave.

767. Magistrat ! chasses de la cité ceux qui troublent l'*eau*, pour surprendre le poisson (1).

768. N'entreprends pas de remonter le fleuve de la vie. Tu serais plus excusable d'essayer d'en rallentir le cours.

Le sage se laisse aller au fil naturel de l'*eau*.

769. Ne fais point long séjour chez un peuple qui n'a point d'*eaux* courantes, ni de lois fixes.

770. Législateur ! ne perds pas ton temps à vouloir blanchir l'*ébène* de l'Ethiopie (2), et les mœurs d'une vieille nation.

771. Législateur ! ne rédiges point ton code au pied des *échaffauds*.

772. Fuis un peuple qui se plait autour des *échaffauds*.

773. Sous le prétexte d'éviter la poussière ou la boue, ne marches point sur des *échasses*.

774. Magistrats ! il en est temps ; dites au peuple : « Les Dieux ne sont que des hommes montés sur des *échasses*.

775. La philosophie est une *échelle* (3) : ne demeures ni au bas de cette *échelle*, ni sur l'échelon le plus élevé ; places-toi vers le milieu.

776. Peuple de Crotone ! que tes lois ne ressemblent pas aux *Echidnes* (4) !

_____

(1) *Prov. grec.*
(2) *Ebenus meroëtica* ; l'ébène de Méroë, capitale des Ethiopiens.
(3) Jambl. II. 21.
(4) Petites îles qui flottent à tous vents, dans la mer acarnanienne.

777. Préfères le silence à l'*écho* (1).

778. Ne sois l'*écho* de personne, pas même du sage.

779. Ne dis pas devant l'*écho*, et en présence des enfans, ce qui ne doit pas être répété.

780. Quand les vents déchaînés couvrent la voix du sage, qu'il aille, loin de la foule verbeuse, se recueillir au sein de l'*écho* solitaire (2).

781. Ne tiens compte ni du mal ni du bien que le peuple dit de toi : le peuple est un *écho* multiple.

782. Législateur ! ne sois que l'*écho* de la raison ; magistrat, l'*écho* de la loi.

783. *Eclaires* le peuple, avant de le faire lever.

784. Si tu tiens *école* de vérités, que tout le monde t'entende ! que personne ne te voie !

785. Afin de pouvoir un jour te montrer libéral, commences par être *économe*.

786. Magistrats d'une république ! soyez *économes*, afin qu'on ne vous prenne pas pour des rois.

787. Pèses, dans la même balance, l'*économie* et la prodigalité, pour savoir laquelle donne la somme la plus forte de jouissances réelles ; tu trouveras que c'est l'*économie*.

788. Mortel ! tes jours sont en petit nombre,

---

(1) Ce qui signifie : « Tais-toi ; ne redis pas ce qu'on a déjà dit ».

(2) *Flantibus ventis, echo adora.* Symb.

mais avec de l'*économie*, tu peux trouver encore le temps d'être heureux.

789. Magistrats du peuple! l'arbre de la liberté a trop d'élévation pour que le peuple puisse atteindre à ses fruits ; faites seulement qu'il touche à l'*écorce*.

790. L'eau agitée écume et se trouble ; le repos ou un mouvement réglé la rend pure et saine.

Donnes une pente douce à l'*écoulement* des jours de ta vie ; que le cours en soit uniforme et paisible.

791. *Ecoutes*, tu seras sage. Le commencement de la sagesse est le silence.

792. *Ecris* peu. Ce n'est pas trop de toute la vie d'un sage, pour composer autant de feuillets qu'en peut lire avec fruit un homme dans sa journée.

793. Préfères l'usage de parler aussi posément qu'on *écrit*, à l'art d'*écrire* aussi vîte qu'on parle.

794. L'*écriture* est le cadavre de la pensée. Chef d'opinion ! donnes tes préceptes de *vive voix* (1) ; parles à tes disciples, et défends-leur l'usage de tout instrument, autre que celui de la mémoire. Une fois empreinte au cerveau, la vérité ne s'efface jamais.

795. Pour faire heureux ménage, mari et

---

(1) Les Pythagoriciens n'écrivaient jamais leurs préceptes, n'estimant ni beau ni honnête, que des mystères si saints fussent divulgués par des *lettres muettes*.
Plutarque, *Numa*.
Cependant, du vivant même de Pythagore, et sous ses yeux, cette loi souffrit des exceptions.

femme! observez, l'un envers l'autre, la même harmonie qui existe entre la cause et l'*effet*.

796. Crotoniates! vous êtes tous *égaux* : ne croyez pourtant pas que l'insensé soit l'*égal* du sage (1).

797. Mènes une vie *égale*, pour avoir une mort douce.

798. Peuples de l'Italie! sans être devenus plus heureux, ni meilleurs, vous avez passés par toutes les sortes de gouvernement, hors une : essayez du régime de l'*égalité*.

799. Ne hantes que tes *égaux*, et tu vivras gaiement.

800. Philosophes! laissez à d'autres législateurs la gloire de fonder des républiques ou des monarchies.

Travaillez de préférence au rétablissement de l'*égalité* parmi les hommes.

801. Depuis *Numa*, les temps sont bien changés.

Législateurs! n'allez pas, comme lui, vous enivrer à la fontaine de la nymphe *Egérie* (2).

802. Citoyennes de Crotone! soyez modestes et discrètes, comme l'*Egérie* de *Numa*.

803. Magistrat! condamnes aux travaux des *égoûts* le poëte libertin; le poëte vénal, aux travaux des mines.

804. Architecte! prends conseil de l'*Egypte* (3); poses une colonne à côté, jamais au-dessus d'une autre colonne :

---

(1) Hiéroclès, *comment.*
(2) Dans le voisinage de Rome.
(3) Caylus, *mém. sur l'architec. anc.*

Législateur ! prends conseil de la raison ; places un homme à côté, jamais au-dessus d'un autre homme.

805. Législateur d'une nation qui a vieillie, et dont les mœurs sont mourrantes ! étudies le procédé des embaumeurs d'*Egypte* ; un vieux peuple et un cadavre ont besoin, pour leur conservation, de bandelettes serrées et de lois sévères ; emmaillottes étroitement le peuple.

806. Crotoniates ! tenez pour juste et tendante à l'égalité, cette loi d'*Egypte* (1), qui ordonne au riche de partager avec le pauvre.

807. Réformateur ! comme en *Egypte* (2), ne constitues point les prêtres censeurs des magistrats.

808. Les *Egyptiens* s'énorgueillissent de leurs pyramides colossales et inutiles.

Peuples agricoles de l'Italie ! placez votre orgueil dans des meules de bon grain, élevées à la porte de vos granges déjà pleines.

809. Homme sage, ami du repos ! acceptes la magistrature chez un peuple sédentaire, casanier et laborieux comme en *Egypte*.

810. Crotoniates ! *élaguez* vos Dieux.

811. Habitans de Crotone ! ceux d'*Argos* invoquent les demi - Dieux *Elasiens* contre l'apoplexie : faites mieux, prévenez-la par un régime sobre (3).

―――――――――

(1) *Gazette litt. de l'Europe.* tom. VII. *in*-8°. p. 237.
(2) *Pythagoras non omnia Ægyptiorum sua fecit.*
  Jac. Thomasius, *Phoenix. dissert.* p. 155. *in*-4°.
(3) Les Crotoniates étaient de grands buveurs.

DE PYTHAGORE.

812. Crotoniates ! gardez le souvenir d'*E-lectryon*, père d'Alcmène ; puisque le bon Hésiode, dans son poëme du bouclier (1), l'honore du titre de *défenseur des peuples*.

813. Détournes-toi de la foule : l'*éléphant* rebrousse chemin, à la rencontre des *pourceaux*.

814. Comme l'*éléphant*, ne te reproduis que dans l'indépendance.

815. Un peu de fer dompte l'*éléphant* (2) :
Législateur! pour dompter le peuple, adresses-lui deux ou trois paroles ; mais qu'elles soient sages.

816. Magistrat ! fronce le sourcil à l'approche des méchans. L'*éléphant* comprime dans les rides de sa peau l'insecte qui le harcèle.

817. Gardes le souvenir d'*Eleusinus*, l'un des premiers législateurs de l'Attique ; pour avoir institué les fêtes de Cerès *Thesmophore* (3).

818. La politique a ses mystères aussi sacrés que ceux d'*Eleusis*.
Législateurs et magistrats ! n'admettez que le sage à leur initiation ; éloignez-en la multitude prophane.

819. Bannis de la cité tout homme d'un *embonpoint* excessif : il est de mauvais exemple.

820. Sois sobre : les portes du temple de la *sagesse* sont trop étroites pour permettre d'entrer aux hommes chargés d'*embonpoint*.

---

(1) d'Hercule.
(2) Allusion à un léger instrument, en usage sur les bords du Gange, et qu'on nomme aujourd'hui *ankus*.
(3) *Législatrice*; nous dirions aujourd. *la fête des lois*.

821. N'*émiette* point ta vie ; elle ne te profiterait pas (1).

822. Ne tiens pas ton enfant *emmaillotté* : il ne le sera que trop un jour dans les liens civils.

823. *Emondes* tes pensées et tes paroles : elles n'en auront que plus de force (2).

824. Aimes ton épouse *enceinte* comme un autre toi-même.

825. Allumes au foyer du philosophe l'*encens* que tu brûles sur l'autel de tes Dieux.

826. Ne brûles point tout ton *encens* sur le même autel.

827. Donnes ton *encens* à tes Dieux, ta confiance au sage (3).

828. Pour deviner un homme, brûles un peu d'*encens* devant lui (4).

829. L'odeur de l'*encens* encourage les vers à soie dans leurs travaux ;

Le parfum des louanges produit le même effet sur l'homme :

Père de famille ! n'en sois ni prodigue, ni avare.

───────────

(1) *Panem ne frangito.* Symb. Alors, comme aujourd'hui encore, *la vie et le pain* étaient synonimes. On dit indifféremment : *gagner sa vie, gagner son pain.*

(2) Allusion au dieu du Silence. Quelques monumens antiques représentent Harpocrate armé d'une serpette.

(3) *Derogare viro sapienti, ac deo aequale peccatum... Sapientem honora post deum.* Sextus Pythagoreus.

(4) Cette loi, qui a trait à la divination, par la fumée de l'encens, a pu faire soupçonner Pythagore de croire aux présages.

830. Peuple de Crotone ! laisses l'*encensoir* sur l'autel de tes Dieux ; n'en fais usage que dans leur temple :

Gardes-toi de l'idolâtrie politique ! elle est encore plus funeste que l'autre.

831. Quand tu visites tes magistrats, laisses l'*encensoir* à leur porte.

832. Conserves le souvenir du berger *Endymion* qui, le premier, observa la lune avec l'œil d'un astronome.

Femmes de Crotone ! rappelez-nous les danses célestes qu'il inventa (1).

833. Dans un naufrage, où lors d'un incendie, n'imites point le pieux *Enée* : il ne sauva son père qu'après avoir sauvé ses Dieux.

834. Législateur ! bannis de la cité les *maîtres d'éducation* : chaque *enfant* n'a-t-il pas son père, ou sa famille ?

835. Ceux-là seulement qui ont des *enfans*, seront honorés du titre de père.

836. Pères et mères de famille ! ne faites point retirer vos *enfans* de table, exprès pour dire ou faire arrière d'eux, ce que vous n'eussiez fait ni dit, devant eux.

837. N'adresses des reproches à ta femme qu'en l'absence de tes *enfans*.

838. Qu'il soit réservé des honneurs, non pas au chef de maison qui a le plus d'*enfans*, mais au père de famille qui a les plus beaux *enfans* !

839. Voyageur ! ne fais pas long séjour dans

---

(1) *Hist. de la danse*, par Bonnet. 1724.

une ville où les mères offrent le scandale de faire porter leurs *enfans* sur le sein d'une esclave.

840. Que la loi mène le peuple par la main, comme un *enfant*!

841. Fais servir les erreurs populaires d'*engrais* au champ de la philosophie.

842. Père de famille agriculteur! distribues la louange à tes enfans aussi à propos que tu répands l'*engrais* sur les terres de ton domaine. L'*engrais* fertilise le sol; la louange féconde les vertus.

843. Ne deviens pas l'*ennemi* de l'homme dont tu cesses d'être l'ami (1).

844. Ne vois dans ton *ennemi* qu'un ami égaré (2).

845. Ne joues point sur la tombe de ton *ennemi*, avec ses ossemens.

846. Ne danses pas, ne craches point sur la tombe de ton *ennemi*. Abstiens-toi de rire en passant auprès.

847. Ne fais point ton ami du premier voyageur: mais dans la personne de l'étranger (3), ne vois pas un *ennemi*.

848. Ne mets point d'*enseigne* à ta maison.

849. Crotoniates! rejettez toute institution politique dans laquelle on vous propose de sacrifier le soin des détails à la beauté de l'*ensemble*.

---

(1) *Comm.* d'Hiéroclès.
(2) Iambl. n°. 40.
(3) Allusion aux Romains qui faisaient synonimes *hostis* et *peregrinus*.

850. Législateur ! imites la nature : elle est aussi grande dans ses détails que dans son *ensemble*.

851. Ne donnes point de lois à un peuple qui tient à ses Dieux : les Dieux du peuple et les lois du sage s'accordent mal *ensemble*.

852. Crotoniates ! soyez en garde contre les effets de l'*enthousiasme*, toujours si voisin du fanatisme, fléau de la raison. L'*enthousiasme* est une maladie contagieuse qui se dédommage sur la multitude du peu de prise qu'elle a sur l'homme isolé.

853. Doutes du mérite d'une loi qui, à la première promulgation, excite l'*enthousiasme* de la multitude.

854. Mortel ! ne fouilles point les *entrailles* de la terre : ce qu'elle renferme ne t'appartient pas : la surface seule est à ton usage.

855. Magistrat ! n'assujettis pas l'homme de génie aux *entraves* du citoyen vulgaire.

856. Ne commences point une seconde *entreprise*, avant d'avoir terminé la première. La nature ne fait point marcher de front le printemps et l'automne, l'hiver et l'été ; le fruit paraît, quand la fleur a disparue.

857. Ne te perds pas de vue trop longtemps : ne sois pas plusieurs jours sans avoir un *entretien* avec toi-même.

858. Suis le conseil d'*Esope* (1) : assis sur le sable de la mer, comptes en les grains ; ce sera plutôt fait que d'*énumérer* les fautes des rois et des peuples.

---

(1) Voy. ses *fables grecques*.

859. Ne te défais du manteau de la vie que quand, usé par le temps, il tombera de lui-même de dessus tes *épaules*.

860. Citoyennes de Crotone ! sachez que pour vivre de bonne union, la tête d'une femme en ménage doit être sur les *épaules* de son mari (1).

861. Magistrat du peuple ! saches que l'*épervier* a l'oreille dure, quand il a le ventre plein.

862. Mortel, ne te plains pas de ta courte existence. L'*éphémère* du fleuve *Hypanis* (2) n'a pas même une journée pour exercer tous les droits, pour acquitter tous les devoirs de la vie.

863. Législateur ! ne pousses point l'amour de l'égalité jusqu'à faire injonction aux citoyens, comme à *Ephèse*, de n'avoir pas plus de vertus l'un que l'autre.

864. Crotoniates ! vouez à l'infamie le débiteur, qui, pour ne point s'acquitter, se réfugie dans le temple d'*Ephèse*.

865. Vis seul, à l'écart, pour te préserver des erreurs populaires : elles sont *épidémiques*.

866. Mère de famille ! recommandes de bonne heure à tes filles de se ifier aux *Epimélides* (3).

867. Honorez la mémoire d'*Epiménide* : ce

---

(1) C'est d'après cette loi, qu'on a dit : *Caput mulieris vir est.*

(2) Les Anciens comptaient deux rivières de ce nom ; l'une en Scythie, l'autre dans l'Inde.

(3) Divinités champêtres, patronnes des femmes douces et soigneuses.

sage ne dormit pas toujours : il donna de bons avis à *Solon* qui sut en profiter, et aux Crétois qui n'en tinrent compte.

868. Crotoniates ! ne donnez point à vos héros le titre d'*inimitable*, dont les *Epirotes* gratifiaient *Achille*.

Tout ce qu'un homme a fait, un autre peut le faire.

869. Quand il y aurait quelques dangers à craindre, fais le tour d'un champ couvert d'*épis* nourriciers, plutôt que de les fouler aux pieds, en le traversant pour éviter l'ennemi (1).

870. Point de tombeau, point d'*épitaphe* au méchant !

Qu'il ne reste rien du méchant, pas même une seule lettre de son nom ! qu'il meurt tout entier !

871. Que l'*épitaphe* la plus longue n'excède point trois vers (2).

872. Magistrat ! ne condamnes pas au feu l'*éponge*, parce qu'elle a bu du vin.

873. Au bain et ailleurs encore, ne te laves point avec l'*éponge* d'un autre.

874. L'épouse n'aura d'autres Dieux, ni d'autres amis que ceux de son *époux*.

875. Que l'*épouse* soit la sœur de son mari malade !

---

(1) Cette loi symbolique et positive tout-la-fois, a été indignement travestie en superstition puérile, même par les disciples de Pythagore, et par ses biographes.

(2) Platon en permet quatre.

876. Que l'*époux* soit le frère de sa femme infirme !

877. L'*équité* naturelle fut la première législatrice :

Législateurs ! n'en soyez que les échos ou les copistes.

878. Législateur d'une multitude grossière ! n'essuyes point avec de la pourpre une table d'*érable* (1).

879. Crotoniates ! vouez à l'exécration des siècles le souvenir d'*Erecthée* qui, pour obtenir une victoire, n'hésita point d'immoler l'aînée de ses filles.

880. Crotoniates ! que le nom d'*Erecthonius* vous rappelle un temps où le peuple n'accordait ses grandes magistratures qu'à de grands bienfaits (2) : ce quatrième roi des Athéniens leur apprit à semer du blé.

881. Citoyennes Crotoniates ! gardez le souvenir d'*Érigone*, fille pieuse, qui ne voulut point survivre au trépas de son père.

882. Ne places point ta femme entre son devoir et sa parure. Souviens-toi d'*Ériphyle* (3).

883. Despotes heureux ! au défaut d'hommes pour vous châtier, il peut se trouver une femme :

Rappellez-vous (4) *Erixo*, de Cyrène.

---

(1) On réservait les étoffes de pourpre, pour nettoyer les tables d'un bois précieux. Les Grecs et les Romains ne connaissaient point l'usage des nappes.
(2) Marbres de Paros.
(3) Epouse d'Amphiaraüs, elle préféra un collier d'or à la vie de son mari.
(4) Contemporaine du roi Amasis.

884. Crotoniates ! conservez, défendez la cendre de vos pères, mais non pas leurs *erreurs*.

885. Abstiens-toi de l'*érythinus*; la couleur de ce poisson (1) est celle de la colère (2).

886. Nations maritimes ! faites mémoire d'*Erythras*, l'inventeur du radeau : que de crimes, que de calamités de moins, si la navigation s'en était tenue-là !

887. Laisses à d'autres la prétention de ressembler à l'*escarboucle* éblouissante : contente-toi d'être l'améthyste modeste (3).

888. Jeune homme ! de bonne heure, mets-toi en garde contre l'habitude :

L'empire de l'habitude est tel, qu'il familiarise l'homme, même avec l'*esclavage*.

889. Peuplades agricoles ! ne souffrez point d'*esclaves* parmi vous :

Le génie de la nature, en disant aux hommes : *croissez* (4) *et multipliez*, les suppose tous libres.

890. Toi-même, cultives ton champ ; ne l'abandonnes pas à (5) des *esclaves* ; l'agriculture veut les bras d'un homme libre.

891. Statuaire ! dans nos temples, représente

---

(1) Le *rouget*.
(2) *Symb.* Pythag.
Lamothe Levayer, *traité de la connaissance de soi-même*.
(3) Pythagore était fils d'un artiste lapidaire.
(4) Beaucoup de savans pensent que Pythagore a connu les livres de Moyse. Il en a tiré parti, comme de tout le reste, selon sa méthode.
(5) Comme c'était l'usage parmi les Anciens.

Esculape tout oreille et sans langue ; médecin qui parle beaucoup, guérit peu.

892. Au peuple qui te demandes des lois nouvelles, réponds par des fables d'*Ésope*.

893. Si l'on te demande (1) : « Qu'est-ce que l'*espérance* »? dis : « C'est le fruit en bouton ».

894. Ne mets qu'un pied dans le berceau de l'*espérance*.

895. Contentes-toi de suivre de loin l'*espérance*; ne lui donnes pas la main : elle te ferait aller plus vîte, et plus loin qu'il ne te conviendrait.

Il ne faut pas avoir l'haleine courte, pour cheminer avec l'*espérance*.

896. L'*espionage* est la partie honteuse d'un gouvernement :

Magistrats de la république des Crotoniates ! n'ayez point de parties honteuses.

897. Voyageur ! ne séjournes point dans une ville où il y a des *espions* : indice d'un gouvernement inepte.

898. Ne sois point législateur ou magistrat chez une nation qui se pique d'avoir de l'*esprit*.

899. Jeune homme ! donnes à ton *esprit* la dixme de ton temps ; laisses à ton cœur le reste de ta vie.

900. Crotoniates ! laissez aux Romains leur

---

(1) Pythagore imita plusieurs fois Zoroastre qui, dans l'un de ses livres (l'*Avesta*), propose une suite de questions.

nouveau dieu *Cautus* (1) : soyez sages ; vous aurez toujours assez d'*esprit*.

901. Crotoniates ! *essayez* vos lois, avant de les consentir.

902. La population des plus grandes villes ne s'élevera point au-dessus du nombre (2) des abeilles dans un *essain*.

903. Ne verses point d'*essences* parfumées sur les hauts siéges (3) de tes magistrats : les parfums portent au cerveau.

904. A l'issue d'une bataille, le guerrier essuye son glaive, avant de le remettre au fourreau.

Essuyes le peuple, au sortir d'une guerre civile, avant de le faire rentrer dans la loi.

905. Occupes-toi, si tu veux, de ce qui a été, ou de ce qui sera, mais quand tu auras tiré tout le parti possible de ce qui *est*.

806. Préfères l'*estime* silentieuse, à l'éloge verbeux.

907. N'acceptes rien de celui à qui tu crois devoir refuser ton *estime* : n'acceptes rien du peuple ni des rois.

908. Gardes le souvenir d'*Esymnus* : il persuada les *Mégariens*, ses compatriotes, de substituer au trône et aux caprices d'un roi vivant, les tombeaux et l'exemple de plusieurs grands hommes morts.

---

(1) D'où est venu vraisemblablement notre mot *cauteleux*.
(2) Trente mille.
(3) *Symb.* XXV.

909. Magistrats! ne dédaignez point les détails :

Hercule nettoya l'*étable* d'Augias.

910. Législateur! choisis bien le moment pour nettoyer les *étables* du peuple : il teindrait son fumier de ton sang.

911. Ne t'appuyes pas tout entier sur ton cœur, ou donnes-lui des étais : le cœur est fragile ; les femmes sont faibles, parce qu'elles n'ont que le cœur pour les soutenir.

912. Crotoniates! quand vos magistrats *éternuent*, ne leur dites pas, comme aux autres citoyens : *vivez!*

Dites-leur : *Soyez justes.*

913. Conserves ton sang pur, comme l'air que tu aspires, et l'eau qui t'abreuve : l'ame est toute dans le sang. Le sang est le véhicule de l'ame. Les veines, les artères, les nerfs en sont les canaux. L'ame est l'*éther* de l'homme (1).

914. Laisses au peuple ses Dieux, s'il s'en trouve bien ; n'y touches pas sans nécessité ; peut-être en faut-il aux *hommes-peuples.*

Il est pourtant des *Éthiopiens* qui savent s'en passer.

915. Il est des circonstances dans la vie, où le *bien* et le *mal* se ressemblent.

Législateur père de famille! ayes le soin de les *étiquetter* ; afin que le peuple et tes enfans, ne prennent pas l'un pour l'autre.

916. Crotoniates! éloignez les *étou-naux* de vos vignes et de vos assemblées politiques.

---

(1) Diog. Laërt. VIII. *vita Pythag.*

917. Habites en toi, pour n'être *étranger* nulle part.

918. Sois, et demeures *étranger* partout, hormis chez toi.

919. Peuple de Crotone ! refuses le droit de cité aux Dieux *étrangers* : tu en as bien assez des tiens.

920. Crotoniates ! si quelqu'un, du milieu de vous, se lève pour vous parler en son nom, arrêtez-vous pour l'entendre.

S'il se lève pour vous apostropher au nom d'un *être invisible* ou caché,

Crotoniates ! passez votre chemin.

921. N'élargis pas l'*étroit sentier* qui mène chez ton ami.

922. Ne portes ni chaussures, ni vêtemens trop *étroits* ; n'habites pas non plus maison trop reserrée.

923. Crotoniates ! vous rendrez hommage à vos grands hommes défunts, sans consulter les livres (1) achérontiques de l'*Étrurie*.

924. Crotoniates ! dans la construction de vos édifices, suivez de préférence l'ordre *étrusque*. C'est le plus naturel.

925. Comme en Égypte, dans la Phénicie, et chez vos voisins les *Étrusques* (2), donnez des ailes à vos Dieux, afin qu'on ne les prenne pas pour des hommes.

926. Comme chez les *Étrusques*, vos voisins, que la sépulture de chacun de vous se fasse dans le champ de ses pères !

---

(1) Espèce de cérémonial écrit. Arnobe en parle.
(2) Winckelman, *hist. de l'art*. I.

927. Dans plusieurs villes *Etrusques*, les citoyens écrivent sur le seuil de leurs maisons : « Prends gardes au chien (1) ».

Amis de la sagesse ! qu'on lise à la porte de vos écoles : « Passes outre, si tu crains la vérité ».

928. Laisses aux prêtres l'*étude* des Dieux (2), bornes-toi à celle du cœur humain.

929. Crotoniates ! si jamais l'on vous parle de rois, mettez à profit l'exemple de *Rome*, qui, après avoir commencé par le bon *Évandre*, finit par un *Tarquin* le superbe.

930. Reçois les *événemens* comme ils t'arrivent, sans prétendre en rectifier le cours ; tu as la vue trop courte pour embrasser toute l'étendue de la chaîne qui les lie.

931. Citoyennes de Crotone ! gardez le souvenir d'*Eumarus* (3), le premier d'entre les artistes qui représenta une femme.

932. Magistrat ! donnes aux lois le masque saint des *Euménides*.

933. Crotoniates (4) ! élevez un temple aux *Euménides*, gardiennes des limites, protectrices des héritages, et vangeresses des propriétés envahies.

934. Familles agricoles, dispensez-vous de lire les trois milles vers d'*Eumolpe* (5), sur les mystères de *Cerès*. Cultivez votre champ.

935. Honores le souvenir d'*Eumolpe*, pour

---

(1) *Cave, cave canem*. Petron. XXIV.
(2) *Bibl. des philos.* p. 195. tom. II.
(3) Il était d'Athènes.
(4) Crotone mit à exécution cette loi de Pythagore. Voy. l'*enfer des Anciens*. p. 389.
(5) Suidas.

avoir le premier appliqué les charmes de l'harmonie aux leçons de la sagesse.

936. Gardez le souvenir d'*Eumolpius*, l'inventeur de la greffe.

937. Crotoniates! ne confiez pas vos magistratures à des *eunuques*.

938. Législateur prudent! réduis le ministre des autels à une impuissance politique, aussi complette que celle des prêtres (1) de *Cybèle*.

939. Ne portes point des lois à une grande nation; plus les fleuves, comme l'*Euphrate*, sont considérables, plus ils sont chargés de boue.

940. Magistrat! avant d'accepter le gouvernement d'un peuple, essayes d'une navigation sur l'*Euripe* (2).

941. Sers le peuple, sans espoir de la reconnaissance : le peuple ressemble à la fontaine d'*Eurymènes* (3); elle pétrifie les couronnes qu'on y jette.

942. Tu es un mauvais législateur, si ton code admet des *exceptions*; les lois de la justice n'en souffrent point.

943. Pèses tes alimens, et mesures l'huile de ta lampe.

---

(1) Ils se rendaient *eunuques*.
(2) Bras de mer, fort dangereux, entre l'île Eubée et le port Aulide, en Béotie. En un seul jour, on y essuyait sept flux et reflux.
Homo Euripus est, prov. grec.
(3) En Thessalie. Steph. *de urbib.*

La raison désavoue également les *excès* de l'étude et ceux de la table.

944. L'exemple est la règle de conduite des hommes sans principes, et du peuple :

Suis l'*exemple*, lorsque, confirmé par un grand nombre de fois, il est devenu synonyme de l'expérience.

945. Avant de te frayer une route nouvelle, réfléchis que tu te rends coupable d'avance, de tous les maux qu'éprouveront les voyageurs, en suivant tes traces sur la foi de l'*exemple*.

946. L'Égypte, la Grèce et Rome, ont des Dieux (1) grands et petits (2).

Crotoniates ! que les vôtres soient tous égaux !

Les Dieux ne doivent donner aux hommes que de bons *exemples*.

947. L'air et le feu, la terre et l'eau, sont indispensables à ton *existence* : un ami l'est encore plus.

948. Peuple (3) ! jaloux d'une *existence* politique, évites par-dessus toutes choses une organisation sans nerf, une administration sans capacité, et le luxe de la table.

Ces trois mauvais principes engendrent nécessairement la discorde civile et domestique, et amènent par suite immédiate, la ruine de l'état et des familles.

949. A la théorie la plus lumineuse, ne dé-

---

(1) Les douze grands Dieux.
(2) *Plebecula deorum*.
(3) C'est presque le mot-à-mot d'une loi favorite de Pythagore. Voy. Jamb.

daignes pas d'associer l'expérience au pas tardif : l'*expérience* n'a point d'ailes ; mais elle ne se perd point dans la nue.

950. A la métaphysique (1) raisonneuse, préfères la physique *expérimentale*.

951. Trois sortes d'existence sont à ton choix : Les magistratures du *forum*, la vie contemplative et *cellulaire* (2), les mœurs domestiques.

Abandonnes les magistratures aux ambitieux, la vie contemplative aux prêtres ; embrasses le genre d'existence qui tient le milieu entre ces *extrêmes*.

952. Peuple ! puisqu'il faut que tu donnes dans les *extrêmes*, fais plutôt des hommes de tes Dieux, que des Dieux de tes hommes (3).

F.

953. Dis la vérité aux hommes, et des *fables* aux peuples.

954. Législateurs pères de famille ! tenez en réserve une chanson et des *fables* (4), pour amuser ou endormir au besoin, vos enfans et le peuple.

---

(1) Les disciples de Pythagore profitèrent mal de ce précepte ; presque tous dégénèrent en Platoniciens.

(2) Les prêtres de Cybèle habitaient de petites cellules.

(3) Cette loi combat à-la-fois deux préjugés populaires, auteurs de tous les maux de la société : la superstition religieuse, et l'idolâtrie politique.

(4) *Pythagoram putasse ut pueros solent multi mendaciolis terrere, sic stultum vulgus, quod non multo plus pueris sapit, fabollis hujusce modi à vitiis deterreri oportere.* J. Reuchlinus, *ars cabalistica.* II.

955. Fais toujours *face* à la vie, même en touchant aux portes du trépas.

956. Heureux possesseur d'un petit champ! n'en troques pas la propriété contre une maison dans la ville. Une maison est stérile; elle loge son maître, mais ne l'empêche pas d'y mourir de *faim*.

957. Occupes-toi des Dieux, quand tu n'as rien à *faire*.

958. Le matin, demandes-toi : « Qu'ai-je à *faire* » ?

Le soir : « Qu'ai-je fait » ?

959. Jeune homme! il en est des vertus, ainsi que d'un *faisceau* :

Ne te bornes pas à une seule. Rien de plus fragile qu'une vertu isolée.

960. Crotoniates! contre un despote domestique, appelez-en aux foudres du ciel, et en même-temps aux *faisceaux* du licteur.

961. Si tu en as le choix, préfères de mourir chez les *Falisques* (1), plutôt que de vivre à *Sybaris*.

962. N'ambitionnes pas une *famille* nombreuse; le sage fait peu d'enfans, mais les enfans du sage sont des Dieux.

963. La politique dit aux hommes : « Rassemblez-vous; vous êtes faits pour la société ».

La raison dit à l'homme : « Restes dans ton héritage; tu es né pour vivre en *famille* ».

964. Dans une arche construite d'un bois

---

(1) Les habitans de la ville de Falisque étaient un bon peuple de la Toscane. *Æquosque Faliscos*. Virgilius.

odoriférant,

DE PYTHAGORE. 129

odoriférant, chaque *famille* conservera ses lois, ses annales, et quelque peu de la cendre de ses grands hommes.

965. Magistrat ! offres et livres tes propres membres à manger au peuple, que tu n'as point su préserver de la *famine*.

966. Peuple de Crotone ! pendant la nuit, dans l'intérieur le plus élevé de tes habitations, tiens allumée une lampe, pour servir de *fanal* au voyageur.

967. Ne crois point à l'élévation des sentimens, ni à la pureté des principes et des mœurs d'un peuple sale dans ses habitudes, et qui semble se plaire au milieu de la *fange*.

968. Voyageur ! sur une route étroite, ou peu commode, cèdes le pas à l'animal, portant ou traînant un *fardeau*.

969. Aides le peuple à s'imposer des lois ; mais non à en déposer le *fardeau* (1).

970. Laisses au tombeau le soin d'effacer les rides de ton visage ; il s'en acquittera mieux que la *farine* de fèves.

— 971. Femme ! ne portes à la bouche que le pain dont tu auras pétri la *farine*.

972. Peuple ! ne donnes point de la *farine* (2) pour du son (3).

973. Ayes les mains nettes pour aller à la quête des vérités ; il n'est pas donné à tout le monde d'en trouver.

---

(1) *Onus tollendum, non ponendum.* Symb. III.
(2) D'où le proverbe : *ne verba pro farinâ*.
(3) Jeu de mots, faisant allusion aux verbeux sénateurs de Crotone.

Tome VI. I

La vérité se refuse à ceux qui peuvent, ou veulent en abuser. Sois pur, pour obtenir ses *faveurs*.

974. Ne redoutes point la calomnie; la *faulx* du temps, qui n'a point de prise sur la vérité, enlève chaque jour quelque chose à la calomnie.

975. N'aiguises point ta *faulx* sur la pierre servant de borne au champ de ton voisin.

976. Citoyennes de Crotone! honorez la mémoire de *Fauna*, modèle des épouses et des veuves; il n'exista jamais pour elle qu'un seul homme.

977. Pardonnes à ton fils, s'il avoue sa *faute*, même s'il la cache, mais non s'il la nie.

978. Législateur! punis le citoyen à la troisième *faute*; le magistrat, à la première.

979. Peuple de Crotone! surveilles tes magistrats : c'est toi qui payes leurs *fautes*.

980. Ne te donnes pas la peine de démentir un menteur. Le mensonge n'a jamais fait de mal à la vérité. Où en serions-nous, s'il était au pouvoir des mortels de rendre *faux* ce qui est vrai, de rendre vrai ce qui est *faux* (1)?

981. Quand, pour ceindre un arbre, que tu veux mesurer, tu n'as pas assez de tes deux bras, tu empruntes ceux d'un autre homme:

Fais de même pour atteindre à la *félicité*; associes à ton cœur l'ame d'un ami vrai.

982. N'épouses point une *femme* plus grande que toi.

---

(1) Stobæus. 23.

983. Magistrat ! la loi est ton épouse légitime : fais divorce, plutôt que de la laisser devenir une *femme commode* et qui se prête à tout.

984. Ne permettez point à une *femme* de parler en public (1), d'ouvrir école, de fonder une secte, ou un culte. Une *femme* en public est toujours déplacée.

985. Que toi seul au monde saches les défauts de ta *femme* !

986. Ne lèves jamais sur ton épouse une main courroucée : celui qui maltraite sa *femme* se frappe lui-même.

987. Quand tu verras s'élever un petit nuage sur le front de ta *femme*, jettes dans le foyer quelques grains d'encens.

988. Veux-tu goûter les plaisirs d'un ménage plein d'harmonie ?
Prends *femme* qui te soit proportionnée ; ensorte que tu n'ayes point la peine de l'élever jusqu'à toi, ou de descendre jusqu'à elle.

989. *Femme en ménage !* aimes ton mari comme toi-même : enceinte et mère, aimes-le plus que toi-même : veuve, aimes ton défunt comme un époux absent.

990. Préfères dans une *femme* l'esprit à la beauté, et les grâces à l'esprit.

991. Ne te flattes pas d'être beaucoup aimé d'une *femme* qui s'aime beaucoup.

992. Refuses une *femme* qui, n'étant point

---

(1) *Res enim periculosa est*, dit, à ce propos, un disciple de Pythagore. Voy. *sentent. aur.* Democr.

à elle, se donne à toi : ne partage point la dépouille d'autrui.

993. Ne te laisses armer, ni désarmer par une *femme*.

994. Ne sois ni l'esclave, ni le tyran d'une *femme*.

995. Ne t'assieds pas sur une pierre, ni sur les genoux d'une *femme* aussi *froide* que la pierre.

996. N'épouses pas une *femme riche*, ou moins pauvre que toi (1).

997. Choisis ta *femme* ; ne l'achètes pas.

998. Quittes ta compagne, si tu ne peux vivre avec elle ; mais que ce ne soit pas pour en prendre une autre.

Le sage ne change point de *femme*.

999. Jeune homme ! honores le sexe de ta mère : interdis-toi avec les *femmes* ce qui ferait ta honte, si on se l'était permis envers l'épouse de ton père.

1000. Ne dis pas de mal des *femmes* ; elles ont tant de droits à l'indulgence !

1001. Si tu rencontres deux ou plusieurs *femmes* se querellant, passes ton chemin.

1002. Législateur ! n'admets point de *femmes* aux assemblées politiques :

La maison ne doit pas être seule un instant.

1003. Que jamais *femme* ne puisse être magistrat ou roi !

1004. A Sparte, les célibataires sont punis :

---

(1) Jambl. XVIII.

Crotoniates ! punissez aussi les maris qui négligent leurs *femmes* (1).

1005. Jeune homme ! ne prends pas ton repos sur un siége à l'usage des *femmes* (2).

1006. Aux assemblées populaires, places-toi dans le voisinage de la porte ou d'une *fenêtre*.

1007. Magistrat ! ouvres tes *fenêtres* ; entr'ouvres ta porte.

1008. Magistrats d'un peuple en révolution ! plongez dans l'eau le *fer rougi* au feu.

1009. Passes au vieillard ses défauts : Redresse-t-on le *fer* quand il est réfroidi ?

1010. Jeune femme ! confies à l'ivoire seul le soin de ta chevelure (3) : n'en approches jamais le *fer* chauffé sous la cendre (4).

1011. Si tu peux labourer ton champ avec un soc de chêne, n'employes pas le *fer* (5).

1012. Dans les dissentions civiles, tiens la porte de ta maison *fermée* à tous les partis.

1013. Législateur ! *fermes l'œil* sur les Dieux du peuple, mais non sur ses prêtres.

1014. Père de famille ! sois le *fermier* de tes biens, et l'instituteur de tes enfans.

1015. Magistrats ! ne faites point de la loi une arme homicide : qu'elle soit dans vos mains au plus une *férule* !
Le peuple n'est-il pas un enfant ?

---

(1) *Mem. acad. inscript.* tom. XLV. *in*-4°. p. 313.
(2) *Mollis cathedra.*
(3) Aiguille, ou peigne d'ivoire.
(4) Fer à friser, *calamistrum.*
(5) Du temps d'Hésiode, le fer ne servait pas encore pour le soc des charrues.

1016. Chacun de tes jours est un *festin* composé de vingt-quatre mets qui passent l'un après l'autre sous tes yeux. Portes-y une main preste.

Tu n'y aurais point touché du tout, le repas du jour ne te sera pas moins compté à la fin de l'année et de ta vie.

1017. Peuple de Crotone! ne célèbres point de *fêtes* qui durent des jours entiers.

Un jour entier perdu pour le travail n'est pas une offrande agréable aux Dieux, ni à la patrie.

1018. Crotoniates! célébrez dans vos maisons deux *fêtes* : l'une à l'apparition de la première barbe, l'autre des premiers cheveux blancs de vos fils et de vos pères de famille.

1019. N'allumes point ton *feu* sur la place publique (1).

1020. Homme d'étude! laisses la *fève* au forgeron (2).

1021. Hommes d'étude! abstenez-vous de *fèves* (3) : cet aliment grossier ne convient qu'au vulgaire (4).

1022. Législateur! ne donnes point au peuple des magistrats de *fèves* (5).

---

(1) *In vid ne ligna seces.* Symb.
(2) . . . *Faba faborum.* Mart. *epigr.* X. 48. 16.
Fabis habilis fabrilia miscet. Columell.
(3) *A fabis abstineto.* Gyraldus. *symb.* XI.
(4) *Pythagorae decreto damnata faba, quod sensus hebetare crediderit.* Pitiscus.
(5) C'est-à-dire, des magistrats de hasard, élus par le sort. *Symb.* XVII.

1023. Peuple ! ne manges pas des *fèves* trop souvent (1).

1024. Goûtes une fois aux *fèves* ; ne passes point ta vie à en manger.

Acceptes une année de magistrature, pas plus.

1025. Homme méditatif ! abandonnes les *fèves* aux chanteurs (2).

1026. Toi qui te dévoues à l'exercice de la pensée ! abandonnes les *fèves* aux *Dieux lares* (3).

1027. Toi qui te consacres au culte de la pensée, abandonnes les *fèves* au bœuf laboureur et au peuple laborieux.

1028. Jeune homme ! si tu veux vivre longuement, abstiens-toi de ce qui ressemble aux *fèves* (4) ; du moins n'en fais pas un trop fréquent usage.

1029. Abstiens-toi de *fèves* et de magistratures ; elles remplissent de vent.

1030. Pendant tout le cours de ton existence, ne fais pas plus de bruit sur la terre que la *feuille* qui se détache en automne ; et qui, jouet un moment des caprices de l'a

---

(1) Loi symbolique, pour dire : « Crotoniates ! n'ayez point de trop fréquentes élections ». C'est dans ce sens, qu'Aristophane désigne le peuple d'Athènes, sous la dénomination de *grand mangeur de fèves*. I.er acte, sc. I. de la comédie des *Chevaliers*.

(2) Aliment grossier, mais propre à fortifier la voix.
Bullengerus.

(3) Divinités domestiques et populaires.

(4) *Les parties qu'on ne nomme pas*, dit Bayle.

quilon, va mourir au pied de l'arbre où elle est née.

1031. Femme en ménage ! tiens à ton mari, comme la *feuille* à l'arbre ; comme elle, ne t'en détaches qu'en mourant.

1032. N'acceptes point de magistrature à la suite d'une révolution politique.
Le bruit d'une feuille morte met en allarme un lièvre et le peuple (1).

1033. Sans nécessité, n'enlèves pas à un arbre ses *feuilles* : il n'en sera que trop tôt dépouillé.

1034. Crotoniates ! déposez vos morts profondément en terre, sur une couche épaisse de *feuilles* mortes.

1035. A l'exemple des animaux ruminans, au lieu de ressasser ce qui est écrit déjà, bornes tes lectures au grand volume de la nature. Médites-en un *feuillet* chaque jour de ta vie.

1036. Crotoniates ! n'élevez point, à l'exemple de Rome, un temple à la *fièvre* : honorez les médecins ; mais avant tout, soyez sobres.

1037. Mouilles de quelques larmes le *fil* de ta vie ; il en sera moins sujet à rompre.

1038. Magistrat ! la loi est dans ta main le *fil* qui fait mouvoir le peuple (2) : crains que ce *fil* ne rompe entre tes doigts.

1039. Préfères la charrue innocente au *filet* perfide.

---

(1) *Frondium crepitus.*
(2) Cette loi symbolique semble faire allusion aux *marionettes*, connues des Anciens : *ludicra ridenda quaedam.*

1040. Ne te flattes pas de *fixer* le peuple plus long-temps que le soleil.

1041. Si ta jeune épouse, non encore mère, te donne quelque sujet réel de mécontentement grave, traites-là, comme tu traiterais l'aînée de tes filles.

1042. Ne remets pas à la nuit le travail du jour; et préfères le *flambeau* du soleil à tout autre.

1043. Crotoniates! avant d'élire vos magistrats et vos sénateurs, sachez propager la lumière, sans trop multiplier les *flambeaux* (1).

1044. Peuple de Crotone! supportes dans ton enceinte la censure, la satyre, même la médisance; chasses-en la *flatterie*.

1045. Ne sois le *flatteur* ni des vivans, ni des morts.

1046. Ne quittes point ta femme pour une maîtresse complaisante, ni ton ami pour un *flatteur* (2).

1047. Les paroles sont des *flèches* : qu'elles frappent ou manquent le but, tu n'en es plus le maître, une fois décochées.

Sois archer prudent; ne lances point de traits, sans avoir mesuré le coup; médites, avant de parler.

1048. Ne cueilles point la *fleur* éclose entre les pierres d'un tombeau; laisses-la mourir où elle est née.

1049. Renouvelles souvent les *fleurs* semées

---

(1) Cette loi importante a quelque rapport au *symb*. XIV. Voy. Dacier. Crotone avait un sénat de mille têtes.

(2) Domoph. *sentent. Pythag.*

sur les tombeaux ; elles s'y fannent plus vîte qu'ailleurs.

1050. Les hommes consacreront une fête au soleil.

Les femmes célébreront celle des *fleurs*.

1051. Dans le jardin de l'Hymenée, ne cueilles point de *fleurs doubles* : les *fleurs* doubles sont stériles.

1052. Jeune homme ! jettes un regard sur toutes les *fleurs* écloses le long de ta route ; n'en places qu'une à ton côté.

1053. Dans le *fleuve* de la vie, ne puises pas des deux mains.

1054. Législateur sage ! avant de porter tes lois au peuple, vas les redire aux *flots* bruyans de la mer inconstante.

1055. Familiarises-toi avec un instrument de musique : préfères la lyre à tout autre.

La *flûte* (1) déforme le visage et compromet la dignité de l'homme.

1056. Ne vantes pas l'empire des lois : on mène encore mieux le peuple au son des *flûtes*.

1057. Peuple de Crotone ! et vous ses magistrats ! marchez ensemble ; soyez comme deux *flûtes* sur les lèvres d'un seul joueur (2).

1058. Magistrat d'un peuple en guerre ci-

---

(1) Porphyre, *vita Pythag.*
(2) Les conducteurs de peuple, et les législateurs sont comparés *quelque part* aux joueurs de flûte. . .
Hist. de Ptolem. p. 13. *in*-12. Baudelot ne s'est point rappelé Pythagore.

vile ! gardes ton sang froid ; l'eau fraîche arrête le *flux de sang*.

1059. Mortel ! tes années peu nombreuses, sur la terre, sont semblables aux neuf mois dans le ventre de ta mère. Imites le *fœtus* : végètes en paix, sans vouloir percer l'enveloppe avant le temps.

1060. Pardonnes aux *faiblesses* humaines ; les Dieux eux-mêmes s'endorment quelquefois, dit Homère (1).

1061. Jeune homme ! un coup de vent mène par fois au port.
Ne prétends pas justifier tes faiblesses, en disant : « Un trait de *folie* mène quelquefois à la sagesse.

1062. Crotoniates ! appelez aux *fonctions publiques* des citoyens ni pauvres, ni riches.

1063. Ne brigues, mais ne refuses pas les *fonctions publiques* ; et au premier murmure, injuste ou raisonnable, abdique, pour n'y plus rentrer.

1064. Sois sobre ! bois de manière à ne voir jamais le *fonds* de ta coupe (2).

1065. Enfans du peuple ! ne jetez point de pierres dans la *fontaine* qui vous a désaltérés : si vous ne tenez compte des bienfaits du passé, du moins ménagez-vous ceux de l'avenir (3).

---

(1) Homère peint les Dieux dormans toute une nuit. — *Poëtique d'Aristote.*

(2) Loi domestique qui a pu donner lieu au proverbe grec et latin : *fundo carens calix.*

(3) *Lapidem in fontem jacere scelus...*
Præc. myst. Pythag.

1066. Crotoniates ! malheur à vous, si, chez vous, la loi n'est pas plus forte que la *force*.

1067. Homme d'état ! n'accouches point d'une loi, à l'aide du *forceps*.

1068. Tu n'auras qu'une femme et qu'un ami : les *forces* du corps et de l'ame n'en comportent pas davantage.

1069. Le matin, en t'éveillant, ne dis pas : « Je veux être sage aujourd'hui, depuis le lever jusqu'au coucher du soleil ».
Ne t'engages pas au-dessus des *forces* de l'homme.

1070. Que la loi ait des *formes* qui n'avilissent point, en lui obéissant ! la chaîne du devoir n'est pas celle de l'esclavage.

1071. Crotoniates ! ne vous en tenez pas aux *formes* républicaines; trop souvent toute la différence entre un roi et un magistrat consiste en ce que le premier despotise en son nom, le second au nom de la loi.

1072. Seul, ne prends pas un maintien que tu rougirais de garder devant d'autres yeux. Dans les ténèbres, comme au grand jour, ne dégrades point, par une attitude équivoque, les belles *formes* que l'homme a reçues de la nature.

1073. Laisses au peuple ses superstitions innocentes, telles que les *fornacules*.
La déesse *Fornax* (1), qui préside aux fours à cuire le pain, née du cerveau de Numa, fit

---

(1) *Facta dea est fornax*, *lacti gaudete coloni*.
Ovidius, *fasti*. l. II.

oublier un moment Bellone et Mars, affreux enfans du farouche Romulus.

1074. Tâches d'avoir toujours la raison pour toi. De deux hommes, de force égale, celui qui a raison est le plus *fort*.

1075. Crotoniates ! ne donnez point de barbe à la *fortune*, comme ils font à Rome : ne changez point le sexe de cette Divinité fantasque.

1076. Législateur ! nettoyes le *forum*, et n'y souffres aucun amas de pierres, le jour où s'assemble le peuple pour t'entendre.

1077. Crotoniates ! dans le *forum*, ne vous croyez point encore au marché (1).

1078. Refuses d'être le législateur d'un peuple qui déserte le *forum* pour les tavernes et les temples. Abandonnes l'éponge aux mains sacerdotales.

1079. Redoutes la *foudre* du ciel ; redoutes davantage *celle du vin* (2).

1080. Crotoniates ! laissez les Syriens rendre un culte à la *foudre*.
Qu'on ne dise pas : « Les Dieux de Crotone sont enfans de la peur ».

1081. Appelles chaque chose par son nom ; ne donnes point à la *foudre* celui de Jupiter.

1082. Législateur et magistrat ! allez prendre leçon aux jeux olympiques : on y donne un prix double au conducteur de chars qui

---

(1) Cette loi symbolique a plusieurs sens ; celui-ci, entre autres : « Ne vendez point vos magistratures ».
(2) Expression poétique d'Archiloque.

atteint le but, sans faire usage de la verge ou du *fouet* (1).

1083. Crotoniates ! ne mettez pas un *fouet* dans la main de vos Dieux: on vous prendrait pour des enfans ou des esclaves (2).

1084. Citoyennes de Crotone ! qu'on ne vous trouve jamais où il y a *foule* !

1085. Peuple italique, qui prétends à la liberté, évites de faire *foule*.

La liberté n'aime pas la *foule*.

1086. Crotoniates ! ne faites jamais *foule*. Le mal-intentionné se cache dans la *foule*, et le sage n'y a point ses coudées ; l'esprit de vertige y préside ; et la voix de l'ordre ne saurait s'y faire entendre; les préjugés sont les législateurs de la *foule*.

1087. Magistrat ! rentres dans la *foule*, si la *foule* te fait baisser les yeux devant elle.

1088. Nations italiques ! dans vos assemblées ou magistratures, si quelqu'ambitieux manifestait des dispositions à vouloir comprimer ses concitoyens, condamnez-le au métier de *foulon* (3).

1089. Vas chercher le *foulon* (4), pour enlever les taches de ton vêtement:

---

(1) *Diocles*
cum. sine. flagello. vicisset.
inter. milliarios. agitatores
primum. locum. obtinuit
Vetus lapis.

(2) On en armait Apollon et d'autres divinités encore.
(3) *Ars premendi, subigendi lanas.*
(4) *Epistol.* Lysis *ad* Hipparchum.

Pour enlever celles de ton ame, ne vas point chez les prêtres.

1090. Tu portes au *foulon* (1) tes vêtemens gâtés ; ne t'adresses point au pontife, pour laver ta conscience ; ce soin te regarde.

1091. Un glaive tiré souvent de son *fourreau*, s'use vite.

Jeune homme ! ne mets point trop fréquemment en jeu tes passions ; elles usent le corps, et le dégradent avant le temps.

1092. Crotoniates ! réparez souvent vos lois : tout s'altère. Le plus dur caillou s'use, sous le marcher continuel des *fourmis*.

1093. Suis le conseil du bon Hésiode (2) : Avant de prendre femme, attises ton *foyer*.

1094. Si l'on attaque en même-temps tes *foyers* et tes Dieux, défends d'abord tes *foyers*.

1095. Ne craches point dans les *foyers* du sage ; les *foyers* du sage sont aussi sacrés que le temple des Dieux.

1096. Quelques soient les œuvres sorties de tes mains ou de ton cerveau, ne t'énorgueillis point.

Les plus grands hommes ont leur mesure ; et la mesure des plus grands hommes est une infiniment petite *fraction* de la nature.

1097. Magistrat ! ne te lasses point de tenir le glaive de la loi suspendu perpendiculairement

---

(1) *Fullo* ; dégraisseur.
(2) *Domum quidem prius, deinde uxorem.*
Opera, n° 403.

sur la tête du peuple; fais-lui peur, cela te dispensera de *frapper*.

1098. Ne permets pas au peuple et au cheval mal appris de quitter un seul instant le *frein* (1), même quand ils mangent.

1099. Peuple de Crotone! crains d'ensanglanter le *frein* de la loi, en le brisant.

1100. Législateur! au glaive de la justice, substitue un *frein*.

1101. Homme d'état! délivres les coursiers de leur *frein*, pour le donner au peuple; il en a plus besoin qu'eux.

1102. Législateurs et magistrats! sévissez, sans ménagement, contre les prolétaires; *frelons* du peuple qui pullulent au sein de la fainéantise; prêts à servir le premier ambitieux en état de leur allouer un salaire.

1103. Ne sacrifies au Dieu du sommeil que la quatrième partie de ton existence.
Un homme endormi est le *frère* d'un homme mort (2).

1104. Sans y être convié, ne t'asseois pas même à la table de ton *frère* : exceptes-en celle d'un ami.

1105. Par une loi expresse, désignes au blâme public le propriétaire d'un champ, qui le cultive mal, ou le laisse en *friche*.

1106. Tiens ta conscience aussi nette que l'aire d'une grange; tes plaisirs seront aussi purs que le *froment* séparé du chaume.

---

(1) Stobœus. 452.
(2) *Vie de Pythag.* par Dacier. p. XXXVIII.

1107. Ne demandes pas de conseils à un homme dont le *front* est aussi lisse que la surface polie d'un miroir; cet homme peut avoir la faculté de réfléchir; il n'en a pas l'habitude.

1108. La terre donne une récolte par année; rarement deux.

Cultives le champ de l'amitié; il t'offrira, chaque jour, un *fruit*.

1109. Manges le *fruit* à l'arbre même.

1110. Laisses d'autres nations (1) brûler de l'encens au dieu *Fumier* (2).

Peuple de Crotone! honores l'agriculteur qui, dans l'année, aura le mieux *fumé* son champ.

1111. Ne fais point au peuple litière de lois, même de bonnes lois; il les aurait bientôt réduites en *fumier*.

1112. Les *funérailles* (3) se feront en silence, comme auprès de quelqu'un qui repose.

1113. Les *funérailles* des jeunes hommes auront lieu au lever du soleil; celles des vieillards, à son coucher.

1114. Que les parfums soient tout le luxe des *funérailles*!

1115. Que vos *inscriptions funérales* soient courtes, simples....

Passant !
rends à ce tombeau
les honneurs
que tu désires qu'on rende un jour
au tien.

---

(1) Les Romains.
(2) *Deus stercutus.*
(3) Elles étaient fort bruyantes chez les anciens.

G.

1116. Chez les nations corrompues, des femmes *gagées* par le public (1) consacrent leurs talens aux loisirs des citoyens:

Citoyennes de Crotone! réservez les dons de la nature et les fruits de l'éducation pour embellir l'intérieur de la maison paternelle ou maritale.

1117. Législateur! traites les rois et les magistrats en Dieux d'Egypte: renfermes leurs pieds dans une *gaine*, pour les empêcher de marcher plus vîte que la loi.

1118. Si les *Gallices* (2) n'ont pas encore des Dieux; Crotoniates! ne leur portez pas les vôtres: respectez leur innocence.

1119. Crotoniates! dans l'occasion, rappelez-vous *Gallus* (3): armé d'un test de Samos (4), il se retrancha du nombre des hommes, et se fit prêtre de Cybèle; sans doute, parce qu'un prêtre n'est plus un homme.

1120. Citoyennes de Crotone! comme sur les bords du *Gange*, dans une fête annuelle, demandez aux Dieux qu'ils vous préservent du veuvage.

1121. N'entreprends pas la cure d'une grande

---

(1) Les Lydiennes, les Ioniennes, les Babyloniennes, faisaient ce métier.

(2) Peuplade de la Lusitanie. *Galliacos atheos dicunt...*
            Strabo. III.

(3) Pitisci *lexic.*

(4) *Samiâ testâ*, un tesson de vaisselle de terre de l'île de Samos.

nation corrompue : on ne guérit point la *gangrène*.

1122. Une mère sage ne confiera la *garde* de sa fille à personne.

1123. Métapontains ! ne souffrez à vos magistrats et sénateurs d'autres *gardes* que des vieillards, une branche d'olivier à la main.

1124. Crotoniates ! ne donnez à vos magistrats pour *gardes* que des vieillards ou des enfans.

1125. Fais cas de la vie ; il n'y a rien au-dessus, rien au-delà. Aimes à vivre, pour bien vivre. Celui qui prend l'existence en dégoût, a l'esprit malade, ou le cœur *gâté*.

1126. L'homme du peuple prend bien garde le matin, en sortant, de ne point faire le premier pas avec son pied *gauche*.

Ne quittes jamais, en marchant, la ligne droite de la vérité, et l'étroit sentier de la raison.

1127. Marches du pied droit à tes affaires ; du pied *gauche*, à tes plaisirs (1).

1128. Magistrat de Crotone ! donnes force de loi à un bel usage de la *Gaule Pyrénéenne*.

Refuses la déposition d'un jeune homme contre un vieillard.

1129. Ne reproches point au *geai* son noir plumage ; ne loues point le cygne de la blancheur du sien : ainsi qu'eux, les hommes ne sont pas plus responsables de leurs vices que de leurs vertus.

---

(1) *In calceum dextrum praemittito pedem, in lavacrum sinistrum.* Symb.

1130. Sois plutôt le dernier parmi les aigles, que le premier parmi les *geais*.

1131. Ne procèdes point, dans l'ivresse, à l'acte saint de la *génération* (1).

1132. Ne reproches point au *génie* ses fréquens écarts, ses longues erreurs ; ils supposent de vastes aperçus, et de grands résultats.

1133. Ne te découvres la tête, ne fléchis le *genou* qu'en la présence de ton père.
Inclines-toi devant lui, et même à son seul nom, comme le peuple au nom de ses Dieux et à la vue de son roi.

1134. Devenu père, ne fléchis le *genou* devant personne, pas même devant ton père.

1135. Peuple, qui viens de recouvrer ta liberté ! n'en uses pas tout de suite : fais-la sommeiller quelque temps sur les *genoux* de Minerve (2).

1136. Mère de famille ! ne t'endors point *sur les genoux des Dieux*.

1137. Magistrat ! au défaut de bonnes lois, berces le peuple sur les *genoux* de ses Dieux.

1138. Crotoniates ! lors d'une dissention civile, ne laissez monter dans la tribune aux harangues que des *géomètres*.

1139. Préfères la *géométrie* à l'arithmétique.
L'arithmétique est la science du peuple qui ne veut que faire nombre, ou du marchand avide de gain.

---

(1) Stobæus. 472.
(2) La Minerve (*Palladium*) de Troye était représentée assise.

La *géométrie* est la science du philosophe ami de l'égalité, qui combine des plans de politique.

1140. Observes le ciel, quand tu n'auras plus rien à vérifier sur la terre. Dénombres les étoiles, quand tu auras compté tes *gerbes*. Penses à devenir savant astronome, après que tu seras devenu bon cultivateur.

1141. Magistrat ! dans tes discours, sois aussi bref que le *geste*.

1142. Crotoniates ! adoptez cet usage des *Gètes* : leurs ambassadeurs, avant de conclure un traité, touchent de la lyre.

1143. Voyages chez les *Gètes* ; non pour y porter des lois, mais pour en rapporter des leçons.

Chez les *Gètes*, les champs n'ont point de limites ; toutes les terres sont communes ; et de tous les peuples, c'est le plus sage, dit Homère.

1144. Sois plutôt *Vulcain* (1) que *Gigron* (2).

1145. Ne désespères pas de l'espèce humaine ; ne te rebutes point : avec le temps, la *glaise* devient marbre.

1146. Crotoniate ! n'attises point avec le *glaive* le feu sacré de la liberté : cette flamme pure ne doit être confiée qu'à des mains vierges de sang (3).

1147. Ne graves pas tes lois sur les murailles

---

(1) Epoux trompé de Vénus.
(2) Messager complaisant de Vénus et de Mars.
      Eustat. *comm. Odyss.*
(3) *Ignem ferro ne fodices.* Symb. VII.

d'une ville, avec la pointe d'un *glaive* ensanglanté.

1148. Les Sarmates ont une lance pour toute Divinité.

Peuple de Crotone ! n'ais d'autres Dieux que le *glaive* de la justice.

1149. Pères de famille et magistrats ! gardez-vous de mettre un *glaive* nu dans la main de vos enfans et du peuple (1).

1150. Ne penses pas faire revenir au *gland*, en quelques heures, un peuple accoutumé au pain depuis plusieurs siècles.

1151. Nourris-toi de *glands*, plutôt que de cuire au four bannal.

Plutôt que de devenir peuple, restes sauvage !

1152. Tout homme devant être propriétaire et moissonneur, qu'il n'y ait désormais d'autres *glaneurs*, sur la terre, que les oiseaux du ciel !

1153. Peuple de Crotone ! avant de t'assembler autour de la tribune aux harangues, manges du *glanis* (2).

1154. Si l'indépendance t'est chère, ne touches pas dans la main d'une femme; il y a de la *glu*.

1155. Pendant la guerre civile, fais à Minerve libation d'huile sur les *gonds* de ta porte, pour les empêcher d'avertir, en tournant, que tu existes.

1156. N'entres dans une maison que par

---

(1) *Ne puero gladium*. Prov. gr.
(2) Poisson qui dégarnit l'hameçon, au lieu de s'y laisser prendre, en l'avalant.

la porte ; et ne cherches point à en ouvrir la porte par ses *gonds*.

1157. Crotoniates ! gardez le souvenir de *Gordius*, laboureur-roi. Les Phrygiens, ses compatriotes, jugèrent capable de diriger le timon d'un état, celui qui savait conduire le soc d'une charrue.

1158. Citoyennes de Crotone ! flétrissez le nom de *Gorgophone*, fille de *Perseus* ; la première femme qui donna dans Argos le scandale d'une veuve passant à de secondes noces.

1159. Législateur ! n'ais point recours à l'échelle de *Gosinga* (1) ; gardes-toi d'appuyer, sur des nuages, l'édifice politique.

1160. Prends tous les *goûts* de ton mari, tous ceux qui lui font honneur ; abstiens-toi des autres : cette conduite sage sera une leçon tacite dont on te saura gré, long-temps peut-être, sans en faire l'aveu.

1161. Sois philosophe, pour t'exempter de devenir savant.

Un tonneau de science ne vaut pas une *goutte de sagesse*.

1162. Le sage ne boit pas de vin ; il en *goûte*.
Le sage ne se livre point au plaisir, il s'y prête.

1163. Dans le palais des *gouvernans*, sois toujours de l'avis des *gouvernés*.

1164. Tout *gouverné* est à plaindre ; tout

---

(1) Espèce de législateur scythe, qui avait construit une longue échelle, pour tâcher de persuader à ses compatriotes demi-barbares, qu'il allait et venait, à volonté, de la terre au ciel.

gouvernant est à craindre : s'il est possible, ne sois ni l'un ni l'autre.

1165. Crotoniates! à quel signe (demandez-vous) reconnaître la sagesse d'un *gouvernement*?

Que les moins bons obéissent aux meilleurs!

1166. Crotoniates! faites vous-mêmes votre félicité, sans l'attendre du *gouvernement*.

Les abeilles sont heureuses sous la monarchie;

Les fourmis sont heureuses en république.

1167. Homme sage! il faut bien t'en prévenir : consens à être despote, ou ne te mêles point du *gouvernement* d'un grand peuple.

1168. Le sage ne sera ni roi, ni magistrat, ni législateur.

Le sage ne sait que se *gouverner* lui-même.

1169. Magistrat, tiré du peuple! cesses d'être peuple, pour le bien *gouverner* (1).

1170. Ne te crois pas quitte de la reconnaissance envers ton bienfaicteur, parce qu'il t'a obligé de mauvaise *grâce*.

1171. Pour plaire aux *Grâces*, sacrifies aux Muses.

1172. Jeunes filles de Crotone! solennisez, de jour, la fête des *Grâces* (2) : l'innocence et les *grâces* sont amies du jour : laissez la nuit au vice.

---

(1) *Magistratus virum demonstrat*. Prov. gr.
(2) *Charisie*, ou la veillée des Grâces (*pervigilium*), se célébrait la nuit.
Une loi des XII tables paraît calquée sur celle-ci.

1173. Aux plaisirs bruyans et dispendieux en usage chez les peuples corrompus,

Jeunes filles de Crotone ! préférez les danses pastorales et naïves présidées par les *Grâces* dans toute leur innocence (1).

1174. Chez les nations corrompues, les femmes abjurent leur sexe.

Citoyennes de Crotone ! ne cessez d'être douces et modestes. Conservez vos mœurs pudiques. Ne renoncez point aux *grâces*. Pour plaire aux hommes, soyez toujours femmes.

1175. Peuple crotoniate ! que tes lois se tiennent par la main, comme les *Grâces*.

1176. Mets en réserve quelques *grâces*, quelques charmes, quelques vertus dont la découverte puisse causer à ton mari une agréable surprise.

1177. Femmes de Crotone ! n'enviez pas aux *Syracusaines* leur temple à *Vénus-Callipyge* : contentez-vous d'un autel aux *Grâces* (2).

1178. Que ton oreille ressemble au crible ! Conserves le bon *grain*. Abandonnes au vent la paille stérile.

1179. Ne brûles qu'un *grain* d'encens à-la-fois.

1180. Peuples agricoles de l'Italie ! ne conservez point de la *graine* de rois (3).

1181. Ramasses et sèmes, dans ton champ,

---

(1) Porphyre dit que Pythagore dansait quelquefois. *Théâtre philosophique* de Bordelon. p. 77.
(2) *Pulchras clunes habens*.
(3) Loi contre les magistratures héréditaires.

la *graine* des plantes qui croissent sur la statue d'un grand homme (1).

1182. Ne jures pas en vain par le nom d'un *grand homme* (2).

1183. Refuses des lois à un peuple *grand mangeur*, ou qui boit beaucoup (3).

1184. Si l'on te demandes : Qu'est-ce qu'un Dieu ? Dis :
Un *grand homme* est un Dieu (4).

1185. Crotoniates ! n'appelez aux magistratures que des hommes parvenus à la *grande semaine* de la vie (5).

1186. Ne plantes pas, sur une *grande route*, l'arbre que tu veux laisser en héritage à tes enfans.

1187. Si tu n'es que sage, ne te charges point de la conduite d'un *grand peuple*.

1188. Peuple, qui demande la liberté : qu'en veux-tu faire ? Sais-tu seulement ce que c'est ? crains de l'obtenir. La liberté ne convient pas au *grand nombre* (6).

1189. Ne bâtis point de temples sur l'emplacement et avec les matériaux de tes *granges*.

---

(1) Pythagore symbolise un préjugé des Anciens.
(2) Cette loi fut prise à la lettre dans l'école de Pythag.
(3) Cet avis semble regarder les Crotoniates.
(4) Les Grecs pensaient que les Dieux sont de la même nature que les hommes. Herodot. I. n° 25.
(5) Quarante-neuf ans révolus, le carré de sept. Pythagore, et après lui, *Timée* de Locres, ainsi que Platon, appelaient la révolution de sept années, une semaine ordinaire de la vie.
(6) *Non est piscis omnium.* Prov. latin, renouvelé des Grecs.

1190. Préfères le vin en grappe (1), sur ton côteau, à la *grappe* en vin dans ton cellier : manges les trois quarts de ta vigne ; bois le reste à la chute des troisièmes feuilles (2).

1191. Ne vendanges pas tout exactement dans tes vignobles ; laisses-y, le long de la route, quelques *grappes* pour le voyageur altéré.

1192. Crotoniates ! restez pauvres, plutôt que de devenir riches, à la manière des *Grecs maritimes*, qui échangent du sel contre des esclaves.

1193. N'imitez pas les *Grecs*. Ils souffrent, chez eux, le scandale d'un seul et même citoyen, possédant à-la-fois deux maisons ; l'une à la ville, l'autre aux champs.

1194. Rappelez-vous les anciens *Grecs*, d'où vous sortez : qu'un père de famille, qu'un chef de maison, parmi vous, n'ait pour serviteurs que ses enfans (3) !

1195. Pour être libres, redevenez semblables aux *Grecs avant Cadmus ;* ils vivaient en familles, ne sachant ce que c'est que des Dieux et des rois.

1196. Législateur ! ne *greffes* point sur un vieux tronc.

1197. Si l'on te demande : « Qu'est-ce que

---

(1) *Vinum pendens.*
(2) C'est-à-dire, la troisième année après.
(3) Herodot. lib. VI. Le passage de l'historien grec est considérable :
Principiò, Graecis nulla erant mancipia, sed filiis pro servis utebantur.

l'amitié ? ». — « Une *greffe* qui a parfaitement réussie ».

1198. Magistrats pères de famille ! appliquez à l'instruction du peuple et à l'éducation de vos enfans les principes de la *greffe*; corrigez, et faites valoir l'un par l'autre, leurs vices et leurs vertus.

1199. Si tu es bon, ne t'associes point à d'autres pour devenir meilleur.

Le sage, seul, est faillible.

Une *grégation* de sages l'est encore plus.

1200. Caches ta vie et ta doctrine : sacrifies la *grenade* à Mercure (1).

1201. Voyages sur les bords du canal, étranger aux lois bourbeuses du peuple-grenouille.

1202. Magistrat ! fais lire au milieu du peuple, délibérant sur une guerre nouvelle, *le combat des grenouilles*, chanté par Homère.

1203. Législateur du peuple ! ne verses pas de vin aux *grenouilles* (2).

1204. Dans un temps de révolution politique, ne parles au peuple que par *griphes*, ou tais-toi (3).

1205. Crotoniates ! en vous repaissant de la chair des *grives* (4), rappelez-vous que leur incontinence fut la cause de leur perte (5).

---

(1) Qui a son fruit en-dedans, dit Lamothe Levayer.
(2) Cette loi symbolique devint proverbe.
(3) Enigmes verbales. *Griphe*, mot grec qui signifie un filet de pêcheur.
(4) Les Anciens, surtout les Grecs, étaient friands de grives.
(5) Elles se laissent prendre, quand elles sont enivrées de raisins.

1206. Mère de famille ! au printemps, surveilles ta fille de plus près, mais *grondes*-la moins. Gardes-toi de la trop contrarier : ce n'est pas le moment de te montrer sévère.

1207. Mères de famille ! n'ayez honte de vos cheveux blancs : aimeriez-vous mieux être des *grues* (1) ?

1208. Crotoniates ! ne faites jamais la *guerre* : défendez-vous.

1209. Crotoniates ! maudissez le premier peuple qui fit la *guerre* : la *guerre* dévore les hommes ou les dégrad ; la *guerre* amena l'esclavage (2).

1210. Magistrats ! ne condamnez point à l'aiguillon des *guêpes* (3) le coupable de mépris envers vous. S'il a raison, corrigez-vous ; s'il a tort, punissez-le par la loi du talion : méprisez-le.

1211. Fais en sorte de réparer, avant la fin du jour, le tort par toi commis dans le cours de la journée.

Une faute non réparée est une *guêpe* importune qui te harcèle au visage et bourdonne à tes oreilles. Vainement voudrois-tu la chasser ; on ne s'en délivre qu'en l'anéantissant.

1212. Père de famille ! dis à tes enfans d'attacher une *guirlande* à l'arbre qu'ils viennent de dépouiller de son dernier fruit.

1213. Citoyennes de Crotone ! pour votre

---

(1) Qui noircissent, en vieillissant, au dire d'Aristote.
(2) *Quot hostes, tot servi.* Ancien proverbe.
(3) Après l'avoir enduit de miel ; châtiment alors en usage pour ces sortes de délits.

parure, préférez les *guirlandes* de fleurs aux chaînes d'or.

1214. Ne ressembles pas au *guy* parasite (1), qui végète sur le chêne.

Ne vis aux dépens de personne.

1215. Prends l'anneau de *Gygès* (2), pour haranguer le peuple.

1216. Magistrats ! ne permettez pas aux prêtres de changer leurs temples en *gymnases*.

1217. Citoyennes de Crotone ! abstenez-vous de robes transparentes (3), même dans l'intérieur du *gynecée* (4).

1218. Crotoniates ! on vient dans votre ville pour apprendre la *gymnastique*.

Faites qu'on y vienne aussi pour les vertus mâles et républicaines.

H.

1219. Endosses-tard, quittes de bonne heure, et ne gardes pas long-temps l'*habit* (5) de magistrat. On n'est à son aise que dans son vêtement de tous les jours.

1220. L'homme marié ne portera pour *habits* que ceux tissus des mains de sa femme.

1221. Le père et la mère de famille ne se couvriront que d'*habits* tissus de la main de leurs enfans.

---

(1) Pythagore mettait les plantes même au rang des animaux. Diogène Laër. VIII.
(2) Il rendait invisible.
(3) *Vestis, toga vitrea*.
(4) L'appartement des femmes.
(5) *Forensia vestimenta*.

DE PYTHAGORE.

La sœur filera pour son frère ;
Le frère labourera pour sa sœur.

1222. Législateur et magistrat ! sans tes *habits*, ne te montres pas au peuple ; il te prendrait pour son semblable.

1223. Ne portes point d'*habits* à la taille d'un autre.

1224. Citoyennes de Crotone ! pour vos *habits* et dans vos parures, préférez le blanc à toutes les couleurs, même à celle de la rose : vêtue de blanc, il semble qu'une femme doive se respecter davantage.

1225. Ne contractes pas l'*habitude* de vivre.

1226. Fuis la tyrannie des rois et celle du peuple : fuis plus vîte encore le despotisme d'une mauvaise *habitude*.

1227. Défies-toi de l'*habitude* ; elle commence par n'être qu'un superflu, et finit par devenir une nécessité.

1228. Ne donnes point à l'*habitude* un pied dans ta maison : bientôt maîtresse, elle ferait de toi son premier esclave.

1229. Magistrat d'un peuple riche et sans mœurs ! prends la *hache*, avant la *doloire* (1) ; élagues d'abord, tu poliras ensuite.

1230. Magistrat sans caractère ! quittes la chaise curule ; ne fais pas ressembler la loi à une *hache* sans poignée.

1231. Crotoniates ! dans certaines circons-

---

(1) Instrument de charpentier et de charron.

tances, rappelez-vous *Haemus* : élu roi de la Thrace par ses concitoyens, il voulut aussitôt en devenir le Dieu.

1232. Fermes ton sépulcre d'une *haie vive*, pour en défendre l'approche au peuple et à d'autres animaux qui souillent les lieux où ils passent.

1233. Habilles le peuple, avant de lui donner des lois : des lois et des *haillons* blessent les yeux.

1234. Crotoniates ! aimez-vous. Vous n'avez pas trop de toute la vie pour aimer. Malheur à ceux qui trouvent le temps de *haïr* !

1235. Une *haleine* infecte annonce des viscères gâtés.
Aux paroles sales d'un peuple, présages un vice dans ses mœurs ou dans sa législation.

1236. Peuple crotoniate ! offres au sage l'occasion de se montrer ; n'attends pas qu'il vienne à toi : lequel du voyageur *haletant* ou du frais ruisseau, doit aller au-devant l'un de l'autre ?

1237. Crotoniates ! ne souffrez point dans le voisinage de vos filles, de vos épouses, ces femmes bannales, vases de nuit impurs qu'il faut envoyer à *Mégare* ou dans *Halicarnasse*.

1238. Ne crains pas de mourir ; la mort n'est qu'une *halte*.

1239. Sois semblable à la lampe du temple d'*Hammon* : éclaires le peuple, en lui dérobant la main qui verse l'huile.

1240.

DE PYTHAGORE. 161

1240. Législateur ! laisses au peuple la liberté du *hanneton* (1), retenu par un fil.

1241. Ne *hantes* pas les lieux fréquentés par la foule (2).

1242. Ne *hantes* sur la terre d'autre société que celle de ta famille et de ton ami.

1243. Ne *harangues* point le peuple, à l'heure de ses repas ; il aurait trop de distractions.

1244. N'exiges point du peuple une attention soutenue ; il en est incapable.

Ne parles pas long-temps au peuple ; à la fin de ta *harangue*, il ne se souviendrait plus du commencement.

1245. Magistrat ! ne *harangues* pas le peuple, quand il s'est levé trop matin.

1246. Crotoniates ! honorez le souvenir d'*Harmodius* et d'Aristogiton.

1247. Hommes d'état ! avant de donner des lois aux peuples, sachez bien celles de l'*harmonie* (3).

1248. Consacres un culte à l'*harmonie* céleste.

Chaque année, le premier jour de printemps, rassemblez-vous autour d'une lyre bien d'ac-

---

(1) Les enfans de la Grèce, comme les nôtres, s'amusaient à ce jeu.

(2) Les pythagoriciens s'établissaient dans les bois sacrés, où le peuple n'était pas reçu.
Porphyre, *abstin. de la chair.* I. 36.

(3) C'est d'après les règles de musique, prescrites par Pythagore, que Platon établit dans son *Timée*, les lois de la constitution du monde.
Essais sur la musique. p. 23. tom. I, in-4°.

Tome VI. L

cord; et chantez en chœur un hymne à la Nature rajeunie (1).

1249. Veux-tu prendre une leçon d'*harmonie*? obtiens de passer un jour entier sous le toit de deux amis.

1250. Ne prodigues pas les ornemens de la sculpture sur le bois d'une *harpe*.
Une lyre bien d'accord est toujours assez décorée.

1251. Honores le nom d'*Harpocrate* : c'était un sage qui parlait peu ; pardonnes au peuple d'en faire le dieu du Silence.

1252. N'attends pas, comme à *Butos* (2), l'âge de la décrépitude pour sacrifier au dieu *Harpocrate* (3).

1253. Citoyens ! si dans la tribune publique, on vous parle d'égalité, sans vous parler de la justice, faites descendre l'orateur, et posez sur sa bouche le doigt d'*Harpocrate* (4).

1254. Femmes de Crotone ! ne faites qu'un seul et même Dieu de l'Amour (5) et d'*Harpocrate*.

1255. Crotoniates ! rendez un culte, de préférence aux Dieux sobres, tels qu'*Harpocrate* : quelques légumes lui suffisent (6).

---

(1) *Vere novo solebat (Pythagoras) conventus in circulum facere, in medio statuens lyrâ psallentem. Illo psallente, quotquot recte poterant, in harmoniam concinebant.* Nic. Scutellii. *vita Pythag. in-4°.*
(2) Ville d'Egypte.
(3) Les prêtres du dieu du Silence étaient chauves et caducs.
(4) Dieu du Silence.
(5) Dieu du Silence, ou du Mystère.
(6) Des lentilles, de préférence à tous autres.

1256. Homme public! portes au doigt index un anneau à l'empreinte d'*Harpocrate* (1).

1257. Peuple! ne laisses point à la tête de tes affaires des hommes nouveaux qui, sous de longues ailes, cachent au bout des doigts les ongles recourbés des *harpies* (2). Déportes-les aux îles flottantes des Strophades.

1258. La musique n'est qu'un talent frivole pour des oreilles vulgaires : élèves-la au rang des *hautes* sciences.

1259. Législateurs! à l'instar de celui des *Hébreux*, ne dites point d'abord au peuple : *croîs et multiplie!* La nature le lui commande assez impérieusement déjà. Dites-lui :

« Avant de mettre des enfans à la vie, penses aux moyens de les rendre plus sages et plus heureux que leurs pères.

1260. Homme de génie! ne t'occupes point de la politique, tant que les peuples seront disposés à se faire la guerre pendant dix ans pour une femme. Penses à *Hélène*.

1261. Magistrat d'un peuple en guerre civile! appliques à la science politique ce principe de l'art de guérir :

L'eau froide arrête les *hémorragies*.

---

(1) Les Romains adoptèrent cette loi de Pythagore.
(2) *Animalia uncunguia ne nutrito*. Symb. VIII.
Quand Pythagore défendait si expressément la nourriture des oiseaux qui ont les ongles crochus, il voulait sans doute faire peur aux larrons, qu'il tâchait de rendre, par son énigme, odieux à tout le monde.

Lamothe Levayer, p. 400 des *petits traités. in-4°.*

1262. Homme d'état! maries le peuple à la loi, avec le *nœud* d'*Hercule* (1).

1263. Rougis d'avoir plus d'embonpoint qu'*Hercule* (2).

1264. *Hercule* lui-même ne put tenir contre deux combattans à-la-fois (3).

Homme sage! ne luttes point avec la multitude.

1265. Crotoniates! honorez le souvenir d'*Hercule*; il ne s'arma d'une massue que pour donner force aux lois de la justice.

1266. Citoyens! dans de graves circonstances, rappelez-vous et prenez pour garant le nom d'*Hercule* (4).

1267. Crotoniates! n'enviez pas tant la force d'*Hercule* : il paya cher ce présent des Dieux; *Hercule* était épileptique (5).

1268. Sois *hérisson* au milieu du peuple; ne lui laisses aucune prise sur toi.

1269. Si tu ne te sens pas capable de devenir trois fois sage comme *Hermès* (6), n'ambitionnes pas d'être trois fois vieux comme *Nestor*.

1270. Pour vivre indépendant, observes à

---

(1) Expression proverbiale, pour exprimer un lien étroit et indissoluble.
(2) Hercule était maigre. Clément d'Alex. *admonitio ad gentes*.
(3) *Ne Hercules quidem contra duos*. Prov. gr.
(4) *Me Hercules!* c'est-à-dire, *ita me Hercules juvat!* Espèce de serment, familière aux Anciens. Hercule était l'une des divinités locales de Crotone.
(5) *Morbus herculeus*.
(6) Le Trismégiste.

la lettre ce vieux commandement d'*Hermès* trois fois sage (1):

« Tu ne mangeras que de tes œuvres ».

1271. Gouverneurs de peuples ! rappelez-vous sans cesse ce vieux mot d'*Hermès* (2), trois fois sage :

« Le peuple obéit toujours à ceux qui font bien ».

1272. Législateurs et magistrats ! honorez la mémoire d'*Hermès*, et consultez ses livres : il inventa l'*art de parler au peuple* (3).

1273. Crotoniates ! honorez le souvenir d'*Hermès*, bien digne du titre de trois fois grand, s'il put en effet être tout ensemble roi, prêtre et sage.

1274. Métapontains ! soyez parcimonieux dans votre culte; rappelez-vous *Hermionée* : la pythie sage le déclara l'ami des Dieux, pour ne leur avoir jamais sacrifié qu'autant de farine qu'il put en prendre avec ses trois doigts.

1275. Crotoniates ! ménagez vos *héros*, quand vous en aurez : la conception d'*Hercule* coûta trois nuits à Jupiter.

1276. Crotoniates ! ne prodiguez pas à vos athlètes le titre de *héros*.

1277. Ne passes point sur ton champ la herse avant la charrue : n'attends pas le lendemain des noces, pour interroger le caractère et les mœurs de la femme que tu épouses.

---

(1) *La forêt des philosophes. in-fol.* VII.
(2) *Idem*, feuillet VII, *recto*.
(3) Les Anciens appelaient ainsi la rhétorique.
Quintil. *inst. orat.* II. 16. Montaigne, *essais*. I. 51.

1278. Le bon *Hésiode* compte trente mille *Dieux* (1).

Crotoniates ! c'est beaucoup trop, si vous êtes sages ;

Si vous ne l'êtes pas, ce n'est point encore assez.

1279. Souvenez-vous de ce mot hardi et sublime du bon *Hésiode* :

La terre enfanta le ciel....
et restez-en là de son poëme.

1280. Penses avec *Hésiode*, être assez riche, si tu possèdes légitimement ces trois choses :

Un champ fertile ; une vache féconde ; une femme économe.

1281. Législateur ! préviens la superstition, en ne permettant la lecture des poëmes d'*Hésiode* et d'*Homère*, que dans l'âge de la raison.

1282. Que chaque *heure* du jour et de ta vie ait son fardeau à porter, et ne s'en décharge point sur celles qui la suivent !

1283. Consacres un culte à l'*heure* (2), marquée sur le livre du temps par la naissance de ton *ami*.

1284. Destines la dernière *heure* de ta journée à réparer le mauvais emploi que tu aurais pu faire de quelques-unes des vingt-trois autres *heures*.

---

(1) **Maxime**, de Tyr, observe qu'Hésiode a fait trop petit le nombre des Dieux, vu qu'il y en a une multitude innombrable.

Nec trigenta tantum deorum millia... sed innumeri.
                                                Dissert. I.

(2) Les Anciens adoraient les heures.

1285. Consacres tes pensées aux *heures* de la nuit ; tes actions aux *heures* du jour.

1286. Au banquet de la vie, manges tes vingt-quatre *heures* par jour.

1287. Laisses à d'autres les magistratures ; n'acceptes tout au plus que la surveillance (1) des *heures*.

1288. Sois bon pour être *heureux* ; sois sage pour être *heureux* long-temps.

1289. Ne te presses pas d'être *heureux* ; mais hâtes-toi de te rendre digne du bonheur.

1290. Salues-toi du nom de sage et d'homme *heureux*, si tu ne te trouves nulle part aussi bien, qu'en rentrant dans ton cœur.

1291. Avant de te marier, saches que tout change dans la nature.

« La femme d'aujourd'hui, n'est plus celle d'hier ».

1292. Crotoniates ! gardez le souvenir d'*Hilliscus*, qui se retira au fond des forêts, pour étudier les mœurs de l'abeille indépendante, de préférence aux lois de l'homme esclave au sein des villes.

1293. Femmes de Crotone ! gardez le souvenir d'*Hiera*, épouse de *Telephe* ; aussi belle qu'*Helène*, mais moins connue, parce qu'elle fut plus sage.

---

(1) Dans les villes grecques, quatre citoyens étaient chargés de veiller la nuit, pour annoncer les heures, chacun trois. Ils servaient d'horloges sonnantes, inconnues aux Anciens. Ce très-antique usage existait encore naguère dans une ville de France, à Pontoise : un crieur public allait par les rues proclamer les heures de la nuit, et la mort des habitans, s'il en décédait.

1294. Législateurs et magistrats, monarchiques ou républicains! usez de votre autorité d'autant plus sobrement, qu'elle n'est pas aussi légitime, aussi sainte que l'*hiérarchie* des pères sur leurs enfans.

1295. Soit flétrie la mémoire d'*Hiperbius*, qui le premier, tua un animal paisible.

1296. Gardez le souvenir du chaste *Hippolyte* (1).

1297. Crotoniates! vouez au mépris la mémoire d'*Hipponax* (2), poëte d'*Ephèse*, l'inventeur de la *parodie*.

1298. Peuples italiques! ne souillez pas vos mains du sang de vos despotes; qu'il vous suffise de les reléguer parmi les tigres de (3) l'*Hircanie*.

1299. Chasseur matinal! épargnes la première *hirondelle* qui t'annonce le retour du printemps.

1300. Crotoniates! dans une solennité publique, faites vous lire l'*histoire* de l'année, avant de la déposer dans vos archives.

1301. Ne vous empressez pas de fournir des matériaux à l'*histoire*.
Heureuse la nation dont on ne parle point!

1302. Père de famille! dans les mains de

---

(1) *O felix Hippolyte heros!*
Qualem nactus es gloriam
Propter pudicitiam.
            Stobæus. I. 63.

(2) Contemporain des sept sages.
(3) Aujourd. *Mazanderan*, province d'Arménie.

tes enfans, remplaces le *hochet* par quelqu'instrument de travail.

1303. Si tes Dieux te laissent le choix d'être un *Achille* ou un *Homère*, avant de te déterminer, penses qu'*Achille* avait besoin d'*Homère*; *Homère* pouvait se passer d'*Achille*.

1304. Jusques dans son sommeil, jeune homme, admires *Homère*.

1305. Philosophes ou législateurs, historiens ou poëtes! ne multipliez point sans nécessité les paroles écrites : prenez *Homère* pour modèle ; il se fit une loi de ne rien repéter de ce qu'avait dit *Hésiode*.

1306. Mets dans ta conduite l'unité (1) des poëmes d'*Homère*.

1307. Pour la faire aimer davantage, nous donnons à la vertu le sexe des femmes.

Citoyennes de Crotone! montrez-vous dignes de cet *hommage*, le plus beau qu'on ait pu vous rendre.

1308. Jeunes femmes! riches de tous les trésors de la beauté, n'allez pas au-devant du tribut qu'on vous apporte ; n'exigez point d'*hommages*. Vous n'êtes que l'œuvre de la Nature : ce n'est pas à vous que s'adresse l'encens brûlé devant vous.

1309. Sois d'abord *homme* (2), avant de vouloir être un Dieu.

1310. Deviens sage, avant d'aspirer aux

---

(1) *Mystice apud nos dictum est Pythagoreum : oportere hominem quoque fieri unum.*
       Cleme. Alex. *strom*. IV.

(2) *Comment.* d'Hiéroclès.

fonctions d'*homme public* : mais tu ne voudras plus être homme public, du moment que tu seras devenu sage.

1311. Ne calomnies point l'espèce humaine : sans doute, les *hommes* en société sont méchans (1) ; mais l'*homme* en famille est bon (2).

1312. Crotoniates ! refusez au méchant le titre (3) d'*homme*.

1313. Homme ! exerces exclusivement la profession d'*homme*.

1314. Homme ! ne sois qu'*homme*.

1315. La nature t'a fait *homme* : sois *homme* seulement ; c'est la loi première.

Sois homme seulement, c'est bien assez pour tes forces.

1316. *Femme !* tu es le *plaisir* de l'*homme* : Homme ! tu es le *bonheur* de la femme.

1317. Ne te fais point *homme public*, si tu ne sais pas mener plusieurs chevaux de front.

1318. Si tu as dans ton voisinage la tombe d'un *homme* de bien, dispenses-toi d'aller plus loin sacrifier sur l'autel (4) des Dieux.

1319. Magistrat ! abandonnes les *hommes d'étude* à leur allure : gardes-toi de les placer entre l'espoir des honneurs, et la crainte d'une persécution.

1320. Refuses au prêtre le titre d'*homme*.

---

(1) J. J. Rousseau en a eu réminiscence.
(2) Dacier, *vie de Pythag.* p. 107.
(3) *Remar.* de Dacier sur Hiéroclès.
(4) Pythagore avait coutume de dire *que la maison d'un philosophe était le sanctuaire d'un véritable temple*... *Note* du traducteur de Valere Maxime. p. 265. tom. II.

1321. En lisant l'histoire des personnages célèbres, n'aspires pas à le devenir toi-même. Mortel ! le vrai grand *homme* est celui qui n'est qu'*homme*.

1322. Peuples ! que dans tous vos idiômes, après le nom de père, celui d'*homme* soit le mot le plus sacré.

1323. Peuples d'Italie ! prenez pour législateurs, des *hommes* (1) *taureaux*.

1324. Etudies l'*homme*, et non les *hommes*.

1325. Apprends à connaître les *hommes* : la connaissance des *hommes* est plus facile et plus nécessaire que celle des Dieux.

1326. Mesures tes désirs sur tes forces ; le nombre des *hommes qui veulent*, est aussi grand que le nombre des *hommes qui peuvent*, est petit.

1327. Ne sois pas aux champs *homme de ville*.

1328. Le châtiment de l'assassin d'une femme sera double de la punition de l'assassin d'un *homme*.

1329. Aux yeux de la Nature, il n'est point de grands *hommes* : du moins, elle ne les avoue pas. Sois *homme* tout naturellement.

Ta véritable mesure consiste à n'être ni au-dessous de l'*homme*, ni au-dessus.

1330. Punis avec sévérité ton enfant coupable du meurtre d'un insecte : l'*homicide* a commencé ainsi.

1331. *Honores*-toi dans ton semblable. Salues

---

(1) C'est-à-dire : des hommes dont toute la force est dans la tête.

l'*homme* que tu rencontres ; quel objet la Nature peut-elle offrir à tes regards qui mérite davantage ta considération ?

1332. Étudies d'abord les objets qui sont sous ta main, avant de porter la vue par-delà l'*horizon*. Le génie de la nature peut descendre impunément du grand au petit ; l'esprit de l'homme au contraire, doit se traîner du petit au grand.

1333. Ne séjournes point chez un peuple qui a plus de prêtres que de magistrats, plus de lois que de mœurs, plus de courtisanes que de citoyennes, plus de temples que de gymnases, plus de prisons que d'*hospices*.

1334. Chef de maison ! que ta table soit frugale, mais *hospitalière* (1).

1335. Crotoniates ! soyez *hospitaliers* ; les hommes ont commencé par jouir en commun de tous les biens de la terre.

L'*hospitalité* est une réminiscence de cette loi primitive.

1336. Instituteurs des hommes ! ne faites point de l'école de la vérité, une *hôtellerie* ouverte à tout venant (2).

1337. Es-tu jaloux d'exercer dans ta maison les devoirs saints de l'hospitalité ?

N'épouses point la fille d'un maître (3) d'*hôtellerie*.

1338. Crotoniates ! désirez-vous retourner au siècle d'or ?

---

(1) *Hospitalis mensa.*
(2) *Pythagoras reprobabat disciplinarum cauponas.*
    Nic. Scutellio. *vita Pythag.* p. 22. *in* 4°.
(3) Profession peu estimée chez les Anciens.

Faites que le *bâton* (1) *augural* des prêtres, redevienne ce qu'il était, la simple *houlette* des pasteurs de l'Arcadie.

1339. Ne montes pas trois jours de suite dans la tribune aux harangues : applaudi par le peuple le premier jour, tu en serais *hué* le troisième ; et peut-être aurait-il raison.

1340. Obligé de vivre parmi les hommes devenus peuple, sois semblable à l'*huile* qui surnage, et ne se mêle point à l'eau.

1341. Peuple de Crotone ! dans la lampe de tes magistrats sages, ne verses point d'absynthe au lieu d'*huile*.

1342. Magistrat ! ne verses point d'*huile* rance dans les fanaux du peuple.

1343. Que ta lampe consomme trois mesures d'*huile*, contre toi une seule de vin.

1344. Chaque *huître* a sa coquille :

Législateur ! consacres de nouveau le droit de chaque homme, d'avoir sa maison et son champ.

Magistrat ! veilles au maintien de cette loi première.

1345. Homme civilisé ! essayes des mœurs paisibles de l'*huître* de Tarente : assez et trop long-temps, tu t'es modelé sur le caractère violent du *tigre*.

1346. Abstiens-toi des *huîtres* d'Abydos (2).

―――――――――――――――

(1) *Pedum.*
(2) Ville maritime de la Troade.
N. B. Des sots ont conclu de cette loi symbolique, qui touche seulement les mœurs des Abydeniens, que Pythagore défendait l'usage des huîtres, du poisson, ainsi que de plusieurs autres comestibles, tels que les fèves, etc.

1347. Ne passes point chez un peuple qui se lasse enfin de l'oppression, ni dans un chemin où un âne (1) tombe sous le faix ; crains les ruades : les peines domestiques donnent de l'*humeur*.

1348. L'aube-épine fleurie, console le voyageur des piqûres qu'a pu lui faire l'étroit sentier où il se trouve engagé.

Mère de famille ! au milieu des soins domestiques, sois d'aimable *humeur*, afin que ton mari ne se repente point d'avoir embrassé l'état pénible de chef de maison.

1349. Fuis d'une vîtesse égale l'*hydre* à plusieurs têtes, et le *serpent* (2) à diadême.

1350. Méfies-toi de la femme qui rit immodérément.

Le cri de l'*hyène* ressemble beaucoup à de grands éclats de rire.

1351. Touches la lyre, avant de sacrifier à l'*hymen*.

1352. Crotoniates ! logez dans un seul et même temple, l'*Hymen* et l'Amour ; sacrifiez à tous les deux ensemble.

1353. Sois sobre, pour être sage : qui se nourrit bien, engendre bien ; qui se nourrit trop, ensemence (3) mal le champ de l'*hymenée*. La débauche est fille de la table.

1354. Renonces à l'*hymenée* toute ta vie,

---

(1) *Hermippe*, cité par Joseph.
Cette loi symbolique a essuyé bien des variantes, ainsi que beaucoup d'autres.

(2) C'est-à-dire : le peuple et les rois.

(3) *Pythagoras semen esse dixit alimenti superfluitatem.* Plutarch. *plac. philos.* V. 3.

plutôt que de lui donner les restes de l'amour.

1355. Législateur ! interdis au dieu Mars l'entrée du temple de l'*Hymen*.

1356. Jettes de l'encens dans les flambeaux de l'*Hymenée* ; ceux de l'Amour n'en ont pas besoin.

1357. Pour sacrifier dignement sur l'autel de l'*Hymenée*, ne sois ivre ni de vin, ni d'amour.

1358. Ne t'épuises pas en louanges stériles et bruyantes, pour célébrer les bienfaits et les merveilles de la nature : le sage emploi de ses dons, et le silence méditatif, voilà les *hymnes* qui lui plaisent d'avantage.

1359. Ne creuses pas ton cerveau pour y trouver un nom à chacune de tes Divinités : les *Hyperboréens* (1) n'en donnent point à leurs Dieux.

1360. Crotoniates ! ne demandez pas à Jupiter les mille années d'existence qu'il accorde, dit-on, aux insulaires *Hyperboréens* : qu'il vous suffise de vivre en paix, comme eux.

1361. Magistrats ! posez des gardes-fols : le peuple est (2) *hypnobate*.

1362. Pour éviter le scandale, ne te permets pas l'*hypocrisie* :

La veuve pleurera son mari, si elle trouve des larmes ; si son cœur en refuse à ses yeux,

---

(1) *Celtiberos perhibent et qui ad septentrionem eorum sunt vicini, innominatum deum venerari.*
          Strabo. III. *geogr.*

(2) Somnambule.

elle couvrira sa tête d'un voile, pour dérober le spectacle révoltant d'une veuve qui ne saurait pleurer; mais qu'elle ne mouille point son visage de larmes puisées autre part que dans son cœur.

1363. Législateur! préserves-toi de l'hyperbole, et des *hypothèses* : n'asseois point une république sur la nue ou sur le sable.

1364. Crotoniates! gardez la mémoire d'*Hyrieus*, qui fit tant d'honneur à son pays (1) par ses vertus hospitalières.

1365. Ne prends pas pour amie une (2) *hyrondelle*.

1366. L'*hyrondelle*, assez confiante pour déposer son nid sous le toit de tes édifices, aime trop son indépendance, pour se ranger parmi tes volatiles domestiques.

Prends leçon de l'*hyrondelle*.

1367. Magistrats d'une cité libre! respectez le secret des familles; n'entretenez point d'*hyrondelles* (3) dans les maisons.

1368. Sois l'écho de l'*hyrondelle* matinale.

1369. L'apparition d'une seule *hyrondelle* ne fait pas le gai printemps : une seule mauvaise loi suffit pour plonger dans le deuil tout un peuple (4).

Le sage s'abstiendra de faire des lois.

1370. Mère de famille! sois semblable à la

---

(1) Tanagre, en Béotie.
(2) *Symb.* VIII.
(3) Synonime d'*espions*, dans la langue des Pythagoriciens.
(4) Proverbe grec.

lampe

lampe des veillées d'*hyver*, autour de laquelle toute une maison se range, et s'occupe paisiblement de travaux utiles, assaisonnés de propos gais, ou de récits touchans.

I. J.

1371. Crotoniates ! réhabilitez la mémoire d'*Iacchis* (1) : on le dit l'inventeur des talismans ; il n'était que médecin.

1372. Jeunes citoyennes de Crotone ! ne vous permettez que les passions douces : rien n'enlaidit plus qu'un mouvement de colère, qu'un accès de *jalousie*.

1373. Soignes les plus petits détails de ton existence : que la plus légère action de ta vie ait son motif ! tu dois avoir une raison pour chausser le pied droit (2) avant la *jambe* gauche.

1374. Né demandes point à *Janus* (3) la clef des cieux : la porte du ciel s'ouvre d'elle-même à qui vit bien sur la terre.

1375. Citoyennes de Crotone ! gardez le souvenir de *Janus* : vous lui devez l'invention des couronnes de fleurs.

1376. Crotoniates ! honorez le souvenir du vieux *Janus*, et regrettez la magistrature de ce bon roi : tant qu'elle dura, on ne pensa point à mettre des portes aux maisons.

---

(1) Egyptien, du règne de Sennyes. Suidas.
(2) Jambl. XVIII.
(3) . . . *Praesideo foribus coeli*. . .
. . . *Tenens clavem sinistrâ*. . .
Ovid. *fast*. I.

1377. Locriens ! adoptez parmi vous la fête de *Janus*, célébrée tous les ans à Rome ; solennité touchante qui, du moins pendant un jour, fait disparaître du milieu des hommes l'inégalité de fortunes et de conditions.

1378. Crotoniates ! n'imitez pas vos premiers ancêtres, les *Japigiens* (1), en cela qu'ils rougissent d'un front chauve.

1379. Gardez le souvenir (2) d'*Iapis* : il préféra l'étude de la médecine à l'art des augures ; il eût pu devenir illustre parmi les hommes ; Apollon lui-même s'offrait de lui enseigner à toucher la lyre et à lancer un javelot; il aima mieux apprendre la vertu des plantes, pour être utile à son père infirme.

1380. Possèdes et cultives un *jardin*, pour ne point aller au marché public.

1381. Quand il tonne, touches la terre (3) :
Quand la guerre civile éclate, cultives ton *jardin*.

1382. Pour passer gaiment ta vie, habites une maison qui ait son *jardin* : chez les peuples de l'Orient, *joie* et *jardin* sont synonimes.

1383. Le cimetière de toute une famille lui servira en même-temps de *jardin d'hiver*.

1384. Ne tourmentes pas les arbres (4) de ton *jardin*, pour leur faire prendre diverses attitudes.

---

(1) Athénée attribue l'invention des perruques aux *Japigiens*, anciens habitans de la Pouille.
(2) *Hist. de la médecine*, par Leclerc. in-4°.
(3) *Symb*. Pythag.
(4) Dès le temps de Pythagore, on avait la manie des jardiniers modernes : *tonsores topiarii*.

1385. Crotoniates! rendez grâces aux Dieux de n'être pas les contemporains d'un autre *Jason* : il aurait bien pu vous donner pour maître son (1) cocher.

1386. Surveillez de près le magistrat qui, descendu de la chaise curule, répète avec *Jason* : « Je n'étais pas né pour la vie de simple citoyen ».

1387. Législateur! ne portes point atteinte aux franchises de l'agriculture.

Jasus (2), fils de Jupiter, expira, frappé de la foudre, pour avoir voulu violer Cerès.

1388. Peuples nouveaux! si le choix de vos législateurs et de vos magistrats vous embarrasse, apprenez le moyen de s'en passer : modelez-vous sur la conduite toute naturelle des *Ibères* (3) *d'Asie* ; ils ont partagé leur territoire par familles ; chaque famille cultive son champ, et le plus âgé en administre les fruits.

1389. Législateur, rappelles au peuple une loi (4) des *Ibères* d'Asie, par laquelle ils s'engagent à ne posséder ni or, ni argent ; cette loi les préserve de toute invasion.

1390. Respectes le culte des Égyptiens pour leurs *Ibis* (5) : la superstition est une vertu, quand la reconnaissance en fait le motif.

---

(1) Allusion au cocher d'Hercule, que Jason mit à la tête du gouvernement d'une nation orientale.
(2) Ou *Jasion*.
(3) Strabo. XI. *geogr.*
(4) Arist. *de mirab. auscult.* p. 767.
(5) Espèce de *cicogne* à bec courbe, qui détruit les serpens.

1391. N'apprends pas à tes enfans la langue des Muses dans les odes (1) d'*Ibycus* (2).

1392. L'*ichneumon* se couvre de boue pour se garantir de la morsure des serpens.

Pour te soustraire à la dent du calomniateur, gardes-toi de te rendre vil ; sois plutôt envié que méprisable.

1393. Traverses la vie, comme les pasteurs d'Egypte (3) traversent le Nil, en te fixant à une idée forte, qui te fasse surnager aux faiblesses humaines.

1394. Dans tes discours, n'habilles pas de petites *idées* avec de grands mots.

1395. Pour avoir de grandes *idées*, environnes-toi de belles images ; les pensées de l'homme sont semblables aux couleurs ; les couleurs (4) doivent leur existence à la réflexion de la lumière.

1396. Peuples et magistrats ! par tous les moyens possibles, hâtez l'accomplissement du vœu des sages de l'Egypte (5), pour un seul *idiôme*, à l'usage de tous les hommes : un *idiôme* commun amènera peut-être la vie commune.

1397. Familles agricoles ! dans vos fêtes,

---

(1) *Maxime omnium, flagrasse amore puerorum Rheginum Ibycum apparet ex scriptis.* Cicero.
(2) Poëte de Rhégium.
(3) Ils se tiennent à la queue d'une vache.
(4) Newton doit à Pythagore le germe de sa théorie de l'attraction, et de son système des couleurs.
   Voy. Dutens, *rech. sur l'origine des decouvertes.*
(5) Plutarque, *traité d'Isis et d'Osiris.*

rappellez-vous *Idis*, berger Sicilien, l'inventeur de la flûte (1) pastorale.

1398. Épouses sages! n'ayez d'autres *idoles* que vos maris.

1399. Peuple de Crotone! n'adores des *idoles* que dans les temples.

1400. Père de famille! adoptes à l'usage de tes enfans le *jeu* (2) *des signes*, inventés sur les bords du Nil, pour instruire en amusant.

1401. Ne *jeûnes* pas : abstiens-toi.

1402. Ne *jeûnes* point ; sois sobre. Trop d'alimens rend brut ; trop peu, rend fol.

1403. Citoyens de Crotone! veillez à ce que le palais de vos premiers magistrats soit constamment fermé aux *jeunes femmes* (3).

1404. Crotoniates! instruisez vos enfans : la servitude est fille de l'*ignorance* (4).

1405. Si l'on vous demande, qu'est-ce que la mort? Dites :

« La véritable, c'est l'*ignorance* (5) ».
Que de morts parmi les vivans!

1406. Jeune homme! ne touches point au bandeau de l'*ignorance* qui couvre encore le front de la jeune vierge que tu aimes ; laisses au temps le soin d'entr'ouvrir ce voile. Respectes la sécurité qui accompagne l'innocence : jouis

---

(1) Ou le chalumeau.
(2) Ou le *jeu des marques*, espèce d'échiquier où était indiqué le cours du soleil, de la lune et des éclipses.
(3) *Bibl. des philosophes.* tom. II. p. 201.
(4) Hiéroclès, *comment. initio.*
(5) *Idem.*

de la fraîcheur de l'aurore, en attendant les feux du midi.

1407. Père de famille! considères ta maison comme une *île* véritable (1), qui doit avoir ses mœurs à part, et dont tu es le législateur-né.

1408. Si l'on vous demande, où sont les *îles* heureuses (2)? Dites: « Dans le soleil et la lune ».

1409. Jeune fille! ne sois pas, avec celui qui t'aime, folâtre jusqu'à la trivialité. Crains de détruire le talisman. L'amour ne vit que d'*illusions*.

1410. Magistrat du peuple! sois debout, comme la lance près laquelle le soldat *illyrien* se couche et dort en toute sécurité.

1411. Nations italiques! ne souffrez point d'*Ilotes* dans vos républiques: qu'ils se fassent hommes, ou qu'ils sortent!

1412. Législateur! n'obliges point les magistrats à suspendre, sur leur poitrine, comme en Egypte, une *image* de la Justice (3): précaution injurieuse et puérile!

1413. Législateur et magistrats! environnez le peuple de douces *images*. Ne faites reposer sa vue que sur des objets calmes. Ne lui laissez contracter que des habitudes simples et naturelles.

---

(1) En Grèce et à Rome, la plupart des maisons n'étaient pas contiguës, et se nommaient îles (*isolées*).
(2) *Quid insulae beatae? sol et luna.*
                Nic. Scutellii *vita Pythag.* p. 5. *in*-4°.
(3) Un œil ouvert.

1414. N'écris pas tes lois; peins-les : le peuple aime les *images*.

1415. Sacrifies, par fois, à l'*imagination*. On ne saurait être tout-à-fait heureux sans elle.

1416. Jeune homme ardent et bon! prends-y garde : les élans du cœur touchent aux écarts de l'*imagination*.

1417. Sois sage, sans le dire au peuple *imitateur* : seulement, qu'il te voie passer!

1418. Fais main-basse sur presque tous les arts d'*imitation* : avant de copier la nature, il faudrait la connaître bien : étudies-la, sans la rivaliser.

1419. Ne te plains pas de ta destinée. Ton existence est toute semblable à celle des corps célestes. C'est une suite d'éclipses momentanées et de retours à la lumière ; ta naissance est une *émersion* ; ta mort n'est qu'une *immersion*.

1420. Si l'on vous demande ce que c'est qu'un *immortel*? Dites :
« Le père de famille ».

1421. Dans la cure de certains maux du corps, prends en considération la série des jours *impairs* (1) : cela est plus certain que la destinée des enfans, déduite du nombre impair des voyelles de leur nom.

1422. Législateur! réserves aux Dieux le soin de punir les *impies*.

―――――――――

(1) *Pythagoreos .. medendi causâ, multarumque rerum impares numeros servari.* Varro.

1423. Magistrat ! assujettis l'entrée dans les temples à de fortes *impositions*.

L'amant ne compte point avec sa maîtresse, ni le peuple avec ses Dieux.

1424. Crotoniates ! traitez de fou l'homme qui vous dit : « *J'ai parlé aux Dieux* ».

Traitez d'*Imposteur* l'homme qui vous dit : « *Les Dieux m'ont parlé* ».

1425. Ne fais pas de l'espérance ton aliment quotidien : tu tomberais bientôt d'*inanition*.

1426. Condamnes l'*incendiaire* à éteindre les *incendies*.

1427. Crotoniates ! abstenez-vous d'un culte à des *Dieux incertains*,(1) : qu'il vous suffise du soleil, et des autres Divinités visibles au ciel et sur la terre.

1428. Habitans de Rhégium ! tenez les portes de votre ville entr'ouvertes aux *étrangers*, fermées aux *inconnus*.

1429. Crotoniates ! rendez-vous propre cette loi de l'*Inde*, qui déclare incapable de toutes fonctions publiques, l'homme convaincu de mensonge.

1430. Peuple qui demandes des lois nouvelles, commences par en adopter une de l'*Inde* qui abolit la servitude et ne reconnaît, parmi les hommes, que des égaux : Cette loi te dispensera des autres ; elle les renferme toutes.

1431. Législateurs des nations italiques !

---

(1) Varro, *apud* S. August. *civ. dei.* VII. 17.

laissez croire au peuple, comme dans l'*Inde*, que les montagnes ont des ailes pour voler sur les villes injustes et les abymer.

1432. Refuses des lois à un peuple qui porte au front, sur la nuque ou dans ses mœurs, les stygmates *indélébiles* de la servitude.

1433. Magistrat d'une cité libre ! défends au riche de donner ; au pauvre d'accepter : l'*indépendance* et l'*égalité* ne veulent que du travail et un salaire.

1434. Fais un usage plus fréquent du doigt (1) auriculaire que de l'*index* (2).

1435. Au banquet de la fortune, ne te laisses pas trop aller à ton appétit ; les mets qu'elle apprête sont *indigestes*.

1436. Un bon vieillard ressemble au vin vieux qui a eu le temps de déposer sa lie.

Jeune homme, qui te sens coupable ! abordes le vieillard sans crainte.

Un vieux meuble qui a beaucoup servi, devient doux au toucher.

L'expérience rend les vieillards *indulgens*.

1437. Magistrat ! invites les poëtes à chanter la Nature ; défends-leur de parler des Dieux. La Divinité est chose *ineffable*.

1438. Où il y a *inégalité* de fortunes, ne parles point d'*égalité* de droits.

1439. Peuple de Crotone ! n'avilis point tes magistrats.

---

(1) Le petit doigt qui semble destiné à tenir l'oreille en état d'entendre.
(2) Ou doigt impératif.

Chasses-les, du moment qu'ils deviennent despotes; changes-les, s'ils sont *ineptes*.

1440. Crotoniates! repoussez loyalement vos ennemis, à force ouverte.

Par une lâche réciprocité, d'une main perfide et ténébreuse, ne portez point furtivement la discorde chez eux.

Ne vous rendez pas *infâmes*, parce qu'ils le sont devenus.

1441. N'aspires pas à un ascendant trop marqué sur l'esprit de ton mari. Contentes-toi d'une douce *influence* sur son cœur. Sois pour lui cette lumière tendre, ce demi-jour paisible qui luit dans l'Elisée.

1442. Supportes l'*infortune*: l'*infortune* et l'hiver mûrissent les hommes et les *figues chélidoniennes* (1).

1443. Tiens bon contre la première *infortune*, et réponds de toi contre toutes celles qui la suivront.

1444. Ne sèmes point sur la place publique: c'est un terrain *ingrat*.

1445. Ne laisses pas un long intervalle entre le bienfait et la reconnaissance, dans la crainte que ton bienfaicteur, surpris par la mort, n'emporte au tombeau l'idée d'avoir obligé un *ingrat*.

1446. Jeunes époux! soyez aussi discrets que les *initiés* aux grands mystères.

1447. Hommes d'état! ne cédez point à l'attrait de faire des lois nouvelles.

---

(1) *Kelidonies*, petite île du golfe Fatalique, en Natolie, dans la Méditerranée.

Toutes les bonnes lois sont trouvées. Bornez-vous à réparer les *injures* du temps.

1448. Citoyennes de Crotone! ainsi que sur les bords de l'Euphrate, chez les *Anaïtes*, consacrez un temple à l'*innocence*.

1449. Ne passes point devant une urne funéraire, sans lire l'*inscription*.

1450. N'effaces point l'*inscription* d'un tombeau, fût-elle mensongère : places, seulement à côté, ta réponse avec ton nom (1).

1451. Tu ne saurais cueillir deux fois la même *rose*.

Jeune fille! on ne perd qu'une fois l'*innocence*.

1452. N'écrases point un *insecte* sous ton pied, sans raison.

1453. Ne foules aux pieds ni l'*insecte* innocent (2), ni le grain nourricier, ni la loi protectrice.

1454. Semblable à ces *insectes* qui ne peuvent prendre pied sur un marbre bien lisse, la calomnie n'aura point de prise sur ta vie, si ta vie est uniforme et bien réglée.

1455. Tiens le peuple entre la richesse et l'indigence : pauvre, il est vil ; riche, il est *insolent*.

1456. En t'abandonnant à la méditation, prends garde qu'elle ne dégénère en *inspiration*.

1457. Citoyennes de Crotone! ne consacrez aux arts que vos *instans* perdus, si toutefois une femme, dans son ménage, peut en avoir.

---

(1) Pythagore réalisa plusieurs fois ce précepte.
(2) Jambl. *vita Pythag.*

1458. Converses avec l'ours et l'aigle, le bœuf ou ton chien (1) : aiguises ta raison contre leur *instinct*.

1459. Calomnié par le peuple, ne descends pas jusqu'à lui prouver qu'il a tort. On ne prouve rien à la multitude ; elle n'a que de l'*instinct*.

1460. Pour faire surement ta route, du berceau à la tombe, sers-toi de l'*instinct*: c'est le bâton de l'aveugle.

1461. Contentes-toi d'être *instruit* ; ne cherches point à devenir savant.

L'arbre de la science ne rapporte point de fruits en proportion des frais de sa culture.

1462. Le corps est l'*instrument* de la vie. Fais qu'il devienne un *instrument* de sagesse (2).

1463. Restes esclave, si tu ne vaux pas mieux que tes despotes. Peuple ! la vertu seule a droit de s'*insurger*.

1464. Crotoniates ! comme en Crète, soumettez tout à la loi, même vos *insurrections*.

1465. Lors d'une *insurrection*, n'admettez point parmi les conjurés celui qui aurait beaucoup d'embonpoint.

1466. Mets à usure le temps : places les jours de ta vie au plus haut *intérêt*.

1467. Sois l'ami de la vérité jusqu'au martyr : n'en sois pas l'apôtre jusqu'à l'*intolérance*.

---

(1) Cette loi donna lieu aux fables absurdes débitées sur Pythagore, telles que l'ours et l'aigle apprivoisés par lui ; le bœuf auquel il parlait, dit-on, à l'oreille, etc.

(2) *Comment. d'Hiéroclès.*

1468. Ne déguises point l'*intérieur* de ta maison : ne t'efforces pas de métamorphoser tes murailles en charmilles, tes planchers en voûtes célestes (1), tes siéges de marbre ou de pierre en tapis de gazon : que chaque pièce d'ameublement paraisse à l'œil ce qu'il est à l'usage !

1469. Crotoniates ! à l'exemple d'*Athènes*, ne perdez pas votre encens sur l'autel des Dieux *invisibles*, *étrangers*, *inconnus*. Il en sera temps, quand ils daigneront se montrer à vos yeux.

1470. Soit flétrie la mémoire d'*Ion* (2) : premier législateur de l'Attique, il donna un culte à des hommes que des mœurs agrestes rendaient suffisamment heureux.

1471. L'anneau conjugal sera de *jonc* : hiéroglyphe du liant nécessaire en ménage ; symbole de la fragilité du cœur humain, qui ne comporte que des liens dissolubles.

1472. Jeunes filles de Crotone ! aux danses de la molle *Ionie*, préférez celles des Grâces.

1473. Gardes les *jouets* de ton premier âge : la vie humaine n'est qu'une enfance prolongée.

1474. Observes les *joueurs* : ne joues point.

1475. Aimes à *jouer* avec tous les enfans, excepté le peuple.

1476. Toute loi, même la meilleure des lois, est un *joug*.

Crotoniates ! ne multipliez pas vos lois :

---

(1) Ceci paraît dirigé contre les Egyptiens, qui avaient peint des étoiles à la voûte des grottes de la Thébaïde.

(2) Plutarch. *adv. Coloton.*

Une foule de lois étouffe nécessairement la liberté.

1477. Bien ou mal assorti, ne portes qu'une fois le *joug* du mariage.

1478. Crotoniates! ne donnez jamais dans vos murs le scandale d'un mari aux ordres de son épousée (1), ni le spectacle plus révoltant encore de tout un peuple d'hommes sous le *joug* d'une femme (2), comme ils ont fait à Babylone.

1479. Aimes ton mari d'un amour pudique. Reçois et partages ses caresses; ne les provoques pas: sois de moitié dans toutes ses jouissances; ne sois jamais la première à *jouir*.

1480. Ne prends pas sur la nuit l'heure de la *journée* que tu as perdue.
C'est au jour à payer les dettes du jour.

1481. Mariez-vous par un temps serain et pur, afin de pouvoir dire:
« L'un des plus *beaux jours* de notre vie fut l'un des plus beaux jours de l'année ».

1482. Si tu as vu luire un beau *jour*, ne crains plus de mourir; tu as vécu: un seul beau jour paye la vie.

1483. Ne donnes pas deux lois au peuple, en un seul *jour*.

1484. Jeune, n'entames pas une besogne qui demande, pour être mise à terme, plus de temps que n'en comporte le cours ordinaire de la vie.

---

(1) *Contumelia et ignavia extrema est*, dit à ce sujet un élève de Pythagore. Voy. *aur. sentent.* Democr.
(2) Sémiramis.

Vieux, commence le matin ce que tu peux achever le soir du même *jour*.

1485. Consacres le premier *jour* de l'année à méditer sur ce que tu dois faire, et le dernier jour sur ce que tu as fait pendant l'année entière.

1486. Du moment que tu pourras te rendre compte de ton existence, tiens un *journal* exact de ta vie ; répertoire complet de toutes tes actions, dépôt fidelle de toutes tes pensées (1).

1487. Jeune homme ! sois content de ta *journée* si tu peux en marquer le passage rapide et court par une bonne action et une sage pensée.

1488. Législateurs ! ne faites tout au plus qu'une loi par *journée*.

1489. Uses de la vie, de façon qu'à la fin de chaque *journée*, tu puisses dire : « J'ai vécu ».

1490. Jeune homme ! saches bien employer ta *journée*, tu ne seras point embarrassé de ta vie entière. Il ne s'agit pour toi que de faire le lendemain ce que tu as fait la veille, à quelques nuances près. Parvenu à la fin d'une année, et même au terme de l'existence, tu croiras n'avoir vécu qu'un jour.

1491. Crotoniates ! n'estimez les grandes vertus que ce qu'elles valent : ce sont des extraordinaires qui brillent, qui étonnent, mais qui ne portent pas le même profit que les vertus communes et à tous les *jours*.

1492. Homme libre ! répètes pour ton

---

(1) Pythagore revient à ce précepte, auquel il attachait de l'importance.

compte ce que l'Egyptien met dans la bouche d'*Isis* (1).

1493. L'architecte *isole* les maisons, pour prévenir l'incendie.

Législateur ! isoles ton peuple, pour prévenir la corruption.

1494. Crotoniates ! *isolez* vos habitations, et ménagez entr'elles un sentier commun.

Les hommes naissent individuellement, séparés l'un de l'autre ; la nature a de bonnes raisons pour en agir ainsi.

A son exemple, individualisez vos héritages : il vaut mieux perdre du terrain que de le disputer.

1495. Magistrat ! sois comme une île, accessible par l'*isthme* seul de la loi.

1496. Marches droit : la vie est un *isthme* (2).

1497. Crotoniates ! ne confiez pas, comme en Egypte, les fonctions de *juge* à des prêtres.

1498. Législateur ! donnes au coupable des *juges* plus âgés que lui.

1499. Crotoniates ! choisissez de bons *juges* : vous en avez plus besoin que de législateurs.

1500. Le peuple *juif* se vante d'arrêter le soleil (3) : vas lui demander le secret de fixer le temps.

1501. Femmes de Crotone ! ne prenez point pour exemple la quinteuse *Junon* : craignez

---

(1) *Sum qui sum.*
(2) Etroite langue de terre, baignée d'eau des deux côtés.
(3) Le lecteur a été prévenu déjà que Pythagore eut connaissance des livres sacrés de la nation juive.

de

de devenir, comme elle, veuves du vivant de vos maris.

1502. Femmes en ménage ! soyez calmes ; ne faites jamais retentir vos maisons des éclats de votre voix. Ce n'est point *Junon* qui porte la foudre, disent les Etrusques.

1503. Législateur ! connais et gardes ta dignité.

Tu es parmi les autres hommes, ce que *Jupiter* est parmi les autres Dieux (1).

1504. Crotoniates ! ne reconnaissez jamais de maître.

Jupiter, lui-même, n'est que le père des hommes (2).

1505. Crotoniates ! rendez un culte au *Jupiter-laboureur* des Azotes (3).

1506. Jures sur la tête de ton père, plutôt que par la barbe ou les cheveux de *Jupiter* (4).

1507. Ne mêles point d'*ivraie* (5) dans le froment destiné à la nourriture du peuple. Le peuple a déjà la vue assez faible.

1508. Pour donner du caractère à ce qu'il dit, le peuple ajoute : J'en *jure* par Dieu même !

Quand tu rencontreras sur ton chemin quelqu'un peu disposé à te croire, dis-lui : « J'en jure par mon père ».

1509. Ne vois dans ton ennemi qu'un homme *ivre*.

---

(1) Homère, au Ier chant de son *Iliade*.
(2) *Aratrius*.
(3) Habitans d'Azotus, ville maritime de Syrie.
(4) *Si quis per capillum dei*... *Novell*. Const. 71.
(5) *Loliis vitiantibus oculos*. Ovid. *fast*. I. 69.

1510. Ne proposes pas des lois à un peuple à jeûn, encore moins à un peuple *ivre*.

1511. Solon frappe de mort le magistrat *ivre*.

Crotoniates! laissez-lui la vie: privez-le de sa dignité et de l'usage du vin.

1512. Mère prudente! interdis à tes enfans, surtout à tes filles, la vue de leur père *ivre*.

1513. *Jures* par toi; ou ne fais point de sermens.

1514. Dis la vérité, à jeûn : elle perd beaucoup de son prix, dans l'*ivresse*.

1515. Législateur sage! élèves, si tu peux, le peuple jusqu'à toi : ne descends jamais jusqu'à lui.

1516. Ne sois pas bienfaisant, pour te dispenser d'être *juste*.

1517. Les autres peuples, avant d'aller aux combats, invoquent l'assistance des Dieux.

Crotoniates! n'en appelez qu'à la *justice*.

1518. Magistrats et rois! avant tout, soyez *justes*.

Si Jupiter est Dieu, ce n'est que par la *justice*.

1519. Républicains de Crotone! vous êtes tous égaux; mais soyez *justes*: sans la justice, point d'égalité durable (1)! point de république indivisible!

1520. Hommes d'état! telle ou telle forme politique touche peu le peuple incapable de l'apprécier.

---

(1) CLVIII. *vie de Pythag.* par Dacier.

Distribuez-lui, régulièrement, chaque jour, son pain et la *justice*.

1521. Crotoniates ! en place des Dieux nouveaux qu'on vous propose, divinisez la *justice* (1), et donnez-lui pour compagnes la tempérance et la modestie.

1522. Législateurs ! magistrats ! citoyens ! rendez un culte assidu à la *justice*, la première des vertus publiques, la grande Divinité des empires, la seule providence des nations (2).

1523. Quand tu as raison avec ton mari, n'exiges pas qu'il en convienne : c'est beaucoup et sois satisfaite, s'il te rend tacitement *justice*.

1524. Flétrissez la mémoire d'*Ixion*, le premier homicide qui parut dans la Grèce.

1525. Gardez le souvenir d'*Ixion*, l'inventeur des roues hydrauliques.

K.

1526. Sois sobre ! les habitans de la *Kaldée* doivent leurs jours nombreux au peu d'*orge*, dont ils se contentent pour leur nourriture.

1527. Législateur jeune encore ! vas prendre des leçons du potier de terre, à *Kolias* (3). Pétrir du limon ou gouverner un peuple, c'est la même science. Le peuple n'est que du limon.

1528. Ne te modèles pas sur le *kynocéphale*

---

(1) Cette loi eut son plein et entier effet par la suite.
Athénée. XII.

(2) *Fragm.* polit. *Pythag.*
(3) Village de l'Attique.

du Nil (1) : ne démens pas dans tes habitudes la tête humaine que tu portes.

L.

1529. Crotoniates ! loin de vous la politique de *Lacédémone* !

Ne fondez point votre indépendance sur la servitude de vos voisins.

1530. Ne châties point tes enfans, comme à *Lacédémone* (2).

1531. Législateur père de famille ! n'élèves pas les enfans du peuple et les tiens à la manière *lacédémonienne* : Lycurgue ne voulait que des soldats ; il nous faut des hommes.

1532. Les *Lacédémoniennes* accouchent de leurs enfans dans un bouclier : citoyennes de Crotone ! accouchez des vôtres dans le van de Cérès.

1533. Peuplades agricoles ! au lieu de recourir aux clefs *laconiques*, essayez de la *vie commune* (3).

1534. Magistrat ! quand tu apostrophes le peuple, qu'il croie entendre encore la loi : sois, comme elle, *laconique* et grave !

1535. Qu'il n'y ait pas plus de *lacunes* dans le cours de ta vie que dans celui du soleil.

---

(1) Singe à tête de chien.
(2) C'est-à-dire, en leur mordant le pouce.
(3) On ne parlait en Grèce que des *clefs laconiques*, pour être très-sures, encore qu'elles fussent les plus petites de toutes. Lamothe Levayer, p. 400, *petits traités. in-*4°.

1536. Ne te permets d'autres *lacunes* dans ta vie que celles du sommeil.

1537. Peuple de Crotone! élagues tes lois; mais ne souffres point de *lacunes* dans ta législation; elle périrait par-là.

1538. Jeune homme! fais le bien tous les jours, demain comme hier: à l'exemple des Grâces, que tes bonnes actions se donnent la main et ne laissent point de *lacunes* dans le cercle de ta vie.

1539. Père de famille! ne fais point passer brusquement ton fils du *lait* au vin.

1540. Il est des femmes qui vendent leur *lait*. Mères de famille! loin de vous ce trafic honteux et révoltant!

Mais qu'une mère, privée de ses enfans, donne son sein à des enfans privés de leur mère!

1541. Mère nourrice! ne permets pas que sur les lèvres de ton nourrisson, le vin se mêle au *lait* que tu lui prodigues: le lait et le vin ne s'accordent pas plus de qualités que de couleurs; ils ne peuvent convenir au même âge de la vie de l'homme (1).

1542. Ne mêles point d'amertume aux reproches que tu adresses à ta femme allaitant tes enfans, afin que ton fils, en suçant le *lait* de sa mère, ne s'abreuve en même-temps de ses larmes.

1543. Crotoniates! soyez sobres: les Scythes, qui ne vivent que de *lait*, doivent à leur

---

(1) Myia, *Pythagorea* Phillidi.

frugalité les lois justes et les bonnes mœurs qu'on trouve encore chez eux.

1544. Abstiens-toi du vin : le vin est le *lait* des passions (1).

1545. Préfères des *laitues* chez toi, à l'oiseau du Phase chez autrui (2).

1546. Peuples avides de révolutions ! sachez que toute révolution est semblable à cette reine de Libie, la trop fameuse *Lamia*, qui fendait le ventre aux femmes grosses pour dévorer leurs enfans.

1547. Législateur ! n'essayes point le manteau de la sagesse sur les épaules du peuple : le peuple ne tarderait pas à mettre en *lambeaux* ou à couvrir de taches le manteau de la sagesse.

1548. Ne suspends pas ta *lampe* studieuse aux murailles d'une ville dissipée (3).

1549. Eteins ta *lampe*, plutôt que de faire à sa clarté quelque chose d'inférieur au prix de l'huile que tu brûles.

1550. Ne sois la *lampe* ni des tombeaux, ni de la place publique.

Les morts peuvent se passer de lumière ; les vivans n'en veulent point.

1551. N'étudies point, n'enseignes pas à la clarté de deux *lampes*.

1552. Peuple de Crotone ! ne jettes point de

---

(1) Ce symbole a donné lieu au proverbe grec : *vinum, lac Veneris.*
(2) Le phaisan, ou faisan.
(3) *Symb.* Pythag. LXXIV.

pierres contre la *lampe* de ceux qui veillent pour toi, quand tu dors.

1553. Crotoniates! ne vous constituez pas, à la pointe de vos *lances*, législateurs des nations voisines.

1554. N'ouvres point ta maison à tous ceux qui heurtent ta porte, ni tes lèvres aux premières impulsions de la *langue* : retiens ou circonscris l'essor de ta pensée.

1555. Laisses mûrir ta pensée sous ta *langue*.

1556. Pour connaître les mœurs d'un peuple, apprends sa *langue*.

1557. Ne redoutes point la *langue* du peuple ; cette arme mobile n'est point dangereuse ; elle ne fait que du bruit : bouches tes oreilles.

1558. Bornes-toi au fanal de la raison commune.

Ce globe n'a qu'un flambeau ; tout le monde y voit mieux que si chacun avait ici-bas sa *lanterne*.

1559. Citoyennes de Crotone ! dans l'intérieur de vos maisons, interdisez-vous l'usage des *lanternes* sourdes (1).

1560. Jeunes époux ! ne sacrifiez point à l'hyménée, à la face du soleil : rappelez-vous le châtiment de *Laocoon* (2).

1561. Magistrats ! gardez le souvenir de

---

(1) Les Grecs leur donnaient, pour l'ordinaire, une forme carrée ; elles étaient de corne.
(2) Puni de mort, pour avoir connu sa femme devant la statue d'Apollon.

Laomedon, qui eut le bon esprit de consacrer les frais du culte (1) à la réparation des murailles de Troye.

1562. Le *chien* d'Egypte, qui craint le crocodile, ne s'arrête point pour boire dans les canaux du Nil; il *lape*, en courant.

Jeune homme! fais de même dans la coupe des plaisirs.

1563. N'assistes point aux fêtes populaires; c'est le banquet des *Lapithes* (2).

1564. Le *lapidaire* (3) habile profite même des taches de l'agathe-onix.

Législateur père de famille! diriges avec sagesse l'instruction du peuple et l'éducation de tes enfans; de leurs vices même, tu feras des vertus.

1565. Ne te mets pas en frais pour honorer les morts. Une *larme* fait plus de bien aux mânes d'un ami, d'un père, d'une épouse, que des flots d'huile, de lait et de vin.

1566. Père et mère de famille! ménagez les *larmes* de vos enfans : dès leur berceau, n'en tarissez pas la source, afin qu'ils puissent un jour en répandre sur votre tombe.

1567. Toi qui pleures, écoutes : si le fil de la vie n'était pas mouillé de quelques *larmes*, il romperait dans nos mains. La trame de nos jours, trop sèche, serait d'un mauvais usé.

1568. S'il t'est échappé quelques reproches

---

(1) d'Apollon et de Neptune; ce qui donna lieu aux poëtes de dire que ces deux divinités s'étaient chargées de la restauration des murs d'Ilium.
(2) Peuplade demi-barbare.
(3) Pythagore parle ici *ex professo*.

amers contre ton mari, laves ta bouche avec tes *larmes*.

1569. Peuples, qui conservez un monarque! rappelez les anciens usages; ne souffrez dans ses mains qu'un sceptre de bois, comme chez la nation *Latine*.

1570. Ne sèmes point le pur froment de la liberté dans les ornières des grands chemins.

Ne verses point la liqueur précieuse de *Bacchus-liber* dans les *latrines* publiques (1).

1571. Crotoniates! avant de permettre à vos magistrats, élus par le sort, de s'asseoir sur la chaise curule, faites-leur *laver* les mains (2). La chaise curule est chose aussi sacrée que l'autel des Dieux.

1572. Crotoniates! fermez vos temples à *Laverne* (3), déesse immorale, qui n'a point justifiée Rome des crimes de sa fondation.

1573. Peuple de Crotone! dépouilles le *laurier* des idées de gloire belliqueuse attachées à cet arbrisseau.

Que son feuillage, dont la verdure brave les hivers, soit désormais l'emblême de l'amitié paisible et à l'épreuve des saisons de la vie!

1574. Gardes-toi de choisir un *laurier* (4) pour abri; s'il écarte la foudre, il attire l'envie.

---

(1) *Ne cibum in scaphium seu matellam injicito*. Symb.
(2) Allusion au passage d'Hésiode :
Ne unquam... Jovi... libaveris illotis manibus.
(3) Divinité des brigands.
(4) Les Pythagoriciens Platonistes ont gâté, en y touchant, cette loi symbolique, ainsi que bien d'autres.
Voy. *laurus lexic.* Pitisci.

1575. Ne t'assieds pas à l'ombre d'un *laurier*. L'ombre du *laurier* enivre ou endort.

1576. Demandez au conducteur d'un éléphant le moyen qu'il emploie pour dompter ce puissant quadrupède ?

Il vous répondra : « Je le fatigue ».

Crotoniates ! profitez de la *leçon*.

1577. Attends la nuit pour faire un reproche grave à ton fils : attends le lever du soleil pour donner à tes enfans quelque *leçon* importante.

1578. Peuple de Crotone ! par tes applaudissemens ou tes murmures, ne causes point de distraction à tes *législateurs*, ou a tes magistrats assemblés : assistes à leur travaux dans un pieux silence (1).

1579. Crotoniates ! refusez pour *législateur* ou pour magistrat, un mauvais père de famille.

1580. Peuple de Crotone ! sois plus difficile encore sur le choix de tes *législateurs* que de tes magistrats.

Les devoirs du magistrat se bornent au présent ; il faut que le génie du législateur perce l'avenir.

1581. Sois le *législateur* de ta famille, avant de l'être de ton pays !

1582. Père de famille ! ne sois le *législateur* que de tes enfans.

1583. Magistrat ! laisses le peuple croire à la métempsycose des Dieux en *législateurs*.

1584. Crotoniates ! consacrez un culte à la mémoire des sages *législateurs*.

---

(1) Comme on faisait devant l'aréopage.

Un *législateur* sage est l'égal des Dieux mêmes.

1585. Avant qu'il y ait des *législateurs*, il y avait des lois.

Crotoniates ! redemandez ces lois à vos *législateurs*.

1586. Pour conserver son indépendance et le droit de dire toute la vérité, le sage ne prendra d'autre emploi, dans la république, que celui de *législateur* sans mission (1).

1587. Malgré lui, ne sois pas *législateur* du peuple.

1588. Crotoniates ! ne pouvant avoir des Dieux pour *législateurs*, ayez du moins recours aux sages.

1589. Crotoniates ! déniez le titre sublime et saint de législateur à ces *légistes*, qui ne vous donnent que des lois temporaires et locales.

1590. A la chair et au sang des animaux ! préféres les *légumes* : c'est la nourriture du sage ; c'était celle des héros, dit Homère.

1591. Ne manges pas de *légumes* cuits dans le sang des animaux.

1592. Fais que dans l'enchaînement des jours de ta vie, la veille ne donne pas de mauvais exemples au *lendemain*.

1593. Ne couvres pas de mets trop recherchés la table de ton mari. Consultes et satisfaits ses *goûts*, sans trop les exciter. Que tout

---

(1) C'était l'emploi favori de Pythagore, le seul titre qu'il affectait de prendre, après celui de *philosophe*.

y soit servi à propos! Evites la profusion, mère de la satiété. Que le repas de la veille ne fasse point de tort à celui du *lendemain*.

1594. Crotoniates! soyez sobres; n'imitez pas les *Léontins* (1). Un peuple qui aime à boire, donne sa liberté pour une coupe de vin.

1595. Laves l'injure que tu as reçue, non dans le sang, mais avec les eaux du *Léthé* (2).

1596. Avant de donner des lois nouvelles à un peuple, exiges qu'il jette les anciennes dans l'eau du *Léthé*.

1597. Métapontains! naturalisez chez vous une loi des *Leucadiens* qu'ils ont peut-être eu tort d'abroger. Flétrissez dans l'opinion publique celui qui engage le domaine de ses pères.

1598. Chez les nations policées, on assiste régulièrement au *lever* des rois.

Jeune homme! sans y manquer, assistes au lever du soleil et de ton père.

1699. Assistes au *lever* du soleil; tu n'es pas certain d'en voir le coucher.

1600. Le peuple est une masse inerte.

Législateur, homme de génie! tu es le seul *levier* capable de la mouvoir; prends garde qu'elle ne retombe sur toi.

1601. Jeune homme! mords tes *lèvres* jusqu'au sang, plutôt que de mal parler.

---

(1) Il y avait un proverbe grec sur le penchant à l'ivrognerie de ce peuple de la Sicile.
    Forner. *de ebrietate*. lib. I. cap. 12.
(2) Fleuve d'oubli.

1602. Prends leçon du *lézard :* préfères la présence du soleil à celle des hommes.

1603. Crotoniates ! ne parlez pas trop long-temps de la liberté à table. Une coupe de vin suffit pour noyer la raison ; il n'en faut pas plus pour renverser par terre la liberté, Divinité chaste et sobre ; ce n'est pas avec des *libations* de vin ou de sang qu'on vient à bout de la fixer chez une nation incontinente.

1604. Peuple Métapontain ! crains l'ivresse de la *liberté,* pire que celle du vin.

La liberté n'avoue que des hommes sobres à table, et ailleurs encore.

1605. Peuples qui voulez la *liberté,* contentez-vous de n'être esclaves que de la loi.

1606. Législateur ! soumets le peuple au despotisme du génie, de la raison et de la vertu : voilà la *liberté* qu'il lui faut.

1607. Homme d'état ! donnes au peuple des lois sages, et non la *liberté.*

Les hommes ne sont plus dignes de l'indépendance, du moment qu'ils éprouvent le besoin des lois.

1608. Observes deux choses par-dessus toutes choses : ne laisses prendre par qui que ce soit aucune sorte d'empire sur toi ; et ne te permets toi-même de prendre aucune sorte d'empire sur qui que ce soit.

Après le bonheur d'être *libre,* que ta plus grande félicité soit de vivre avec des êtres tout aussi libres que toi !

1609. Crotoniates ! ne vous dites pas encore *libres,* si vous ne l'êtes que par vos lois seulement.

1610. Renonces aux faisceaux de la magistrature, si tu as besoin de *licteurs* pour te faire considérer ou craindre.

1611. Deux amis qui voudront se déclarer tels, rassembleront leurs familles sur le bord d'un ruisseau ; là, comme chez un peuple *Lybien* (1), chacun d'eux boira dans le creux de la main de l'autre.

1612. Ne remues point un peuple ; crains la *lie*.

1613. Magistrat courageux ! qui voues tes services au peuple, résous-toi à boire en même-temps et le vin et la *lie*.

1614. Si l'on vous demande : « Qu'est-ce que l'amitié » ?
Dites : « C'est le *lien* de deux ames vertueuses (2) ».

1615 Peuple et magistrats ! pressez-vous autour de la loi, comme le *lierre* qui embrasse une colonne de Paros (3).

1616. N'attires pas le peuple autour de toi : le peuple ressemble au *lierre* ; il étouffe ceux qu'il embrasse.

1617. Père de famille ! ne te permets, dans ta maison, que le sommeil du *lièvre* ; dors, les yeux ouverts.

1618. Parles peu ; écris moins encore.
Ecris en vers ; un vers renferme plus de choses qu'une *ligne*.

---

(1) Hérodot. IV.
(2) *Pythagoroeos amicitiam vocasse vinculum omnium virtutum*. Simplicius, *comm. enchyr.* Epict.
(3) Une colonne de marbre de Paros.

1619. Ne plantes point d'arbres sur une même *ligne*.

Loin d'afficher l'amour de l'ordre, la nature aime à cacher la régularité de ses plans sous une apparence de désordre.

Ne donnes point d'entraves à la nature qui t'a fait don de l'indépendance; ne rends point esclave de tes caprices celle qui t'a fait naître libre.

1620. A l'approche des temps fâcheux, le *limaçon* ferme sa coquille jusqu'au retour du printemps.

Aux premiers simptômes des discordes civiles, mures ta maison jusqu'à la paix.

1621. Ne railles point le *limaçon*. Le limaçon ne va pas vîte, mais il arrive; pourquoi presserait-il sa marche? il porte avec lui son gîte, et voyage sans sortir de chez lui.

1622. Ne te bâtis point deux maisons. Le *limaçon* n'en a qu'une.

1623. Citoyennes de Crotone! ne faites pas plus de bruit dans vos ménages que les *limaçons* dans leurs coquilles.

1624. Ne contestes pas au vieux peuple du Nil la prétention d'être né du *limon* de ce fleuve.

Quelque chose de plus difficile à concevoir, c'est la régénération d'un peuple corrompu.

1625. Que la femme adultère soit condamnée à la déportation chez les *Limyrniens* (1).

1626. Le *lin* vieilli fait de mauvaise toile.

---

(1) Peuple où la communauté des femmes était en usage.
Sermo 165 Stobæi.

Epouses-mères! appliquez cette loi d'économie domestique à l'éducation tardive ou négligée de vos filles.

1627. Législateur! avant d'entreprendre la cure d'un peuple qui a vieilli dans la servitude, demandes au tisserand s'il peut faire de bonne toile avec du vieux *lin ?*

1628. Gardes tes langes, pour te faire un *linceuil.*

Sors de la vie, avec les mœurs innocentes et vierges que tu avais en y entrant.

1629. Crotoniates! détestez la mémoire de *Linceus*; il viola le sein (1) de sa nourrice.

1630. Un flambeau allumé en impose au *lion* dans sa plus grande fureur.

Pour en imposer au peuple, magistrats! montrez-vous plus éclairés que lui.

1631. Il est des animaux qui ne pullulent que pour servir de pâture aux autres; le *lion* est l'espèce la plus belle, peut-être parce qu'elle est la moins nombreuse.

Crotoniates! resistez à l'attrait d'une grande population.

1632. Législateur d'un peuple fatigué de la guerre civile! ne montres point du sang au *lion* assoupi.

1633. Attends, pour donner des lois à un grand peuple, que tu aies pu ranger le *lion* parmi tes animaux domestiques : comme le

---

(1) C'est-à-dire, il fouilla la terre, pour en arracher les métaux. Palephatus.

lion ,

lion, le peuple a toujours la *fièvre* (1) ; c'est un mixte adultère, sans cesse en fermentation.

1634. Peuple de Crotone ! ne persécutes point les hommes de génie ; tiens-les en haleine.

Les ossemens du *lion*, heurtés l'un contre l'autre, font jaillir des étincelles de lumière.

1635. Assis à un banquet populaire, ne vides pas jusqu'à la dernière goutte la coupe qui t'est présentée : les *liqueurs* fortes, à l'usage du peuple, sont louches et déposent (2).

1636. Ne juges point des femmes et des fleurs, sur le seul témoignage de tes yeux.

Le *lis* et l'ail se ressemblent, quand de loin on les voit fleurir.

1637. Donnes au peuple, non des chaînes, mais des *lisières* ; et attaches-les lui, qu'il ne s'en aperçoive pas.

1638. Père de famille ! conduis tes enfans par la main, plutôt qu'avec des *lisières*.

Ne multiplies pas volontiers les intermédiaires, entre ton fils et toi.

1639. Que ta langue soit à l'égard de ta pensée, comme une toute jeune fille que sa mère fait marcher devant elle avec de courtes *lisières*.

1640. Père de famille ! ordonnes une fête do-

---

(1) Les Pythagoriciens définissaient la fièvre quarte : *filia Saturni, ob tarditatem et malignam contumaciam* ; expression qu'ils appliquaient au peuple, et que le peuple leur fit payer cher.

(2) *In poculi fundo residuum non relinquendum.*
Symbole du sage de Samos, estropié par le polygraphe de Chéronnée ; il est visible que NON est ici de trop.
Voy. le traducteur latin de Férare.

Tome VI.

mestique le jour où chacun de tes enfans marchera, pour la première fois, seul et sans *lisières*.

1641. Préfères ton *lit* de repos à la chaise curule.

1642. Jeunes époux! au *lit*, soyez amans; partout ailleurs, ne soyez qu'amis.

1643. Excepté la veille de ses noces, l'épouse dressera seule le *lit conjugal*.

1644. Que le *lit conjugal* soit le meuble le plus simple, mais en même-temps le plus intact du ménage.

1645. Jeune homme! ne montes pas trop tôt dans le *lit* de la volupté; n'en descends pas trop tard.

1646. Époux sage! ne changes point sans nécessité, le *lit* du ruisseau qui féconde ton héritage.

1647. Mère de famille! que chacune de tes filles ait son (1) *lit*.

1648. Ne fais point *litière* de conseils à tes amis, ou à tes proches : le conseil est chose (2) sainte.

1649. Crotoniates! ne confiez pas à des prêtres (3) la rédaction de vos annales : le livre de l'histoire ne doit pas ressembler à une *liturgie*.

1650. Déchiffres ce que tu pourras du *livre* de la Nature, et ne te brises point la tête sur le

---

(1) C'était l'usage avant Homère.
(2) *Vie de Pythag.* par Dacier. XXXIV.
(3) Cette loi paraît dirigée contre les Egyptiens.

reste : ce que tu ne saurais lire ne te regarde pas.

1651. Ne fais point de *livres* avec des *livres*.

1652. Législateur ! que ton code soit en peu de pages ! la loi est le *livre du peuple* ; et le peuple n'a pas le temps de beaucoup lire.

1653. Parfumes le *livre des lois*, avant de l'ouvrir aux citoyens.

1654. Crotoniates ! ne vous asseyez pas sur le *livre de vos lois*.

1655. Jaloux de te survivre honorablement, laisses après toi une famille saine, et un bon *livre*.

1656. Les pyramides de l'antique Égypte sont moins durables qu'une famille saine et un bon *livre*. Sois créateur plutôt qu'architecte.

1657. Ne sois point de ceux qui sont moins sages que leurs *livres*.

1658. Législateur ! ne vas point, de ville en ville, offrir tes services. Le peuple, partout, te dirait, comme à (1) *Locres* : « Homme sage ! passez votre chemin ».

1659. Pour être libre, sois sobre ; l'Arabe doit son indépendance à sa frugalité ; contentes-toi comme lui de (2) *locustes* séchés au soleil, et de miel sauvage.

1660. Ne crains pas la mort : mourir n'est que changer de *logement* (3).

---

(1) L'aventure est arrivée à Pythagore lui-même.
(2) Espece de sauterelles, qu'on fait tomber des arbres, en les étouffant dans un nuage de fumée.
(3) C'est-à-dire, de corps, dans le système pythagorique de la métempsycose.

1661. Homme d'état! appliques au peuple une *loi* de Sparte, qui n'accorde la liberté à un esclave, que s'il a fait preuve de sagesse et de lumières.

1662. Crotoniates! la *loi* est chose sainte; n'en confiez l'exécution qu'à des mains pures.
Les mœurs du prêtre compromettent ses Dieux.

1663. Ne fais point de *lois* pour le peuple. Fais le peuple pour les *lois*.
La *loi* de la justice existe avant le peuple.

1664. Crotoniate! permets aux étrangers de toucher aux fruits de tes côteaux, mais non aux *lois* de ta république.

1665. Métapontain! en fait de magistrats et de *lois*, préfères la qualité à la quantité.

1666. Peuple de Crotone! sers de rempart à tes *lois*; investis-les d'une autorité sans bornes et sans rivales: qu'il n'y ait rien au-dessus d'elles, rien de plus fort qu'elles! Obéis-leur religieusement, comme à tes Dieux; sois-en l'esclave, l'idolâtre, le martyr.

1667. Crotoniates! ceignez votre ville, non avec de hautes et fortes murailles, mais avec de bonnes *lois*.

1668. *Habilles* tes *lois*: le peuple n'aime pas la vérité nue.

1669. Habitant de Rhégium! demandes le moins de *lois* possible: plus on t'en fera, moins tu auras de liberté.

1670. Consentie par tous, obligatoire pour tous, la *loi* ne saurait être l'ouvrage de tous.

Nations Ausoniennes ! ne faites point vos *lois* vous mêmes.

1671. Crotoniates ! la Liberté dit un jour à la *Loi* :

« *Tu me gênes* ».

La *Loi* répondit à la Liberté :

« *Je te garde* ».

1672. Homme d'état ! ne mets point tout en *lois :*

Laisses quelque chose à dire aux pères de famille et aux philosophes.

1673. Peuples ! ne restez pas un seul jour sans *lois :*

Que deviendrait le soleil, s'il cessait un seul moment d'en reconnaître ?

1674. Législateurs ! n'élargissez point le cercle des *lois* naturelles ; la Nature, en le traçant de son doigt immortel, a dit à la Raison humaine : « Tu n'iras point au-delà impunément ».

1675. Ne fais point de *lois* inutiles : une de trop est un plus grand mal qu'une de moins.

1676. Mets les *lois en chants* : les *lois* sont les nourrices du peuple ; le *chant* des nourrices vaut quelquefois mieux que leur lait, pour appaiser les enfans.

1677. Magistrat ! graisses les roues (1) du char que tu conduis ; une *loi* trop *sèche* est d'un pénible usage.

1678. Magistrats de Crotone ! ne parlez point plus haut que la *loi*, et ne marchez pas plus vîte qu'elle.

―――――――――――――――――

(1) D'où le proverbe : *Rota male uncta stridet.*

1679. Homme d'état! avant d'écrire de nouvelles *lois*, consultes les *lois* tacites ou l'instinct du peuple : les meilleures *lois* sont celles qui se font *sans législateurs*, et qu'on n'écrit point.

1680. Crotoniates ! ayez peu de *lois* : beaucoup de *lois* ne peuvent être bonnes.

1681. Donnes tes *loisirs* aux arts.
Les arts sont l'assaisonnement de la vie.

1682. Pour vivre *longuement* et heureux, marches entre la crainte et le désir.

1683. Jeune homme sage ! supportes la *loquacacité* des vieillards, et profites-en.
Un vase trop plein, déborde.

1684. Peuple de Crotone ! réserves la *louange* pour les Dieux, et pour les hommes, quand ils seront devenus Dieux.

1685. Ne *loues* que les morts : crois-tu devoir *louer* les vivans ? Ne *loues* en face que les femmes.

1686. Faites la guerre aux renards, avant la guerre aux *loups*.

1687. Pour rétablir la paix dans ses foyers, la mère de famille fait peur du *loup* à ses enfans :
Pères du peuple ! faites-lui peur de la loi.

1688. N'irrites point la *loutre*, ni le peuple ; ces deux animaux aiment à tremper la langue dans le sang.

1689. Législateur ! écris tes lois avec un rayon du soleil.
Sois aussi *lucide* que cet astre.

1690. Es-tu jaloux de laisser après-toi un écrit *lucide*? Ne traites point de la Nature (1) des Dieux.

1691. Crotoniates! que vos magistratures soient d'honorables fardeaux, et non des postes *lucratifs*.

1692. N'ais recours à une *lumière* factice, qu'au défaut du jour naturel.

1693. Ne parles point de l'éclat du soleil devant un infortuné privé de la vue, ni des charmes de l'indépendance, à un peuple sans *lumières*.

1694. Ne te piques pas de savoir beaucoup; ce n'est pas la quantité, mais la sage distribution des *lumières*, qui fait qu'on est bien éclairé.

1695. Mère de famille! présides aux travaux de tes enfans, comme la *lune* au mouvement des astres, avec calme et sans bruit.

1696. Ne places point au-dessus de la *lune* (2) les champs Eliséens: l'Elisée est dans le champ de tes pères.

1697. Crotoniates! ne vous enorgueillissez pas d'être les plus grands, les plus forts, les plus beaux hommes de l'Italie.

Les habitans de la *lune* (3) le sont quinze fois davantage.

1698. Législateur! si le peuple te croit des-

---

(1) *Pythagoras in sacro, hoc est in arcanis deos introspiciendum non esse praedicabat.*
Praefat. Nic. Scutellii *vita Pythag.* in-4°.

(2) Vieille tradition égyptienne et grecque.

(3) Quelques disciples de Pythagore ont pris à la lettre le sens figuré de cet avertissement.

cendu de la *lune* (1), tout exprès pour rétablir l'ordre sur la terre, gardes-toi de le détromper, il ne t'en saurait pas plus de gré; des lois qui viennent de loin ou de bien haut, lui semblent meilleures.

1699. Pour être de douce humeur, sois sobre et frugal.

Le *lupin* (2) abreuvé d'eau, perd son amertume : l'eau est le vin du sage (3).

1700. Si l'on vous demande : « En quoi consiste le bonheur »? dites : « A être d'accord avec soi. »

Un *luth* bien d'accord est harmonieux; l'ame bien reglée est heureuse.

1701. Jeunes époux ! désirez-vous faire heureux ménage? que vos deux ames, toujours à l'unisson, ressemblent à deux *luths* bien d'accord, renfermés dans un seul étui.

1702. Crotoniates! redoutez le charme des arts : ils n'existent que par le *luxe*; et le *luxe* tue les mœurs.

1703. Ne rédiges point de lois sages pour une ville de *luxe* : le *luxe* tue les lois.

1714. Magistrats républicains! laissez aux rois asiatiques le *luxe* des habits; ceignez vos reins d'une bonne renommée.

1705. Peuples! bénissez le nom de *Lycanor*, l'inventeur des trêves de guerre.

---

(1) *Erant qui censebant (Pythagoram) dacmonem esse ex iis qui lunam incolunt*. Jambl. cap. VI.

(2) Espèce de pois sauvage.

(3) D'où est venu le proverbe latin :
Non idem sapere possunt qui aquam et qui vinum bibunt.

1706. Habitant des Apennins, rends-leur un culte.

Le *Lycaonien* (1) doit son indépendance aux montagnes qui le ceignent.

1707. Ne voyages pas chez le peuple *lydien* : c'est lui qui, le premier, mit à prix (2) l'hospitalité sainte.

1708. Crotoniates ! redoutez pour vous les conseils perfides donnés par Crésus au conquérant (3) des *Lydiens*.

Sous aucun prétexte, ne vous désaisissez de vos armes ; que chaque citoyen garde la sienne en sa maison !

1709. Législateur ! ne te rebutes pas : après la mort de *Lycurgue*, on vit les Lacédémoniens, ramasser pour lui faire un temple (4), les pierres dont ils l'avaient frappé pendant sa vie.

Un grand homme lapidé est presque toujours sûr d'avoir tôt ou tard une statue.

1710. Rendez hommage au bon génie de *Lycurgue*, en adoptant celle de ses lois qui interdit l'usage des serrures : les lois n'en sont-elles pas ?

1711. Peuples italiques ! honorez, tous, le nom de *Lycurgue*.

Honorez *Lycurgue* : il proscrivait l'or et l'argent, la cause de tous les crimes.

1712. Magistrats de Crotone ! soyez sobres,

---

(1) P. Ern. Jablouski *disquis. de lingua lycaonicâ.*
(2) *Primi caupones Lydi. conviv.* Stuckii. I. 28.
(3) Cyrus.
(4) Pythagore eut même destinée.

sans être épouvantés de ce qui en advint à *Lycurgue* (1), législateur et roi des Thraces.

1713. Législateur ! ne désespères pas du peuple : la *lyre* harmonieuse se fabrique avec les matières les plus discordantes.

1714. Crotoniates ! qu'un maître de *lyre* (2) soit placé près la personne de vos magistrats !

1715. Législateurs et magistrats ! préalablement à tout, semez la (3) *lysimaque* (4) dans la place publique.

1716. Familles agricoles ! aux jours de la récolte, rappelez à votre bon souvenir *Lytierse*, excellent moissonneur Phrygien.

M.

1717. Nations italiques ! n'usez point au combat de la longue (5) pique des *Macédoniens*.

1718. Crotoniates ! ne vous fiez pas trop sur

---

(1) *A suis in mare praecipitatus, quod primus mero aquam miscuisset.* Lactantius.

(2) Cette loi donna lieu sans doute au compilateur d'un gros *essais sur la musique*, de dire :

« On prétend qu'on dut à Pythagore l'usage d'endormir les souverains au son des instrumens, pour leur procurer un sommeil agréable ». in-4°. tom. III. p. 151.

(3) Aujourd. *la corneille*.

(4) Plante, dont la seule présence, au dire des Anciens, avait la vertu de calmer les bêtes de somme, devenues furieuses l'une contre l'autre.

N. B. *Lysimachus* ne donna point son nom à cette plante, mais bien plutôt elle à lui.

La *lysimaque* était connue avant le compagnon d'Alexandre.

(5) De dix-huit pieds.

vos armes : le bouclier (1) *macédonique*, large de huit palmes, ne met point ses inventeurs à l'abri des coups d'autorité arbitraire.

1719. Les habitans de *Macella* (2) convertirent en autel le tombeau de Philotecte.

Crotoniates! faites mieux : n'ayez d'autres temples que la demeure de vos grands hommes.

1720. Rien de plus insolent que le peuple qui a de l'embonpoint :

Homme sage! ne te charge pas de le *macérer*.

1721. Au lieu de donner des lois en pure perte à une cité corrompue, transportes tes pénates chez les *Macrobiens* (3), nation sage, peuple juste, que la rosée du ciel et les fruits de la terre, ses seuls alimens, font vivre bien au-delà d'un siècle.

1722. Ne vas point chercher une Divinité au-delà de ce monde; ne te piques pas d'être plus savant que les *mages* (4) : ils font leurs Dieux avec de l'air et du feu, de la terre et de l'eau.

1723. Père de famille! sois *magistrat*. *Magistrat*! sois père de famille.

1724. Crotoniates! ne choisissez point pour *magistrat* le père de beaucoup d'enfans.

1725. Peuple de Crotone! surveilles tes *magistrats*; car tu ne trouveras point de sages qui

---

(1) Il était ordinairement de cuivre, et réputé le meilleur de tous les boucliers.

(2) Ou *Macalla*. Lycophron. Baudelot, *utilité des voyages*. p. 25. tom. I.

(3) Voisin de l'Océan de Saturne, ou de la mer Morte.

(4) Les mages de Perse.

veuillent l'être : le sage abandonne les magistratures au concours des ambitieux.

1726. Crotoniates! dans vos institutions politiques, faites que le pauvre ne soit point le *magistrat* des riches, ni le riche, le *magistrat* des pauvres.

1727. Locriens! placez le sage au-dessus de vos *magistrats*.

1728. Crotoniates! fermez vos *magistratures* (1) aux célibataires, à l'époux qui n'a point d'enfans, et à celui qui devenu père et veuf, se marie une deuxième fois.

1729. Peuple de Crotone! ne livres point tes *magistratures* au plus offrant, comme tes denrées : ne trafiques point des choses saintes.

1730. N'acceptes point d'autre *magistrature* (2) que celle de la table.

1731. Malheur à vous, Crotoniates! si les citoyens vertueux fuient et repoussent vos *magistratures*.

1732. Législateur! fermes l'entrée des *magistratures* aux ministres des autels : on sert mal à-la-fois et les Dieux et les hommes.

1733. Hommes d'état! n'empiétez point sur la *magistrature* des pères de famille; elle est plus sacrée que la vôtre.

1734. Crotoniates! gardez le souvenir de *Magus* (3), le premier roi, c'est-à-dire, le pasteur du premier troupeau.

---

(1) Dacier, *vie de Pythag.* p. 215.
(2) Les Anciens élisaient par le sort un roi du festin.
(3) Sanchoniaton.

1735. On dit : la *majesté* du peuple (1) ! qu'on dise : la *majesté* paternelle.

1736. Crotoniates ! soyez modestes dans le succès : la *majesté* du peuple n'exclud pas la modestie.

1737. Bois dans la *main* de la femme que tu aimes ; ne la fais pas boire dans la tienne.

1738. En guise de serment, poses la *main* sur le tombeau d'un homme juste.

1739. Lèves le pied (2), plutôt que de lever la *main*.

1740. Abandonnes au prêtre les miettes qui tombent de la table des Dieux..
Nourris-toi de tes *mains*.

1741. Choisis pour alimens, des mets qui ne souillent pas tes *mains*.

1742. Enfant du même père ! conduisez-vous ensemble, comme en agissent l'une envers l'autre les deux *mains* du même homme.

1743. Que deux voyageurs qui se rencontrent ne se quittent pas, sans se toucher réciproquement la *main*.

1744. Laisses à l'habitant des villes ses Dieux de marbre ou de bronze : portes les tiens au bout de tes bras ; les *mains* sont les divinités nourricières et protectrices de l'agricole laborieux.

1745. Homme d'état ! pour arriver jusqu'au peuple, fais passer la loi par peu de *mains*.

---

(1) Expression due à l'ancien Brutus.
(2) C'est-à-dire, pour éviter de prononcer un serment, sors, vas-t-en ! fuis !

1746. Prêtes secours à la loi (1) : non pas en lui donnant *main-forte* ; mais en la faisant aimer.

1747. Occupes-toi, non pas de la manière dont tu sortiras de la vie, mais du *maintien* que tu dois garder en vivant.

1748. Père de famille ! ne laisses jamais ta *maison* solitaire : qu'il y ait toujours ta femme, ou toi.

1749. Que ta *maison* tienne la plus petite place possible sur la terre.

1750. Crotoniates ! ne souffrez pas dans vos murs une *maison* plus haute que les *maisons* voisines.

1751. Peuple de Crotone ! honores le sage comme un Dieu, et que sa *maison* (2) te serve de temple.

1752. Peuples d'Italie ! avant de construire de superbes temples à vos Dieux, logez-vous commodément ; les hommes ont plus besoin de *maisons* que les Dieux.

1753. Que ta *maison*, isolée à la manière des temples, reçoive comme eux les premiers rayons du soleil.

1754. Rappelles le mot patrie à sa primitive signification : qu'il soit le synonyme de *maison* paternelle.

1755. Père de famille ! sois dans ta *maison* comme la loi dans une ville.

---

(1) *Quotidie praecipiebat Pythagoras legi opem ferendam*... etc. Jambl. n° 100 et 171.

(2) L'auteur de cette loi en reçut l'application, mais après sa mort.

1756. Ne sois ni le valet du peuple, ni son maître.

1757. Sois ton *maître* et ton serviteur tout ensemble ; et ne le sois que de toi seul.

1758. Sois ton *maître* ! en régnant sur toi, tu as un assez bel empire, et une assez importante fonction, si tu veux bien régner.

1759. Législateur ! bannis de la cité les *maîtres* d'éducation : chaque enfant n'a-t-il pas son père ou sa famille ?

1760. Crotoniates ! ne reconnaissez d'autres *maîtres* que les Dieux.

1761. Jeune femme, n'abuses pas de l'ascendant de ton sexe et de l'âge, sur ton jeune mari ; tôt ou tard, il reprendra son caractère : alors, crains qu'en cessant de voir en toi sa *maîtresse*, il ne te trouve pas même digne d'être sa compagne.

1762. Législateur ! n'accordes pas au peuple la licence de faire le bien, comme il voudrait ; il le ferait *mal*.

1763. Médecin du peuple ! à la première infraction de tes ordonnances, abandonnes le *malade*.

1764. Législateurs et magistrats ! traitez le peuple comme un *malade* de forte complexion et d'esprit faible

1765. Prodiguez vos soins aux *malades*, et surtout aux vieillards.

La nature souvent soigne elle-même le malade : elle n'a aucune sollicitude du vieillard.

1766. Législateurs et médecins ! quittez le

forum et les hôpitaux, si vous craignez les mécontens : il est difficile de satisfaire un *malade* et le peuple.

1767. Chaque médecin en Égypte ne connaît que d'une seule *maladie*.

Législateur ! sois plus habile ; tu dois connaître de toutes.

1768. Femmes, appuyez votre cœur fragile sur une ame *mâle*.

1769. Peuple de Crotone ! à l'inverse des habitans de *Malée* (1), refuses le droit de citoyen, et fermes tes magistratures à tout guerrier de profession.

1770. Ne donnes point de lois au peuple *malgré* lui.

1771. Magistrat du peuple ! ne le sois point *malgré* lui (2).

1772. Quand le *malheur* heurte à ta porte, ouvres-lui de bonne grâce ; n'attend pas qu'il frappe un second coup : la résistance l'irrite, la résignation le désarme.

1773. Législateur ou magistrat ! ne te permets point un petit *mal* dans la vue d'un grand bien.

1774. Peuple de Crotone ! ne confies point de magistrature à un père de famille *mal-obéi* par ses enfans.

1775. Père faible et aveugle sur les défauts de ton fils ! crains d'être l'arbre qui fournit le

---

(1) ville de la côte Thessalique, vis-à-vis Eubée.
(2) . . . *Ii quibus imperatum, non inviti parere.*
  Nicol. Scutellius, *vita Pythag.* p. 15. in-4°.

manche

DE PYTHAGORE. 225

manche de la hache dont il sera frappé un jour.

1776. *Manges* souvent, mais peu à-la-fois, et lentement (1).

1777. Ne cherches point à imiter le bonheur des autres : sois heureux à ta *manière*.

1778. Jeune homme ! reposes sur le *manteau* de la sagesse, en attendant que tu puisses le porter.

1779. Ne portes point un *manteau* de deux pièces, ni de deux couleurs.

1780. Jeunes filles crotoniates ! tachez d'ajuster le *manteau* de la sagesse sur les épaules de l'amour.

1781. Donnes à ton *manteau* assez d'ampleur pour y mettre à l'abri, dans le besoin, un de tes semblables.

1782. Traduit au tribunal du peuple, ne réponds à tes accusateurs qu'en te couvrant la tête de ton *manteau*.

1783. Législateur ! ne touches point aux Divinités du peuple, qui portent avec elles leur moralité ; laisses lui *Manturna* (2), déesse tutélaire des bons ménages.

1784. Si l'on te demande : quel parti prendre envers sa patrie ingrate ?

Le parti du silence, comme avec une *marâtre* (3).

1785. Citoyens de Crotone ! pardonnez tout à votre patrie, fût-elle une *marâtre*.

___

(1) « Les anciens Grecs mangeaient moins hâtivement que nous. Montaigne, *essais*. III. 13.
(2) *Ut uxor cum marito maneret.*
(3) Stobæus. 231. *serm.* 37.

Tome VI. P

Ne pardonnez rien à vos gouvernans, dussiez-vous passer pour des ingrats.

1786. Législateur ! fermes les magistratures aux *marchands* de profession.

La chaise curule deviendrait un comptoir.

1787. Jeune homme ! n'achètes point l'agréable au prix de l'utile ; tu ferais un mauvais *marché*.

1788. Ne sois le *marche-pied* de personne, pas même de ton père.

1789. Sois le manteau de ton ami, n'en sois pas le *marche-pied*.

1790. Ne *marches* point où le peuple (1) a marché.

1791. Aimes ton *mari* comme toi-même ; et les autres hommes, comme tes frères.

1792. Ce n'est pas assez que ton *mari* soit ce que tu aimes le mieux, il faut encore qu'il soit la seule chose que tu aimes.

1793. Femmes de Crotone ! honorez le souvenir de Cécrops : il institua le *mariage* dans Athènes.

1794. Que le *mariage* soit interdit aux prêtres ! les prêtres ne sont plus des hommes.

1795. Refuses toute magistrature ; mais sois le *marteau* (2) d'airain qui heurte à la porte des magistrats.

1796. Chef de maison ! comme à *Marseille*

---

(1) *Populares declina vias.* Pythag. *symb.*
(2) Le *cantharus, marculus ferreus* des Anciens, souvent en forme d'anneau ; heurtoir de porte.

et à *Milet*, interdis à ta femme et à tes filles l'usage du vin.

1797. Ne luttes point avec les Dieux. Le bon Hésiode a raison : les Dieux ne laissent aucune prise sur eux.

Ne luttes point avec leurs ministres ; ceux ci ont plus de corps, mais ils portent un *masque*.

1798. Crotoniates ! ne souffrez pas que la loi serve de masque commode à vos gouvernans pour tyranniser avec impunité.

1799. Peuple de Crotone ! simplifie ton culte : les *Massagètes* n'ont qu'un Dieu ; mais c'est le soleil.

Des Dieux invisibles enhardissent les imposteurs.

1800. Crotoniates ! gardez le souvenir des *Massagètes* (1), pour ne point les imiter. Leur défaite ne coûta qu'un banquet à *Cyrus*.

1801. Mère de famille ! partages les soins pénibles de la première éducation de ton dernier né, avec l'aînée de tes filles : qu'elle prélude sous tes yeux, aux devoirs de la *maternité* !

1802. Père de famille ! si l'un de tes fils a du penchant au sacerdoce, pour le guérir, enseignes-lui les *mathématiques*.

1803. Législateur ! ne parles au peuple de ses droits, que quand il connaîtra bien, et pratiquera constamment ses devoirs.

L'entretenir de ses titres, avant de lui rappeler ses obligations, c'est lui rendre un *mauvais* service.

1804. Si tu n'as pas en toi assez de ressources

---

(1) Ou *massagetes*, appelés depuis, les Alains.

P 2

pour tirer parti des *maux* qui t'arrivent, ais du moins la prudence de les prévenir, ou assez de courage pour les supporter.

1805. La satyre ne corrige point : n'écris que sur les feuilles de la *mauve* (1).

1806. Magistrat ! sèmes la *mauve* dans les places publiques; mais n'en manges pas. De douces mœurs sont un besoin pour la multitude; crains qu'elles ne deviennent une faiblesse en toi (2).

1807. Mari d'une femme adultère, ne ressembles pas à ces peuples qui appelèrent le *Méandre* en justice, parce qu'il change de lit.

1808. Législateur ou magistrat ! ne dis point aux hommes : soyez bons ; éloignes d'eux toute occasion d'être *méchans*.

1809. Magistrat ! pour conserver le droit de punir les *méchans*, ne te sers jamais d'eux.

1810. N'ébruitez pas les mauvaises actions; effacez-en le plutôt possible jusqu'aux moindres traces : laissez mourir le *méchant* tout entier.

1811. Citoyennes de Crotone ! soyez sobres. *Meceninus* (3) à Rome, fit mourir sa femme, parce qu'elle avait bû du vin ; et le premier magistrat (4) trouva la loi muette sur le délit de *Meceninus*.

---

(1) Symbole de la douceur. Vide Malch. Guilandin. III. in Plinii *capita*; Lausanne, 1576. *in*-8°.

(2) *Herbam molochen* (*malvam*) *sere, ne tamen edas.*
                                  Pythag. *symb.*

(3) Egnatius Meceninu.
(4) Romulus.

DE PYTHAGORE.

1812. Magistrat ! n'ordonnes point d'enterrer le *médecin* avec le malade qu'il a tué (1).

Mais au troisième malade, mort par ses soins, interdis-lui sa profession.

1813. Législateur ! défends tout salaire au *médecin*.

1814. Sois *médecin* d'animaux, plutôt que législateur de peuples.

1815. Législateur ! sois en même-temps *médecin*. Il ne faut peut-être qu'un seul et même régime, pour les maladies du corps et pour les passions de l'ame.

1816. Législateur ! interdis au prêtre (2) la profession de *médecin*.

1817. Le *médecin* par théorie s'abstiendra de la pratique (3).

1818. Crotoniates ! chassez de vos murs tout *médecin* dont la méthode serait de guérir les maux (4) par d'autres maux ; c'est un insensé, ou un charlatan.

1819. Si l'on vous demande : « De toutes les sciences, laquelle suppose le plus de sagesse » ?
Dites : *la médecine* (5).

1820. Refuses des lois à un peuple, plus docile aux ordonnances de ses *médecins* qu'à celles de ses magistrats.

----

(1) Allusion à une loi pratiquée chez un ancien peuple.
(2) Cette loi contrarie un usage de l'Egypte.
(3) Pythagore prêcha d'exemple.
Voy. Clifton, *état de la médecine anc. et mod.* ch. I.
(4) *Comm.* d'Hiéroclès.
(5) Roulliard, *reliefs forenses.* p. 753. *in*-8°. 1607.

P 3

1821. Crotoniates ! si vos magistrats viennent à vous déplaire, n'ayez point la lâcheté de vous venger sur leurs enfans, comme fit *Corinthe* sur ceux de *Médée*.

1822. Citoyennes de Crotone ! à l'exemple de *Médée*, qui s'en avisa la première, ne changez point la couleur de vos cheveux.

1823. Les *Mèdes* n'osent regarder leur roi en face.

Crotoniates ! tenez l'œil ouvert sur vos magistrats.

1824. Voyageur sage ! ne te rends pas *médiateur* entre un serpent et un tigre.

Quand les méchans s'étouffent, les bons respirent.

1825. Législateurs ! avant d'entreprendre la cure politique d'une grande nation, rappelez-vous ce précepte de l'art de guérir, inscrit sur l'une des colonnes du temple d'Esculape.

« Aux maladies désespérées, n'appliques point de *médicamens* (1).

1826. Crotoniates ! soyez sobres. Il n'en est pas de vous comme de ces pierres de *Medoc*, qui répandent un doux parfum, après avoir été macérées dans le vin.

1827. Peuple de Crotone ! d'autres nations consacrent un culte à l'indigence (2) : réserves ton encens à l'honorable *médiocrité*.

1828. Jeune homme ! accoutumes-toi à mé-

---

(1) Hippocrate nous a conservé cette loi de la médecine :
Desperatis morbis non fieri medicinam.
(2) Aristophan. *Plutus*, act. II, scen. IV et V.

diter. La *méditation* rallentit le désir de parler.

1829. Mère de famille ! ne laisses point à tes filles le loisir de se livrer à la *méditation*.

1830. Homme d'état ! ce n'est pas assez que tes lois soient sages, comme Minerve ; donnes-leur, pour bouclier, la tête de *Méduse :* qu'à la lecture seule, le peuple le plus remuant reste semblable aux tables de pierre où elles sont inscrites !

1831. Citoyens de Crotone ! n'imitez pas ceux de *Mégare :* donnez à chaque mort son cercueil.

1832. Législateur ! interdis la cité aux *sphinx de Mégare* (1) ; il n'est point de considérations politiques qui puissent justifier leur séjour chez le peuple qui a besoin de bons exemples.

1833. Magistrat du peuple ! saches, aussi bien que *Melampus* (2), le langage des bêtes.

1834. Crotoniates ! flétrissez la mémoire de *Melampus*, pour avoir proposé aux Grecs d'autres Dieux que les astres.

1835. Père de famille ! ne ressembles pas au *Méléagre* (3) de *Leros* (4), oiseau négligent qui abandonne ses petits aux soins des prêtres (5).

1836. Jeune homme ! cultives ta *mémoire ;*

---

(1) *Megaricae sphinges*, prov. gr.
On appelait ainsi les courtisanes, les femmes publiques ; c'était le luxe de la ville de Mégare.
(2) Homer. *odyss.* XI.
(3) La *Pintade*.
(4) L'une des îles *Sporades*.
(5) Athenée. XIV. 10. *deipnos.*

c'est le champ où l'expérience dépose ses leçons, et les fait fructifier pour l'usage habituel de la vie.

1837. Ne te plains pas de ta *mémoire* ; tu en as toujours assez.

Les choses, dignes d'être retenues, ne sont pas en si grand nombre.

1838. Femme dans ton *ménage* ! ressembles à la cigale dans nos champs.

La cigale fait entendre son cri, pour annoncer la moisson et réjouir le moissonneur.

N'élèves aussi la voix que pour diriger et adoucir les travaux domestiques.

1839. Peuple de Crotone ! ne souffres point sur ton territoire un seul *ménage* privé de son champ et de sa maison.

1840. La paix et l'abondance sortiront de chez toi le jour même où tu y feras entrer une femme moins laborieuse que belle, et plus amie de sa personne que de son *ménage*.

1841. Femme en *ménage* ! demandes à la nature comment elle s'y prend pour faire les choses si magnifiquement et à si peu de frais.

La nature te donnera des leçons d'économie domestique.

1842. Magistrat ! défends la *mendicité*, surtout aux prêtres (1).

1843. Législateur ! ne vois dans le peuple qu'une multitude d'hommes abatardis ; n'imites point *Menès* et *Minos*, *Numa*, *Lycurgue* et leurs semblables. Ne trompes pas la foule, pour la civiliser ; marches devant elle, le flam-

---

(1) Pythagore a en vue ceux de Cybèle, qui mendiaient

beau de la raison à la main : si le peuple vient à l'éteindre, tant pis pour lui; enveloppes-toi alors de ton manteau.

1844. Crotoniates! gardez le souvenir de *Menestheus* (1), pour les sages avis qu'il donna aux Athéniens, prêts à subir le joug de *Thésée*.

1845. Ne te permets pas un *mensonge*, même pour sauver ton ami; il te désavouerait.

1846. Meurs, plutôt que de vivre par un *mensonge*.

1847. Hais le mensonge ; pardonnes au *menteur*: évites-les tous deux.

1848. Si tu rencontres le *menteur*, laisses-le passer; il n'ira pas loin (2).

1849. Homme! gardes ton sexe au menton, comme ailleurs (3).

1850. Ne sois ni l'homme des bois, ni l'homme des villes : sois l'homme de la nature; sois le fils de ta *mère*.

1851. Jeune homme! ne sacrifies pas trop souvent sur la *pierre* (4) *de la mère des Dieux* (5).

1852. Ne charges personne de ton culte aux Dieux bienfaisans de la nature.

L'enfant emprunte-t-il la main d'un autre pour caresser le sein de sa *mère*?

---

(1) Plutarque, *vie de Thésée*, n'est pas de l'opinion de Pythagore.
(2) *Vers dorés*. XXXII.
(3) Métaphore pythagorique, pour dire :
« Conserves ta barbe ; ne te rases point ».
(4) *Petra kystera, cunnolithus*, ressemblant aux *labia pudenda* des femmes.
(5) Falconet, acad. inscript.

1853. Magistrats du peuple ! prenez pour exemple de conduite la magistrature des *mères* sur les enfans du premier âge.

1854. Places-toi dans la société, plutôt au-dessous qu'au-dessus de ton *mérite*.

1855. Peuple de Crotone ! fais en sorte que si le *mérite* n'est pas honoré dans tes murs, ce soit sa faute et non la tienne.

1856. Accoutumes ton oreille à la *mesure* des mots, pour t'apprendre à en mettre dans les choses.

1857. Jeune homme ! une fois en jouissance de toute ta raison, dresses un état de tes facultés, de tes forces; prends ta *mesure*; estimes-toi ce que tu vaux, et marches d'un pas sûr dans la vie.

1858. Fais tout avec *mesure* : chaque partie de ton corps peut t'en servir. Le doigt, le pouce, la main, le coude, le bras, le pied... Tu portes sur toi la règle de tout.

1859. Pour parvenir à la connaissance de l'homme, préfères le scalpel de l'anatomiste au prisme du *métaphysicien*.

1860. Législateur ! invites les prêtres à prêcher au peuple la *métempsycose*; dogme tout-à-la-fois naturel et moral, religieux et politique.

1861. Chefs de famille ! croyez à la *métempsycose* : c'est-à-dire au passage de l'ame des pères dans la personne de leurs enfans.

1862. Dans l'enceinte du domaine de chaque famille, on ménagera pour les tombeaux un espace appelé : *le champ de la métempsycose*.

1863. Législateurs de tous les pays! appliquez tous vos moyens à la grande *métempsycose* des troupeaux de peuples en familles d'hommes.

1864. Si humble que soit ta chaumière, elle est aperçue du soleil ; il y fait tombe un de ses rayons.

Atôme dans l'immensité, ne crois pas être oublié de la nature : tu lui es nécessaire, pour compléter le nombre infini de ses *métempsycoses*.

1865. Si quelque jeune citoyen vous demande : « Qu'est-ce que la *métempsycose* » ?

Dites-lui : « Choisis un sage parmi ceux qui ont vécu avant toi, pour le faire revivre en ta personne ».

1866. S'il m'est permis de croire à la *métempsycose*, pendant les vingt mille années de mon existence, j'ai vu bien des pays, sans y rencontrer un seul gouvernement probe, un seul peuple heureux.

Crotoniates ! donnez, il en est temps, ce phénomène au monde.

1867. Citoyennes de Crotone ! ne vous hâtez point de flétrir le nom de *Metra* : elle vendit ses faveurs pour nourrir son père (1).

1868. Homme d'état ! honores les muses : donnes du *mètre* à tes lois, pour faire aimer l'harmonie au peuple.

1869. Quand on t'invite à quelque festin, ne

---

(1) Erésicthon.

demandes pas la liste des *mets* ; informes-toi du nom des convives (1).

1870. Que les *meubles* de ton ménage ne soient ni trop fragiles, ni trop précieux; afin de t'éviter des momens de regret et de colère, si tu venais à en perdre par accident ou par la faute de ta femme et de tes enfans !

La vanité de manger ou de boire dans des vases de matière délicate, ne vaut pas le plaisir de vivre en paix au sein de sa famille.

1871. Magistrat ! mouds le peuple lentement sous la *meule* des lois (2) : moulu trop vîte, il prendrait feu.

1872. Les femmes ne tourneront pas la *meule* (3); c'est le fait des hommes : qu'elles apprêtent le pain !

1873. Législateur ! laisses au peuple des campagnes ses *divinités Meulières* (4) : puisse-t-il n'en avoir jamais de moins innocentes !

1874. *Meurs* où tu es né.

1875. Abstiens-toi du *meurtre* des animaux (5) : leur sang versé enhardit à répandre celui des hommes.

1876. Magistrats ! descendez de vos siéges, si, à l'exemple de *Midas*, roi des *Phrygiens*,

---

(1) Epicure s'est approprié cette loi de la Table.
Dacier, *sur Hor. ep.* V. liv. I.
(2) Les prêtres grecs se sont emparé de cette loi politique de Pythagore, pour en faire un proverbe sacré.
« La meule des Dieux moud lentement, mais elle n'en moud que plus fin ».
(3) Contre l'usage des Egyptiens et des Grecs.
(4) *Dii molares, molarum praesides.* Dieux qui résident aux meules à moudre le grain.
(5) Jambl. *vie de Pythag.*

vous n'avez d'autres talens, d'autres ressources que l'entretien de beaucoup d'espions (1).

1877. Ne sois pas le commensal de gens qui dorment à *midi* (2).

1878. N'ais pas la prétention de contenter le peuple : tu ferais pleuvoir (3) du *miel* sur ses lèvres béantes ; il ne serait pas encore satisfait. Esclave, il soupire après la liberté ; libre, il regrette ses fers.

1879. Sois sobre, pour être libre. Qui se contente de pain et de *miel* (4), ne dépend de personne.

1880. La table des lois de la raison ne convient pas à toutes sortes de convives.
Magistrat ! n'en laisses tomber, pour la foule, que les *miettes* (5).

1881. Cesses de vivre, plutôt que de vivre des *miettes* tombées de la table du vice (6).

1882. Crotoniates ! imitez les *Milésiens* (7), lors de leur réforme : ils élurent pour magis-

---

(1) *Biblioth.* de Photius.
(2) Expression symbolique, familière à Pythagore, et devenue proverbiale.
(3) *Jupiter, pluie mel*; prov. gr.
(4) *Eustathius*, ιλ.χ, *docet mellis usum apud veteres plurimum fuisse, et mel esse* τρόφιμον, *Pythagoras testimonio comprobat : qui cùm frugalissime viveret, saepe solo melle erat contentus.*
(5) La langue française n'a pas de mot pour rendre l'*analecta* des Grecs et des Romains.
(6) . . . *Quas deciderint ne tollas.* . .
Pythag. *Symb.*
(7) Herodot. *Terps.* lib. V. *de Milesiis agros ex colentibus.*

trats ceux d'entre les pères de famille dont l'héritage se trouva le mieux cultivé.

1883. Ne portes pas de lois à un peuple chez lequel, comme à *Milet*, la même chaussure peut convenir aux deux sexes (1).

1884. Crotoniates ! connaissez toute la force de l'habitude.

Demandez à *Milon*, votre concitoyen, comment il est parvenu à porter un bœuf sur ses épaules ? Il vous répondra : en le portant tous les jours, depuis sa naissance (2).

1885. Habitans de Crotone ! *Milon* (3), sept fois vainqueur aux jeux olympiques, est honoré d'une statue dans vos murs : promettez un temple à l'homme sept fois sage (4).

1886. Jeunes Crotoniates ! ne vous y trompez pas (5) : *Milon*, le Crotoniate, ne dût point toute sa force à la ceinture constellée qu'il portait (6) ; avec elle seule, il n'eût été qu'un homme ordinaire : le travail en a fait un héros.

1887. Gardez le souvenir de *Mimnerme*, l'Ionien, fils de Pygitiade, et père de la Muse élégiaque.

1888. Hommes à talens ! n'oubliez pas que

---

(1) *Les souliers de Milet* Prov.
(2) D'où le proverbe : *taurum tollet, qui vitulum sustulerit.*
(3) Jambl. VIII. *vita Pythag. in finem.*
(4) Le vœu de Pythagore a été rempli à son égard.
(5) Cette loi semble être de *Lysis*.
(6) *Balteus constellatus*, baudrier, ou ceinturon garni de pierres gravées, représentant des signes célestes.

Minerve est tout-à-la-fois la Déesse des arts et celle de la sagesse (1)

1889. Les citoyennes de Crotone, qui voudront sacrifier soit à *Minerve*, soit aux Grâces, soit à l'Hymenée, pourront se dispenser d'avoir recours aux ministres des autels.

La main d'un prêtre n'est pas plus agréable aux Dieux que celle d'une vierge pure ou d'une épouse fidelle.

1890. Législateur! ne te mêles pas des Dieux du peuple : mais recommandes aux magistrats de surveiller leurs *ministres*.

1891. Peuples et princes! honorez la mémoire de *Minos*, pour avoir dit le premier: « Les lois sont au-dessus et du prince et du peuple ».

1892. Peuples maritimes d'Italie ! ne vous modelez pas sur le second des deux *Minos* (2). Croyez que l'eau est à tout le monde, comme la terre et le soleil.

1893. Magistrats de Crotone ! retenez cette parole de *Minotcher* (3), ancien roi de Perse.

« La première qualité d'un chef de peuple est de toujours dire vrai ».

1894. Ne négliges pas les autels de la Divinité qui préside aux petites choses. (*Minuta*).

1895. Pendant les premiers neuf jours du mariage, la chambre nuptiale demeurera dégarnie de ses *miroirs*.

1896. Citoyennes de Crotone ! soyez recon-

---

(1) Déesse *Ergane*.
(2) Ce roi de Crète aspira à l'empire de la mer.
(3) Neuf siècles avant l'ère commune.

naissantes : gardez le souvenir d'Esculape, l'inventeur des *miroirs*.

1897. Magistrat ! sur les parois du lieu où s'assemble le peuple, poses de grands *miroirs*; afin que la multitude puisse s'y contempler dans certaines occasions.

1898. Ne t'établis pas dans une ville où le luxe des monumens publics insulte à la *misère* des familles.

1899. Déposes un manteau dont les *mites* se sont emparé, et une magistrature que la multitude ne respecte plus.

1900. Crotoniates ! laissez les *modes* à Sybaris : Ayez des mœurs.

1901. Refuses d'être le régénérateur d'un peuple dont les mœurs sont des *modes*; il en ferait de même de tes lois.

1902. Sois *modeste* : la modestie est un manteau commode, et d'une teinte douce, amie de l'œil.

Le sage ne sort jamais, sans en être revêtu; il ne porte point d'autre marque distinctive.

1903. Citoyennes de Crotone ! sachez qu'il y a encore quelque chose au-dessus d'une belle femme ; c'est une femme belle et *modeste* tout ensemble.

1904. Sois modeste : si le mérite n'est pas toujours suivi de la récompense, c'est peut-être parce qu'il n'est pas toujours accompagné de la *modestie*.

1905. Jeune homme ! la *modestie* est le temple le plus beau que puisse avoir la vertu :

ne

ne places point la vertu autre part ; tu commettrais un sacrilége.

1906. Magistrats ! récompensez deux fois le mérite *modeste*.

1907. Ne séjournes pas chez une nation qui a plus de lois que de *mœurs*.

1908. Peuple de Crotone ! beaucoup de *mœurs*, et assez de lumières pour conserver tes mœurs, voilà tout ce qu'il te faut.

Mœurs sans lumières, lumières sans mœurs ; il n'y a pas là de quoi être heureux et libre long-temps.

1909. Habitant de Rhégium ! tu demandes des lois : avant tout, donnes-toi des *mœurs* ; les mœurs sont les premières lois.

1910. Epouse d'un mari sans *mœurs* ! ton devoir est de fermer les yeux et de garder le silence (1).

Les bonnes citoyennes d'une ville assiégée étouffent la flamme à mesure que les torches incendiaires de l'ennemi la propagent dans les plus beaux édifices.

1911. Un chasseur qui n'a que trois flèches à tirer, ne s'adresse point aux *moineaux*.

Peu de jours te sont départis ; n'en perds pas les momens dans la société des hommes frivoles.

1912. Remercies la nature de ne t'avoir fait naître *moineau*, ni éléphant : la vie du moineau est joyeuse, mais courte ; l'existence de l'éléphant est longue, mais triste. Les jours de l'homme tiennent le juste milieu.

---

(1) *Epistola* Theanûs Nicostratæ, *ad initium*.

1913. Crotoniates! appliquez à votre république ce mot du bon Hésiode (1) : « La *moitié* est plus que le tout ». Contentez-vous d'une demi-indépendance. Aucun peuple n'est digne d'une entière liberté.

1914. Crotoniates! ne soyez pas républicains, en haine de la *monarchie*.

1915. Métapontains! vous me demandez le meilleur des gouvernemens :

Ce serait la *monarchie* sans un roi ;

Une monarchie, du moins, où le prince n'est qu'une fiction de la loi ;

Une monarchie ayant pour monarque le livre seul de la loi.

1916. Peuples d'Italie! essayez du régime politique de Rome pendant l'interrègne de Romulus à Numa. Ne confiez, alternativement, à chacun de vos sénateurs, l'exercice du souverain pouvoir que l'espace de la quatrième partie d'une journée.

Un *monarque* de deux jours est un despote ; c'est un tyran, le troisième.

1917. Tu es entré nu dans le *monde* ; n'en sors pas habillé.

1918. Crotoniates! ne demandez point à vos Dieux de la pluie ou du beau temps : ils ne s'en mêlent point. Le *monde* va de soi-même (2).

---

(1) *Dimidium plus toto.*
(2) Le motif de cette loi pythagorique, promulguée dans la Grande-Grèce, devint commun au reste de l'Italie, et se retrouve encore aujourd'hui dans ce proverbe :
Il mundo va d'a se.

1919. Ne payes point avec une pièce de *monnaie* le service qu'on t'a rendu.

1920. Ne thésaurises pas la *monnoie* du peuple : elle salit les mains.

1921. Crotoniates ! ne donnez point à vos *monnaies* plus de valeur qu'elles n'ont de poids.

1922. Au milieu des dissentions civiles, sois *monochorde* (1) !

1923. Crotoniates ! n'agitez point la question frivole de la préséance des monarchies sur les républiques, des républiques sur les monarchies : qu'importe à des convives délicats, si la table est bien servie, qu'elle soit *monopode* (2), ou à plusieurs pieds !

1924. N'abandonnes jamais ton imagination à elle-même ; elle enfanterait des *monstres*.

1925. Tu ne seras point chasseur, pour le seul plaisir de la chasse. Ce plaisir cruel est d'un lâche. Tuer pour tuer, quelle jouissance ! quelle victoire ! imites Hercule : que ta chasse soit un travail utile ! Détruire des *monstres*, est l'exercice d'un héros.

1926. Législateur ! ne maries point le culte à la morale !

Les fruits de cette union, mal assortie, ne peuvent être que des *monstruosités*.

1927. Une fois, tous les trois jours, l'habitant de la plaine gravira le sommet de la *montagne* voisine.

---

(1) Découverte de Pythagore, pour rappeler à l'unisson et à l'harmonie les instrumens de musique.
(2) Table à un seul pied.

L'habitant de la montagne descendra dans la plaine, une fois tous les trois jours.

Il ne faut pas que l'homme de la montagne et celui de la plaine deviennent, avec le temps, étrangers l'un à l'autre.

1928. Nations italiques ! ne surchargez pas le sein de la terre de *monumens* inutiles : vous n'avez pas de temps à perdre.

1929. Peuple de Crotone ! ne souilles et ne mutiles que les *monumens* antiques qui peuvent nuire ; épargnes et respectes les autres : la postérité te rendra la pareille.

1930. A mesure que tu chemines dans la vie, poses sur ta route des *monumens* de sagesse, honorables à ta mémoire, et utiles à consulter par ceux qui viendront après toi.

1931. Manges ton cœur (1), plutôt que de *mordre* celui de ton ami (2).

1932. Crotoniates ! renoncez au culte de Jupiter, s'il exigeait l'entretien de trois cents prêtres, comme à *Morimène* (3).

1933. Crotoniates ! naturalisez, chez vous, une loi de Solon, qui défend de mal parler des *morts*. On ne doit point médire des absens.

1934. Fais du bien aux hommes pendant tout le cours de leur vie ; n'en fais l'éloge qu'après leur *mort*.

1935. Crotoniates ! élevez les tombeaux à la hauteur des *morts*.

---

(1) Voyez une des notes ci-dessus.
(2) Expression homérique.
(3) Capitale des Vénasiens, en Cappadoce.
Strabo. XII. *geogr*

1936. Détournes-toi de mille pas, plutôt que de marcher sur la tombe des *morts*.

1937. Crotoniates! donnez toujours raison aux *morts* : ils ne peuvent s'expliquer, ni se défendre eux-mêmes.

1938. Peuplades agricoles et peu nombreuses! essayez du régime des *Mossyniens* (1), nation hyperboréenne, transplantée dans l'Asie mineure : pour se soustraire aux suites trop souvent funestes de la propriété, ils cultivent en commun leur territoire, puis en partagent les fruits également.

1939. Crotoniates! ne donnez point trop de latitude à vos magistrats : rappelez-vous les *Mossyniens*, qui tiennent leur roi constamment renfermé dans une tour de bois.

1940. Crotoniates! rappelez-vous quelquefois les *Mosyneciens*: leur premier magistrat est puni de mort, le jour même où il se permet une injustice (2).

194 . Si le bien est plus difficile à faire que le mal, fais le bien, quand ce ne serait que pour goûter le plaisir de la dificulté vaincue.

Si le bien est aussi aisé à faire que le mal, fais le bien, si tu ne veux pas te rendre inexcusable.

Si le bien est plus avantageux à faire que le mal, tu serais un insensé, si tu faisais le mal.

Dans tous les cas, tu as des *motifs* suffisans pour préférer la pratique du bien à celle du mal.

---

(1) *Mosyni*.
(2) *Mosynaci*, vraisemblablement, le même peuple que celui qui précède.

1942. Ne livres pas ta pensée au luxe des *mots* : ils finiraient par l'étouffer ou la corrompre.

1943. N'apprends pas la langue d'un peuple en révolution (1) : alors, le désordre des choses passe dans les *mots*.

1944. Ne te modèles point sur la *mouche commune* qui touche à tout : un peu de tout est la maxime d'un homme vulgaire qui ne sera jamais rien.

1945. Chasses de ta table les *mouches* et les parasites.

Laisses approcher le voyageur et son chien.

1946. Ne daignes pas être législateur chez un peuple qui compte, parmi ses Dieux, *le Dieu des mouches* (2) : il ne faut point de lois ni de magistratures à un tel peuple; des épouventails de queues de paon lui suffisent.

1947. Ecartes les *mouches* de la peau du lion qui recouvre Hercule (3) : elles ne peuvent assurément rien contre le héros; mais elles l'importunent et salissent son vêtement.

1948. Peuple sage ! multiplies les *moulins* à bras ! qu'il y en ait un dans chaque famille. Ta subsistance première ne dépendra plus des caprices de l'onde (4), ou de la négligence du magistrat.

1949. Magistrat ! appliques aux hommes ren-

---

(1) Thucydid. *guerres du Péloponèse*.
(2) C'est le *Jupiter Myagros* des Grecs.
(3) D'où est venu l'ancien proverbe : *Muscae in Herculis aedem*.
(4) Les moulins à eau étaient connus des Egyptiens, du temps de Pythagore.

fermés dans une ville, ce que dit le bon Hésiode du vin (1) contenu dans une amphore : la liqueur ne se trouve bonne et pure qu'à la *moyenne région* du vase.

1950. Législateur ! avant de te mettre à l'œuvre, n'oublies pas que tu travailles pour un animal bipède qui, tout juste, a l'instinct du *mulet* de Thalès. (2).

1951. Magistrat ! ne rends pas raison de la loi : on ne démontre rien au *mulet*, ni au peuple : qu'ils obéissent !

1952. N'exiges point du peuple des mœurs épurées : il ressemble au *mulot* ; ce poisson n'engraisse que dans la bourbe.

1953. Ne prends pas trop à cœur les intérêts du peuple : la *multitude* croirait que tu conspires ; souvent trompée, elle pense qu'on la trompe toujours (3).

1954. Homme de génie ! ne descends pas dans la place publique : comme les Dieux, demeures inaccessible à la *multitude*.

1955. Représentes la discorde par le nombre deux ; et le désordre, par le peuple ou la *multitude*.

1956. Législateur ! n'abandonnes point à la *multitude* le droit de juger du mérite de ses magistrats ; elle ne s'y connaît point.

1957. Habitans des villes ! si vos *murailles* et vos lois sont dégradées, réparez d'abord vos lois : c'est le plus urgent ; de mauvaises

---

(1) Poëme des *Œuvres*.
(2) Plutarque, *des animaux les plus avisés.* VI.
(3) Jambl. XXXV. 260.

murailles et de bonnes lois défendent mieux un peuple, que de mauvaises lois et de bonnes murailles.

1958. N'acceptes de magistrature que dans une ville sans *murailles*, et chez un peuple sans armée.

1959. Ne donnes point à ton champ une ceinture de pierres.

Aux *murailles*, substitues des fossés plus utiles.

1960. Ais la prudence du *murier*; cet arbre, craignant les retours de l'hiver, ne boutonne et fleurit qu'au milieu du printemps. Il ne se fie point aux premiers beaux jours ; il aime mieux différer, sauf à réparer le temps perdu et à mûrir plus vîte.

1961. Peuple ! jusqu'à ce que tu possèdes bien les lois de l'harmonie, souffres une *muselière* (1), à l'exemple des joueurs de flûte.

1962. Poses une *muselière* à la chèvre dans un jardin, et à la multitude dans un succès.

1963. Le frein de la loi n'empêche pas le peuple de mordre ses conducteurs, et de se déchirer lui-même.

Au frein de la loi, ajoutes une *muselière* (2).

1964. Ais du moins pour toi les *Muses*, si tu ne peux avoir les Grâces.

---

(1) Boivin, note sur la comédie des *oiseaux* d'Aristophanes, act. III. sc. III. p. 293.

(2) Cette loi et plusieurs autres, dans le même esprit, causèrent bien des chagrins à Pythagore et à son école de législateurs.

1965. Crotoniates ! consacrés un même temple à Cérès et aux *Muses* (1) : les hommes ne vivent pas seulement de pain ; il faut encore, pour l'aliment de l'ame, des leçons de sagesse et d'harmonie.

1966. Magistrat ! lors d'un mouvement populaire, ouvres le temple des *Muses* (2).

1967. Transportes, quelquefois, ton *museum* dans un tombeau.

1968. Jeune homme ! apprends l'astronomie, avant d'étudier la musique : le ciel planétaire est un instrument plus harmonieux, encore, que la *musique*.

1969. Gardez le souvenir de *Mylantus*, fils de Lelex, qui, le premier, imagina de moudre le grain.

1970. Ne te presses point d'aider un peuple à recouvrer son indépendance ; ce n'est pas un si grand service à lui rendre. Le *Mylothros* (3) fait oublier aux esclaves qui tournent la meule, la perte de leur liberté.

1971. Crotoniates ! honorez la mémoire de *Myscellus* (4), votre fondateur; il aurait pu choisir un lieu plus propre aux avantages du commérce; mieux avisé, il préféra le site le plus favorable à la santé.

1972. Crotoniates ! ne vous montrez pas

---

(1) Porphyrius. 4. *Crotone* mit cette loi à exécution, un peu tard pour notre sage.
(2) *Apertae Musarum fores* Prov. gr.
(3) Le chant de la meule; *cantilena molentium*.
(4) Contemporain de Numa. Dénis d'Halicarnasse.

jaloux de multiplier, autant que le blé (1), des vallées de *Mysie*, ou la vigne des coteaux de Lesbos (2): soyez indépendans et sages ; vous serez toujours assez nombreux.

Modelez-vous plutôt sur le froment de Béotie ; il abonde peu, mais c'est le plus beau de toute la terre.

1973. Crotoniates ! ne faites pas plus de bruit sur la terre que les *Mysiens* (3) ; on ne sait autre chose d'eux, sinon qu'ils existent. Comme eux, vivez pour vous seulement.

1974. Gardez le souvenir de *Myson*, l'un des sept sages et le plus sage peut-être des sept.

Fils du premier magistrat, il répondit à ceux qui vinrent dans son champ lui proposer la réforme des lois de son pays: « Laissez-moi raccomoder ma charrue ».

N.

1975. Pour être libre, saches *nager*.

1976. Crotoniates ! apprenez à vos enfans l'art du *nageur:* ils pourront se passer de la science du pilote.

1977. Législateur ! imites le statuaire fidelle à la nature : prends l'homme comme il est né, sans vouloir en faire un géant ou un *nain*.

1978. Jeune homme ! le jour de ton anni-

---

(1) Province de l'Asie-Mineure.
(2) L'île de Lesbos, voisine de la Mysie.
(3) Nation hyperboréenne, errante des bords du Danube au mont Hæmus.

DE PYTHAGORE. 251

versaire, portes des fleurs ou des parfums dans le lieu même et à l'heure précise de ta *naissance*.

1979. Ne tues point d'animaux le jour anniversaire de ta *naissance*.

1980. Constates l'heure précise de ta *naissance*, afin de la passer, chaque année, dans les embrassemens de ta famille et de ton ami.

1981. Jeune fille, belle et sage ! reportes à ta mère les hommages qu'on rend à ta sagesse et à ta beauté ; tu dois l'une à ton éducation, l'autre à ta *naissance*.

1982. Gardez dans vos familles le souvenir de *Narcisse* ; non pas l'amant de lui-même, mais celui qui fut victime de l'amour fraternel (1).

1983. Mère de famille ! fais apprendre à tes filles le chant de l'Odyssée où se trouve l'aventure de *Nasicaa*.

1984. Cultives un petit champ ; ne te charges point d'un vaste domaine.

Donnes tes conseils à une famille.

Refuses des lois à une grande *nation*.

1985. Peuples italiques ! avant de vouloir figurer au petit nombre des *nations* indépendantes, s'il en est, commencez par vous dégauchir (2).

1986. Vis selon la *nature* (3) ; c'est vivre selon les Dieux.

---

(1) Pausanias. IX. *Béotie*.
(2) Expression technique, pour dire :
« Mettez de la droiture dans toute votre conduite ».
(3) *Non aliter vivamus secundum naturam, nisi secundum rationem vivamus divinam.*
Secta Pythag. Nic. Scutollio. p. 29. *in*-4°.

1987. Retournes à la *nature*, pour ne pas laisser plus long-temps aux animaux la gloire d'être plus raisonnables que les hommes.

1988. Mortels observateurs et studieux! ne faites point venir la *nature* à vous; allez à elle.

1989. Législateur! agis avec le peuple, comme la *nature* avec les hommes; elle les rend heureux, sans leur expliquer comment.

Ne trompes jamais le peuple; mais ne lui dis pas toujours tout.

1990. *Nature* est seule, et n'a point de semblable: mère et fille d'elle-même, elle est la divinité des Dieux.

Contemples la nature; abandonnes le reste au peuple (1).

1991. Pour adorer ses Dieux, le peuple s'agenouille:

Assieds-toi (2), pour méditer sur la *nature*.

1992. Si la *nature* est l'objet de ton culte, ne la mets pas en pièces (3), pour en faire plusieurs Divinités.

1993. Hommes à talent! contentez-vous de

---

(1) C'est le correctif de la théologie d'Hermès, rapportée par Jamblique. Voy. *de mysteriis Ægyptiorum.*
Comme nous l'avons déjà observé, d'après un ancien, Pythagore n'est pas toujours de l'avis de ses maîtres, et ses disciples ne l'ont que trop imité en cela.

(2) Les Pythagoriciens Platonistes en ont fait le symbole 48.
Adoraturum sedeto.

(3) *Pythagoræi frequenter profitebantur invicem, non dilaniare in se ipsis deum.*

Vita Pythag. Nic. Scutellio. p. 21. *in*-4°.

copier fidellement la *nature*, sans chercher à faire mieux (1) qu'elle.

1994. Citoyennes de Crotone ! de la cendre d'écailles de tortue dans du miel, préserve mal des rides du visage et des ruines du temps : faites mieux ! conservez votre bon *naturel*.

1995. Crotoniates ! honorez la mémoire de *Naucrus* (2), l'inventeur des lettres et des nombres : les Égyptiens en ont fait un Dieu.

1996. *Né* libre, vis et meurs comme tu es *né*.

1997. Crotoniates ! ne choisissez pas pour législateurs, des savans systématiques et *nébuleux*.

1998. Crotoniates ! abstenez-vous d'ornemens sur vos armes meurtrières ; ne vous faites point une parure avec les instrumens cruels de la *nécessité*.

1999. Le vulgaire se fait de *nécessité* vertu : Fais-toi, de la vertu (3), une *nécessité*.

2000. Vantes-toi d'être libre, quand tu ne porteras plus d'autre joug que celui de la *nécessité*.

2001. Ne demandes rien aux Dieux : la *nécessité* des choses leur lie les mains.

2002. Crotoniates ! élevez, comme dans Corinthe, un temple à la (4) *nécessité* : ce culte vous dispensera de tous les autres.

---

(1) Loi dirigée contre le système du *beau idéal*.
(2) Ou *Naucratès*. Alex. Sardus.
(3) Cette loi morale donna lieu à l'adage :
    Ratio sapienti pro necessitate.
(4) En grec, *Einarmene, le fil immuable des événemens.*

2003. Que ton ame soit comme un arc dans les mains de la *nécessité*.

2004. Jamais ne t'enivre, même de *nectar* (1).

2005. Mortel! n'envies rien aux Dieux : ils se nourrissent de *nectar* et d'ambrosie (2); nourris ton ame de vérités.

2006. Jeune homme infortuné ! ne te plains pas : les *nefles* mûrissent sur la paille ; un peu d'adversité mûrit la verte jeunesse.

2007. N'écris point tes lois sur la *neige* (3).

2008. N'écris point sur la *neige*, ni pour une nation molle.

2009. Voyageur ! ne souilles point volontairement un tapis de *neige*, intact.

2010. Législateur ! donnes un démenti solennel aux prêtres d'Égypte, qui placent dans la lune la Divinité du châtiment.

Dis au peuple : « *Nemesis* habite parmi vous ; elle a son tribunal dans l'ame même du coupable ».

2011. Nautonnier battu par les flots ! au lieu d'arracher ta chevelure selon l'usage, pour en faire don à *Neptune*, travailles à la manœuvre ; chacun de tes cheveux deviendra un cable.

2012. Crotoniates ! avant tout, ayez des lois.

Un peuple sans lois, est un corps sans *nerfs*.

---

(1) Martial aurait-il eu connaissance de cette loi Pythagorique ? *épigr*. 35. liv. IX.
(2) *Sapientiae theorematibus fruendum... uti ambrosiâ et nectare*. Nic. Scutel. *in Pythag*. p. 25. in-4°.
(3) Symbole des lois temporaires et de circonstance.

2013. Pères de famille ! rappellez-vous le sage *Nestor* : pour faire prospérer sa maison (1), il n'y voulait d'autres serviteurs que ses enfans.

2014. Homme d'état ! tu as rédigé une bonne loi, ce n'est pas tout : cherches ensuite un moyen pour qu'elle marche toute seule, sans la donner en garde à des hommes ; car, fussent-ils des *Nestors*, ou bien ils la tueront, ou bien elle les tuera.

2015. Épures ton cœur, avant de permettre à l'amour d'y séjourner. le miel le plus doux s'aigrit dans un vase qui n est pas *net*.

2016. Peuple de Crotone ! chaque année, tu *nettoyes* les statues de tes Dieux : laves aussi, tous les ans, la table de tes lois.

2017. Contre l'avis de Lycurgue, restes *neutre* au milieu des dissentions politiques.

2018. Crotoniates ! bornez-vous à la navigation sur les seules eaux qui baignent votre territoire.

L'Egypte fut paisible, tant qu'elle s'en tint à manœuvrer sur le *Nil*.

2019. Mortel bienfaisant ! prends leçon du *Nil*, qui dérobe sa source.

2020. Laisses sortir ta femme tant qu'elle voudra, si, pour la retenir à la maison, tu n'as d'autres moyens que de lui refuser ses chaussures, comme on fait sur les bords du *Nil*.

2021. Si le choix t'est laissé d'être ministre du prince ou magistrat du peuple, ne sois *ni* l'un, *ni* l'autre.

---

(1) . . . *Beatam fuisse Nestoris domum, cui non tam mancipia, quam ipsi liberi inservierint.* Eustath. *Iliad.*

2022. Soit flétri le nom du roi *Ninias*, pour avoir le premier établi le gouvernement militaire !

2023. Que la mémoire de *Ninus* soit exécrée, si ce fut lui qui, le premier, fit de la guerre une profession.

2024. Périsse le souvenir de *Ninus*, si ce fut lui qui, le premier, persuada plusieurs de se rendre dépendans d'un seul.

2025. Crotoniates ! condamnez la mémoire de *Ninus*.

Possesseur d'une mer d'or, il était avare de la justice.

2026. Peuple, trop souvent le jouet des apparences ! gardes le souvenir de *Niræus*, roi de *Naxos* : c'était le plus beau, mais en même-temps le plus lâche des Grecs devant Troye.

2027. Vois comme ce petit fleuve se détourne, plutôt que de lutter contre les obstacles invincibles d'un terrain inégal.

De même, suis la pente douce de la nature, et n'ambitionnes pas d'atteindre plus haut qu'elle. Mets-toi au *niveau* de tes forces, si tu ne peux te placer au-dessus des événemens.

2028. La veille de ses *noces*, le jeune homme passera la nuit sous le même manteau, à côté de son père.

2029. Crotoniates ! changez vos premiers magistrats, à chaque *næménie* (1).

De grandes magistratures annuelles sont trop alarmantes pour la liberté publique.

2030. Crotoniates ! avant de lier vos sénateurs

---

(1) Nouvelle lune.

à la chose publique, par un serment ; rappelez-vous ce que disait Solon le sage :

« Les enfans jouent aux *noix* ; les vieillards, aux sermens ».

2031. Magistrat ! gaules les *noix* : cueilles l'olive.

2032. Les filles prendront le *nom* de leurs mères, comme les fils prennent celui de leurs pères.

2033. Avant tout, saches donner à chaque chose son *nom* (1) : s'il n'y a qu'une science, c'est celle-là.

2034. Ne mêles point à tes lois, le *nom* des Dieux.

2035. Pour vivre libre, ne vas point chez une nation ployant sous la charge de ses lois trop *nombreuses*.

2036. Cultives assiduement la science des *nombres* (2) : nos vices et nos crimes ne sont que des erreurs de calcul.

2037. Homme d'état ! apprends la science des *nombres* (3), pour savoir placer les hommes.

Les ames humaines ressemblent aux nombres; elles ne valent que selon le rang qu'on leur assigne.

2038. Tiens pour sacrés les *nombres*, les poids et les mesures, enfans de la sainte égalité.

---

(1) *Summae sapientiae*, *rebus nomina imponere.*
    Tusc. I. *Crat.* Plato.

(2) *Celeberrimus Pythagoras summum hominis bonum in exactissimâ numerorum scientiâ positum esse existimabat.* Theodoretus, *therapent.* XI.

(3) Dacier, *vie de Pythag.* p. CXLIV.

L'égalité, le plus grand des biens de l'homme, repose toute sur la science des *nombres*. Les *nombres* sont les Dieux de la terre.

2039. Ne dis pas : « Il y a trop à apprendre ; je ne vivrai jamais assez pour connaître toutes les vérités ».

Saches que la somme des vérités est finie, comme celle des *nombres*; parvenu au dixième (1), il faut revenir sur ses pas.

2040. Crotoniates! ayez un ou plusieurs magistrats; peu importe : un choix plus grave est celui des conservateurs de vos lois (*nomophilaces*).

2041. Crotoniates! comme à Sparte, choisissez-vous des *nomophilaces* ; mais que ces magistrats, dépositaires de vos lois, n'en soient point les interprètes.

2042. Père de famille! imposes à ton enfant des *noms* (2) qui l'honorent à ses propres yeux.

Les choses bien souvent se calquent sur les mots.

2043. Législateur! ne sois pas indifférent sur le choix des *noms* à donner aux diverses magistratures.

2044. Peuples d'Italie! ne vous laissez pas imposer par les *noms* : archontes, ou rois, qu'importe aux Grecs, s'ils ne sont pas plus libres sous une forme de gouvernement, que sous une autre.

---

(1) Hiéroclès *comment.* p. 169.
(2) Les Pythagoriciens prétendirent, d'après cette loi de leur maître, que les actions et les succès des hommes étaient analogues à leurs noms...
Dictionn. Sabbathier. tom. XXXI. *in*-8°.

2045. On ne donnera point des *noms* d'hommes aux Dieux et aux animaux, ni des *noms* de Dieux et d'animaux aux hommes.

2046. Défies-toi d'une femme, disant toujours *non*, plus que de celle disant toujours *oui*.

2047. Si l'on te demande ce qu'il faut entendre par Amalthée (1), la bonne *nourrice ?* dis :

« Une république bien ordonnée ; point de corne d'abondance, sans bonnes lois ».

2048. Le sein maternel est la propriété de l'enfant, comme la terre est celle de l'homme.

L'enfant nouveau-né n'aura point d'autre *nourrice* que sa mère.

2049. Sois la *nourrice* du nouveau-né dont tu es la mère.

2050. Magistrat du peuple ! sois semblable aux *nourrices* qui ne prennent du repos qu'après avoir bercé leur nourriçon ; mais choisis mieux qu'elles tes paroles.

2051. Les *nourrices* bercent leurs enfans avec des fables.

Magistrat père de famille ! n'accoutumes pas au mensonge l'oreille de ton fils et du peuple.

2052. Peuple de Crotone ! ne charges point de fruits et d'autres alimens, l'autel de tes Divinités : on dirait que tu prétends nourrir (2) ceux qui te *nourrissent*.

---

(1) Hippodami Pythagorei *fragm.*
(2) De-là, le proverbe grec : « Je reconnais pour Dieu tout ce qui me nourrit ».

Antisthène répondit aux prêtres mendians de Cybèle :
« Je ne nourris point la mère des Dieux ; les Dieux se nourrissent eux-mêmes ».

Clément d'Alex. *Exhortation aux payens.*

2053. Distribues aux enfans du peuple la *nourriture* et l'instruction en même-temps ; jamais l'une sans l'autre (1).

2054. N'uses que d'une seule espèce de *nourriture*, s'il t'est possible : la confusion des mets nuit à l'harmonie des humeurs et des mœurs.

2055. Pour être (2) libre, saches te contenter de la *nourriture* des esclaves (3).

2056. N'oublies pas le sel (4) dans le premier bain de ton enfant *nouveau-né*.

2057. Au moment que ta femme te rend père, poses une couronne sur la tête du *nouveau-né*, et une autre sur celle de la mère, si l'enfant n'a point de défaut.

2058. Mère de famille ! nourris toi-même tes enfans ; évites le crime d'ingratitude :

La nature a rassemblé toutes ses perfections sur le sein d'une femme, pour l'engager par la reconnaissance, à donner tout son lait au *nouveau-né*.

2059. Ne sois point législateur, si tu n'as rien de neuf à dire.

_____

(1) Cette loi est le fruit d'une expérience tentée avec succès par Pythagore, à Samos. Jambl. ch. V.

(2) Cette loi est venue jusqu'à nous dans ce proverbe : *Liberté et pain cuit*.

(3) Du pain trempé dans le vinaigre, et du sel, était l'ordinaire des esclaves, en Grèce et à Rome.

On donnait à un esclave, par mois, trois ou quatre boisseaux de blé.

(4) Le baptême semble n'être qu'une fausse réminiscence de cette loi de santé pour le premier âge. Les Christicoles ne seraient-ils que des Pythagoriciens dégénérés en spiritualistes ?

La multitude aime les chansons (1) et les choses *nouvelles*.

2060. Peuples Italiques ! ne demandez pas de *nouvelles* institutions ; elles coûtent trop : contentez-vous de nettoyer les tables de vos lois anciennes.

2061. Sénateurs ! rassemblez-vous, seulement pour rajeunir les vieilles lois de la justice : on vous dispense d'en composer de *nouvelles*.

2062. Que le service qu'on te demande soit accordé, avant qu'on ait le temps de te le redemander.

Ne ressembles pas aux *noyers*, dont il faut battre les branches pour en obtenir le fruit.

2063. Père de famille ! gaules tes *noyers*, mais ne frappes pas tes enfans.

2064. Législateur ! enveloppes-toi d'un *nuage*, à l'exemple des Dieux, quand ils daignent se manifester aux mortels (2).

2065. Veux-tu que le peuple soit frappé de tes lois (3) et leur fasse accueil ? écris les-sur un *nuage*.

2066. Législateurs ! soyez aussi prudens que les Dieux : ne vous laissez pas voir (4) *nus*.

2067. Magistrat ! surveilles de près le citoyen qui travaille la *nuit*, et qui dort le jour.

2068. Jeune épouse ! fais attention à ce que

---

(1) Homère, *Odyss.* liv. I.
(2) *Nube amictus Apollo.* Horat. od. lib. I.
(3) Allusion à une sorte d'augure, d'après le mouvement des nuées.
(4) *Hymn.* Callimach.

le lit conjugal ne conserve pendant le jour aucune trace (1) de ce qui s'y est passé la *nuit*.

2069. Discutez la *nuit* : on s'entend mieux la *nuit* que le jour.

2070. Homme d'état ! médites tes lois la *nuit* : ne les rédiges qu'à la clarté du soleil.

2071. Choisis de jour, l'endroit où tu veux sommeiller la *nuit*.

2072. Dépouilles-toi, le matin, du vêtement que tu as porté la *nuit*.

2073. Défends à ta femme et à tes filles d'aller le soir dans les temples, et d'y passer la *nuit*.

2074. Les Égyptiens disent : « Tous les êtres sont enfans de la *nuit* (2) ».

Crois plutôt que la *nuit* est la mère des Dieux seulement.

2075. Peuples ! honorez, tous, la mémoire de *Numa* : ce législateur voulait que tout citoyen eut son champ.

2076. Législateur ! laisses aux prêtres les paroles ambiguës : sois intelligible. On ne parlerait déjà plus de *Numa*, si ses lois étaient aussi obscures que ses hymnes.

2077. Pour garantir ses lois, *Numa* fit tomber du ciel le bouclier ancile.

Renonces au titre de législateur, s'il te faut l'acquérir avec de tels moyens.

2078. N'adosses point ta maison à un temple, comme fit *Numa* (3).

---

(1) XXXIVe. *symb.* Voy. Dacier et autres.
(2) Lebatteux, *causes premières*.
(3) A Rome, le palais de ce prince était contigu à la chapelle de Vesta,

2079. Laisses le vulgaire compter trois Grâces, neuf Muses, douze (1) Dieux.

Ne dis point : il y a quatre (2) Vertus, servant de pivot à tout le reste.

La Vertu n'est pas plus *numérique* que le Génie.

Ne dit-on pas déjà, les onze Muses, en parlant de l'Iliade et de l'Odyssée ?

2080. Législateur ! saches, comme le *Numide*, changer de monture (3) au besoin, sans ralentir ta course.

2081. Crotoniates ! ne pourriez-vous renoncer à la chair et au sang des animaux ? le *Numide* indompté se contente de lait.

2082. Magistrat ! rives la loi sur la *nuque* du peuple.

2083. Ne fais point de repas secs : appelles-y les *nymphes* des fontaines.

2084. Femmes de Crotone ! au bain, ne troublez pas le silence des *nymphes* (4).

2085. Femmes de tout âge ! ne manquez pas un seul jour de sacrifier aux *nymphes* des fontaines (5).

---

(1) Les douze grands Dieux.
(2) C'est ce que les *scholares* (il y en avait déjà au siècle de Pythagore, et ils se trouvaient dans les temples) appelaient *virtutes cardinales*, vertus roulant sur un gond, ou servant de gonds.
(3) C'est ce qu'on appelait *desultor*.
(4) Ce fut sans doute un Pythagoricien qui composa cette inscription antique, rapportée par *Gruter* :

Nymphis loci.
Bibe. Lava. Tace.

(5) Loi symbolique de propreté.

O.

2086. Jeune homme ! tu cesseras d'*obéir* à ton père, du moment que tu sauras te commander.

2087. Peuple de Crotone ! *obéis* à la loi, comme le malade au médecin.

2088. *Obéis* à la raison (1) : c'est comme si tu obéissais aux Dieux.

2089. N'*obéis* point en esclave à tes magistrats (2).

2090. Magistrats ! *obéissez* aux lois ; mais commandez au peuple.

2091. Ne sois l'*obligé* que de ton ami.

2092. Ne connais de ligne *oblique* qu'en géométrie.

2093. Une *obole* triple est le salaire des juges de l'aréopage (3).

Crotoniates ! payez les vôtres, de votre estime.

2094. Législateur ! ne parles point d'égalité au peuple ; il te prendrait au mot, et croirait que le premier citoyen qu'il rencontre est l'égal d'un sage ; tandis qu'il faut dix *oboles* (4) pour faire une drachme.

2095. Avant de donner des lois à un peuple, sois bien pénétré de cette *observation* :

---

(1) *Comment.* d'Hiéroclès.
(2) *Bibl. des philosophes.* p. 198. tom. II.
(3) Aristoph. *Plutus.*
(4) Oboles, ou obélisques ; monnaie lacédémonienne.

Le peuple n'est pas assez brut pour vivre esclave, ni assez éclairé pour être libre.

2096. *Observes*, plutôt que de lire : qui lit beaucoup, observe mal.

2097. *Observes* tout; n'expliques rien.

2098. Solon disait (1) : « L'idée des Dieux est chose *obscure* ».
Le soleil ne l'est pas ; bornes ton culte à lui.

2099. Profites de l'*occasion* ; ne l'attends pas. L'occasion est la morale du peuple.

2100. Crotoniates ! à l'exemple des *Eléens*, ne sacrifiez pas à l'*occasion*, Divinité des hommes sans principes.

2101. N'attends pas nonchalamment, sur le seuil de ta porte, l'*occasion* de faire le bien : vas au-devant d'elle.

2102. Crotoniates ! réservez aux femmes toute *occupation* qui n'exige ni trop de force, ni trop de courage, ni trop de prudence.

2103. Jeune homme ! abstiens-toi de toute *occupation* qui oblige à prendre un maintien ignoble, ou qui dégrade les formes heureuses que la nature donne à l'homme.

2104. Crotoniates ! demandez aux *octapodes* de la Scythie (2), pourquoi ils conservent encore leur indépendance ?
Nous en jouirons, tant que chacune de nos familles se trouvera riche assez avec un charriot et deux bœufs.

---

(1) *Omnino hominibus obscura mens deorum est.*
Poëtæ minores.

(2) Peu ... le marchant sur huit pieds, c'est-à-dire, sur un char... ... par deux quadrupèdes.

2105. Philosophe ! ce n'est pas assez que ta lampe donne une lumière égale et nette : il faut encore qu'elle ne répande aucune mauvaise *odeur*.

2106. Crotoniates ! vous ne ferez point trafic de votre sang, à l'exemple des *Odomantes* (1).

2107. Jeune épousée ! aimes à ressembler à cette fleur *odorante*, qui attend la nuit pour répandre ses plus doux parfums.

2108. Législateur ! ne te le dissimules pas : la conduite du vaisseau de la république au port de la sagesse est une *Odyssée* (2).

2109. Père de famille ! le matin, fais lire à tes fils quelques lignes de l'Iliade; et le soir, quelques pages de l'*Odyssée*.

2110. Appelles l'*œil* (3) du voyageur sur ta tombe ; les vivans ne peuvent faire mal aux morts :

Pendant ta vie, ne provoques les regards de personne sur toi, pas même pour en obtenir la pitié, si tu es dans l'infortune.

2111. Jeune homme ! même quand tu serais certain de n'être point vu, ne portes pas un *œil* curieux et profane sur le réduit secret où deux jeunes époux se croient seuls.

2112. Mets ton *œil* dans la main.

2113. Maries la main à l'*œil*.

La main, sans l'œil, ne fait que de mauvais

---

(1) Peuplade de Thrace. Thucydid. V. Polyb. V.
(2) *Odyssea machina*. Prov. gr.
(3) Allusion à la formule des tombeaux antiques :

Sta, viator, aspice.

coups; l'œil, sans la main, se perd dans des aperçus vagues.

2114. Bien loin de garantir ce que tu n'as point vu, ne garantit même pas ce que tu as vu. Dans certaines régions, l'*œil du monde* (1) est sujet à de fréquens nuages.

L'œil de l'homme plus souvent encore est couvert de taies.

2115. Jeune fille ! couves dans ton sein l'*œuf* d'amour : mais ne te hâtes pas trop de le faire éclorre.

2116. Crotoniates! prenez l'*œuf* pour modèle. Gardez vos limites ; n'extravasez point votre république.

2117. Mère de famille ! ne quittes jamais tes enfans.

L'absence de la poule est funeste à ses *œufs*.

2118. Peuple de Crotone ! ne mets point à l'encan les *offices* publics.

2119. Père de famille ! ne portes une *offrande* à tes Dieux, qu'après avoir donné du pain à tes enfans.

2120. Citoyens de Rhégium ! n'adjugez point vos magistratures au plus *offrant*.

2121. Ne fais point ton ami d'un *oiseau* de passage.

2122. N'attentes point à la vie ou à la liberté de l'*oiseau* qui enlève quelques floccons de la laine de tes brebis, ou quelques brins de paille entassée dans ta grange, pour en construire un nid à sa progéniture.

---

(1) Cette expression était familière à Pythagore, pour dire *le soleil*.

2123. Ne sèmes pas trop près du grand chemin : crains le peuple, encore plus que les *oiseaux* (1).

2124. Magistrat prends soin des statues consacrées aux grands hommes : abrites leur chef, et dresses-les sur de hautes bases, pour les préserver des souillures (2) que les *oiseaux* et le peuple viendraient déposer contre elles.

2125. N'apprends pas aux *oiseaux-chantans* des airs de ta composition ; ni aux oiseaux-jaseurs des mots de ta grammaire : n'ont-ils pas comme nous leur langue et leur musique ?

2126. Laisses aux *oiseaux* les voyages de longs cours, puisqu'ils ont des ailes.

2127. Crotoniates ! imitez les *oiseaux-voyageurs* : chacun d'eux, tour-à-tour, se place à la tête de la phalange aërienne ; n'ayez, comme eux, que des chefs temporaires.

2128. Peuple de Crotone ! ne tiens en cage que les *oiseaux* malfaisans.

2129. Crotoniates ! adoptez parmi vous la seule loi sage qu'on trouve chez les *Lydiens* (3) : que vos magistrats donnent action en justice contre tout citoyen *oisif* !

2130. Ne te laisses point coudoyer par un *oisif*.

---

(1) Les Anciens appelaient les champs voisins des routes : *amsegetes*.

(2) . . . . *Merdis caput inquinet albis*
Corvorum atq. in me veniant mictum atq. cacatum.
Horat. *sat.* VIII. lib. I. V. 37. 38.

(3) *Hist. générale des guerres*, par le chevalier d'Arcq. édi'. du Louvre. in-°4. tom. II. p. 611.

1231. Législateur ! ne laisses *oisifs* les femmes ni les enfans, le soldat ni le peuple.

2132. Mère de famille ! si l'une de tes filles te demande : « Qu'est-ce que le Phœnix » ?

Dis-lui : « Une femme *oisive* et sage ».

2133. Législateur ! n'offres point aux *oisons* à couver des œufs d'aigle.

2134. Peuples et rois ! n'oubliez jamais que la massue d'Hercule est de bois d'*olivier* (1).

2135. Peuple de Crotone ! ne te chauffes point avec le bois de l'*olivier* (2).

2136. Sois sobre, sois chaste, comme un athlète, pour fournir ta carrière avec honneur, non dans la lice *olympique* (3), mais dans le stade de la vie.

2137. Ne reproches pas l'aigreur de son fruit à l'arbre qui te couvre de son *ombrage* hospitalier.

Malheur à l'obligé qui sait par cœur tous les défauts de l'*obligeant* !

2138. Ne caresses pas, sans quelque précaution, un cheval et le peuple ; ces animaux sont *ombrageux*.

2139. Dès ton vivant, ressembles aux morts ! L'ame des morts ne fait point d'*ombre* (4).

2140. Législateurs ! que chacune de vos

---

(1) Loi symbolique, pour avertir que le but de la guerre est la paix.

(2) Arbre consacré, chez les Anciens, à Minerve et à la paix.

(3) Le sage de Samos aimait cette métaphore. Voy. son voyage à Phliunte.

(4) Plutarque, *questions grecques*. XXXIX.

lois, semblable au soleil du solstice, tombe d'aplomb sur le peuple, et ne fasse point d'*ombre*!

2141. Avant de te modeler sur le sage, observes d'abord son *ombre*. L'ombre du sage est déjà une leçon.

2142. Les peroles ne sont que l'*ombre* des actions.

Agis, si tu veux, sans parler; mais ne parles jamais sans agir.

2143. Magistrat! ne permets pas au peuple de rester une journée entière assis à l'*ombre* d'une vigne (1).

2144. Parles à ton *ombre*, de préférence au peuple.

2145. Ne te dis pas un grand homme, d'après la mesure de ton *ombre* au soleil levant.

2146. Femme honnête! respectes-toi jusque dans ton *ombre*.

2147. Jeune homme! respectes ton *ombre*; ne l'oblige pas à prendre une posture équivoque.

2148. Veilles sur toutes tes actions; les plus minutieuses ont des suites. Un cheveu fait *ombre*.

2149. La nature, ainsi que l'*ombre*, marche avec les corps (2).

2150. Obligé de vivre au milieu du peuple, sois comme le fleuve qui coule à travers des

---

(1) *Symb.* Pythag. Voy. Plutarque.
(2) *Deum sequere.* Scheffer, *philosophia italica.* *in-8°*. p. 45.

lacs fangeux, sans que son *onde* en devienne moins pure.

2151. Législateur ! recommandes aux magistrats de passer souvent l'*ongle* sur la tête du peuple.

2152. Peuple de Crotone ! évites toute révolution politique ; c'est l'*ongle* qui envénime l'ulcère, au lieu de le guérir.

2153. Hommes d'état ! laissez la langue au peuple, et coupez-lui les *ongles*.

2154. Magistrats ! ne laissez point croître les *ongles* aux prêtres (1).

2155. Crotoniates ! le matin du jour consacré au renouvellement de vos législateurs et de vos magistrats, coupez-vous les *ongles* de près (2).

2156. Si tu n'es point de la race des *Ophiogenètes* (3), refuses d'être ministre d'un roi, ou magistrat du peuple.

2157. Athènes donne aux femmes un censeur. Crotoniates ! contentez-vous de les livrer au tribunal de l'*opinion* publique.

2158. Homme d'état ! ne donnes point tes *opinions* pour des lois.

2159. Evites de mettre aux prises la loi avec l'*opinion* : celle-ci serait la plus forte.

---

(1) Cette loi symbolique n'est plus reconnaissable dans le XLIXe *symb*.
(2) C'est-à-dire, retranchez toute souillure, ou toute superfluité dans les corps législatif et administratif de votre république, etc. . .
(3) Petite nation, près Lampsaque, laquelle bravait les morsures de tout animal vénimeux.

2160. Si tu as quelque vérité forte à produire, donnes-lui les couleurs changeantes de l'*opinion*. L'opinion est la suprême législatrice des peuples ; l'opinion est la sagesse de la multitude.

2161. Crotoniates ! ne souffrez point dans vos murs le scandale d'un prêtre *opulent* (1).

2162. Législateur ! condamnes l'*or* aux plus vils usages, pour en dégoûter.

2163. Habitans de Crotone ! gardez-vous d'imiter Athènes. Tant que vos montagnes vous donneront de bon miel, ne leur demandez pas des mines d'*or* (2).

2164. Crotoniates ! déroulez souvent les poëmes du divin Homère ; vous y trouverez d'utiles leçons : mais ne cherchez point des *oracles* dans ses vers pris au hasard (3) ; ce poëte aveugle ne voyait pas plus loin que vous dans l'avenir.

2165. Le peuple consulte l'*oracle* ; interroges l'expérience.

2166. Magistrat ! pour fermer la bouche aux prêtres, ne défends pas les *oracles* (4) : empêches seulement qu'on en vende.

2167. N'achètes point d'*oracles* aux prêtres ; demandes conseil aux vieillards.

---

(1) *Ad divos adeunto, opes amovento* : vieille loi romaine.
(2) Les Athéniens fouillèrent le mont Hymette, pour y trouver de riches métaux.
(3) *Sortes homericae.*
(4) Ceux d'Apollon, notamment, coûtaient fort cher.

2168. Pendant l'*orage* populaire, adores l'écho solitaire (1).

2169. Crotoniates ! dans vos assemblées populaires ou sénatoriales, défiez-vous de ces *orateurs* dont la bouche, toujours pleine de vent, ressemble au soufflet d'une forge (2).

2170. Ne donnes pas tout à dire à ta langue; les muscles du visage ont aussi leurs expressions (3). Le geste silencieux n'a-t-il pas son éloquence ? chaque partie du corps peut servir d'*orateur* à la pensée.

2171. Que ta conduite dans le monde ressemble à un discours *oratoire* ! le début en est modeste et doux ; viennent ensuite les pensées fortes, exprimées avec noblesse et simplicité. La péroraison touche, et laisse une empreinte durable sur l'ame des assistans.

2172. *Ordonnes* ta vie, de sorte à pouvoir te dire, chaque soir : « J'ai un jour de moins à vivre, une bonne action de plus à compter ».

2173. Que l'esprit d'*ordre* préside à tous les détails de ta vie ! avec de l'ordre, tu trouveras

---

(1) *Ventis spirantibus, sonum adora.* Pythag. *symb.* L. Gr. Gyraldus existimat philosophum discipulos suos monere voluisse, ut cum seditionibus rixantes inter se cives viderent ; ipsi in tutum se reciperent, procul videlicet à litibus ac tumultibus, quos per ventos flantes intelligit. J. Lomeieri *Epimenides.* p. 102. in-4°. éd. 1700.
Le maréchal de Beauveau fit graver cette loi symbolique de Pythagore sur le frontispice d'une jolie fabrique, en forme de temple, dans ses beaux jardins, à quatre lieues de Paris.
(2) *Flator*, souffleur de forge ; d'où *flatteur.*
(3) On sait que Pythagore était grand physionomiste.

le temps de tout faire et le secret de faire tout bien.

2174. Les Romains adorent la déesse *Nu-merie* (1).

Crotoniates ! associez-lui le dieu de l'*Ordre*.

2175. Jeune homme ! accoutumes-toi à l'*ordre* : contractes-en l'heureuse habitude ; qu'il devienne en toi une sorte d'instinct ! Tu existes par lui ; existes aussi pour lui.

2176. Ne dors point à midi (2) ; mets de l'*ordre* dans tes actions, ainsi que dans les meubles de ta demeure.

2177. Fais de l'*ordre* ta seule divinité ; rends-lui un culte exclusif, assidu ; l'ordre est le lien de toutes choses. La nature ne subsiste que par lui.

2178. Un fils se découvrira la tête pour lire les missives de son père, ou pour en recevoir les *ordres*.

2179. Si tu crains les propos de la multitude, restes chez toi ; ne deviens pas homme public.

L'hyrondelle, sans respect pour les Dieux, couvre de ses *ordures* leurs statues exposées à l'air.

2180. N'opposes d'autre bouclier contre les coups de langue, qu'une *oreille* sourde.

---

(1) Cette loi symbolique a suffi aux Pythagoriciens Platonistes, pour motiver l'espèce de culte qu'ils rendaient aux nombres. Certes ! ce n'était pas l'intention de leur premier fondateur.

(2) *Symb.* XXXII.

2181. Verses la vérité goutte à goutte dans l'*oreille* du peuple.

2182. Ne t'endors pas sur un bienfait reçu : un bienfait ne sert d'*oreiller* qu'aux ingrats.

2183. Ne conserves rien d'inutile chez toi : si tu peux dormir, le bras passé sous la tête, ne gardes point d'*oreiller*.

2184. Le peuple aime à reposer la tête sur les genoux de ses Dieux.

Législateur ! ne lui ôtes pas brusquement ce doux *oreiller*.

2185. Laisses mûrir, pendant trois nuits, sur ton *oreiller*, la loi demandée et attendue par tes concitoyens.

2186. La nuit, fais ton *oreiller* du livre dont la lecture a rempli utilement ta journée.

2187. Ne reposes point la tête sur des *oreillers* remplis de vent : laisses cela aux habitués des cours orientales ou des assemblées populaires.

2188. Fais un usage moins fréquent de tes lèvres que de tes *oreilles*.

2189. Jeune homme! tu ne perceras point tes *oreilles* pour y suspendre des anneaux et autres ornemens : laisses au roi des Perses cette recherche désavouée par la nature.

2190. Fais de fréquentes libations (1) au principal *organe de la vie* (2), comme à un Dieu : l'acte générateur est chose sainte.

---

(1) Loi symbolique de propreté, pour les hommes.
(2) Bernart sur Stace observe, d'après Luctatius, qu'on appelait Dieu les parties génitales ou nobles de l'homme. Voy. aussi l'*apothéose du beau sexe*, Lond. 1712. in-12.

2191. Si tu ne peux t'abstenir de la chair des animaux, du moins ne touches point à l'*organe* générateur (1); ne l'offres même pas en sacrifice aux Dieux: étrange piété, que celle de détruire, pour honorer les conservateurs de l'existence!

2192. Peins-toi l'espèce humaine comme un être collectif dont le sage est la tête (2); les agricoles en sont les bras; les pères de famille, l'*organe* générateur: les femmes en sont les ailes.

2193. Parce que tu es plus faible que ton mari, ne crois pas qu'il doive porter seul le poids du jour et le fardeau de la vie. Puises dans ton ame les forces que te refuse une *organisation* délicate et fragile. Encourages ou consoles celui qui lutte ou souffre pour toi.

2194. Hommes d'état! au peuple mal nourri qui reclame l'indépendance, donnez du pain et des lois.

Le peuple ressemble au coq d'Esope; il prise davantage un grain d'*orge* qu'un diamant.

2195. N'empruntes pas l'éponge de ton voisin pour essuyer la table ou tu as fait une *orgie*.

2196. Père de famille! n'attends pas l'automne, pour marier ta vigne à l'*ormeau* (3).

---

(1) Les disciples de Pythagore ont défiguré cette loi jusqu'au ridicule, en lui donnant beaucoup trop de latitude; c'est la destinée des législateurs qui n'ont point écrit eux-mêmes.

(2) Pythagore semble ici avoir une réminiscence de l'hiérarchie imaginée par les anciens Bramines.

(3) Lamothe Levayer, *probl. scept.* p. 26. édit. 1666.

2197. Magistrat ! maries le peuple à la loi, aussi étroitement que la vigne à l'*ormeau*.

2298. Femme en ménage ! fais y régner l'ordre ; l'ordre est le plus bel *ornement* d'une maison.

2299. Homme sage ! laisses le bœuf achever son sillon, et le peuple aller jusqu'au bout de son *ornière*.

2200. Le peuple laisse, après lui, de profondes *ornières*.

Devances toujours la multitude de quelques pas.

2201. Gardes le souvenir d'*Orphée* (1) ; il dégoûta les hommes de la chair des autres animaux.

2202. Pour désespérer les peuples et les rois amis des invasions, dis leur avec *Orphée* (2) :

« Chaque étoile éclaire un autre monde : que de mondes à conquérir » !

2203. Crotoniates ! consacrez dans le recueillement un culte à la Nuit : c'est la mère des Dieux et des hommes, dit *Orphée* avec sagesse.

2204. Peuples italiques ! servez la table de vos magistrats ou de vos rois selon le régime

---

(1) On a osé dire qu'il n'était point philosophe, parce qu'il était Thrace ; comme s'il n'y eût eu que la Grèce qui eût pu produire des hommes et des philosophes, et que partout ailleurs il ne naquit que des *champignons*.
AElien, *Var. hist.* VIII. 6.

Celse propose aux Chrétiens de choisir Orphée pour législateur : Pythagore se disait quelquefois son disciple.

(2) *Orphei sectatores singulas stellas esse mundos dicunt*. Plutarch. *plac. philosoph.* I. 13.

prescrit par *Orphée*; ne leur laissez point manger ce qu'ils auront tué ou fait tuer ; ils ne vivraient bientôt plus que de meurtres.

2205. Relèves la vigne et l'*orphelin* qui ont perdu leurs tuteurs.

2206. Magistrat ! chasses de la cité les *orfèvres* et autres artisans de luxe. Accueilles le potier de terre (1).

2207. Fais manger de l'*ortie* blanche au peuple en guerre civile (2).

2208. Marches, à distance égale, entre les femmes et les *orties*.

2209. Ne joues point de la flûte avec un *ossement* de ton ennemi.

2210. Ne fermes point ton héritage d'un mur construit avec les *ossemens* de tes pères.

2211. Homme sage ! en acceptant le prytannée, prépares-toi à l'*ostracisme*.

2212. Places au rang de tes Dieux domestiques, l'*oubli* du mal qu'on t'a fait.

2213. Crotoniates ! à l'exemple des Athéniens, élevez, au milieu de vous, un autel à l'*oubli* des injures (3).

2214. Imites le voyageur qui rencontre un *ours* : si le peuple vient à toi, fais le mort.

---

(1) Pythagore avait conçu beaucoup d'estime pour cette profession, d'après ceux qui l'exerçaient à Samos.
(2) Les Anciens attribuaient à cet herbage la propriété d'arrêter l'hémorragie, ou l'effusion du sang.
(3) Voyez, ci-dessus, tom. IV. §. CLV. *Pythagore dans Athènes*.

2215. Prends pour épouse et compagne, plutôt une *ourse* (1), qu'une femme galante.

2216. Homme de génie ! à l'exemple de Dieu, crées un seul *ouvrage* ; que cet ouvrage te comprenne tout entier !

2217. N'entreprends pas de longs *ouvrages*. La vie de l'homme ne se compose pas d'années planétaires (2).

2218. Voyageur ! visites les temples sur ta route : le peuple ayant fait ses Dieux à son image, à l'œuvre tu pourras connaître l'*ouvrier*.

2219. Fabricateurs de lois ! consultez les *ouvriers* d'une forge (3), pour apprendre à frapper en mesure.

2220. N'envies pas les autels que l'Egypte dresse à l'*oxyrinque* : ce poisson ne doit les honneurs qu'on lui rend, qu'à la crainte qu'il inspire.

P.

2221. Homme sage ! gardes-toi des trois P (4): (*le Peuple, le Prince, le Prêtre*).

---

(1) Cette loi a pu donner lieu au conte de l'*ourse* apprivoisée par Pythagore.

(2) Les Anciens distinguaient plusieurs sortes d'années : l'*année planétaire*, c'est-à-dire, une révolution de planètes autour du ciel. Macrob.

(3) Allusion à une anecdote de Pythagore, dont il a été parlé dans ses voyages.

(4) Ce mot, devenu proverbe pour tout le reste de l'Italie, a subi plusieurs variantes. Voy. nos costumes civils de tous les peuples. in-4°. fig. article *Venise*.

2222. Gardes le souvenir du sage *Paeon* (1) qui le premier posa des règles sur le choix et la quantité des alimens convenables à l'homme.

2223. Ne couvres point de tes conceptions des volumes entiers ; n'écris que des *pages*. La raison de l'homme ne comporte pas d'ouvrages de longue haleine.

2224. Législateur ! coupes avec égalité le *pain* du peuple : ne le romps pas au hasard (2).

2225. Magistrat du peuple ! manges le même *pain* que lui.

2226. Mêles habilement de bonnes lois dans le *pain* du peuple.

2227. Au peuple qui murmure de sa misère, donnes du *pain* et non la liberté.

2228. Chaque famille fera son *pain* elle-même et chez elle. On n'est pas libre, quand on abandonne son existence à la merci des autres.

2229. Ne trempes ton *pain*, ni dans les larmes de ton semblable, ni dans le sang des animaux.

2230. Ne manges pas du *pain* des prêtres (3) ; il nourrit mal, et porte au cerveau : préfères-lui du pain de ménage (4).

---

(1) Jambl. XXXI. 208. *vie de Pythag.*

(2) *Rompre le pain* ; c'était une des maximes énigmatiques de Pythagore.

Jaquelot, *exist de Dieu.* p. 660. in-4°.

(3) Petits gâteaux ronds, légers, de fleur de farine, consacrés sur les autels de Cérès.

(4) *Cibarius.*

2231. Tous les ans, une fête domestique, dite *la paix du ménage*.

Ce jour, le mari et la femme, au milieu d'un repas de famille, se toucheront dans la main et se pardonneront réciproquement leurs torts de l'année.

2232. Pour vivre en *paix*, restes en famille : il n'y a point de ferment au sein d'une famille, comme au milieu d'un peuple.

2233. Crotoniates ! élevez d'abord un temple à la *paix* domestique : s'il vous reste des matériaux, vous y consacrerez ensuite un autel à la gloire nationale.

2234. Par amour pour la *paix*, sois peuple avec le peuple.

2235. Gardez le souvenir de *Palaephate* : il avait le merveilleux talent de moissoner la vérité dans le champ du mensonge.

2236. Nations libres de l'Italie ! abandonnez aux rois le faste des *palais*.

Des magistrats républicains n'en doivent avoir d'autres que la place publique.

2237. Gardez le souvenir du sage *Palamède* (1), l'inventeur des poids et des mesures.

2238. Hommes de génie ! rappelez-vous *Palamède* : les Grecs en firent un Dieu, après lui avoir infligé la mort des scélérats ; on lui dressa un autel avec les pierres qui servirent à son supplice.

2239. Ne *palisses* point des lois graves sur un peuple frivole.

---

(1) *Meziriac* lui attribue encore notre jeu du *trictrac*.

2240. Ne fais que passer chez un peuple, qui, pour sa nourriture, préfère la moëlle des animaux à celle du *palmier* (1).

2241. Greffes une branche de *palmier* sur le tronc d'un cyprès (2).

2242. Comme les *Pamphages* (3), manges de tout; mais de tout, peu.

2243. Peuple! que l'inégalité des biens met en guerre avec toi-même, demandes conseil aux paisibles habitans de la *Panchaie* (4); ils te diront:

« Ainsi que nous, mets en commun tous les fruits de la terre (5) ».

2244. Crotoniates! ne permettez pas à beaucoup de mains de toucher au gouvernail de la république; bien peu en sont capables. La science du gouvernement est une véritable *pansophie* (6).

2245. Bonne mère! ne nourris point ta fille avec des œufs de *paon* (7).

2246. Avant de sacrifier à l'hymen, prends les augures, non d'après le vol du *paon* (8), mais dans les yeux de la femme dont tu veux faire la tienne.

---

(1) Pline cite plusieurs nations vivant de cette dernière sorte.
(2) C'est-à-dire : « Au sein de gloire, penses à la mort; ou bien, que l'idée du trépas serve de correctif à l'orgueil du triomphe »!
(3) Peuplade d'Ethiopie.
(4) Dans l'Arabie Heureuse.
(5) Diodor. Sic. liv. V. *bibl.*
(6) Sagesse universelle.
(7) Loi symbolique contre l'orgueil et la vanité.
(8) *Scholi.* Tzetzès.

2247. Statuaire ! donnes aux Dieux de la multitude, les ailes du *papillon*.

2248. Attelles le peuple au char de la loi, comme on représente le *papillon* à celui de Vénus. L'esprit de la multitude est un insecte volant (1), qu'il faut prendre par les ailes

2249. Choisis : tu ne peux porter à-la-fois la robe du *parasite* et le manteau du philosophe (2).

2250. Ranges la *paresse* dans la classe des délits du ressort de la loi.

2251. Jeune homme ! ne te laisses point aller aux conseils de la *paresse* : c'est dans le berceau de la paresse que les préjugés et les abus pullulent. Le génie s'y endort.

2252. Si l'on vous demande : « De toutes les harmonies, quelle est la plus *parfaite ?* Dites : « La consonnance des lois ».

2253. Sois parcimonieux d'éloges envers les vivans :

Réserves les *parfums* pour les morts.

2254. Magistrat ! excites le sage à parler : l'encens garde pour lui seul son parfum, tant qu'il n'est pas échauffé.

2255. Sénateurs de Crotone ! abstenez-vous de ces *lois pariétaires* (3) qui, dans la même

---

(1) Psyché, mot grec, signifie *esprit* et *papillon*.
Pythagore joue un peu sur le mot, à la manière des Anciens.

(2) Les riches prêtaient une robe à leurs convives, pendant le repas.

(3) Du temps de Pythagore, on incisait les lois sur la pierre.

année, meurent sur la muraille où elles ont pris naissance.

2256. Crotoniates! gardez le souvenir du législateur de *Parium* (1) : les habitants de ce territoire maritime rampaient comme des serpens (2), il en fit des hommes.

2257. Mal advient aux animaux, faute de *parler* (3).

Parles peu! mal advient à l'homme, pour trop parler.

2258. Ne *parles* point de tout, ni à tout le monde.

2259. Ne te permets pas de *parodier* les choses belles (4), grandes, sublimes.

2260. Jeune homme! pour apprendre à parler, que l'écho soit ton maître!

Combien rougiraient de ce qu'ils disent, s'ils avaient toujours près d'eux un écho fidelle, prêt à répéter toutes leurs *paroles* !

2261. Crotoniates! consacrez un culte au génie de la *parole* (5), de préférence à celui de la guerre : si les hommes parlaient bien et s'entendaient mieux, auraient-ils recours aux armes?

2262. Tiens la *parole* pour ce qu'il y a de plus saint, après la pensée.

2263. Préfères la *parole* du sage à ses livres :

---

(1) Ville de Phrygie.
(2) Diodor. Sicul. XIII. *bibl.*
(3) *Académie des philosophes.* p. 279. n° 57.
(4) Déjà, du temps de Pythagore, on avait travesti les poëmes d'Homère.
(5) Plutarque et Cicéron en ont dit un mot.

La parole a de la vie ; l'écriture est chose morte.

2264. Mesures tes désirs, pèses tes opinions, comptes tes *paroles* (1).

2265. Jeune homme! les *paroles* ont des ailes : opposes à leur vélocité une double muraille d'ivoire (2).

2266. N'écoutes qu'en passant un orateur verbeux.

Qui dit beaucoup de *paroles*, a peu de choses à dire (3).

2267. Restes chez toi plutôt que d'aller proposer des lois somptuaires aux insulaires de Paros, riches en beau marbre et en belles femmes (4).

2268. Magistrats du peuple! faites que les lois ressemblent aux *Parques* (5) : le sommeil de la loi fait le malheur public.

2269. Législateur ! *parques* le peuple ; le peuple est un troupeau.

2270. Magistrat! que la loi, dans ta main, soit la flèche du Parthe (6).

2271. Dans les dissentions civiles, tiens la porte de ta maison fermée à tous les *partis*.

2272. Citoyennes de Crotone! renoncez à toute *parure* plus fraîche que vous-mêmes.

---

(1) *Brevi'loquentiam amabat Pythagoras.*
     Vita Pythag. Nic. Scutellio. p. 11. *in* 4°.
(2) ... *Verba volantia... detractis pennis, intra murum condentium dentium premere.* Apuléj. *florida.*
(3) *Académie des philosophes.* p. 274. n°. 7.
(4) *In Paro, pulchrae mulieres.* Prov.
(5) Les Parques ne dorment jamais.
(6) Qui ne manquait jamais le but.

2273. Évites plusieurs *passions* à-la-fois : tâches de n'en avoir qu'une dans toute ta vie, si tu es jaloux de montrer un grand caractère.

2274. Peuples ! qui demandez des rois : les *passions* ne sont-elles pas des tyrans ?

2275. Magistrat ! ne mets point aux prises les lois du peuple avec ses *passions* : le combat serait inégal, et ne tournerait pas à l'avantage des premières.

2276. Jeune homme ! jaloux de longs jours, sois sobre de plaisir : l'ardent (1) *passereau* vit peu.

2277. Citoyennes de Crotone ! comptez la *patience* au rang des vertus domestiques ; c'est la Divinité tutélaire des bons ménages. La *patience* est l'héroïsme des femmes.

2278. Homme de génie ! sois fondateur d'une école, et non d'une ville : les hommes en troupeau, n'ont besoin que d'un *pâtre*.

2279. Regardes, comme ta *patrie*, la région où tu es né ; si au bienfait de l'existence, elle ajoute celui des bons exemples.

La *patrie* est là où se trouve le plus de mœurs (2).

2280. Le sage sera législateur, quand il aura une *patrie* :

Hélas ! étranger en tous lieux, il voit partout du peuple, et nulle part des hommes.

2281. A l'exemple des oiseaux voyageurs, ne changes point de *patrie* selon la saison ; il y aurait de l'ingratitude à déserter pendant

---

(1) Ou *moineau*.
(2) Jambl. V. *ad finem*.

l'hiver le sol qui t'a prodigué des fleurs au printemps, des moissons en été, et les fruits de l'automne.

2282. Gardez le souvenir de *Patrocle*, modèle d'amitié.

2283. Crotoniates! ne donnez point entrée dans vos temples à la déesse *Paventine* : craignez qu'elle ne vous guérisse de la peur des lois.

2284. Ne maries point la rose au *pavot* (1) : ne prostitues pas de bonnes lois à la multitude stupide; elle n'en sent point la nécessité, ni le prix.

2285. Au neuvième lustre, fais une *pause* sur le chemin de la vie (2).

2286. Magistrats d'un peuple *pauvre*! ne soyez pas plus riches que lui.

2287. Crotoniates! tant que divisés en deux castes, celle des riches et celle des *pauvres*, une partie de votre nation servira l'autre, ne vous dites pas indépendans.

2288. Préfères de donner des lois à tout autre *pays* qu'au tien.

2289. Ne te crois pas les vertus d'Hercule, pour avoir sommeillé pendant une nuit sur la *peau* du lion.

2290. Consacres tes loisirs à l'art du statuaire, de préférence à celui du *peintre*.

2291. Magistrat d'une cité paisible! bannis-en le *peintre* de batailles.

---

(1) Prov. gr.
(2 Quarante-cinq ans.

2292. Crotoniates ! faites comme les anciens *Pélasges* : ne donnez point de noms à vos Dieux.

2293. Crotoniates ! défiez-vous des arts : rappelez-vous l'ancien habitant de l'Attique ; les *Pélasges*, en lui apprenant la navigation, en firent une horde de pirates.

2294. Magistrats ! gardez le souvenir de *Pelethron*, qui, le premier, donna une bride au cheval, et des lois au peuple (1).

2295. Homme de génie ! ne séjournes point dans le *Peloponèse*, où les tortues (2) ont le pas sur l'aigle (3).

2296. Ne places point tes dieux *Penates*, dans une cité où se trouvent plus d'esclaves que d'hommes libres (4).

2297. Homme de génie ! n'acceptes point de magistratures : n'en exerces-tu pas déjà une, la première de toutes, celle de la *pensée* ?

2298. Peuple de Crotone ! honores le sage : Dieu n'est autre chose que la pensée (5) du sage ; c'est le plus savant (6) des Égyptiens qui l'a dit.

2299. Crotoniates ! détournez-vous, avec respect, de l'homme qui médite.

―――――――――――――――

(1) Aux Lapithes, horde thessalienne.
(2) La monnaie du Péloponèse était frappée au coin d'une tortue.
(3) Cette loi symbolique de Pythagore, qui donna lieu à un proverbe, semble dirigée contre l'esprit de cupidite, introduit déjà dans Sparte.
(4) Cette loi faisait le procès à presque toutes les villes de la Grèce et de l'Italie.
(5) *Pimander*. cap. I.
(6) Hermès, ou Thaut.

La

La *pensée* est chose sainte.

2300. Peuple de Crotone ! s'il te faut des Divinités nouvelles, divinises la *pensée* (1), la plus belle des fonctions du corps.

2301. Ne portes point de lourds fardeaux sur ta tête, siége de la *pensée*.

2302. Homme ! l'ame est corps, quand tu digères : le corps est ame, quand tu *penses*.

2303. Réformateurs de peuples ! gardez le souvenir de *Penthée*, victime des Thébains, qu'il voulut rendre sobres.

2304. Citoyennes de Crotone ! n'enviez point aux prêtresses de la Diane de *Perasia* (2), le privilége de marcher nus pieds, et sans douleur, sur des charbons allumés : elles payent cher cet honneur, en se vouant au célibat.

2305. Connais la valeur des circonstances ; la *perce-neige* leur doit tout son prix : elle n'est pas la reine des fleurs ; mais elle arrive la première.

2306. Père de famille ! cueilles avec la main le fruit de tes oliviers (3) ; épargnes-leur les coups de *perche* !

2307. Honores la femme qui te rend *père*.

2308. Crotoniates ! que chez vous, le fils n'aspire point à être plus que son *père*.

2309. Bornes ton ambition à n'être que ce

---

(1) Rome adopta cette idée, par la suite.
Mens quoque numen habet, menti delubra videmus Vota. . . Ovid. *fast*.
(2) Ville de Phénicie.
(3) *Enfans*, dans le style symbolique.

Tome VI. T

qu'a été ton *père*, s'il n'a été qu'homme de bien.

2310. Métapontains ! que chez vous le fils ne se place point, dans les rangs de la société, au-dessus de son *père*.

2311. N'épouses point la fille d'un homme plus riche que ton *père*.

2312. Crotoniates ! placez le titre de *père* (1), bien avant celui de magistrat ou de roi, et même au-dessus de celui des Dieux.

Homère pensait ainsi.

2313. Interdis-toi le plaisir d'être *père*, jusqu'à ce que tu ayes pu assurer d'avance à ton enfant la propriété d'un champ.

2314. Un *père* de famille, privé de ses enfans, adoptera des enfans privés de leur *père*.

2315. L'homme veuf et sans enfans, qui aura sauvé la vie à un orphelin, en sera réputé le *père*.

2316. Législateur ! crains de te faire illusion : ne crois pas à la *perfectibilité* des hommes, tant qu'ils seront peuple : depuis Orphée, sont-ils plus sages ?

2317. Crotoniates ! execrez la mémoire de *Périandre* ; mais sachez ce qu'il fit de bien :

Une de ses lois abolit la servitude (2) domestique.

2318. Magistrats ! flétrissez publiquement chaque année le poëme de *Périandre* (3), qu'il intitula les Lois de la tyrannie.

---

(1) *Vie de Pythag.* par Dacier. p. 85.
(2) Suidas.
(3) *Polit* d'Aristote. V.

2319. Crotoniates! gardez le souvenir de *Périandre* (1), non pas le tyran de Corinthe, mais le sage son contemporain, qui écrivit en vers élégiaques, les lois de la morale.

2320. Plongeur! préfères l'éponge au corail, l'huître à la *perle* (2).

2321. Statuaires! rappelez-vous *Pérille*, et dites :

« Périssent, comme lui, tous ceux qui feront de leurs talens un aussi exécrable (3) usage » !

2322. Pour arrondir une *période*, gardes-toi d'altérer un fait.

O! combien l'arrangement des mots a mis de désordre dans l'histoire des choses!

2323. Peuple de Crotone! ne bâtis point des temples au soleil ; les *Perses* disent que tout l'univers est à peine assez vaste pour contenir cette Divinité.

2324. Ne crains pas d'avoir une haute idée de ta *personne*; tu te respecteras davantage (4).

2325. Composes ton bonheur de peu de chose, afin de n'exciter le murmure, ni la jalousie de *personne*.

2326. Crotoniates! que votre sénat (5) soit inviolable et sacré, mais non la *personne* de vos sénateurs.

---

(1) C'est-à-dire, l'utile à l'agréable.
(2) Diogen. Laërt.
(3) Le taureau d'airain de Phalaris.
(4) *Omnium autem maxime te ipsum reverere*, disait autrefois Pythagore.
 Lamothe Levayer, *petits traités*. p. 55. in-4°.
(5) On disait : le *sénat sacré de Cyzique*.

2327. Crotoniates ! gérez personnellement vos affaires *personnelles*.

2328. Que d'autres mesurent le temps ! *pèses-le*.

2329. Sois comme la petite *porte* d'un grand jardin : ne laisses pas entrer dans ton ame plusieurs amis à-la-fois.

2330. Laisses aux oiseaux le soin de couver (1) eux-mêmes leurs œufs, et de faire éclorre leurs *petits*.

2331. Crotoniates ! ayez *peu* de législateurs, *peu* de lois, *peu* de magistrats : la quantité de tout cela n'est pas bonne.

2332. Dans un livre revéré d'un peuple voisin (2) de l'Égypte, on lit que tout a été fait de rien.

Mortel ! sans doute pour t'avertir qu'il t'est possible, émule de la nature, de faire beaucoup avec *peu*.

2333. Hommes d'état ! abstenez-vous de lois acerbes :

Un fruit acerbe agace les dents ; n'agacez pas celles du *peuple*.

2334. Des lois à l'homme : des rois au *peuple*.

2335. Législateur ! forges à froid : ne travailles point un *peuple* échauffé.

2336. Quand la loi parle, que le *peuple* se taise !

2337. Refuses d'être le troisième législateur

---

(1) Cette loi paraît dirigée contre l'incubation artificielle, pratiquée par les Egyptiens.

(2) Pythagore hanta quelques Juifs, dans ses voyages.

d'un *peuple* : une nation qui change souvent de lois, n'en mérite pas de bonnes.

2338. Législateurs assemblés au nom du *peuple*! ne soyez pas *peuple* (1) vous-mêmes. Malheur à une nation obligée de donner des lois à ceux qu'elle charge de lui en faire!

2339. Ne parles point de liberté au *peuple* : riche, il est l'esclave de ses besoins factices ; pauvre, il est l'esclave de ses besoins réels.

2340. Législateur! mets ton étude et ta gloire, non pas à métamorphoser des hommes en *peuple*, mais bien plutôt, le *peuple* en hommes.

2341. Déterges (2) le *peuple*, avant de le rendre à l'indépendance.

2342. Législateur! ais du flegme. Le *peuple* est un ferment.

2343. Conducteur de *peuples*! ne débrides jamais.

2344. Telles lois, tel *peuple*.

2345. Voyageur! passes, sans t'arrêter, chez un *peuple* qui maltraite les autres animaux.

2346. Législateur! sers-toi des Dieux ; les Dieux ont été faits pour le *peuple* (3).

2347. Qu'il reste, frappé d'oubli, le nom du premier *peuple* qui se donna ou reçut un maître!

---

(1) Le conseil des Mille, à Crotone, n'était pas toujours calme et décent dans ses délibérations.

(2) Expression empruntée à l'art de guérir, que Pythagore professait.

(3) C'est ce que Cicéron a répété : *de nat. deor.* I. 38. *Dii ad usum hominum fabricati.*

2348. Homme de génie! n'entreprends pas de fixer l'opinion chez un grand peuple; c'est le feuillage mobile du *peuplier* (1) ; il s'agite à tous les vents.

2349. Crotoniates! élevez, comme à Sparte et dans Rome, des autels à la *peur*... A la peur des lois.

2350. Les deux mots les plus courts à prononcer sont précisément ceux qui demandent le plus long examen. Uses sobrement des deux monosyllabes : *oui* et *non*. Tu courreras moins de risque et seras plus modeste, si tu leur préfères l'expression *peut-être* (2).

2351. Magistrat jeune encore ! crains la chute de *Phaëton*, si tu en as l'imprudence ; les peuples ressemblent aux chevaux du soleil.

2352. Crotoniates! pour perpétuer l'horreur de la tyrannie et des tyrans, gardez le souvenir de *Phalaris*.

2353. Je demandai à *Phalaris* ce qu'il pensait du peuple ?

Crotoniates! écoutez la réponse de Phalaris: « Le peuple ?... brute à plusieurs têtes (3),

___

(1) *Mobile vulgus*.

(2) Pyrrhon fit servir cette loi de fondement à sa doctrine. Tous les systèmes de philosophie remontent à l'école pythagorique. Voy. tom. V. vers la fin.

(3) *Belluam multorum capitum, plebem*. p. 161. de *apologii Phalari*. Jac. A. Arnaudi. *iterata edit. Avenioni*. 1605. *in-12*.

Phalaris mandoit que le peuple estoit un monstre cruel, furieux, paresseux, muable, incertain, frauduleux, prompt à ire, prompt à louer ou mespriser, sans providence ou discrétion.

Hist. de Chelidonius, trad. par Boaistuau. p. 16. *recto*.

masse informe, propre seulement à servir de lest au vaisseau de la république ».

Crotoniates! profitez de l'avis; faites-vous hommes.

2354. Ne loues, ne blâmes point exclusivement.

Dans la vie même de *Phalaris* (1), il se trouve quelques journées de clémence.

2355. Un peuple d'Ionie rend un culte, sur la rive du Méla, à trente cubes de pierres, portant chacun le nom d'une Divinité (2).

Crotoniates! imitez les *Pharenses!* vos artistes ne seront plus en peine, pour donner aux Dieux une attitude digne de votre encens.

2356. En été, ne vas point boire les eaux du *Phase* (3), ni celles du Nil pendant l'hiver (4). Ne changes point de climats selon les saisons; restes chez toi toute l'année.

2357. Si tu n'aimes pas les rois, ne voyages point à la *Phéacie* (5); tu en trouverais treize dans cette île.

2358. Gardez le souvenir de *Phemius* d'Ithaque; il appliqua le charme de l'harmonie et les lois de la méthode à l'enseignement de la jeunesse de *Smyrne*.

2359. Les habitans de *Pheneon* (6) de-

---

(1) *Suidas. ad vocem Phalaris.*
(2) Reste de la religion astrale et primitive.
(3) En Colchide, région froide.
(4) En Egypte, pays chaud.
(5) Homer. *odyssea.* cant. VIII.
(6) Ville arcadienne.

mandent à Cérès la faveur de ne pas périr plus de cent dans un combat (1).

Crotoniates ! que chacun de vous demande à la même Divinité la grâce de cultiver en paix son héritage pendant cent années !

2360. Père de famille ! appliques ton fils à l'étude des nombres (2), pour en faire un marchand de *Phénicie*, s'il est né stupide ; pour en faire un sage, s'il est doué d'intelligence.

2361. Crotoniates ! gardez le souvenir des *Phéniciens* (3) ; non par reconnaissance de leurs découvertes ; mais pour le service qu'ils rendent, en propageant les inventions des autres peuples.

2362. Père de famille ! si tes Dieux te demandent le sacrifice de tes enfans, ne consultes pas les *Phéniciens* (4) sur ce que tu dois faire. Dans l'alternative de renoncer à tes enfans ou à tes Dieux, laisses parler ton cœur.

2363. Honores le nom de *Phérécyde* ; il rendit à la nature l'hommage que les peuples prostituent à leurs Dieux (5).

---

(1) *Bibl.* Phot.
(2) *Polyhistor dan. georg.* Morhofii. tom. II. 11. 6. p. 181. *in*-4°.
(3) Winckelman, *hist. de l'art.* tom. I.
(4) La barbare superstition de ce peuple le rendait sourd à la nature.
(5) *Warburton. . . pantheisticon errores samio philosopho impingit. . . Pythagoram enim, vel qui ejus magister celebratur, Pherecydem Syrum solam physicam metempsycosin re verâ et ex principiorum suorum lege statuisse, morales autem migrantium animarum caussas ut ut publice docuerit revera rejecisse.*
J. J. OEtel, *observ. ad psychologiam pythagoricam.* Argentorati. 1773. *in*-4°. p. 16 et 17.

2364. Femmes de Crotone ! gardez le souvenir de *Phérétime*, reine des Cyrénéens et bannie par eux ; au lieu d'une armée qu'elle demandait au roi de Salamine, il ne lui fut accordé qu'une quenouille d'or chargée de laine.

2365. Crotoniates ! rappelez à vos magistrats la mémoire de *Pheydon* (1), législateur de Corinthe, antérieur à Lycurgue d'un demi-siècle, et non moins sage.

2366. Gardez le souvenir de *Phidon* (2), d'Argos ; il perfectionna le *compas*.

2367. Accueilles en ta maison l'animal *philantrope* (3) qui a perdu son maître.

2368. Conservez le nom de *Philœus* : né roi de Salamine, il eut le bon esprit de ne vouloir être que citoyen d'Athènes.

2369. Crétois ! honorez le souvenir de *Philomélus* (4), fondateur de l'agriculture dans votre île.

2370. Ne donnes qu'à la nature le titre de sage : sois *philosophe* (5).

2371. Si tu n'es point *philosophe* (6), abs-

---

(1) *Polit.* d'Aristote. II.
(2) Bégerus publia, dans le *Thesaurus R. Brandeburgicus*, une médaille de Phidon, frappée, assurait-on, du temps même de cet inventeur, auquel on fait honneur aussi de la découverte des monnaies, en Grèce. Ce monument est évidemment controuvé.
Lettres de Cuper. in-4°. p. 279.
(3) Le *chien*, appelé *philantrope*, par Eustathe, d'après les Pythagoriciens.
(4) Hyginus, *poët. astron.* II. 4.
(5) Expression de modestie, inventée par Pythagore.
(6) *Philosophandum, si volumus in republicâ recté versari.* Secta Pythag. Nic. Sutellio. p. 32. in-4°.

tiens-toi des affaires politiques. Ne touches pas aux affaires politiques, si tu es philosophe.

2372. Les uns font des habits, d'autres des maisons; les uns sillonnent la terre, d'autres l'onde; les uns parlent, d'autres écrivent; les uns sont rois, les autres peuple; les uns maîtres, les autres serviteurs; les uns riches, les autres pauvres; les uns soldats, les autres prêtres : sois *philosophe* de profession ! Le philosophe est Dieu (1).

2373. *Philosophe* sans aiguillon, comme l'abeille d'Ethiopie ! vas, comme elle, travailler loin de la foule.

2374. L'enfance est l'âge de la faiblesse, et provoque la pitié.

L'âge viril est le règne de la force, et des crimes qu'elle occasionne.

La vieillesse est l'âge de l'impuissance, et des regrets qui en sont une suite.

Faiblesse, force et impuissance, sont les matériaux de la vie humaine.

Pitié, crimes et regrets, les résultats.

Sois *philosophe* ! il ne fait bon vivre sur la terre que pour le philosophe.

2375. Avant de rendre un culte à la *philosophie*, coupes tes ongles (2), et purges ton cœur de tout ressentiment.

2376. Si l'on vous demande : « Qu'est-ce que le silence (3) » ?

---

(1) *Philosophia assimilatio dei.*
— Scheffer. *philos. ital.* VI.
(2) C. Rhodiginus. *Lect. antiq. in-fol.* p. 611.
(3) J. J. Hofmann. *lexicon, in-folio.*

Dites: « La première pierre du temple de la *philosophie*.

2377. Législateur ! accoles la *philosophie* et la politique; mais de façon que l'une n'entraîne pas l'autre.

2378. Hommes d'état ! l'intervention des Dieux n'a pas rendu vos prédécesseurs plus sages : faites intervenir à son tour la *philosophie*.

2379. Malgré les vertus de l'éryngion (1), renonces aux femmes, si tu n'as point d'autre *philtre* pour leur plaire.

2380. Jeunes filles ! n'oubliez jamais que la *phisionomie* n'est véritablement belle que quand elle exprime une belle ame.

2381. Avant d'accepter une magistrature, sois *phisionomiste*.

2382. Observes la *phisionomie* d'un peuple, avant de lui donner des lois (2). Prends sa mesure, avant de lui dessiner un vêtement : s'il est de taille héroïque et s'il a conservé les belles formes de la nature, gardes-toi de les contraindre en des liens trop étroits. Laisses ce peuple dans sa nudité.

Si le temps a mutilé cette belle statue, couvres-la de draperies officieuses.

2383. Crotoniates ! craignez de vous commettre, en voyageant chez les *Phliasiens*,

---

(1) Le *chardon rolland*. « . . . . Les sectateurs de Pythagoras disent monts et merveilles de cette racine ».
Pline. XXII. 8. trad. par Dupinet.

(2) Pythagore se livra beaucoup à l'étude des physionomies.

tant qu'ils offriront un asile dans leur temple d'Hébé, au scélérat brisant sa chaîne.

2384. Magistrat! veilles à ce que les enfans du peuple ne préfèrent les fables milésiennes aux chants élégiaques de *Phocylide* (1). Honores la mémoire de ce poëte des mœurs.

2385. On n'a pas encore vu tout un peuple de sages ; le sage est seul, comme le *phœnix*. Crotoniates! n'estimez point vos sénateurs, en raison de leur nombre (2) ; plus un sénat a de têtes, moins il a de vertus.

2386. Si l'on vous demande : « En politique, qu'est-ce que le *phœnix* » ?
Dites : « Ce serait un grand peuple libre ».

2387. Habitans de la Grèce ! gardez le souvenir de *Phoronée*: ce législateur prévoyant enseigna l'art de subvenir aux années de disette, en retranchant sur les jours de l'abondance.

2388. Laisses les *Phrygiens* efféminés sacrifier à la lune : la lune est en effet la Divinité des femmes.

2389. Aimes ton père : aimes encore plus la justice, à l'exemple de *Phyleus* (3), fils d'Augeas.

2390. Faites quelquefois mémoire de *Phy-*

---

(1) C'était des contes assez libres, qui furent mis en vers dans la suite, par Aristide, poëte de Milet. Voy. tom. I. des *voyages de Pythagore*.
(2) *Multitudinem fidelium non invenies : rarum est omne quod bonum est.* Sextus pythagoreus.
(3) *Comm.* in hom.

talus (1) ; le premier, il cultiva l'arbre qui porte les figues.

2391. N'épouses ni une *pie*, ni une syrène, pas même l'une des Muses : les neuf Muses ensemble ne valent pas une seule des trois Grâces.

2392. Homme public ! ais toujours un *pied* dans ta maison.

2393. Jeunes époux ! prenez la précaution d'étendre au *pied du lit* le manteau de la sagesse.

2394. Ne rends pas à une statue le mauvais service de lui donner un *piedestal* plus beau qu'elle.

2395. Ne montes point à la tribune populaire, le *pied gauche* le premier.

2396. Jeune épousée ! n'entres pas, du *pied gauche* (2), dans la maison de ton mari.

2397. Citoyennes de Crotone ! s'il s'élevait quelque dissention entre votre cité et les peuples voisins, rappelez-vous *Pieria :* elle mit pour clause à son mariage, la paix entre Myunte, sa patrie, et la ville natale de l'homme qui la voulait pour femme.

2398. Citoyennes de Crotone ! ne touchez point à la lyre des Muses ; rappelez-vous la métempsycose des filles *pierides* (3).

2399. Gardez le souvenir de *Pierius* ; l'un des premiers, il sacrifia aux Muses.

---

(1) Pausan. liv. I. *voyage en Grèce.*
(2) Cette loi symbolique regarde les femmes qui ne donnent à l'hymen que le second vœu.
(3) Changées en pies. Le législateur de Crotone ne pouvait souffrir une femme bel-esprit.

2400. Quand la patrie dévore elle-même ses propres enfans, restes dans le célibat, ou prends pour femme une *pierre* (1).

2401. Ne mords pas la *pierre* qui t'a occasionné une chute.

2402. Législateurs ! sachez qu'il est plus facile de faire des hommes avec des *pierres*, qu'avec des peuples (2).

2403. Le peuple est un colosse, sans doute : qu'il ne regarde cependant pas le sage comme un *Pigmée* !

2404. Législateur ! indécis sur le culte le plus convenable au peuple, recommandes-lui la *piété filiale* (3)

2405. Crotoniates ! gardez le souvenir de *Piluminus* ; les Rutules en firent un Dieu par reconnaissance ; il leur apprit à broyer les grains, pour les réduire en farine.

2406. Magistrats ! essayez de la raison sur le peuple, avant de recourrir à la justice ; la justice ne doit être que le *pis-aller* de la raison.

2407. Jeunes filles de Crotone ! en guerre comme en paix, défendez-vous d'aimer des étrangers. N'oubliez pas ce qu'il advint à *Pisidice* la Lesbienne (4).

2408. Crotoniates ! soyez en garde contre

---

(1) Loi symbolique qui fait allusion à la mythologie de Saturne.
(2) Pythagore rappelle ici Deucalion et Pyrrha.
(3) Charondas, élève de Pythagore.
(4) Elle fut éprise d'Achille, qui ravagea Lesbos.

l'éloquence; *Pisistrate* dût à sa faconde le pouvoir excessif qu'il exerça dans Athènes (1).

2409. Gardes le souvenir de *Pisistrate* (2), non pas comme tyran d'Athènes, mais comme fondateur de la première bibliothèque ouverte aux citoyens.

2410. Législateurs et magistrats! soyez pour le riche, les pauvres seront contre vous; soyez pour le pauvre, les riches seront contre vous. Ayez devant les yeux la destinée de *Pisistratys* d'Orchomène (3).

2411. Préfères le gland des Arcadiens aux *pistaches* des Perses (4).

2412. Honorez la mémoire de *Pithée*; il persuada la sagesse et enseigna la justice aux habitans de Troézène.

2413. Jeunes citoyens de Crotone! gardez le souvenir de *Pithus*, l'inventeur du jeu de la paulme.

2414. Peuples républicains! lors de vos élections, rappelez-vous la maxime favorite de *Pittacus* : « La démocratie cesse aussitôt que les méchans mettent la main au gouvernail, ou un pied dans le sénat ».

2415. Crotoniates! quand vous rédigerez vos

---

(1) *Opinio est Pisistratum... in temporibus illis valuisse dicendo.* Cicer. *de clar. orat.* VII.
(2) La première bibliothèque, en Grèce; car on a vu que bien avant Pisistrate, il en avait été rassemblé plus d'une dans l'Egypte.
(3) Autre que le Pisistrate d'Athènes.
Plutarque, *parallèles grecs et romains.* XXXI.
(4) Ælian. *Var. hist.* III.

annales, n'y parlez point d'un *pivert* (1) gardien de vos fondateurs allaités par une louve (2).

2416. Pour contenir la multitude indigente, parais dans la *place* publique, monté sur le Pégase de Corinthe (3), plus éloquent que le Caducée de Mercure.

2417. Pour prendre une haute idée de l'espèce humaine, ne l'observes point dans la *place* publique; la place publique est la boëte de Pandore.

2418. Ne bâtis point sur la *place publique*.

2419. Quoiqu'en dise le bon Hésiode (4), si tu es riche, ne *plaides* pas : plaides encore moins, si tu es pauvre.

2420. Ne ridiculises point devant le peuple les choses qu'il croit saintes. Le peuple est à *plaindre*, et fait pitié.

2421. Jeune homme! ne vides pas, d'un trait, la coupe du *plaisir*.

2422. Jeunes époux! que tous vos *plaisirs* soient sages! Aimez-vous avec innocence.

2423. *Plantes* plutôt que de bâtir : la nature se chargera volontiers du soin de tes arbres; le temps, au contraire, enlèverait chaque jour une pierre à ta maison.

Une plantation d'arbres est un monument plus durable que la plus solide des pyramides de l'Egypte.

_____

(1) Plutarch. *Romulus.*
(2) Maligne allusion aux origines fabuleuses de Rome.
(3) Le cheval Pégase était gravé sur les pièces de monnaie de la ville de Corinthe.
(4) *Oper. et di.* I.

2424. Ne *plantes* pas, au décours de ta vie.

2425. Sois attaché à la maison paternelle, comme la *plante* au sol qui l'a fait naître.

2426. Sois la *plante* qui se ferme à la nuit, et ne s'ouvre qu'au jour.

2427. Aimez à vous rencontrer plusieurs ensemble ; mais gardez-vous de faire masse, pressés les uns contre les autres.
Les *plantes* trop près l'une de l'autre s'interceptent, se disputent l'air vital et finissent par s'étouffer ou végètent avec peine, sans pouvoir atteindre à leur entier développement.

2428. N'exerces pas une profession exclusivement à toute autre. L'homme ne ressemble point aux *plantes* qui croissent et meurent à la même place.

2429. Le *platane* stérile ombragera la tombe du célibataire (1).

2430. Gardes-toi d'occuper une grande surface ; le *platane* est souvent renversé, parce qu'il donne sur lui beaucoup de prise aux aquilons.

2431. Avant de porter des lois à un peuple, vas méditer celles écrites sur la *feuille du platane* (2).

2432. Sois *Plébéien*, sous la monarchie.

―――――――――――――――――――――――

(1) *Platanus caelebs*. Horat. od. I. 11. od. XV.
(2) Les lois de Sparte, capitale du Péloponèse, dont la figure topographique retraçait aux yeux des Anciens une feuille de platane.

2433. Touches la fibre du peuple avec un *plectre* d'or (1).

2434. Magistrat! surveilles-toi de façon que le peuple ne te voie jamais rire ou *pleurer* (2).

2435. Ne fuis pas toutes les occasions de *pleurer*.

Le breuvage contenu dans la coupe de la vie serait doux jusqu'à la fadeur, s'il n'était mélangé de quelques larmes amères.

2436. Orateurs! magistrats! hommes publics! ne négligez point les détails; ils sont tous importans aux yeux de la multitude. Les destinées de la république se trouvent quelquefois dans le *pli* de votre manteau (3).

2437. Les pères despotes frappent leurs enfans, comme on bat le *plomb*, pour lui faire prendre la forme désirée.

Chefs de famille! permettez-vous seulement de pétrir, avec le doigt, cette cire molle.

2438. Crotoniates! avant d'entrer dans la mer, les plongeurs mettent à leurs pieds du *plomb* (4); mettez-en dans votre tête, avant d'entrer dans vos assemblées politiques.

2439. Magistrat! laisses tout dire: le mensonge, comme du *plomb*, se précipite de lui-même, au fond des eaux du fleuve d'oubli.

2440. Citoyennes de Crotone! vous renoncerez aux perles, si elles peuvent coûter la vie au *plongeur*.

---

(1) Archet, ou plutôt dez pointu, ordinairement d'ivoire. On s'en servait pour toucher les cordes de la lyre.
(2) Pythagore pratiqua toute sa vie ce précepte.
(3) C'est le *toga componenda*, de Quintilien. XI. 4.
(4) C'est ce qu'on appelait: *plumbiare. Etymol.* Menag.

2441. Ne produis pas tout de suite au grand jour les pensées qui tombent de ta *plume*.

2442. Crotoniates ! méditez ce mot d'Homère (1) : « La *pluralité* des rois n'est pas bonne ».

2443. Législateur ! permets aux Crotoniates le culte de *Pluton* (2) : mais défends-leur les orgies auxquelles il sert de prétextes. Des repas gais, des danses joyeuses conviennent mal aux funérailles d'un ami ou de ses parens.

2444. Législateurs ! empruntez à *Pluton* son casque merveilleux (3) ; vous devez tout voir, sans être vu.

2445. Crotoniates ! n'oubliez pas que *Pluton* est tout à-la-fois le Dieu du Tartare et le Dieu des riches.

2446. Ne laisses pas mourir *Plutus* entre tes mains (4). S'il ne peut te servir, passes-le, sans intérêt, à tes voisins.

───────────────

(1) Dans la bouche d'Ulysse. *Iliad*.
(2) La mode s'étant introduite à Crotone de faire de somptueuses funérailles et de riches tombeaux, un des disciples du philosophe parla ainsi au peuple : « Crotoniates ! j'ai appris du Maître, lorsqu'il nous instruisait, que les divinités célestes tenaient compte de la piété des hommes, sans examiner le nombre des victimes et des sacrifices. Les divinités inférieures, au contraire, étant d'une nature moins relevée, aiment les festins, les danses, les friandises et les libations continuelles. Le nom même de *Pluton* (le mot français *glouton* ne viendrait-il pas de là ?)n'a pas d'autre origine que cette avidité. . .
Jamblique, *vie de Pythag*. XXVII.
(3) Il rendait invisible.
(4) D'où le proverbe latin : *Plutus mortuus* ; c'est de *l'argent mort*.

2447. Familles agricoles ! rappelez-vous que *Plutus* (1) naquit de Cérès, dans un champ labouré trois fois. Le bon Hésiode l'a dit. (2).

2448. Que ta vie soit semblable à un *poëme* épique, conduit avec sagesse et purement écrit.

2449. Législateur et magistrats ! empêchez les *poëtes* de parler des Dieux au peuple (3).

2450. Gardez le souvenir d'Olen, le plus ancien des *poëtes* et celui qui adressa le premier hymne au soleil.

2451. Crotoniates ! ne profanez point le nom de *père* en le donnant à un magistrat, à un roi, ne fût-il pas despote : il y a toujours si loin d'un bon magistrat, d'un bon roi, à un père de famille !

2452. Pèses les lois au *poids* du peuple qui te les demande.

2453. Crotoniates ! pesez les lois au *poids* des vertus du législateur.

2454. De beaux momens suffisent pour faire un héros, un homme célèbre. Si tu prétends au titre de sage, que tous les momens de ta vie soient de *poids* égal !

2455. Cultives assidûment le champ de l'amitié ; arraches-en la plus petite mauvaise herbe, aussitôt que tu la vois *poindre*.

---

(1) Dieu des richesses.
(2) Dans sa Théogonie.
(3) *Illum quidem parentem hujus universitatis invenire difficile : et quum jam inveneris, indicare in vulgus, nefas.*
Ciceronis *Timaeus*, sive *de universo* fragmentum. II ; ouvrage tout pythagorique.

2456. Vénères le dieu *Point* (1), ou l'unité ; c'est le père des Dieux, des hommes, de toutes choses.

Dans le grand œuf de la nature, ainsi que dans celui de la poule, le germe de tout est un *point* (2).

2457. Ne crains pas de mourir; la vie humaine n'est qu'un *point* du cercle infini d'existences que tous les êtres ont à parcourir réciproquement, une infinité de fois (3).

2458. Jeune homme studieux! abandonnes au peuple le *pois de Vénus* (4).

2459. Magistrat! chasses de la cité ceux qui font trafic d'encens et de *poison*.

2460. Consens à être *poisson* pendant quelques années de ta vie (5), pour devenir cygne le reste de tes jours.

2461. Crotoniates! jaloux d'honorer les découvertes utiles et merveilleuses, ne recherchez pas le nom du premier navigateur : en cela, ainsi que dans beaucoup d'autres choses, l'homme a été copiste ; les *poissons* muets furent ses premiers maîtres.

2462. Magistrat du peuple! évites de res-

___

(1) *Quae consistunt, omnia ex puncto producta primum sunt: si quidem punctum fluens, lineam facit: linea, epiphaniam, id est, superficiem: superficies, solidum. Quare perfecta habetur tetras, et quae colatur digna. Dicitur namque et harmonia*... C. Rhodiginus.

(2) *Punctum saliens.*

(3) ... *Animam circulum necessitatis immutantem, aliis alios illigari animantibus*...
    Diog. Laërt. *in Pythag*. seg. 13.

(4) *Columbinum cicer.*

(5) Loi symbolique des cinq années de silence.

sembler à certains *poissons* de rivière, qui se laissent prendre au bruit qu'on fait autour d'eux (1).

2463. Crotoniates! dans vos assemblées, défiez-vous d'un orateur verbeux.

La plupart des *poissons* se laissent prendre dans le silence (2), et les peuples avec des paroles.

2464. Jeune homme! avant d'entrer à l'école du sage, passes à celle des *poissons*.

2465. Homme d'état! prends le titre que tu voudras; mais donnes au peuple une *police* sage: il est assez indifférent sur le reste.

2466. Législateur d'un peuple épais et rude! gardes-toi de l'énerver, en voulant le *polir*.

2467. Législateur sans génie d'un peuple sans mœurs! pour son repos et le tien, donnes à la *politique* un air de religion.

2468. Homme sage! permets-toi l'orgueil de te croire l'âme trop élevée pour descendre jusqu'à l'étude de la *politique* (3), science misérable et malfaisante!

2469. Peuples amis de la guerre! rappelez-vous ce que *Poltrys*, roi de Thrace, répondit aux Grecs qui le pressaient de les accompagner devant Troye: « Les Thraces ne se battent point pour une femme; nous en donnerons deux à Pâris, s'il veut rendre celle qu'il a ».

---

(1) Κοῖτος. Aristotel. *hist. an.* En français, le *chabot*.

(2) Cette loi rappelle un proverbe grec qui peut en venir:

« Muet comme une barque de pêcheur ».

(3) *Insuesce animam tuam aliquid magnum de se sentire...* Sextus Pythagoreus.

2470. Jeunes citoyennes de Crotone ! ne dédaignez aucun des devoirs de l'hospitalité : le divin Homère représente *Polycaste* (1), la fille du sage Nestor, lavant les pieds à Télémaque.

2471. Gardez la mémoire du médecin *Polyclète* : il refusa d'empoisonner le tyran Phalaris ; fidelle à cette loi : « Ne punis point le crime par un crime ».

2472. Elagues le luxe de ta prospérité ; mais ne le fais pas d'une manière aussi puérile que *Polycrate* (2).

2473. Citoyennes de Crotone ! respectez le souvenir de *Polycrite*, vierge de Naxos, qui, pour délivrer sa patrie assiégée par les Milésiens, se livra à leur général (3).

2474. Crotoniates ! vivez d'échanges, à l'exemple des Spartiates du temps de *Polydore* (4) ; ils n'avaient d'autre monnaie courrante que la bonne foi.

2475. Magistrat du peuple ! veillez ! une *pomme* mit la discorde dans le ciel entre trois Divinités ; il n'en faut pas davantage sur la terre pour mettre aux prises toute une multitude d'hommes.

2476. Ne méprises pas les femmes vieilles. Tu aimes à trouver une *pomme ridée*, mais

---

(1) Les anciennes mœurs commençaient à se relâcher, du temps de Pythagore.

(2) Allusion à la bague du roi de Samos, jetée par lui à la mer, et retrouvée dans les intestins d'un poisson.

(3) Aristote. Plutarque, *vertueux faits des femmes*.

(4) L'un de leurs premiers chefs, au commencement des Olympiades.

saine, que le ver rongeur a respectée : la femme parvenue à l'âge des rides, donne un bon témoignage de la conduite qu'elle a tenu dans la saison des roses.

2477. Ne demandes point de l'or à la fortune, ni de l'ambroisie aux Dieux, si tous les jours, tu peux servir sur ta table du pain et du miel, des figues et des *pommes-roses* (1).

2478. Crotoniates ! honorez la mémoire de *Pompilius*, père de Numa (2).

2479. Peuples italiques ! gardez - vous des associations trop nombreuses ; nécessairement, elles font dégénérer l'espèce humaine en *populace*. Ne formez que des peuplades.

2480. Citoyens de Crotone ! ne multipliez pas trop vos Dieux ; craignez d'en faire une *populace* (3).

2481. Législateur ! laisses à la multitude cette foule de Divinités subalternes qui ne tirent point à conséquence. Il faut au peuple une *populace* de Dieux.

2482. Crotoniates ! posez vous mêmes des bornes à l'accroissement de votre *population* : trop d'hommes dans une cité est un plus grand mal encore, que pas assez d'hommes.

2483. Législateur ! à ceux qui te reprocheraient de ne point favoriser assez la *population*,

Répliques : « J'aime mieux des déserts que des champs de carnage ».

---

(1) Pommes d'Apis.
(2) Plutarque écrit *Pomponius*.
(3) *Plebs supérûm*, dit Ovide, *in Ib*.

2484. Tarentins ! résistez à l'attrait d'une grande *population*.

Une grande population amène le besoin ou le goût des conquêtes.

2485. Métapontains ! mettez quelque réserve, dans votre culte à la déesse *Populonie* (1) : en fait d'hommes et de lois, préférez la qualité à la quantité.

2486. Mortel ! ne sois pas émerveillé de tes inventions : la découverte du premier des arts est due au plus vil des animaux ; le *porc* fouillant la terre, enseigna le labour (2).

2487. Ne sors point de la vie (3) par une *porte dérobée*.

2488. Législateur ! ne souffres point dans ta république des *porte-faix* de profession : à chacun son fardeau. Rien ne pèse davantage et n'avilit tant, que le fardeau d'un autre.

2489. Crotoniates ! les premiers magistrats n'étaient que des *porte-férules* (4) : craignez les magistrats porte-sceptres.

2490. Si tu bâtis sur la place publique, ménages-toi une *porte secrette* (5).

---

(1) Elle présidait à la population.
(2) *Suem arationis magistrum.*
Plutarch. *quaest. symp.* 4. 5.
(3) Pythagore se prononça fortement contre le suicide.
(4) Il y a ici un jeu de mots, fondé sur la double signification de *férule*, considérée d'abord comme plante servant de bâton de commandement, et ensuite comme instrument propre à châtier l'enfance.
(5) Presque toutes les maisons, chez les Grecs, avaient de ces sortes de portes qu'ils appelaient *pseudoturon* ; les Romains prirent cet usage. On lit dans Virgile, *caecae fores*.

2491. Ne t'arrêtes pas derrière une *porte entr'ouverte*, pour écouter ce qui se passe au-delà; pas même derrière celle de l'appartement de ta femme.

2492. Que la *porte* de ton ame ne soit jamais toute grande ouverte; les jouissances et les peines y afflueraient, sans observer de gradations; et tu succomberais à ce débordement, soit de biens, soit de maux.

2493. Sois, de ton pays, législateur *posthume*.

2494. Si tu ouvres sur la place publique une école de vérité, recommandes à l'architecte de ne pas oublier le *posticum* (1).

2495. Ne teins pas l'œuf dans le sang de la *poule*.

2496. Crotoniates! sachez apprécier une grande population.
Les *poules* trop fécondes, ne donnent point de belles races.

2497. Si la foule est à la proue, places-toi à la *poupe* (2).

2498. Laisses les Dieux au peuple, et le gland au *pourceau*.
Homme sage! gardes pour toi la vérité (3). On n'engraisse point les pourceaux avec des feuilles de rose.

2499. Ne fais point de largesses au peuple;

---

(1) Porte de derrière, secrette issue.
(2) Les Grecs firent de cette loi un proverbe qui passa aux Latins.
(3) *Neque prophanare aut communia facere sapientiæ dona.* Lysis, *epist.* ad Hipparch.

il ressemble aux *pourceaux*, qui renversent l'auge après l'avoir vidée.

2500. Ne portes point d'habits de *pourpre* (1). Des habits teints de sang (2) ne conviennent qu'aux rois.

2501. Tu secoues ton manteau, pour en chasser la *poussière* : provoques quelquefois ton ami, pour dissiper les vapeurs chagrines de son ame.

2502. Sur le chemin de la vie, ne fais pas de *poussière*.

2503. Vous qui avez l'autorité en main, ayez donc en même temps quelque peu de sagesse dans la tête. Rien de plus fort au monde, que l'union de la sagesse et du *pouvoir!*

2504. Crotoniates des deux sexes! vouez à l'exécration des siécles le nom d'Erechtheus, père de *Praxithea* ; pour obtenir une victoire, il consentit au sacrifice de sa fille.

2505. Produis de bons exemples, on te dispense de beaux *préceptes*.

2506. Le peuple n'aime pas à voir long-temps les mêmes hommes dans les mêmes places. Si tu as eu la faiblesse d'en accepter une, ais la prudence d'en descendre avant qu'on ne te le dise ; évites d'en être *précipité*.

2507. Crotoniates! ne laissez point déflorer vos lois par vos *premiers* magistrats.

2508. Hommes d'état! abstenez-vous de lois précoces. Toute loi précoce est *précaire*.

---

(1) La pourpre est le sang d'un coquillage.
(2) Homère appelle le sang *purpurin*.

2509. Ne *prends* pas femme avant ta vingt-cinquième année, ni après ta cinquantième.

2510. Magistrat ! ne bois point avec le peuple, ni en sa *présence*.

2511. En *présence* de tes enfans, ne vois dans ta femme que leur mère.

2512. Crotoniates ! ne portez point de *présens* à vos Dieux, pour les appaiser : ce serait leur faire outrage ; les prenez-vous pour des enfans ?

2513. Citoyennes de Crotone ! demandez aux Dieux trois choses : (1) la beauté, la fortune et la santé. S'ils vous refusent, rentrez dans votre cœur ; vous y trouverez de quoi vous passer des Dieux et de leurs *présens*.

2514. Les uns devinent le passé ; d'autres prédisent l'avenir.

Saches user du présent. La connaissance de ce qui n'est plus, ou de ce qui n'est pas encore, ne vaudra jamais le bon usage du *présent*.

2515. Peuple de Crotone ! répètes à tes magistrats, trop occupés de subsides :

« Fruit *pressuré* n'est bon à rien ».

2516. Si tu n'estimes pas pouvoir te passer de *prestiges* pour gouverner le peuple, renonces au titre sublime et saint de législateur ; tu n'en es pas digne : fais-toi prêtre !

---

(1) *Tria à diis petenda praecipuè, dicebat Pythagoras, eò quod homo caetera sibi praestare posset :*
1°. *Formam ;*
2°. *Divitias ;*
3°. *Bonam valetudinem.*
Vide *Trina theologica, philosophica et jocosa*, Johan. Rhodio II°. 1584. *in-*8°. p. 63. *verso.*

2517. Femmes ! ayez par fois des *prétentions* à la beauté ; on vous le pardonne : n'en ayez jamais à l'esprit.

2518. A tout ce que tu fais, mets toujours de l'intention ; jamais de la *prétention*.

2519. Quand le magistrat parle, que le *prêtre* se taise !

2520. Mère sage ! ne donnes point ta fille à un *prêtre*.

2521. Chef d'une école de philosophie ! tiens-la constamment fermée aux *prêtres*, même à ceux qui auraient abjuré leurs Dieux.

Toujours un prêtre est prêtre.

2522. Peuple de Crotone ! pour héberger tes *prêtres*, ne refuses point l'hospitalité aux sages ; ceux-ci te coûtent moins que les autres.

2523. Crotoniates ! ne confiez plus le ministère des lois aux ministres des autels (1) ; les intérêts du ciel et les affaires du monde s'entre-choquent dans les mêmes mains.

2524. Crotoniates ! ne souffrez point de *prêtres* dans vos armées (2).

Des hommes braves n'ont besoin ni de présages, ni d'augures.

Il ne faut aux soldats qu'un capitaine sage.

2525. Magistrat d'une république ! interdis aux *prêtres* l'éducation du peuple.

2526. Les prêtres font dire tout ce qu'ils veulent à leurs Dieux.

Magistrats de Crotone ! ne traitez pas les lois, en *prêtres*.

---

(1) Loi dirigée contre les Egyptiens.
(2) Loi dirigée contre un usage des Grecs et des Romains.

2527. Ne sois point le législateur d'un peuple qui a vendu sa liberté pour acheter des Dieux (1); un tel peuple n'a besoin que de *prêtres*.

2528. A un peuple attaché à ses Dieux, ne parles point de liberté ; ne sois pas législateur d'un peuple qui tient à ses *prêtres*.

2529. Crotoniates ! n'ayez que des *prêtresses* : les Dieux ne seront pas fâchés d'être servis par des femmes.

2530. Père de famille ! si tu deviens veuf de ton fils bien-aimé, à l'exemple de *Priam* (2), n'arraches point ta chevelure ; laisses aux femmes cette faiblesse indigne d'un homme.

2531. Le peuple ne sait point aimer la liberté par *principes*.

Magistrats républicains ! faites qu'il l'aime pour les avantages qu'elle procure sous une bonne administration.

2532. Mariez l'exemple à la loi.

Magistrats républicains ! ayez des mœurs, austères comme vos *principes*.

2533. Célébrez vos mariages au *printemps*, et toujours en la présence du soleil.

2534. Crotoniates ! ne faites que des *prisonniers-libres* (3).

2535. Donnés la plus grande solennité aux

---

(1) Cette loi de Pythagore semble regarder la théocratie juive.

(2) Mot pour mot : *ne priamises point.* πριαμωθῆναι.
Eustath.

(3) Les Anciens appelaient ainsi les prisonniers retenus sur leur simple parole.

Voy. Ant. Bombardin, *de carcere*. 1713.

lois; *proclames*-les au milieu du jour, jamais en l'absence du soleil.

2536. La prodigalité naît des cendres de l'avarice. A père avare, enfant *prodigue*. Ne sois ni l'un ni l'autre.

2537. Législateur ! bannis de la cité toute *profession* dont le succès tient aux revers publics.

2538. Crotoniates ! tenez pour sage cette loi d'Athènes : « On n'exercera point deux *professions* à-la fois ».

2539. Législateur ! interdis aux augures toute autre *profession*. Qu'un prêtre ne puisse plus être que cela, pendant tout le reste de sa vie !

2540. Magistrat d'une république bien ordonnée ! n'y souffres point de *professions* qui enrichissent : protèges celles qui font vivre.

2541. Jeunes filles de Crotone ! gardez vos *promesses*; le plus léger parjure gâte la plus jolie bouche.

2542. Fondateur de peuple ! comme *Prométhée*, ne vas point allumer au feu du ciel le flambeau de ton génie.

La nuit, à la lueur de ta lampe domestique, forges dans le calme un frein aux passions des hommes en société, après en avoir observé pendant le jour le mécanisme et le jeu, sur la place publique.

2543. Ne sois le conseiller ni des rois, ni du peuple. *Prométhée* eut le cœur rongé de regret d'avoir donné des conseils à Jupiter.

2544. Gardez le souvenir de *Pronapide* (1) : il chanta l'origine du monde ; mais le plus beau de ses ouvrages est Homère ; Homère fut son élève.

2545. Crotoniates ! ne gardez point des amphibies pour gouvernans ; qu'ils se *prononcent* !

2546. La liberté est chose sainte.
Législateur et magistrats ! écartez-en les *prophanes* (2).

2547. Ne reconnais pour *prophètes* que les sages ; il n'arrive en effet que ce qu'ils ont prévu.

2548. Magistrats ! surveillez le *propriétaire* qui cultive mal son champ (3).

2549. Sois ta *propriété* ! c'est la plus belle que tu puisses avoir. (4)

2550. Ne consens à donner des lois qu'à un peuple propriétaire. Des citoyens sans *propriété* n'ont point de patrie.

2551. Que tout citoyen ait la *propriété* d'un chenix de froment par jour, ou l'assurance et les moyens de l'acquérir (5) !

2552. Laisses le peuple prendre à la lettre les métamorphoses de *Protée*.
Avec Homère (6), ne vois dans ce Dieu que

---

(1) Ou *Ponopidès*.
(2) C'est la formule des initiations : *procul. prophani* !
(3) Cette loi fut adoptée par les Romains. Pline en parle, *hist. nat.* XVIII. 3.
(4) *Vie de Pythag.* par Dacier. CXVI.
(5) Mesure grecque, suffisante pour la journée d'un homme.
(6) *Odyss.* IV. v. 615 à 618.

le symbole de la matière (1); elle n'a qu'une substance, mais elle prend mille formes : c'est une cire (2).

2553. Peuples italiques! conduisez-vous de sorte à n'avoir besoin d'autres lois que de vos *proverbes* (3). L'expérience devrait être la seule législatrice des hommes.

2554. Crotoniates! n'ayez recours à la *providence* des Dieux qu'après avoir épuisé toutes les ressources de la sagesse des hommes.

2555. Crois aux Dieux. Un père n'est-il pas le Dieu de sa famille; un mari, celui de sa femme; un frère, celui de sa sœur?

Une mère prévoyante est la *providence* de ses filles.

2556. Citoyennes de Crotone ! sacrifiez à la *providence* (4) de la nature, Divinité des bonnes mères de familles.

2557. Ne sois pas plus le *proxenète* du peuple que des femmes.

2558. Sénateurs! gardiens des lois, n'en soyez pas les *proxenètes*.

2559. Magistrat! ais de la *prudence*; mais ais de l'audace.

---

(1) Sextus Empir. p. 309.
(2) Ovid. XVe *métamorphos*. Relisez les beaux vers de ce poëte latin, sur les principes et la personne de Pythagore.
(3) *Symbolorum pleraque, proverbiorum naturam habere; cum et ideo Pythagoram adagiis non abstinuisse legamus.* Lil. Greg. Gyraldus. *in folio.* tom. II. 496.
(4) Duchoul, *relig. D. Rom.* p. 73. *in*-4°. 1581.

2560. Ne donnes point à ta *Psyché* (1) des habits de plomb.

2561. Condamnes le médisant à la déportation chez les *Psylles* (2).

2562. Crotoniates! à Rome, il n'en coûte que cinq bœufs et deux brebis, au coupable de désobéissance envers les lois : soyez plus sevères que Valerius *Publicola* (3).

2563. Élèves ton ame, mais non pas ta maison, au-dessus du peuple, comme fit Valerius (4) *Publicola*.

2564. Citoyens de Crotone! plus sages que ceux de Corinthe, n'admettez des femmes qu'aux fêtes, jamais aux assemblées *publiques*.

2565. Les Grecs ont consacré un temple à la *pudeur* (5) :

Vierges de Crotone! que partout où l'on vous rencontrera, on se croye en la présence même de la Divinité.

2566. Femmes de Crotone! joignez-vous aux Athéniennes, pour rendre un culte à la (6) *Pudicité*.

---

(1) Psyché, c'est l'ame ; les habits de plomb sont les passions. *Commentaires d'Hiéroclès.*

Pythagore veut dire : « Ne te laisses point entraîner par les passions ».

(2) Peuplade de la Libye Intérieure, fameuse par la propriété qu'elle avait, dit-on, de sucer impunément les plaies les plus vénimeuses.

(3) L'auteur de cette loi.

(4) P. Valerius Publicola fut obligé d'abattre sa maison, pour plaire aux Romains.

(5) Le père de Pénélope, en se séparant de sa fille, devenue l'épouse d'Ulysse.

(6) *Pudicitiam Athenienses praecipuè coluerunt.*

Stuckius, *sacrific.* p. 42. *in-folio.*

2567. Jeunes citoyennes de Crotone! soyez *pudiques* la nuit, comme s'il faisait encore jour.

2568. Investis les lois d'une grande considération : le respect pour les lois, fait toute leur *puissance*.

9569. Les prêtres d'Égypte se lavent le corps deux fois le jour.
Purges ta conscience (1), une fois chaque nuit.

2570. Ne souilles point le ruisseau qui t'a *purifié*.

2571. Conservez le nom de *Pykius* (2) : architecte de Prienne, il éleva le premier temple à Minerve (3).

2572. Gardes le souvenir d'Oreste et le *Pylade*.

2573. Chefs de peuple ! rappelez-vous quelquefois *Pyrander* (4), magistrat d'Athènes, lapidé par ses concitoyens, comme traître à la patrie ; il n'en était que le sage économe.

Q.

2574. N'emprisonnes pas sans nécessité, et pour ton seul amusement, des *quadrupèdes* dans un parc, des poissons dans un vivier, des oiseaux dans une volière.

---

(1) L'examen de conscience des Pythagoriciens.
(2) Stuckius, *sacrific.* p. 87. *in-folio.*
(3) C'est-à-dire, à la sagesse.
(4) Plutarque, *parallèles grecs et romains.*

2575. Par-dessus l'habit (1) carré, n'endosses point le manteau de la sagesse ; ces deux vêtemens vont mal ensemble : sois philosophe, ou homme du monde, tu ne peux être l'un et l'autre à-la-fois.

2576. Pour éviter toute profanation, ou plutôt, tout mal-entendu, abstiens-toi de prononcer le nom aux *quatre* (2) lettres.

2577. Législateurs ! n'avertissez pas le peuple de ses droits ; ne lui donnez pas le secret de sa force : *qu'en* ferait-il ?

2578. Peuple de Crotone ! honores la charrue et la *quenouille* : consacres-leur une fête, chaque année.

2579. Magistrat d'un peuple en guerre civile ! empêches les *quenouilles* de se mêler aux lances.

2580. Dans une *querelle* de ménage, ne déchires point la couronne (3) de ta femme.

2581. Le vulgaire dit : « Sers plutôt de *queue* aux lions, que de tête aux renards ».

La raison dit : « Ne sers à personne de tête ni de *queue* ».

2582. N'acceptes de magistrature *qu'une* fois en ta vie, tout au plus.

2583. Écris sur la porte de ta maison ce que

---

(1) *Non aliud discrimen inter vulgare pallium et philosophicum fuisse videtur, quam quod vulgare quadratum fuit... at philosophicum fusius ac semi-rotundum.*
Pitisci *lexic.* verbo *vestimenta quadrata.*

(2) Dieu, *Deus*; c'est le fameux *tetagrammaton.*
Voy. *monde primitif*, de Gebelin, *dissert. mêlées*, tom. I. *in-*4°. p. 299.

(3) IIIe *symb.*

d'autres n'écrivent que sur leur tombe : *ici, est un lieu de repos* (*Quietorium*).

2584. Crotoniates! donnez à vos tombeaux un aspect consolant : qu'on puisse s'y reposer sans effroi, sans dégoût ! l'homme arrivé au terme de sa vie, aura moins de regret, en voyant que sa nouvelle demeure vaut bien celle qu'il *quitte*.

2585. Magistrats de Crotone! ne vous modelez point sur ceux d'Égypte (1) : tous les jours, rendez la justice ; qu'aucune fête n'en suspende le cours! la justice est le pain *quotidien* du peuple.

R.

2586. Père de famille! gardes-toi de secouer l'arbre jeune encore, qui n'a point toutes ses *racines*.

2587. Quand tu rends service, sois semblable aux *racines* de l'arbre ; elles se dérobent modestement sous terre, et ne laissent soupçonner leur existence, que par la séve bienfaisante qu'elles envoient dans toutes les ramifications du végétal : son feuillage, brillant de verdure, serait bientôt flétri, sans le secours des *racines* nourricières qu'on ne voit point.

2588. Mets la *raison* de ton côté, et dors tranquille : tôt ou tard, la raison est plus forte que la force, plus puissante que le peuple et les rois.

2589. Citoyennes de Crotone! n'aimez qu'une

---

(1) Le jour de l'anniversaire de Typhon était réputé funeste ; les tribunaux vaquaient ce jour-là.

fois; c'est le vœu de la nature, et le conseil de la *raison*.

2590. Magistrat du peuple! ne mets point ta *raison* à la place de la loi.

2591. Réserves les lois de la *raison*, pour le temps où les hommes, las d'être peuples, ne formeront plus sur la terre que des grouppes d'amis.

2592. Ne refuses point la *raison* (1) aux animaux : s'ils pouvaient parler !...

2593. Sacrifies, sans (2) fumée, à la *raison*.

2594. Ne *raisonnes* pas avec les enfans, les femmes et le peuple.

2595. Habitans d'une ville opprimée ! insurgez vous, mais à la manière des *rameurs* (3), avec ordre et de concert.

2596. Ne manges point au *ratelier* (4) du peuple.

---

(1) Plutarch. *plac. philos.* lib. V. v. 20.
(*Statuit*) *Pythagoras... animas omnium... animalium esse rationis compotes.*
Aristote, Platon, Empedocle, Démocrite, Pythagore, tous ceux qui ont recherché la vérité, ont reconnu que les animaux avaient de la raison.
Porphyre, *abstin. de la chair.* III. 6.

(2) Les Anciens appelaient *sans fumée* un sacrifice sans victime. La chair et les graisses des victimes occasionnaient une fumée fort épaisse et désagréable; c'est ce qui a motivé cette loi symbolique.

(3) *Paribusque insurgite remis.* Virg. *aeneid.* III. 560.

(4) Ce mot de Pythagore se retrouve, altéré, dans ce proverbe grec et latin :
Ex eodem præsepi.

2597. Sois sobre : *Romulus* qui fit de grandes choses, se contentait souvent de *raves* (1).

2598. Époux d'une année ! parmi les provisions du ménage, n'oubliez pas un *rayon* de miel; servez-en sur votre table, à tous vos repas.

2599. Ne te permets pas en présence du (2) soleil, ce dont tu t'abstiendrais devant tout autre témoin.

Ne salis point la terre où tombent ses *rayons*.

2600. L'âme du sage est élastique ; plus on la comprime, plus elle a de ressort.

Méchant ! crains la *réaction* du sage oppressé.

2601. Gouvernans ! avant de vous permettre un coup d'état, calculez-en la *réaction*.

2602. Ménages ta vie ; ne la livres pas toute aux passions : elles n'en laisseraient à la sagesse que le *rebut* (3).

2603. Ne fais rien, dont le *récit* coûte à entendre.

2604. Lors d'une émeute populaire, ou d'une guerre sacrée, sois aussi prudent que l'écrevisse; marches à *reculon*.

2605. *Rédiges* tes lois, de sorte que chacune ait son expression.

2606. Législateur ! pour procéder à la *réforme* des mœurs, adresses-toi d'abord aux femmes (4).

---

(1) Senec. *apocolocynth.* Martial. *epigramm.*
(2) *Adversus solem ne mingito.* XXXI *symb.* Pythag.
(3) Stobæus 524.
(4) Tel fut le système de conduite que Pythagore suivit lui-même à Crotone, et qui eut plein succès.

2607. Commences la *réforme* d'un peuple, par mettre de côté toutes ses lois boiteuses (1)

2608. Apprends à voir plus loin que tes *regards* ne portent.

2609. Passes ton chemin au milieu de tes semblables, sans apeler sur toi les *regards*, sans les éviter non plus.

2610. Tiens *registre* de tes fautes ; car la mémoire la plus sûre cesse de l'être en pareil cas (2).

2611. Sois ambitieux, deviens sage ; tôt ou tard, l'autorité d'un sage est la *reine* (3) du monde.

2612. Ne te mêles point des affaires d'un peuple-roi : rien de plus indocile que la multitude, quand elle est *reine*.

2613. Ne donnes pas à un peuple libre des lois *relavées* ; qu'elles soient toutes de bon teint.

2614. Législateur ! s'il faut une *religion*, proposes le culte de l'égalité : l'égalité lie (4) les hommes.

2615. Homme d'état ! rends à la loi ce que la *religion* lui a enlevé.

---

(1) C'est-à-dire, qui n'ont point l'égalité pour base.
(2) L'*examen de conscience des Pythagoriciens*. Voy. Lamothe Levayer.
(3) *Tantus (Pythagoras) in cultu justiciae, ut populum partis Ytaliae (quae magna Graecia dicebatur) post mortem suam ejus nominis auctoritas rexit.*
Libellus de vitâ et moribus philosophorum. in - 4°. cap. XVII.
(4) On sait que *religio* vient de *religare*.

2616. Ne donnes point des lois à la *religion :* n'en reçois point d'elle.

2617. Homme de génie ! ne dis pas : « J'invente ». En ce monde, tout n'est que *reminiscence* (1).

2618. Magistrat ! comme le *remords*, sois sur les talons du crime.

2619. Pilotes politiques ! ne faites point *remorquer* une république par un roi, ni une monarchie par des républicains.

2620. Peuple d'Italie ! ne vous dites pas des *renards* : on vous a pris plus d'une fois au même piége (2).

2621. Crotoniates ! laissez aux Grecs vaniteux et menteurs, le soin de rendre un culte à la *Renommée :* ne faites pas trop parler de vous. —

2622. Fermes la bouche (3) à la *Renommée :* elle vend trop cher ses paroles.

2623. Ne regardes pas derrière-toi, pour voir si la *Renommée* te suit : vas droit ton chemin ; et ne te reposes que quand tu rencontreras un tombeau.

Ordinairement, la bonne réputation s'asseoit sur le tombeau de celui qui a bien vécu.

2624. Ne sacrifies point à la *Renommée*, déesse babillarde.

2625. Donnes trois siècles de *renommée*, pour trois jours d'estime.

---

(1) « Je ne t'enseignerai rien ; je te ferai ressouvenir », dit Pythagore, dans un dialogue de Lucien.
(2) Proverbe grec.
(3) D'où le proverbe : *famae os claudere.*

2626. Préfères le calme du bonheur, aux agitations de la *renommée*.

2627. Entre la faute reconnue, et la *réparation*, ne mets pas plus de distance qu'il n'y en a entre l'éclair et la foudre.

2628. Celui qui n'est point ton ami au troisième *repas*, ne le sera jamais.

2629. Les Dieux (disent des prêtres), se *repentirent* (1) bientôt d'avoir fait l'homme.

Répliquons à notre tour : l'homme se *repentit* bientôt d'avoir fait les Dieux.

2630. Crotoniates ! vivez en bonne intelligence ; les *repentirs*, dit le bon Hesiode, sont enfans de la discorde civile.

2631. Crotoniates ! ainsi qu'à Rome (2), élevez dans vos murs un temple à la divinité du *Repos*, pour servir d'asile aux vieillards qui ont bien mérité de la patrie.

2632. Magistrat ! garantis le *repos* du sage.

2633. N'attends pas la fin de ta vie, pour faire de ta tombe un autel au dieu (3) du *Repos*.

2634. Si les lois qu'on vous propose se *repoussent* l'une par l'autre, Crotoniates ! demandez-en de plus parfaites ; de bonnes lois sympathisent entr'elles.

---

(1) Ceci semble confirmer l'opinion de plusieurs écrivains, que Pythagore eut connaissance des livres de Moyse.

(2) *Quies aedem habuit Romae.*
Herbert. *de relig. Gentil.* XV. in-4°.

(3) A Rome, c'était une Déesse.

2635. Malédiction sur une *république* qui arrache les enfans (1) à leurs pères !

2636. Ne donnes point la *république* à un peuple enfant, ni à une vieille nation : il est trop tôt pour l'un, trop tard pour l'autre (2).

2637. Nations Italiques ! ne vous enviez pas les unes aux autres les avantages du sol ; restez chacune à votre place : visitez-vous sans jalousie ; rentrez chez vous sans *répugnance*.

2638. Ais soin de ta *réputation*, au moins autant que de ta santé.

— La *réputation* est notre seconde et dernière existence.

2639. Prends quelques soins de la *réputation* dont tu jouis : si pourtant on parvenait à te l'enlever, ne cours pas après ; le bonheur ne consiste point à passer pour sage, mais à l'être en effet.

2640. Pour distraire le *requin* qui te menace, tu jettes dans sa gueule béante, un morceau d'ambre.

Législateur ! traites de même les passions fougueuses du peuple ou des rois.

2641. Epouse devenue mère ! uses plus sobrement de ces petits riens, dont tu assaisonnais les premières faveurs de l'Hymenée.

Qu'au doux mystère succède une *réserve* décente.

---

(1) *Maxima injuria est filios dirimere à parentibus.* Nic. Scutellius, *vita Pythag.* in-4°.

(2) *Ne puero rempublicam.* Eupolis, poëte dramatique d'Athènes, tronqua cette loi demi-symbolique de Pythagore, pour en faire une espèce de proverbe dans la comédie *de populis.*

2642. Si le peuple te nomme sénateur ou magistrat, *resignes*-toi.

2643. Crotoniates ! gardez-vous de mettre à la tête de votre république, celui qui ne sait point se faire *respecter* de sa femme, ou de ses enfans.

2644. Crotoniates ! *respectez-vous* (1) : un peuple qui se *respecte*, n'est jamais esclave.

2645. Restes dans ta famille : tes premiers regards sont tombés sur un père qui t'a créé à son image ; que tes derniers regards tombent sur des enfans créés par toi à ta *ressemblance* !

2646. Législateur ! *restreints* la liberté de tout faire, et non celle de tout dire (2).

2647. Dans le calcul des heures qui composent ton existence, mets en ligne de compte une infinité de petites jouissances ; le bonheur en est le *résultat*.

2648. Le peuple aime à médire ; cela le soulage, ou lui sert de passe-temps.

Magistrats ! atteins des coups de sa langue, ne prenez pas la peine de vous justifier ; *retirez-vous* : le peuple oublie ceux qu'il ne voit plus.

2649. Magistrat et père de famille ! fermez quelques fois un œil sur la conduite du peuple et de vos enfans ; mais ne soyez pas tout-à-fait, ni long-temps endormis pour eux. Un magistrat et un père de famille qui sommeillent tout un jour, le lendemain trouvent bien du changement à leur *réveil*.

2650. Ne te permets rien d'inutile : quand

---

(1) XIIe *vers doré*.
(2) Dacier, *vie de Pythag.* p. 174.

tu marches, que chacun de tes pas ait un but! prends l'habitude de donner un motif à tout ce que tu fais; que tes *rêves* même aient de la suite!

2651. Ne maries point les *rêves* de la nuit à tes pensers du jour.

2652. Magistrat! ne dors point en présence de la multitude; elle ajouterait foi à tes *rêves* (1), de préférence aux lois les plus sages.

2653. N'étudies point les *révolutions* civiles, sur la place publique : observes chez eux les chefs de partis; l'histoire d'un peuple entier, souvent, est toute dans la vie d'une poignée d'hommes.

2654. Médecin politique! traites un peuple en *révolution*, comme un malade piqué par l'insecte (2) de Tarente : administres-lui les lois de l'harmonie.

2655. Ne proposes point de lois à un peuple en *révolution* (3).

Elles arriveraient trop tard, ou trop tôt.

2656. Peuples agricoles! évitez les *révolutions* politiques; elles ne produisent que de l'écume.

2657. Homme de génie! travailles pour l'espèce humaine, seulement : abandonnes le peuple aux *révolutions*.

2658. Les *révolutions* politiques, sont les épisodes de l'histoire :

---

(1) La divination par les songes, est de toute antiquité.
(2) La *tarentule*: la piqûre de cette araignée d'Italie, rend frénétique.
(3) *Nil educes quod unguibus instructum aduncis sit*
Symb. Pythag.

Crotoniates ! passez vous-en dans la vôtre.

2659. Peuples ! laissez les *révolutions* au soleil ; à lui seul appartient de les faire pour l'avantage de tous.

2660. Honorez la mémoire de *Rhadamante* ; il administrait une justice sévère, mais point tardive (1).

2661. Magistrat ! interdis l'entrée de la ville aux *rhéteurs* : un peuple esclave est insensible à l'éloquence ; un peuple libre n'en a que faire.

2662. Que la loi aille au but par le plus court chemin.

Homme d'état ! laisses aux *rhéteurs* les circonlocutions.

2663. A la *rhétorique* des mots, préfères l'éloquence naturelle des choses.

2664. Homme de génie ! dès l'aube du jour, avant le lever des citadins, crayonnes tes lois sur les portes de la ville, sans y entrer : laisses croire à la multitude qui les lira aux premiers rayons du soleil, que cet astre lui-même est son législateur : « Il fut le nôtre », disent les *Rhodiens* (2).

2665. N'épouses point une femme qui n'entendrait pas froidement le récit des brillantes aventures de *Rhodope* (3).

2666. Crotoniates ! tant que la population de

---

(1) Plato. *leg*. XII.
(2) Vieille tradition chez les insulaires de Rhodes ; ils reconnaissaient le soleil pour principale Divinité, et pour premier législateur.
(3) Herodot. II. 35. Dom Martin, *monumens singuliers. in-4°.* 328.

votre ville sera composée de *riches* et de pauvres, ne vous vantez pas d'être tout-à-fait libres.

Nécessairement, le pauvre est l'esclave du riche ; le *riche* est le maître du pauvre.

2667. Refuses des lois à une nation pauvre, entourée de peuples *riches*.

2668. Le sage consentira à devenir *riche*, quand il verra les *riches* devenus sages.

2669. Sois *riche* (1) en dedans.

2670. Crotoniates ! ne faites pas de présens aux Dieux ; ne donnez pas à plus *riches* que vous.

2671. Vieillard, qui rougis de l'être ! tout un champ de féves (2), réduites en farine, ne saurait effacer tes *rides* : laisses ce soin au tombeau.

2672. Jeune homme ! respectes les *rides* du vieillard : les *rides* servent d'asile à l'expérience ; elle y cache ses plus beaux secrets.

2673. Abstiens-toi de rire ou de faire rire aux dépens de l'honnête homme qui aurait un *ridicule*.

2674. Législateur ! ne laisses presque *rien* à faire au peuple : que tout se fasse pour lui, *rien* par lui !

2675. Que chaque loi soit de *rigueur* ! Une loi inutile compromet toutes les autres; elle apprend à s'en passer.

---

(1) C'est-à-dire : « Enrichis ton ame ».
Comment. d'Hiéroclès.

(2) *Lomentum*. Pitisci *lexic.*

2676. Méfies-toi des discours d'un homme qui *rince* sa bouche toutes les fois qu'il a bu du vin.

2677. Femmes de Crotone ! il est un Dieu, sorti du cerveau de Lycurgue, qui vous conviendrait bien : rendez un culte décent au *rire* ingénu.

2678. Législateur ! interdis la cité à tout homme qui vit aux dépens de ceux qu'il fait *rire*.

2679. Homme probe ! veilles sur toi ; ne donnes point à *rire* aux mal-honnêtes gens ; conserves à la vertu toute sa dignité.

2680. Enfant du peuple ! ne *ris* point, en passant devant celui qui pleure.

Ne railles point les infortunés ; les infortunés ne sont pas plaisans.

2681. Magistrat ! ne sois point le *rival* du législateur.

2682. N'achèves point d'user la *robe* portée déjà par un autre.

2683. Ne conspuez pas la *robe* de vos magistrats, quand ils la déshonorent : obligez-les à la quitter.

2684. Citoyennes de Crotone ! laissez à celles de Sybaris, l'usage des *robes* transparentes, tissues dans l'île de Cos (1).

2685. Refuses des lois à un peuple monarchique : la loi et un *roi*, ne peuvent aller longtemps de compagnie.

---

(1) *Coae vestes*. Horat. satyr. II. lib. I.
Vitreas togas. Varro.
Esaïe parle de robes transparentes. *inter lucentes laconicas*; les robes de gaze sont de vieille date.

2686.

DE PYTHAGORE. 337

2686. Crotoniates! si jamais vous souffrez un *roi*, ne souffrez pas du moins qu'il soit en même-temps votre législateur.

2687. Faites plutôt que le spectacle de vos vertus républicaines dégoûte les autres peuples de vivre sous des *rois*.

2688. Ne contrefais pas les pierres précieuses: laisses cela au desœuvrement d'un *roi* (1).

2689. Refuses d'être *roi* du festin : il te prendrait peut-être envie de devenir *roi* d'autre chose.

2690. Crotoniates! si vous retournez à la monarchie, changez de *roi* tous les jours : monarque de trois jours est déja corrompu.

2691. Ne voyages point à la cour des *rois* : appliques aux *rois* ce qu'Homère a pensé des Dieux.

« On ne les voit pas impunément » (2).

2692. Crotoniates! abstenez-vous d'imprécations contre les *rois*.

L'indépendance consiste, non pas à dire du mal des *rois*, mais à savoir s'en passer, et vivre plus heureux sous un autre régime que le leur.

2693. Voyageur! ne visites ni les *rois*, ni les peuples - *rois*.

2694. Peuples monarchiques! ne faites point l'outrage à vos Dieux de croire que les *rois* en sont les images ou les ministres.

―――――――――――

(1) Allusion à ce roi d'Egypte, qui s'amusait à fabriquer de faux saphirs.
(2) Lamothe Levayer, *nouv. petits traités*; lettre XV. in-8°. 1659.

Tome VI. Y

2695. Crotoniates! plus justes que les *Romains*, qui n'accordent à l'égalité qu'un jour de règne par an, faites durer parmi vous les Saturnales toute l'année.

2696. Législateur! ne proposes point l'exemple des *Romains*, consacrant un culte à la fièvre.

La fièvre ne convient qu'aux peuples conquérans.

2697. Crotoniates! pesez vos sénateurs ; ne les comptez pas (1) : *Rome* était tout aussi bien gouvernée sous un sénat de cent têtes, que de (2) trois cent (3).

2698. Ne fais point de sermens ; le serment du caillou (4) a-t-il préservé du parjure la ville de *Rome* ?

2699. Crotoniates! aimez les arts ; embellissez votre ville de leurs chefs-d'œuvres : mais que ces chefs-d'œuvres ne soient pas des rapines enlevées aux nations étrangères. N'imitez pas Cambyse et *Rome*.

2700. Magistrats des autres peuples! rendez hommage à la sagesse d'une loi de *Rome*, qui défend au prince des prêtres (5) de haranguer le peuple.

---

(1) Le sénat de Crotone était de mille têtes.
(2) Du temps de Romulus.
(3) Du temps des Tarquins.
(4) Les rois de Rome, pour passer un traité, prenaient un caillou, dans la main, disant :
« Si je fausse ma parole, que Jupiter me rejette comme ce caillou » !
En même temps, ils le jetaient en effet à terre.
(5) Ou *roi des sacrifices*.

2701. Crotoniates ! n'imitez pas *Rome*, qui tous les ans prononce des malédictions contre la monarchie (1) : malgré les constitutions républicaines et les élections populaires, le plus sage d'entre les hommes sera toujours leur roi.

2702. Ne *romps* pas ton pain avec ton ami (2).

2703. Père de famille ! partages également le pain à tes enfans ; ne le leur laisses pas *rompre* (3).

2704. Ne coupes pas le pain que tu peux *rompre*.

2705. Crotoniates ! honorez la mémoire de *Romulus* : non pas pour avoir conquis ou fondé Rome, mais pour y avoir établi les tribunaux de famille (4).

2706. Crotoniates ! ne perfectionnez pas la science athlétique aux dépens de la pudeur.

Rappelez-vous une loi de mort que *Romulus* porta contre l'homme qui se laisserait voir nu par une femme.

2707. Gardez le souvenir de *Romulus*, pour avoir pardonné à un mari, coupable du meurtre de sa femme ivre.

2708. Ne sèmes point de *ronces* le long du sentier qui sépare les demeures de deux amis.

---

(1) Le jour de la fête *regifugium*, commémoration de la fuite et du bannissement des Tarquins.
(2) Pour dire : « Donnes-toi tout entier, et non par fraction, à ton ami ».
(3) *Symb.* XXIV.
(4) Ou la magistrature des familles. Denis d'Halic.

2709. Crotoniates sexagénaires ! ne luttez point de plaisirs avec vos jeunes concitoyens.

Le temps aiguise sa faulx sur la tête chauve d'un vieillard qui danse une *ronde*.

2710. De préférence à une table longue, assieds-toi à une *ronde* (1).

Une table ronde semble n'admettre que des convives tous égaux.

2711. Crotoniate ! vis en paix avec tes voisins. Tous les peuples sont égaux ; la terre qu'ils habitent est *ronde* (2), pour leur ôter toute prétention à la préséance les uns sur les autres.

2712. Vieillards ! un vieillard, à la fin d'un banquet, voulut effeuiller une *rose* naissante sur ses cheveux blanchis (3) :

La jeune rose s'échappa de ses doigts tremblans et lui dit : « Bon vieillard ! le temps des neiges n'est pas celui des roses ».

2713. Crotoniates ! si vous sentez le besoin d'avoir des sages au milieu de vous, n'attendez pas qu'ils sortent de leur retraite ; ils sont rarement d'humeur à prévenir le peuple.

La *rose* du désert naît et meurt sans témoins.

2714. Ne parfumes point la *rose* odorante.

2715. Ne t'appuyes pas sur le *roseau* de la vie.

2716. Magistrats et rois ! n'appesantissez pas

---

(1) Stuck. *conviv. antiq.* I.

(2) Un oracle de Delphes avait ordonné d'écrire en cercle les noms des sept Sages, pour éviter toute chicane.

(3) Ce symbole, en forme d'apologue, est une critique de l'une des odes d'Anacréon.

votre main sur le peuple : c'est un *roseau* qui vous blesserait, en se brisant.

2717. Législateur ! donnes aux chefs du peuple un *roseau* doré pour sceptre, afin qu'ils soient avertis de ne point trop peser dessus.

2718. Fais le bien, de toi-même, sans y être obligé.

Ne ressembles pas à ces *roseaux* du Nil ou de l'Inde, qu'il faut broyer sous la dent, ou écraser avec le cylindre, pour en exprimer la substance balsamique.

2719. Homme sage ! tu n'es qu'une goutte de *rosée* dans les flots amers (1) de l'océan orageux.

Renonces à l'espoir d'améliorer l'espèce humaine, tant qu'elle restera peuple.

Tous les maux qui pèsent sur le genre humain datent du moment qu'il devint peuple.

2720. Jeune homme ! livres-toi à l'étude dès l'aurore. La science est la *rosée* de l'ame.

2721. Jeune homme ! ne cueilles point deux *roses* à-la-fois.

2722. N'estimes pas un peuple, d'après sa population : les *roses* à cinq feuilles ont plus de parfum que les roses à cent feuilles.

2723. Jeunes filles de Crotone ! il y a des *roses* qui ont cent feuilles ; il n'y en a point qui durent cent jours.

2724. Les poëtes mâchent des feuilles de laurier, pour se rendre Apollon favorable.

Mets dans ta bouche des feuilles de *roses*,

---

(1) *Fluvius cùm sis, cum mari contendis*... Prov. gr.

quand tu croiras devoir adresser quelques reproches à ta femme, à tes enfans, ou à ton ami.

2725. Jeune homme ! meubles ton cerveau de connaissances utiles. Des idées saines parent le front de l'homme, mieux encore que des *roses* fraîches sur la tête d'une jeune fille.

2726. Rends à l'indépendance le *rossignol* captif qui a perdu son chant (1):
Ne sois point le libérateur d'un peuple esclave et qui danse.

2727. Jeune fille ! parles avec sagesse, ou avec grâce; on ne s'apercevra pas de l'irrégularité de tes dents.
Le *rossignol*, pour plaire, n'a pas besoin d'un plumage peint avec éclat; il lui suffit de son chant.

2728. Législateur et magistrats ! ne souffrez rien d'inutile dans le *rouage* politique; ne faites point grâces aux beaux arts, s'ils ne trouvent pas le secret de se rendre nécessaires.

2729. Les hommes et les choses font la *roue* (2).
Parcoures le cercle de ta vie, sans divaguer.

2730. Législateur ! si la république peut marcher avec deux *roues*, ne lui en donne pas quatre.

2731. Jeune femme ! ne te crois pas dispensée de *rougir*, parce que tu portes un voile.

2732. Crotoniates ! ne laissez point vos bonnes lois se couvrir de *rouille*.

---

(1) *In caveâ non canit luscinia.* Prov. grec et latin.
(2) D'où le proverbe : *circulus, res mortalium.*

2733. Après avoir ensemencé ton champ, passes aussi le *rouleau* sur ta vie.

2734. Dans une *route* étroite, ne sépares point l'épouse de son mari, le père de son fils, la fille de sa mère, la sœur de son frère, l'ami de son ami.

2735. Voyageur! ne tiens pas deux *routes* à-la-fois (1).

2736. Préfères les petits sentiers aux grandes *routes*.

2737. Peuple de Crotone! gardes-toi de ressembler aux enfans de la Grèce, qui jouent à la *royauté* (2) : ne donnes point tes magistratures aux plus adroits.

2738. Sois comme le *rubis*, difficile à recevoir une empreinte.

2739. Permets au peuple de bourdonner dans sa ruche, pourvu qu'il y travaille (3).

2740. Jeune femme! tu trouveras peu d'abeilles hors de leur *ruche* pendant la nuit.

Qu'on ne te trouve pas non plus, la nuit, hors de la maison paternelle ou maritale!

2741. Législateur! connais le peuple : Est-il sans frein? il mord : en a-t-il un? il *rue*.

2742. Plus un *ruisseau* gazouille, et plus il devient net.

Crotoniates! dans vos assemblées populaires et sénatoriales, pourquoi n'en est-il pas de

---

(1) *Vie de Pythag.* par Dacier.
(2) On jetait une balle en l'air; celui qui l'attrapait dans sa chute, était roi. Platon, *Theethete*.
(3) Stobæus. p. 151. *in-folio*. edit. Gessner. 1543.

même d'une discussion politique ? plus on y parle, moins elle s'éclaircit.

2743. Tâches de n'être que le spectateur de ta vie : regardes couler tes jours, comme si tu te promenais le long d'un *ruisseau*.

2744. Epoux ! soyez semblables à deux *ruisseaux* limpides, qui se mêlent sans se troubler.

2745. Si tu découvres une fontaine dans ton champ, et si celui de ton voisin en manque, change ta source en *ruisseau*.
L'eau n'est pas plus une jouissance exclusive et personnelle que la terre, l'air et le feu.

2746. Peuple de Crotone ! ne demandes pas à Minerve qu'elle fasse jaillir du cerveau de tes magistrats des lois nouvelles. Pries seulement la déesse *Runcina* (1) de leur indiquer les lois inutiles qui rongent le sol de la république.

2747. Législateur ! laisses au peuple ses divinités forestières, bocagères, potagères ; tant qu'il n'aura que des dieux *ruraux*, la raison elle-même pourra sourire à la superstition.

S.

2748. Traces les fautes de ton ami sur le *sable*.

2749. Orgueilleux héritier de mille arpens de terre ! montes dans la lune, et regardes !..
Tes mille arpens de terre font à peine mille grains de *sable*.

---

(1) Divinité du sarclage.

2750. Bâtis sur le *sable*, plutôt que sur le territoire d'une vieille nation, ou d'un peuple nouveau.

2751. Historiens! dans vos écrits, ne qualifiez pas de révolutions libérales, les *saccades* données à un peuple par ses chefs ambitieux et sanguinaires.

2752. Crotoniates! soyez sobres, comme un *sacrifice* à Cérès (1).

2753. N'imites point les héros : presque toutes leurs prouesses sont dues à l'amour seul de la gloire : comme si la vertu n'était pas en état par elle-même de payer les *sacrifices* qu'on lui fait!

2754. Qu'il soit défendu au ministre des autels d'aller sacrifier dans l'intérieur des maisons!

2755. Infans de Crotone! vous demandez : « Où est le *sage*? que fait-il? à quel signe le reconnaître »?

Honorez du nom de sage, celui qui l'est par amour seul de la sagesse (2), et non pour gagner la confiance de tous, ou la faveur d'un seul.

2756. Ne te crois pas plus *sage* (3) qu'un autre : ce serait prouver que tu l'es moins.

2757. Ne te reposes pas après une bonne

---

(1) Les Grecs ne se servaient point de vin dans leurs sacrifices à Cérès, Denis d'Halic. *antiq. rom.* I. 7.

(2) *Honora quod justum est, propter hoc ipsum quod justum est.* Sextus Pythagoreus.

(3) *Non eris sapiens, si te reputaveris sapientem.*
Sextus Pythagoreus, *sententiae.*

œuvre. Une bonne action n'est qu'un chapitre de la vie du sage.

Un seul rayon de soleil ne suffit pas pour faire un beau jour, ni un seul beau jour pour faire le printemps : c'est l'ensemble de toute la vie qui caractérise le *sage*.

2758. Magistrat ! ne soumets point le *sage* à la multitude de tes réglemens civils : les lois du peuple ne sont pas pour le sage ; il n'en a pas besoin, il a les siennes.

2759. Peuple de Crotone ! ne prétends pas soumettre le *sage* à ton régime. Le médecin et le malade ne couchent point ensemble (1).

2760. Ni monarchique, ni républicain ; législateur ! sois *sage* !

2761. Entres dans la maison du *sage* : qu'il y soit ou non, tu en sortiras meilleur.

2762. Magistrats ! ne soyez point jaloux du *sage*, si ses avis prévalent sur la loi.

2763. Sois aimable et *sage* tout ensemble ! La vue d'un sage aimable est le plus beau de tous les spectacles (2).

2764. Peuple de Crotone ! n'obliges point

---

(1) *Epist.* Pythagoræ Hieroni Syracusano.
(2) Pythagore donna ce spectacle au monde.
On lit dans l'*histoire de l'esprit humain*, par Saverien, l'auteur du *dictionnaire des mathématiques* : « Pythagore instruisait les personnes de toutes conditions dans leur devoir ; et c'était avec tant de douceur, qu'il se faisait aimer de tout le monde. Jamais philosophe n'a eu des disciples plus fidelles et plus reconnaissans. Quant à sa morale, elle consistait en ceci : observer les égards de la tolérance que les hommes se doivent mutuellement ».

le *sage* à fréquenter les temples; le sage porte en lui sa Divinité.

2765. Epouse enceinte! veilles sur tes passions plus que jamais; tu dois être *sage* pour deux. L'enfant que tu portes partagera les fruits de ta bonne conduite.

2766. Crotoniates! si vous ne pouvez être *sages* sans Dieux, n'ayez des Dieux que ce qu'il vous en faut pour être sages.

2767. Législateur! si le peuple ne peut se passer d'avoir des Dieux, du moins ne lui donnes, ou plutôt ne lui laisses prendre que des Dieux *sages*.

2768. Gardez le souvenir d'*Ollavefola* (1), législateur des insulaires d'Ierna (2); il mérita d'être appelé le Mur des *sages*.

2769. Chaque jour, dans tes foyers, brûles un grain d'encens à la *sagesse* (3): ce culte t'exemptera de tous les autres.

2770. Crotoniates! honorez comme magistrats, non-seulement ceux élus par vous, mais encore tous citoyens sages, capables de bons avis. La *sagesse* est la première des magistratures.

2771. Ne confonds pas *sagesse* et science (4).

2772. Homme d'état! donnes à tes lois un caractère de *sagesse* qui les dispense de la sanction des Dieux.

---

(1) Il florissait entre Lycurge et Solon.
(2) Les *Irlandais*.
(3) C'est ce que Juvenal a exprimé avec son énergie ordinaire :
Nullum numen abest, si sit prudentia. Satyr.
(4) Du temps de Pythagore, *savant* et *sage* étaient synonimes.

2773. Professes la *sagesse* : de tous les états de la vie, c'est encore le plus facile et le moins dispendieux. Que faut-il au sage ? du pain et du miel, du lait et des fruits (1), un toit de chaume et un manteau, une source fraîche et une vierge (2), une lyre et un ami.

2774. Définis la *sagesse* : la science de l'ordre. Pour être sage, mets, dans le cours de ta vie, tout à sa place. L'héroïsme du moment ne vaut pas l'ordre impertubable qui règne dans les actions quotidiennes du sage.

2775. Les uns demandent aux Dieux beaucoup de richesses, les autres un rang honorable, d'autres de longs jours, d'autres une femme chaste, d'autres, la vérité.

Acquiers la *sagesse* seulement ; avec elle tu auras tous les biens à-la-fois, ou tu sauras t'en passer : c'est la même chose.

2776. Crotoniates ! élisez pour magistrats des hommes *sains* de corps et d'esprit.

2777. Choisis la belle *saison* et un temps calme, pour proposer une loi au peuple.

2778. Jeune homme ! honores l'homme âgé : une belle vieillesse est ordinairement le *salaire* d'une belle vie.

2779. Ne te présentes point chez le magistrat pour lui demander la récompense de tes

---

(1) Le régime pythagoricien.
(2) *Pythagoras philosophus intemperantiae nescius holusculis tantum et fruge vescebatur. Carnibus abstinebat. Potum illi fons tribuit. Castus in matrimonio vixit.*
Guido de Fontenayo. *mag. collectorium hist.* LX, recto.

services, le prix de tes travaux: attends chez toi: la vertu ne va point au-devant du *salaire*.

2780. Ne sois pas même la poignée innocente du glaive homicide ; encore moins la pierre *samienne* qui l'aiguise (1); bien moins encore le bras qui s'en sert.

2781. Voyages à *Samos* pour voir le plus grand des temples (2), et peut-être le moins sage des peuples.

2782. Peuple de Crotone ! ne vas point à *Samos* chercher des couronnes pour tes fêtes (3).

2783. Père de famille ! ne laisses point aller ta femme ou tes enfans dans les temples, pour y faire l'aveu de leurs fautes, aux pieds d'un prêtre (4), comme c'est l'usage en *Samothrace*.

2784. Législateur ! interdis les assemblées politiques au ministre des autels: sa place est dans le *sanctuaire*.

2785. Crotoniates ! que l'intérieur de vos maisons soit comme un *sanctuaire* où la loi seule puisse entrer.

2786. N'allumes point ta lampe d'étude à celle des *sanctuaires*.

2787. Honorez le souvenir de *Sancus*, magistrat chez les Sabins, si intègre, qu'ils en firent le symbole, ou le Dieu de la bonne foi (5).

---

(1) *Mola samiata.*
(2) Celui de Junon. Herodot. *Thalie.*
(3) A la porte des lieux publics de débauche, les Samiens suspendaient pour enseigne des guirlandes et des couronnes de fleurs.
(4) Ce prêtre-confesseur s'appelait *Koës*.
(5) *Dius fidius*. Chaupy, *maison de camp. d'Horace.* LXXVII. tom. III. *in-8°*.

2788. Ne mets point tes *sandales* sur ta tête (1).

Ne t'énorgueillis pas des éloges du peuple.

2789. Crotoniates ! gardez le souvenir de *Sandion* (2), libérateur de Mégare, sa patrie.

2790. Jeune homme ! ne prodigues pas la fleur de ton *sang* (3).

2791. Ne jures pas, la main dans le *sang* (4).

2792. A l'enfant, le lait de sa mère; une onde pure, au voyageur qui a soif; du *sang*, au peuple en révolution.

2793. Habitans des cités ! laissez croître l'herbe dans vos murs, plutôt que de voir le *sang* y ruisseler.

2794. Ne crois point à l'humanité d'un peuple qui voit couler journellement dans ses carrefours le *sang* des animaux.

2795. Ne bois pas le *sang* de ta mère (5).

2796. Ne donnes point au peuple des lois trempées dans le *sang*.

2797. Riches Crotoniates ! rappelez-vous

---

(1) *Ocream capiti adaptare.* Prov.
(2) Pausanias, 1. *voyage en Grèce.*
(3) *Semen hominis*, dans l'idiome symbolique de Pythagore.
(4) C'était un antique usage. Eschyle, *les sept chefs devant Thèbes*, tragédie.
(5) Androcydes, médecin grec, se ressouvenait de ce mot de Pythagore, quand il priait Alexandre, à table, de ne pas trop boire, attendu que le vin est le pur sang de la terre.
Voy. *l'éloge de l'ivresse.* XXV. p. 182. La Haye. 1714. *in-*12.

les *Sannes*, le plus pauvre et le plus gai de tous les peuples (1).

2798. Le soin de ta *santé* est presqu'une vertu : du moins que ce soit l'un de tes premiers devoirs ! quand le corps n'est pas sain, l'ame se porte mal.

2799. Jeunes filles de Crotone ! les oiseaux de votre sexe ne chantent point leurs amours : soyez plus discrètes que *Sapho*.

2800. Uses du sel et du *sarcasme* (2), avec beaucoup de parcimonie.

2801. Instituteur de peuples ! ne sèmes pas, à pleine main, des lois nouvelles dans le champ de la république : seulement, *sarcles* les mauvaises.

2802. Crotoniates ! plutôt que de faire une loi contre le larcin, allez demander aux *Sarmates*, comment ils préviennent ce délit ? ils vous répondront : « La propriété communale » !

2803. Pour vivre aussi libre que les *Sarmates*, ne tiens pas plus à la vie, qu'eux au sol. Des charriots leur servent de maisons (3).

2804. Crotoniates ! honorez la mémoire de *Saruch* (4), le Chaldéen, qui le premier honora d'une statue les hommes vertueux (5).

2805. Peuples riches et sans mœurs ! allez demander aux *Satarches* (6), s'ils ne vivent

---

(1) Il n'avait pour maisons que des charriots.
(2) *Sentent.* Pythag. Demoph.
(3) *Hamaxobii, plaustra vitae;* charriots où l'on passe sa vie.
(4) Cedrenus, *Synops. histor.*
(5) D'argile.
(6) Peuplade scythe. *Solin.* ch. XV.

pas mieux, depuis qu'ils ont proscrit l'usage de l'or.

2806. Ne parles point de liberté à un peuple ivre : crains le sort du bon Janus (1), le fondateur des *Saturnales*.

2807. Crotoniates ! que d'autres peuples sacrifient au dieu *Saturne* : vous, fondez un culte à la Vérité, fille du Temps.

2808. Familles agricoles ! rendez un culte de reconnaissance à *Saturne*, l'inventeur de la faulx.

2809. Crotoniates ! gardez souvenir du bon *Saturne* : sous sa magistrature, la servitude et la domesticité furent abolies ; tous les hommes vivaient égaux (2).

2810. Ne vas point aux autels de Vénus pour guérir du *mal de Saturne* (3); tu ne ferais qu'un échange : voyages plutôt sur les traces d'Hercule : exerces-toi à combattre les monstres ; il en reste encore sur la terre.

2811. Préfères l'ordre à la méthode :
La méthode fait le *savant*; l'ordre fait le *sage*.

2812. Deviens *sage*, d'abord ; et *savant*, s'il te reste du loisir.

2813. Que le parasite atteint d'avoir pris sa part de trois banquets dans un seul jour,

―――――――――――――――――――――――――

(1) Il fut massacré. Voy. *hist. univ.* tom. XIV. p. 259. in-4°. Plutarch. *probl. rom.*

(2) *Æqualitas omnibus, neque me regnante servus erat.* Lucianus.

(3) Les Anciens désignaient ainsi les malades hypocondres.

soit exporté chez les *Sauromates* (1), où l'on ne mange qu'une seule fois tous les trois jours!

2814. Magistrat! poursuis non-seulement le crime, mais encore les vices.

Hercule fit la guerre en même-temps aux monstres et aux *sauterelles* (2).

2815. Si l'on te demande : « Qu'est-ce que le peuple »?

Dis : « Un troupeau d'hommes *sauvages* dégénérés ».

2816. Crotoniates! pour vous conserver, ou redevenir indépendans, renoncez au luxe, sans imiter les Nabatéens (3).

La liberté n'exige pas qu'on soit *sauvage* ou barbare.

2817. Ne vas point dans les temples chercher une *sauve-garde* à tes lois : qu'elles soient justes! elles seront inviolables.

2818. Crotoniates! évitez le *scandale* d'une république où les soldats jeûnent, où les magistrats s'enivrent.

2819. Législateur! avant toutes choses, fais disparaître d'une cité le *scandale* d'y voir les prêtres riches, le peuple pauvre (4).

2820. Législateur! préviens un grand *scandale* politique : celui d'un peuple portant plus de confiance et plus de respect à ses prêtres qu'à ses magistrats!

2821. Législateur et magistrats! si le peuple

---

(1) Peuplade au-delà du Boristhène.
(2) Surnommé *Cornopien*.
(3) Peuplade d'Arabie. Diod. *bibl.*
(4) Cicéron adopta cette loi. *de legibus.* II.

exige de vous un serment ; dites : J'en jure par le *sceptre de la raison* (1).

2822. Crotoniates ! à l'exemple des habitans de Chæronée, rendez un culte au sceptre, mais que ce soit le *sceptre* du génie.

2823. Si tu en as le choix, préfères le *sceptre* d'un conducteur de chars à celui d'un conducteur de peuples : il est plus aisé de faire entendre raison à des chevaux instruits, qu'à des hommes civilisés.

2824. Sois plutôt *scholarque* (2), que démarque (3).

Le peuple est bien un enfant ; mais une école n'est pas une ville (4).

2825. Ne cherches point à savoir beaucoup : de toutes les *sciences*, la morale est la seule nécessaire (5), peut-être, et elle ne s'apprend pas.

2826. Poses des limites à ton ardeur pour les *sciences*.

Ne mets point de bornes à ton amour pour la vérité.

―――――――――――

(1) Imitation, ou plutôt correctif d'une formule de serment, usitée chez les Anciens. Homer. *Iliad.* I.
(2) Maître d'école.
(3) Magistrat du peuple.
(4) « Ceux que Jupiter hait, il les fait maîtres d'école », dit Lucien.
(5) Pythagore chérissait la morale plus que toutes les autres sciences, soutenant que celles qui ne guérissent aucune passion, étaient aussi inutiles que le médecin qui ne guérit aucune maladie.

Page 10, préface de *la morale* de Cochet.

2827. Refuses un asile au *scorpion* qui ne trouve point de ruines où se cacher (1).

L'hospitalité n'est point la dernière des vertus; elle devient la première des imprudences, quand on l'exerce envers le méchant.

2828. Voyageur! ne t'arrêtes point à *Scyros* (2) : les jeunes filles de cette terre isolée eurent plus de pouvoir sur Achille, que les Syrènes sur Ulysse.

2829. Peuples qui demandez des lois! les *Scythes* n'en ont pas, et n'en sont que plus justes (3).

2830. Crotoniates! adoptez une loi des *Scythes*, qui défend de dire la main droite (4), la main gauche, et qui ordonne de se servir indifféremment de ses deux mains.

2831. Imites les *Scythes* : destines deux vases d'argile à recevoir, l'un tes bonnes, l'autre tes mauvaises actions, désignées par des pierres blanches ou noires : le jour anniversaire de ta naissance, fais-en le calcul et juges-toi.

2832. Si l'haleine de ta femme sent le vin, renvoyes-la, en lui disant : « Vas te remarier chez les *Scythes* (5).

2833. Crotoniates! semez le blé pour votre table, et non pour le vendre, à l'exemple des *Scythes* laboureurs (6).

---

(1) L'idée de cette loi morale appartient aux Persans; Pythagore puisait à toutes les sources.
(2) Ile de la mer Ægée; aujourd. *San-Georgio di Sciro*.
(3) Justin. II. 2.
(4) Platon parle de cette loi.
(5) Peuple buveur.
(6) Hérodot. IV. 17.

2834. Législateur! laisses croire au peuple, comme en *Scythie* (1), que la charrue est tombée du ciel en terre: que l'agriculture soit toujours pour lui chose sacrée!

2835. Hommé de génie, en butte aux envieux! imites la *sèche* prudente: ce poisson s'enveloppe d'un nuage obscur, pour échapper aux mains avides du pêcheur (2).

2836. Ne te charges point de *secrets*, sous la clause de les taire à ton mari.

2837. Médecins et législateurs! ayez, sans scrupule, des *secrets* pour vos malades et pour le peuple.

2838. N'ais point de secrets: ils motivent la dissimulation et deviennent des occasions de parjure. Les *secrets* resserrent le cœur, interceptent les communications et rompent la chaîne qui doit unir tous les hommes.

2839. Ne confies point à l'astre des nuits ce que tu n'oses révéler à celui du jour: la nuit et le jour, la lune et le soleil, n'ont point de *secrets* l'un pour l'autre.

2840. Crotoniates! consacrez une fête en l'honneur du citoyen parvenu à son année *séculaire*.

2841. Magistrat d'un peuple libre! recommandes-lui d'être *sédentaire* au travail; mais éloignes-le des travaux sédentaires (3).

---

(1) Herodot. IV.
(2) Cette loi n'a eu que trop d'exécution dans l'école de Pythagore, et parmi les autres philosophes.
(3) Les lois de Numa ne permettaient les professions sasanières qu'aux esclaves et aux étrangers.
Le législateur de Rome était Pythagoricien bien avant

2842. Désires-tu rendre ton mari *sédentaire* près de toi ? fais qu'il ne trouve pas ailleurs autant de grâces et de modestie, de douceur et de tendresse.

2843. Homme d'état ! n'ais point recours aux lois pour combattre le luxe : charges l'opinion publique de flétrir les femmes trop peu *sédentaires*.

2844. Crotoniates ! aux plus brillantes révolutions, préférez des lois *sédentaires* (1).

2845. Les troupeaux de moutons et d'hommes aiment le *sel*.

Bergers et législateurs ! mettez-en dans leurs alimens et dans leurs lois.

2846. Si tu te permets la chair des animaux, manges-la sans *sel* (2).

Le sel fait que l'on mange au-delà du besoin.

2847. Citoyennes de Crotone ! pour conserver l'éclat de votre sein, n'envoyez point chercher à *Samos*, ou sur les rives du Sélinus (3), de la terre plus blanche que le lait (4). Soyez pures de mœurs et sobres de plaisirs.

2848. Sois toujours *semblable* à toi-même.

2849. N'ais pas la sotte prétention de croire que tes *semblables* ne peuvent se passer de toi.

---

le législateur de Crotone. De mauvais chronologues font Numa disciple de Pythagore ; ici, Pythagore l'est de Numa.

(1) Ou *des lois assises*.
(2) Loi empruntée aux prêtres d'Egypte. Voy. Plutarq.
(3) En Sicile.
(4) Les *dames* de l'antiquité se plâtraient le visage et le sein avec de la craie détrempée dans du vinaigre.

2850. Permets-toi le juste orgueil de croire que tu peux te passer de tes *semblables*.

2851. Ne fais point de mal à l'homme ton *semblable*, ni aux autres animaux; ils sont aussi tes semblables (1).

2852. Sois *semblable* au médecin prudent, qui n'ordonne à ses malades que des recettes éprouvées par sa propre expérience.

Ne proposes d'avis à suivre que ceux que tu auras mis toi-même le premier en pratique.

2853. En avançant dans la vie, *sèmes* sur la route de bonnes actions, afin de pouvoir, sans rougir, regarder de temps en temps derrière toi.

2854. L'agriculteur ne se hâte point de confier ses *semences* au champ voisin d'un fleuve sujet à débordemens.

Ne te hâtes point non plus de laisser après toi des enfans, sous un ordre de choses qui doit en faire des infortunés ou des méchans.

2855. Jeune homme! n'attends pas, pour *semer* dans le champ de la vie, que le temps ait sillonné ton visage: tu mourrais, avant de récolter.

2856. Dans le champ de la vie, marches d'un pas égal, comme le *semeur*.

2857. Rival de *Sémiramis* (2), ne plantes, ni ne sèmes sur le toit de ta maison. La place d'un jardin n'est pas dans les airs.

---

(1) Pythagore a enseigné que les animaux ont une ame semblable à la nôtre.

Porphyre, *abstin. de la chair.* III. 26.

(2) L'auteur des jardins suspendus de Babylone.

2858. *Sémiramis* changeait les montagnes en statues (1).

Législateur! fais mieux! fais plus! changes la masse informe du peuple en familles bien ordonnées.

2859. Crotoniates! placez les beaux hommes dans vos fêtes, et les hommes sages dans votre *sénat*.

2860. Citoyens de Crotone! ô combien il est difficile à un *sénat* de mille têtes d'éviter la cacophonie!

2861. Peuple de Rhégium! laisses à la ville d'Athènes son *sénat sacré* de prêtres, pour juger les prophanes et les impies.
Renvoyes les prophanes et les impies au tribunal des Dieux.

2862. Magistrat! long-temps encore après une révolution civile, interdis au peuple l'usage du *sénevé* (2).

2863. Magistrat! avant de porter un jugement, dispenses-toi de sacrifier à la déesse *Sentia* (3) : interroges ta conscience.

2864. Pour mener une vie paisible, choisis un *sentier* qui ne mène à rien.

2865. Fais choix d'un petit *sentier*, doux,

---

(1) Le mont Bagistan, taillé en statue, à l'honneur de cette reine.

(2) « Pythagore donne à la *moutarde* le premier rang entre les alimens qui pénètrent le plus promptement jusqu'au cerveau », dit un ancien magistrat de police.

(3) *Dea sententias inspirans.*
Augustini *civitas dei.* IV. 11.

facile, égal, pour y rouler sans bruit ni soubresauts, le cercle de ta vie (1).

2866. Législateur ! abandonnes un peuple vieilli dans de perverses habitudes.

Le bois tortueux d'un vieux *sep* est impossible à redresser.

2867. Ne souilles point le pied du *sep* de vigne dont les grappes spiritueuses ont égayé la fin de tes repas.

2868. Ne confies pas à des prêtres la garde de ton *sépulcre* ; ils pourraient par la suite en faire un autel ; nous en avons assez.

2869. Ne donnes point à ton *sépulcre* la forme d'un autel : on t'oublierait bientôt, pour ne penser qu'aux Dieux.

2870. Ne te hasardes point en haute mer. Crains d'y mourir, sans l'espoir d'une *sépulture* (2).

2871. Crotoniates ! gardez le souvenir de *Sérapis* : avant d'être un Dieu, c'était un homme de bien ; il ouvrit ses greniers au peuple imprévoyant (3).

2872. Crotoniates ! je ne vous dirai point d'abattre vos temples ; mais n'en élevez pas de nouveaux.

Chez le peuple *Sère*, on ne trouve ni voleurs ni adultères, ni homicides : serait-ce parce

---

(1) Allusion au jeu du cerceau, connu des enfans de la Grèce.

(2) Cette considération était d'un grand poids chez les Anciens.

(3) On le représentait, pour cela, un boisseau sur la tête. Voy. Julius Firmicus, cap. XIV. *de more religionum*.

que sur toute cette vaste région, on ne rencontre ni prêtres, ni temples (1)?

2873. Sois sobre (2) : les *Sères* (3) doivent leurs longs jours à l'eau dont ils s'abreuvent.

2874. Bannis de la cité toutes les courtisannes (4). On n'en trouve pas une chez les *Sères* (5).

2875. Crotoniates ! ne dressez point dans vos murs un autel au dieu du *serment*, représenté à Olympie, la foudre en main prête à frapper les parjures : qu'on ne dise pas de vous, comme des Grecs : « Pour tenir leur parole, il faut les menacer ».

2876. Ne crois point aux mœurs et aux principes d'un peuple qui exige et fait beaucoup de *sermens*.

2877. Ne comptes pas plus sur les *sermens* du peuple et des rois, que sur les promesses des femmes.

2878. Magistrat ! ne reçois point le *serment* d'un prêtre.

2879. Fondateur de peuples ! tes lois sont mauvaises, si elles ne peuvent se passer de la religion du *serment*.

2880. Citoyen de Crotone ! refuses-toi au *serment* : attestes ce que tu dis, en posant la main sur la tombe d'un ami ou d'un père. Cet

―――

(1) *Apud Seras... in amplissimâ regione, non templum videas, non meretricem, non adulteram, non furem, non homicidam.* Eusebius.
(2) Jambl. *vita Pythag.* cap. VI.
(3) Lucien, dans ses *macrobies*.
(4) Cæsarius, *dial.* p. 611.
(5) Antique peuplade de la *Chine*.

usage d'un peuple demi-barbare de la Lybie, mérite de faire loi chez les nations civilisées.

2881. Crotoniates ! gardez-vous d'être sages à la manière des habitans de l'Egypte ; ce peuple ressemble aux *serpens* de son pays, que la salive d'un prêtre appaise et contente (1).

2882. Il est des nations qui adorent les *serpens*, parce qu'elles les craignent.

Crotoniates ! craignez les méchans ; évitez-les ; combattez-les, s'ils vous attaquent ; mais ne les honorez pas.

2883. Peuple de Crotone ! évites les révolutions politiques, pour ne pas ressembler au *serpent* qui mord sa queue.

2884. Crotoniates ! honorez la mémoire d'Ophionée : encore aujourd'hui, les poëtes vous disent que c'était un grand *serpent* qui osa se mesurer avec les Dieux. On vous trompe ; c'était un grand homme qui s'éleva contre les premiers hommes divinisés.

2885. Le *serpent*, chaque année, change de peau, en présence du soleil.

A la fin de chaque année aussi, dépouilles-toi des habitudes vicieuses que le flambeau de la raison découvrira dans ta conduite passée.

2886. A un peuple, chez lequel tu ne verrais point de *serrures* aux portes, ne proposes point de lois ; il n'en a pas encore besoin.

2887. Gardez le souvenir de *Sertor*, Æque de nation (2), et l'inventeur du droit fécial.

---

(1) De l'espèce appelée *ophilinus*. Prosp. alpin. *rerum aegypt.* lib. IV. *in-8°*.
(2) Très ancien peuple d'Italie.

2888. Invité à la table du riche; n'arrives qu'au deuxième *service* (1).

2889. Ne t'énorgueillis pas d'être sage : tu ne travailles que pour toi; c'est un *service* que tu te rends.

2890. Tu ne *serviras* que ton père, et ne te feras servir que par tes enfans.

2891. Chef de maison ! refuses pour *serviteur* un homme qui a servi un prêtre.

2892. Si tu ne peux abolir tout de suite la *servitude* domestique et civile ;
Législateur ! défends du moins de se faire servir par quelqu'un plus âgé que soi.

2893. Crotoniates ! faites de *sévères* choix. Le pire des maux politiques est de vivre sous la dépendance de magistrats décriés.

2894. Ne restes pas sur le *seuil* du temple de la sagesse : entres, ou passes.

2895. Ne passes point ta vie sur le *seuil* de ta maison, ni dehors, ni dedans.

2896. Ne t'endors point sur le *seuil* d'une maison qui n'est pas la tienne.

2897. Crotoniates ! exercez vos enfans; mais n'en faites point des athlètes, comme en Grèce, ou des courreurs, comme en Egypte : donnez-leur le pain de la journée, sans exiger d'eux auparavant une course de cent quatre-vingts stades (2) ; n'imitez point le père de *Sésostris*,

---

(1) Composé de végétaux et de fruits ; le premier l'était de viandes.
Carya, acrodrya; comme nous dirions : « N'arrives qu'aux noix ».
(2) Stades d'Asie. Paucton, *métrologie*. p. 185. in-4°.

2898. Peuples ! honorez *Sésostris ;* non pas en mémoire de ses conquêtes, mais pour avoir restitué aux Egyptiens la propriété de leurs terres.

2899. Jeune épousée ! sois attachée à la maison maritale, comme la porte l'est au *seuil* (1).

2900. Ne frappes pas du pied le chien inconnu qui s'arrête sur le *seuil* de ta porte. Le voyageur, son maître, n'est peut-être pas loin ; il te saura gré du bon accueil fait à son compagnon fidelle.

2901. N'entres pas dans une maison dont le *seuil* est couvert d'ordures (2). N'épouses point une femme dont les discours équivoques décèlent une ame souillée.

2902. Législateur ! ne confies pas un grand dépôt, soit d'autorité, soit de richesses publiques, aux mains d'un *seul.*

2903. Crains-tu les envieux ?
Au lieu de suspendre à ton cou un amulette de jaspe, vis *seul.*

2904. Pour aller droit et d'un pas libre, marches *seul.*

2905. Une femme ne conduira pas elle-même son char et n'y sera jamais *seule,* ou avec d'autres que son père, son mari, ses enfans.

---

(1) *Amat janua limen*, dit Horat. od. XXV. lib. I.
(2) *Offensa in vestibulis obscoena vetula non egrediendum.*
Symbole rapporté par Plutarque, d'une manière fautive, incomplette, et commenté de même.

2906. Jeune fille! abstiens toi de ces travaux mâles qui font saillir les muscles et dégraderaient bientôt les formes heureuses qui te distinguent du *sexe* de tes frères.

2907. En prenant femme, n'épouses point son *sexe* (1).

2908. Refuses des lois à un peuple qui n'a point de *sexe* : il ne lui en faut pas ; il n'a besoin que d'un eunuque pour maître.

2909. Peuple qui souffre! pour remédier à tes maux, n'interroges pas l'avenir, dans le livre des *Sybilles* ; consultes le passé, dans les écrits du sage.

2910. Les *Sibylles* sont toutes à leur Dieu (2) : Epouse sage ! sois toute à ton mari.

2911. N'épouses point une *Sibylle*.

2912. Que la loi, toujours franche, ne ressemble point à l'arme du *sicaire* (3).

2913. Ne vas point à *Sicyone* proposer des lois sages (4); les habitants y sont trop occupés de leurs belles chaussures.

2914. Peuples hospitaliers! placez un *siége* aux deux côtés de la porte de vos maisons, afin que le voyageur fatigué vous bénisse, en s'y reposant.

2915. Magistrats de Crotone! posez la table

---

(1) Cette loi symbolique a quelque rapport avec le symbole XLIV. Dacier. p. 282.

(2) *Deo plenae*.

(3) *Sica*, ou *vidubium*, *visudubium*; petite lame d'épée, cachée dans un bâton, à l'usage des anciens brigands d'Italie.

(4) Les *chaussures de Sycione* étaient renommées et faisaient proverbe.

des lois sur l'autel de *Sigaleon* (1) : ce Dieu d'Egypte devrait être commun à tous les peuples ; la multitude doit obéir et se taire.

2916. Prescrits au peuple qui te demande des lois, sept années de *silence* : ce n'est pas trop pour passer du mal au bien.

2917. Du sel et du vinaigre guérissent de la morsure des serpens (2).

Contre la dent des calomniateurs, essayes du mépris et du *silence*.

2918. Consacres la dixme de ta vie au dieu du *Silence* (3) : il t'indiquera, du doigt, le chemin de la sagesse.

2919. Fais une loi contre ceux qui, abusant du *silence des lois*, se permettent tout ce qu'elles ne défendent pas.

2920. Observes le *silence* : devant le sage, pour ton profit ; au milieu du peuple, pour ta sûreté.

2921. Ami du *silence*, abstiens-toi du vin :
Le silence et le vin s'accordent mal ensemble ; Homère l'a dit avant moi (4).

_____

(1) . . . *A silendo et populo dictus ; quod scilicet populis silentium indicat.* Stuckius, *sacrific. in-fol.*

(2) C'est ce qu'on appelait *oxyhalme*.

(3) C'est-à-dire, cinq années ; la dixme, en effet, d'un demi-siecle ; espace de temps auquel a été réduite la vie des hommes devenus peuple. L'homme de la nature, dans les principes de Pythagore, doit vivre, non pas cinquante ans, mais un siècle révolu ; et le philosophe de Samos prêcha d'exemple à ce sujet, comme pour les autres points de sa doctrine. On sait qu'il exigeait de la tourbe de ses auditeurs un silence de cinq ans.

(4) *Vinum coëgit. . .*
. . . *Tacenda loqui.*

2922. Le *silence* est un arbre stérile, mais qui met à l'abri de bien des erreurs.

Jeune homme! plantes et cultives l'arbre du *silence* devant les écoles de la sagesse.

2923. Ne donnes point de lois à un peuple pauvre; procures-lui du pain.

Ne donnes point de lois à une nation assez riche pour acheter leur *silence*.

2924. Jeune homme! gardes le *silence* devant un vieillard qui parle, et même quand il se tait.

2925. Peuples! conservez le souvenir de Silène (1), tant défiguré par les poëtes : il fut le législateur des familles humaines antérieures aux nations.

2926. *Silène* disait à Midas : « Ne point naître, ou mourir bientôt » (2).

Crotoniates! et moi, je vous dis : « Bien vivre, pour vivre long-temps ».

2927. Détournes ta charrue, pour ne point blesser l'arbre voisin de ton labour : il vaut mieux encore tracer un *sillon* mal nivelé, que de faire plaie à un arbre.

2928. Pour tracer un droit *sillon* dans le champ de la vie, marches du pas des bœufs (3) laboureurs.

2929. Ne reconnais de parties *similaires* que dans l'amitié.

2930. *Simplifies* tes besoins, excepté ceux du cœur.

---

(1) Note 36 de l'*origine des premières sociétés*.
Spanheim. *les douze Césars de Julien*.
(2) *Combat d'Homère et d'Hésiode* ; opuscule grec.
Voy. Barnès, *préface* sur Homère
(3) D'où le proverbe *bos incedit*.

2931. Législateur ! jusqu'à présent, on a mené les hommes du *simple* au composé : fais-les revenir du composé au *simple*.

2932. Crotoniates ! à l'exemple des enfans du Nil, ne jurez point par le *singe* (1) imitateur.

2933. Ne sois le *singe* de personne, pas même de la nature.

2934. Sois le chien fidelle, le cheval officieux de ton ami ; n'en sois jamais le *singe*.

2935. Crotoniates ! ne soyez point un peuple imitateur ; les *singes* sont la proie des aigles.

2936. *Singularises-toi*, dans ta maison seulement ; jamais sur la place publique.

2937. Ne maudis pas le peuple, ingrat à ton égard : tu devais t'y attendre.
Le peuple ressemble aux pierres *siphines*, qui durcissent à mesure qu'on les arrose d'huile.

2938. Gardes le souvenir de *Sirités*, Nomade Libyen, qui perfectionna la flûte pastorale (2).

2939. Crotoniates ! si l'un de vos magistrats est injuste ou vénal, dépouillez-le, non de sa peau, comme fit Cambyse à l'égard de *Sisamnes*, mais seulement de sa toge, après restitution.

2940. Honorez le souvenir de *Sisyphe*, fils d'Éolus, et premier magistrat d'Éphyre (3) : sous son administration sage, aucun citoyen ne périt de mort violente.

---

(1) Massieu, *sur les sermens. Mem. acad. insc.* t. I.
(2) Goulley, *hist. acad. insc.* p. 131. tom. III. *in*-12.
(3) Ville à l'extrémité du territoire d'Argos.

Homer. *Iliad.* VI.

2941. Législateurs ! faites usage du *smiris* (1) des lapidaires.

Une loi est une pierre précieuse qui ne saurait être taillée et polie avec trop de soin.

2942. Sois *sobre* à table, au lit, à l'étude.

2943. Sois *sobre* d'alimens à table, de plaisirs au lit, de lectures dans ton muséum, et de paroles dans la tribune publique.

2944. Crotoniates ! loues *sobrement*; blâmes plus *sobrement* encore.

2945. Crotoniates ! faites dans la journée autant de repas qu'il y a d'heures; mais soyez *sobres* :

Un peuple à jeûn est mutin ; un peuple mangeur est esclave ; le peuple *sobre* est libre.

2946. Citoyennes de Crotone ! soyez *sobres* d'œufs : ils furent le seul aliment d'Hélène (2), pendant sa première enfance; peut-être leur dut-elle ses mœurs.

2947. Ne restes dans la *société* humaine, que le temps nécessaire au choix d'une femme et d'un ami.

2948. Crotoniates ! interdisez-vous les *sodalités* (3) : n'avez-vous pas vos familles ?

2949. Que tes pensées et tes actions soient *sœurs* du même lit !

2950. Que la lyre savante ne te fasse pas mépriser les pipeaux champêtres.

Honores la muse pastorale, l'aînée de ses *sœurs*.

2951. Pour avoir de belle farine, ne laisses

---

(1) L'*émeri* de nos jouailliers. Vide Dioscorid. V.
(2) *Deipnosophistes* d'Athénée.
(3) Ce que les modernes appellent clubs, cotteries, confrairies, sociétés de beaux esprits, cercles populaires, etc.

point tourner (1) ta meule par d'autres bras que les tiens : saches qu'on ne fait bien que ce qu'on fait *soi-même*.

2952. Législateur! mets plus d'eau que de vin, dans la coupe d'un peuple qui a *soif* (2) de la liberté.

2953. Ne juges point un homme, avant le *soir* du dernier jour de sa vie.

2954. Jeune homme! gardes le silence le matin, pour avoir quelque chose à dire le *soir*.

2955. Dépêches-toi de faire le bien; plutôt ce matin que ce *soir*.

2956. Ne manges point à la même table, ne reposes point sous le même toit avec un chasseur, ou un boucher, ou un *soldat* de profession.

2957. Pour former un athlète ou un *soldat*, il faut trente années.

Crotoniates! appliquez-vous à devenir des hommes; il ne vous en coûtera pas plus de temps.

2958. Crotoniates! assemblez-vous sous le *soleil*; qu'il préside à toutes vos déterminations; ne délibérez jamais de nuit, et renfermés.

2959. Les gens du peuple tiennent conseil à table; les femmes, au lit :

Toi, qui n'es ni peuple, ni femme, médites le matin, debout, au *soleil*.

2960. Laisses aux prêtres du *soleil* leur danse pyrique au tour de son autel.

_____

(1) *Mola trusatilis*.
(2) Platon pythagorise au VIIIe livre de sa *république*.

Honores le grand astre, en méditant dans le calme et le silence, sur ses révolutions séculaires, annuelles et diurnes.

2961. Crotoniates ! honorez le *soleil* lui-même, et non à la manière des Peoniens (1) : un disque (2) d'or suspendu au haut d'un mât fiché en terre, est l'objet de leur culte.

2962. Crotoniates, qui n'êtes pas du peuple ! honorez le *soleil* (3) ; lui seul (4) est le vrai Dieu ; tous les autres sont incertains.

2963. Crotoniates ! ne reconnaissez d'autres Dieux communaux que le *soleil*.

2964. Ne maudis (5) le *soleil* : car s'il brûle, il mûrit.

2965. Peuplades agricoles ! n'ayez d'autre législateur que le *soleil*.

2966. Peuple de Crotone ! places au premier rang de tes Divinités, le *soleil* et la loi : l'une règle ta conduite, l'autre tes travaux.

2967. Prends tes ébats, jeune homme, aux rayons du *soleil*. Le soleil préside à tous les jeux de la nature.

2968. As-tu du chagrin ? ne te dérobes pas au *soleil* ; il séchera tes larmes : fuis ses rayons purs, si tu es coupable ; tu n'es pas digne de partager sa lumière.

---

(1) Peuple voisin de la Macédoine.
(2) *Hist. de Philippe*, par Olivier. p. 48. tom. I.
(3) Le mot *Dieu*, dit en général dans les auteurs payens, ne s'entend pas seulement de Jupiter, mais quelquefois du soleil. Spanheim, *les Césars de Julien*, N. A. p. 2. in 4°.
(4) Qui que soit Dieu, si toutes fois il y en a un autre que le soleil. . . Plin. *hist. nat.* II. 7. *trad.* par Dupinet.
(5) *Ne adversus solem loquitor.* Symb.

2969. Mets au nombre de tes jours perdus, celui où tu n'as point vû le *soleil*.

Le *soleil* est la vie (1), dit Homère.

2970. Laisses encore quelque temps le peuple adorer, sans le savoir, les doigts du *soleil* (2), sous le nom des douze grands Dieux.

2971. Crotoniates ! si tes magistrats sont responsables des excès de l'anarchie, tu l'es des abus d'autorité ; et le peuple et ses chefs sont *solidaires* de tous les maux politiques qu'ils n'ont pas su prévenir ou arrêter : une seule goutte de sang injustement répandu chez une nation, est le crime de tous.

2972. Crotoniates! rendez-vous propre une loi (3) sage de *Solon* : posez des bornes à l'avidité des acquereurs.

2973. Crotoniates ! rejetez une loi, fut-elle de *Solon* (4), pour peu qu'elle soit obscure et douteuse.

2974. Législateur et magistrats ! sachez tirer parti des Dieux ; c'est l'avis de *Solon* (5).

2975. Père de famille ! mets dans les mains de tes fils les élégies de *Solon*.

---

(1) *Lumen vitale.*
(2) Expressions astronomique des Anciens.
(3) En voici le texte, traduit du grec :
Agrum, quantum voluerint, ne possidento.
Aristote en parle dans ses *politiques*. II. 8.
(4) Trait dirigé contre Solon.
« Il coucha ses lois en termes ambigus, à fin que le peuple d'Athènes lui fist cet honneur et aux juges par luy établis, que de luy en demander l'interprétation ».
Plutarque, *vie de Solon*. Roulliard, *reliefs forenses.*
(5) *Utere diis. dicta sapientum.* vers. alex. Scot.

2976. Flétrissez la mémoire de *Solon* (1), s'il institua des lieux de publique débauche.

2977. Quoi qu'en disent les lois de *Solon*, qui ne fut pas toujours sage, entretiens pendant leur vieillesse tes parens devenus pauvres, quand bien même ils t'auraient délaissé dans ton jeune âge.

2978. Jeunes filles de Crotone ! honorez la mémoire de *Solon*, en reconnaissance d'une loi qui défend aux époux de recevoir une dot.

2979. Magistrat ! tiens la loi éveillée ; le *sommeil* des lois les tue.

2980. N'éveilles point l'esclave qui dort : il rêve peut-être qu'il est libre.

Respectes son *sommeil*.

2981. Ne te livres point au *sommeil* dans un temple.

2982. Ne redoutes point la mort : le trépas n'est qu'un *sommeil* plus profond, et de plus longue durée qu'à l'ordinaire.

2983. Défiez-vous de celui dont le *son* de voix n'est pas en concordance avec le sens de ses discours.

2984. Celui qui rit d'un *songe* où il t'a vu en danger, n'est pas encore ton ami.

2985. Des *songes* sinistres agitent ton sommeil.

Pour avoir des nuits calmes, sois sobre pendant le jour (2).

---

(1) Brassicani *schol.* p. 48. *ad Petronium.*

(2) « Pythagoras ordonnait certaine préparation de nourriture, pour faire les songes à propos.

Montaigne, *essais.* III.

2986. Fermez votre sénat et vos magistratures aux *sophistes* : qu'ils aillent dans les temples !

2987. En Grèce, les citoyens qui se rencontrent, se *souhaitent* de la santé et du plaisir.

Crotoniates ! *souhaitez*-vous de la sagesse, et la liberté.

2988. Dans un *soulèvement*, magistrat ! assieds-toi.

2989. Parles au peuple, comme avec un *sourd*, par gestes et en images.

2990. En traversant la place publique, si tu es remarqué de la multitude oisive, et si elle t'appelle, fais le *sourd*; doubles le pas.

2991. Législateur ! sois comme le Jupiter de Gnosse, que les Crétois représentent sans oreilles : *sourd* aux clameurs du peuple, parles toujours raison ; s'il s'en offense, malheur à lui, plus encore qu'à toi.

2992. Gardez le souvenir de *Spargapizès*, fils de Tomyris : enchaîné par Cyrus, il lui demanda l'usage des mains, pour s'ôter la vie, dont il ne voulait plus avec l'esclavage.

2993. Crotoniates ! gardez mieux que *Sparte* et Rome, le souvenir de leurs premières lois : les terres y furent partagées également ; chacun des Spartiates et des Romains eut son heredie (1), grande assez pour vivre, mais trop petite pour avoir du superflu.

---

(1) Deux *jugeres*, un peu plus d'un arpent, ancienne mesure de France.

2994. Jeune homme ! sur le seuil de l'école du sage, sacrifies à l'Apollon (1) de *Sparte*.

2995. Peuples des Apennins ! pour vivre indépendans, ne vivez pas en foule ; le feu de la liberté s'éteint vîte, confié aux soins de la multitude. Que chaque famille en conserve une parcelle, et se garde de la mettre en commun dans la place publique, ainsi qu'ils font à *Sparte*.

2996. Tiens ton ame ouverte, comme la ville (2) de *Sparte*.

2997. Marches dans la vie, d'un pas grave, comme un *Spartiate* allant au combat.

2998. Magistrat ! imposes l'air et l'ombre ; mais donnes en même-temps *spectacle* au peuple ; pourvu qu'on l'amuse, il consent à tout.

2999. Peuples sages ! substituez les jeux domestiques, les fêtes de famille, aux *spectacles* nationaux : les plaisirs les plus vifs, les plus doux, les plus purs, sont encore ceux qui coûtent le moins.

3000. Sénateurs de Crotone ! ne *spéculez* point sur les lois qu'on vous donne à faire.

3001. Époux ! prenez pour symbole le *sphinx* d'Égypte (3) : ne faites qu'un.

3002. Ne *spiritualisez* point les lois : le peuple est toute matière.

3003. Crotoniates ! gardez le souvenir de

---

(1) A Sparte, on voyait une statue d'Apollon, avec quatre oreilles.
(2) *Ut Spartae*. Prov. Sparte n'avait point de murailles.
(3) Il avait les deux sexes. Hérodot. Winkelmann.

Staphilus, le premier qui maria Bacchus aux Nymphes.

3004. Avant d'être législateur, voyages, pour apprendre la *statique* des peuples.

3005. Crotoniates ! honorez l'art du *statuaire* ; il doit son origine à la piété filiale.

3006. *Statuaire* politique ! ne laisses point au prêtre à dégrossir le peuple : prends toi-même ce soin.

3007. Crotoniates ! n'élevez point de *statues* aux femmes : les femmes ne doivent jamais se produire en public, pas même leurs images.

3008. Devant la *statue* d'un sage, ne te permets point ce dont tu t'abstiendrais en la présence même du sage.

3009. Crotoniates ! préférez le règne des bonnes mœurs au progrès des beaux arts : plus les *statues* acquèrent de perfection dans une contrée, plus les hommes y perdent de leurs vertus.

3010. Refuses d'être le législateur d'une nation qui néglige l'entretien des *statues* de ses grands hommes ; elle ne prendra pas plus de soin de la conservation de ses lois.

3011. Nations Italiques ! ne négligez point la mémoire de *Stercutus* ; la reconnaissance en fit un Dieu : il enseigna aux Rutules tout le prix des engrais, pour féconder la terre.

3012. Peuple de Crotone ! crains de ressembler au cheval de *Stésichore* (1).

---

(1) Voy. la fable du cerf, du cheval et de l'homme.

3013. Gardez le souvenir de *Stésichore* (1), bon citoyen et poëte sublime : s'il ne put adoucir la tyrannie de Phalaris, c'est qu'un tyran est incorrigible.

3014. Crotoniates! *stipendiez* vos soldats; mais non vos sénateurs.

3015. Magistrat! imprimes et fais porter au peuple les *stygmates* de la loi, comme un troupeau (2) marqué du nom de son maître.

3016. Peuple! tu es debout, te voilà libre! pas encore : effaces auparavant les *stygmates* du joug que tu portais (3).

3017. Ne donnes point aux lois un *style* barbare et repoussant : qu'on aime à les lire.

3018. Législateur et magistrat! devant le peuple, exprimes-toi dans le *style* des oracles : parles peu, mais que chaque mot ait un sens, quelquefois deux : ne faut-il pas déguiser les remèdes aux malades ?

3019. Peuple républicain! n'offres jamais le scandale d'une loi *subordonnée* aux circonstances.

3020. Charges (4) le peuple de lois et de *subsides*, il criera : décharges-le, ce sera pis encore.

3021. Pour obtenir une belle moisson, verses

---

(1) Poëte lyrique d'*Himera*, en Sicile.
(2) *Notae pecuariae*.
(3) *Cum è lecto surgis, stramenta confunde*. Symb.
On marquait sur l'une des deux épaules les esclaves, et même les soldats. Voy. Gyraldus.
(4) Le symbole X, comme la plupart des bibliographes le rapportent, semble n'être qu'un fragment de cette loi secrette.

sur ton champ plus de *sueurs*, que d'encens sur les autels.

3022. Que le droit de *suffrage* soit perdu pour le citoyen qui a perdu ses mœurs !

3023. Dis vrai, sans t'embarrasser des *suites*.

3024. Ne construis pas ta maison assez grande pour y loger le *superflu*.

3025. Ne gardes point de *superfluités* chez toi : un autre se trouverait nécessairement ne pas avoir assez de ce que tu as de trop.

3026. Que l'intérieur de ton habitation n'abonde point en petites *superfluités* ; que tout y porte un caractère d'utilité qui fasse bien augurer du maître.

3027. Ne reconnais pour ton *supérieur* qu'un homme meilleur que toi.

3028. Ne présentes pas une large surface au cours rapide des événemens.

3029. Crotoniates ! surveillez vos magistrats trop *surveillans*.

3030. Refuses les magistratures ; préfères d'en être le *surveillant*.

3031. Ne perds pas le moment de l'existence à regarder au-delà.

Prétendre à te *survivre* ailleurs que dans le souvenir de ton ami ou de ta famille, est le vœu d'un insensé.

3032. Crotoniates ! faites accueil aux poëmes de *Susarion* d'Icarie (1) ; ne vous montrez pas aussi difficiles que les Athèniens : ils proscrivirent le poëte, moins peut-être à cause du

---

(1) Ville de l'Attique.

cynisme de sa muse, que par la crainte de la censure qu'elle exerçait contre leurs vices.

3033. Abolissez une loi, plutôt que d'en *suspendre* l'action un seul jour.

3034. Citoyens de Crotone! suspendez vos magistrats, toutes les fois qu'ils le mériteront; ne *suspendez* jamais vos magistratures.

3035. Aux longs repas de *Sybaris*, préfères les banquets (1) homeriques.

3036. Crotoniates! gardez le souvenir de *Sydyc* (2); vous lui devez l'un des plus grands bienfaits, l'invention du *sel*.

3037. Conservez la mémoire de *Silvain* (3), le législateur des campagnes, et le magistrat des bergers.

3038. Au peuple et aux rois, aux enfans, et aux femmes, ne parles que par *symboles*.

3039. Jeune homme! parmi toutes les femmes, il en existe une qui ne doit être qu'à toi.

Ne fais pas un choix précipité; crois à la vertu attractive, à la *sympathie* des ames.

3040. Si l'on vous demande : « Q'est-ce que l'amitié »? dites : « La *sympathie* de deux ames égales (4) ».

---

(1) *A fame atque siti non omnino libera.*
        Plutarch. II. *probl.* 10.
(2) Voy. Sanchoniaton.
(3) Fils de Saturne. Voyez le paragraphe des anciens législateurs, dans le *voyage de Pythagore*, *aux jeux olympiques*.
(4) Diog. Laërt. VIII. *vita Pythag.*

3041. Crotoniates ! dans votre idiome, ne faites point *synonimes* heureux et riches (.).

3042. Ne sois point le législateur d'un peuple futile, qui préfère la voix des *Syrènes* au chant des Muses (2).

3043. Préfères la sainte harmonie des Muses, au désordre séduisant des *syrènes* (3).

3044. Épouse d'un mari infidelle ou volage ! ne te compromets pas, en poursuivant tes rivales (4).

La chaste Diane ne sort point de son temple, pour courir après l'impie qui dérobe l'encens sur ses autels, et qui le porte à ceux des *syrènes* impures.

3045. Ne portes point de lois à un peuple, tel que le *Syrien*, qui se met au service des autres nations.

3046. Gardez le souvenir de *Syrophanes* (5), l'inventeur des statues à l'image de l'homme : veuf de son fils bien-aimé, il ne lui survécut que pour pétrir de l'argile à sa ressemblance (6) : la statuaire dut son origine à l'amour paternel.

3047. Peuple maritime ! crains les *syrtes* (7) : peuple sédentaire ! redoutes les lois mouvantes.

---

(1) Ces deux mots l'étaient chez les Grecs.
Jul. Poll. *onom.* III. 22.
(2) *Musas syrenibus anteponito.* Pythag. *symb.*
(3) *Musas existimare syrenibus jucundiores admonet Pythagoras.* Clement d'Alex. *strom.* I.
(4) Theano, Nicostratæ *epist.*
(5) Il était d'Egypte.
(6) Diophantes, *antiq. libri.* XIV.
(7) Sables sans consistence.

T.

3048. Ne prends place, et ne t'assieds qu'à la *table* des égaux (1) : à tout autre banquet, restes debout et spectateur.

3049. Ne fais point de repas à plusieurs *tables* (2).

3050. Prends tes repas sans *table* (3).

3051. Crotoniates ! ne tenez pas *table* trop long-temps (4) ; l'oiseleur fait ses coups, pendant que le peuple emplumé repaît.

3052. Sur la place publique, à côté de la *table* des lois, qu'il y en ait une rase, offerte à qui voudra concourir à leur correction.

3053. D'une vieille pierre sépulcrale, ne fais point une *table* de jeu.

3054. Ne convertis pas la pierre d'un tombeau en *table* à manger.

3055. Un homme à jeûn ne se tiendra pas debout, devant ou derrière un autre homme assis à *table*.

3056. Un homme n'attendra pas pour se mettre à *table*, qu'un autre homme en soit sorti.

3057. L'Égypte donne pour hieroglyphe à l'Éternité, un serpent mordant sa queue : symbolises l'immortalité, par toute une famille assise à une *table* ronde.

3058. Ne t'asseois, ne t'endors sur la *table* où tu viens de prendre un repas.

---

(1) *Convivium aequale*. Homer. *odyss*. Eustath.
(2) On dirait aujourd'hui : *à plusieurs services*. Chez les Anciens, on levait la table à chaque service.
(3) C'est ce qu'on appelait : *sine mensâ prandium*.
(4) A Crotone, on aimait les longs repas.

3059. Ne permets à personne de prendre place à ta *table*, sans y être invité par toi, si ce n'est un infortuné, ou un voyageur.

3060. Homme d'état! ne fais point de lois, en quittant la *table*.

3061. Les prêtres ne s'asseoiront point aux *tables* publiques, les jours de fêtes nationales.

3062. Ne t'enorgueillis pas des suffrages du peuple; ils sont écris sur des *tablettes* de cire molle, trempées dans le vin.

3063. Crotoniates! ensevelissez avec les morts le souvenir des actions qui feraient *tache* dans l'histoire de leur vie.

3064. Sénateurs et magistrats de Crotone! laissez aux femmes l'or et les broderies.

Vos manteaux en imposeront toujours assez, s'ils n'ont point de *taches*.

3065. Femmes de Crotone! n'enviez pas à OEnone, épouse de Pâris, le pouvoir qu'elle eut d'apprivoiser les lions : adoucissez l'humeur âpre de vos maris; la *tâche* est encore assez belle.

3066. Jeune homme! dans tes premières années, le *tact* rectifiait la vue; conserves ce sage instinct : fortifies tes sens l'un par l'autre; ne crois que d'après leur suffrage et leur accord.

3067. Bannis de la cité les *tailleurs* de pierres et les *tailleurs* d'habits : ils entretiennent le luxe des bâtimens et le goût de la parure.

3068. Sujet d'une république dans laquelle il est libre de tout dire, hors la vérité, *tais*-toi.

3069. Délaisses un peuple opprimé qui se *tait*.

3070. Homme sage ! le vulgaire te méprise et te délaisse : uses de la loi du *talion* (1) ; délaisses et méprises le vulgaire.

3071. Jeunes citoyennes de Crotone ! n'ayez pour *talisman* que le charme attaché à l'innocence des mœurs.

3072. Gardes le souvenir de *Tallus Olanius*; il rendit aux Toscans le même service que Junius Brutus à Rome : Brutus chassa Tarquin ; long temps avant, Olanius avait chassé Mezence.

3073. Le peuple te montre au doigt : montres-lui les *talons*.

3074. Ne flattes point la multitude ; elle te croirait plus faible qu'elle : étonnes-la ; imposes-lui. Si elle te menace, ne recules point ; fais lui tête, elle te montrera les *talons*.

3075. Gardez le souvenir de *Talus*, neveu de Dedale ; il inventa le tour du potier, et la scie.

3076. Citoyennes de Crotone ! si vous allez jusqu'à Rome, n'oubliez pas de voir et de toucher la quenouille et les fuseaux de *Tanaquille*, encore chargés de la laine que cette reine filait elle-même, pour les habits du roi (2), son époux.

3077. Si l'on vous demande le symbole d'une bonne loi, tracez une *tangente* ; une bonne loi est semblable à une ligne droite qui touche sans couper.

---

(1) Andronic. Rhod. *paraph. ad* Aristot. *ethic*. V. 6.
(2) Tarquin l'ancien.

3078. Magistrat! sois le *taon* du peuple : attaché sans relache à ses oreilles, ne quittes prise qu'au moment où tu lui paraîtras trop importun : alors, abandonnes-le à son apathie habituelle ; replies ton aiguillon, et déployes ta trompe sur les fleurs de la philosophie.

3079. Peuple entourré de nations belligérantes! imites les sages insulaires de *Taphos* (1), qui, pendant le siége de Troye, continuèrent leurs paisibles navigations.

3080. Crotoniates ! revenez-en aux lourdes monnaies de plomb de Sparte et de la *Taprobane* (2). Le retour des mœurs tient à cette révolution monétaire.

3081. Si un vieillard commet un crime, qu'il soit déporté à la *Taprobane*. Une loi y condamne à mourir ceux qui vivent trop long-temps.

3082. Peuples de *Tarente* ! pour conserver intacte la laine des brebis (3), vous les couvrez de peaux ; mettez aussi vos mœurs à l'abri sous des lois.

3083. Peuple de Crotone ! n'imites pas les *Tarentins* ; ce qui les perdra, c'est d'avoir plus de fêtes (4) que de jours.

3084. Crotoniates ! vouez à l'exécration des siècles, la mémoire des deux *Tarquins*, qui, pour régner dans Rome, n'eurent d'autres

---

(1) Ile, entre Leucas et Ithaque, vis-à-vis l'Acarnanie.
(2) Aujourd. *Ceylan*.
(3) *Pellitis ovibus*. Varro, *de re rusticâ*, lib. II.
(4) Les Anciens en avaient beaucoup.

talens que les supplices (1) dont ils hérissaient le trône.

3085. Magistrat ! défends aux prêtres et aux poëtes d'effrayer le peuple, les femmes et les enfans, avec l'image des tortures du Tartare.

3086. Crotoniates ! rappelez-vous ce mot des *Tartares* : « Un peuple qui commande à la faim et à la soif, n'obéit à personne ».

3087. Nations italiques ! *tassez* vos gerbes dans la grange ; ne *tassez* point vos familles dans d'étroites enceintes de pierres.

3088. Citoyennes de Crotone ! honorez le souvenir de *Tatia*, épouse de Numa, et fille d'un roi de Rome ; elle aima mieux vivre aux champs avec son mari, que sur les marches du trône de son père.

3089. Crotoniates ! n'obligez pas le voyageur à recourir aux *tavernes*, pour trouver l'hospitalité dans vos murs.

3090. Ne perds point ta peine à éclairer un grand peuple : le peuple est *taupe* (2).

3091. Donnes des lois à un peuple *taureau* (3), et des féves à un peuple bœuf (4).

3092. Ne parles point au peuple de ses droits, ni au *taureau* de sa force.

3093. Évites la rencontre du *taureau*, et de

---

(1) En voici la nomenclature : Voy. Eutropius. *Tarquin... excogitasse vincula, taureas, fustes, latomias, carceres, compedes, catena, exsilia, metalla.*

(2) *Caecior talpâ.* Prov.
(3) Jambl. XXXV. 260.
(4) *John Bull*, ou *Jean Boeuf*, est le nom qu'on donne en Angleterre au peuple.

l'animal à plusieurs têtes, les jours où tu portes un manteau écarlate.

3094. Ne conduis d'autres affaires que les tiennes : tu n'attèles point le même *taureau* à deux charrues à-la-fois.

3095. Législateur ! ne condamnes point les méchans au dernier supplice ; imites l'homme des campagnes : il attache du foin entre les cornes de ses *taureaux* furieux, pour avertir le voyageur.

3096. Crotoniates ! rappelez-vous souvent la conduite des habitans de la *Taurique* : ils obligent leur premier magistrat à se couper un morceau de l'oreille, chaque fois qu'il se commet un meurtre.

3097. Si l'on vient vous dire : « Un sage se fait voir et entendre à *Tauromenium* (1), et à Métapont en même temps ; en traversant le Nessus, ce fleuve l'a salué par son nom ; ses disciples en sont les témoins : pour preuve de la vérité de sa doctrine, ce sage porte une cuisse d'or ; il l'a montrée au plus intime d'entre ses élèves. Ce sage prédit les tremblemens de terre, en regardant au fond d'un puits ; il chasse la peste ; il appaise les tempêtes de mer et du continent ; il voyage dans les airs, monté sur un javelot : on n'a pas encore pu le surprendre mangeant ».

Mes amis ! dites : « Tout cela peut bien être ».

Si l'on ajoute : « Ce sage a rendu honnête et décent, tout un peuple qui, depuis longues années, était vil et sans retenue ».

---

(1) Jambl. *vita Pythag.* XXVIII.

Mes amis! dites : « Cela ne peut pas être ; la multitude est incorrigible, et va toujours de mal en pis' ».

3098. Gardez le souvenir des *Theahur* : c'étaient deux frères, fondateurs, dans l'île sacrée d'Ierna (1), d'un culte au soleil et à la charrue.

3099. Peuple agricole ! perfectionnes tes meules de pierres ; tiens tes charrues en bon état : n'en fabriques pas d'argent cube, pour les offrir à tes Divinités : sois plus sage que les *Tectosages*.

3100. Ne t'asseois point à l'ombre d'un autel, pour écrire tes lois : elles prendraient la *teinte* du lieu.

3101. Jeune fille ! ne passes point tes paroles à la *teinture* : produis-les sans préparation, et pour ainsi dire, écrues.

3102. Restes à mi-chemin de la fortune ; elle aime les contrastes et se plaît dans les extrêmes. Le roi *Telephe* (2), banni du trône, fut rencontré mendiant sa vie (3).

3103. N'appelles pas les Dieux en *témoignage*. Contentes-toi de dire : « Cela est vrai, comme il est vrai que trois répété trois fois égale neuf ».

Le rapport des nombres est la seule chose immuable sous le soleil.

3104. Jouis de la sagesse, comme d'une femme, sans appeler de *témoins*.

---

(1) Aujourd. l'*Irlande*.
(2) *Mysorum rex*.
(3) Amphis, *comicus*.

3105. Etudies la *température* du pays, pour connaître le tempéramment du peuple.

3106. Jeune homme! quand tu as salué ton père, à son lever, tu peux t'exempter d'aller saluer les Dieux (1), le matin, dans leurs *temples*.

3107. Jeunes citoyens de Crotone! les Dieux vous dispensent de venir sacrifier sur leurs autels, tant que vous aurez vos parens.
La maison paternelle est le plus saint des *temples* (2).

3108. Magistrats! que l'un d'entre vous assiste régulièrement dans les *temples* à tout ce qui s'y passe!

3109. Crotoniates! épurez vos ames; c'est comme si vous bâtissiez de superbes *temples* aux Dieux (3).

3110. Philosophe! n'adosses point ton école aux murailles d'un *temple*.

3111. Peuple de Crotone! loges-toi, avant de loger tes Dieux: les Dieux préfèrent, à des *temples* de marbre, la maison de chaume d'un homme de bien.

3112. Eloignes-toi de ton père, emporté hors de lui par quelque ressentiment, comme on sort d'un *temple* dont la Divinité est absente.

3113. Magistrat! défends aux femmes publiques de fréquenter le forum, et de se montrer

---

(1) *Dissert. de adorationib.* Matt. Brouerii. *in*-8°. 1713.
(2) Hiéroclès, d'après Pythag. Voy. *sa vie*, par Dacier.
(3) *Comment.* Hierocl. *initio.*

dans les fêtes nationales : permets-leur seulement l'entrée des *temples* (1).

3114. Législateur! ne donnes au peuple que des chefs *temporaires* : que chaque citoyen, après avoir obéi, puisse commander à son tour ! de longues magistratures dégénèrent toujours en tyrannies.

3115. Un ciel sans nuages, ou la pluie, change le cœur des hommes, dit Homère (2).

Homme d'état ! pour donner des lois au peuple, consultes le *temps* qu'il fait.

3116. Au banquet de la vie, convive avide ! ramasses toutes les miettes du *temps*.

3117. L'homme sage ne se mêlera point de donner des conseils au prince, ni des lois au peuple : il n'a pas de *temps* à perdre (3).

3118. Sois plutôt le dernier citoyen de *Tenaea*, que le premier magistrat de Corinthe (4).

---

(1) Cette loi contrarie formellement celle de Numa sur le même sujet. *Festus, in pellices. A. Gellius.* IV. 3.
(2) *Odyss.*
N. B. Pythagore cite beaucoup de fois Homère.
« . . . Théologiens, législateurs, philosophes, s'appuyent de luy ». Montaigne. *essais.* II. 2.
Tous ceux qui se sont meslez depuis d'establir des polices. . . et d'escrire ou de la religion ou de la philosophie. . . se sont servis de luy. . . *Idem.* II. 36.
(3) *Sapiens vir parcit, ne perdat tempus.*
Sextus Pythagoreus.
(4) Tenœa, petit hameau voisin de la fameuse ville de Corinthe. Il y avait beaucoup de mœurs à Tenæa, beaucoup de luxe à Corinthe. La loi symbolique de Pythagore a été altérée, en devenant proverbe ; et le proverbe lui-même, en passant de Grèce à Rome. Jules César lui donna un tout autre sens.

3119. Magistrats d'un peuple corrompu! servez-vous des *tenailles* de Vulcain, de préférence à la massue d'Hercule.

3120. Ne te mets point en route avec la nuit. Ne passes point tes jours avec le peuple. Crains la foule et les *ténèbres* (1).

3121. Magistrat du peuple! rappelles-toi la hache de *Ténédos* (2).

3122. Pour te délivrer du *tenthredon* et des parasites, tiens table frugale (3).

3123. Ne prends pas de longs engagemens avec le peuple (4); il n'a point de *tenue*.

3124. Crotoniates! vous répétez avec le poëte de *Téos* (5) : « Buvons, car le jour n'a qu'un doigt de large ».

Et moi, je vous dis : « Puisque le jour n'a qu'un doigt de large, soyez sobres ».

3125. Parens d'une même famille! ne morcelez point votre héritage; cultivez en commun les champs de vos aïeux, et n'y souffrez point de pierres, pas même celles du dieu *Terminal* (6).

---

(1) *Tenebrae*, *multitudo*, synonimes dans l'école pythag. p. 61. *de la sagesse des Anciens*. Paris, 1683. in-12.
(2) *Tenedius vir. Bipennis tenedius.*
Dans l'île de Ténédos, un homme assistait au tribunal, entre le magistrat et les parties en jugement, la hache levée, prête à frapper le juge, s'il prévariquait; les justiciables, s'ils en imposaient à Justice.
Une médaille atteste cet usage; Cicéron en parle dans des termes bien remarquables :
Tenediorum libertas Tenediâ securi praecisa est.
(3) Le *grugeur*, insecte friand.
(4) *Symb.* XI.
(5) Anacréon.
(6) *Deus Terminus*, le Dieu des limites.

3126. Crotoniates ! honorez d'un culte assidu le dieu *Terminal :* la justice vous en fait un devoir ; le bon accord en sera la récompense.

3127. Reconnais pour le grand *ternaire*, le beau, le vrai, le bon ; ces trois choses n'en font qu'une.

3128. Ne donnes point au peuple des lois ternes ; il aime les images à couleurs vives.

3129. Crotoniates ! gardez la mémoire de *Terpandre ;* il appaisait, au son de sa lyre, les discordes civiles.

3130. Si l'on te demande : « Qu'est-ce que la *terre* » ?

Dis : « La terre est un astre qui a des taches (1) ».

3131. Apprends à lire dans les cieux, quand tu sauras ce qui se passe autour de toi sur la *terre*.

3132. Législateur ! ne dresses pas le peuple à s'élever haut.

Le peuple, oiseau lourd, aux ailes courtes, ne peut voler que *terre-à-terre*.

3133. Laisses au peuple rendre à la *terre* un culte.

Cultives ton champ. L'agriculture est le culte du sage (2).

3134. Ne sacrifies point à la *terreur* (3).

―――――――――

(1) *Terram è stellis unam esse prædicabat Pythagoras.* Aristoteles, *de coelo et mundo*.
(2) *Agri-cultura*, culture, ou culte du champ. Gebelin.
(3) Divinité connue des Egyptiens, sous le nom de *Tithrambo*. Jablonski. *panth. aegypt.*

3135. Gouvernans! n'acculez pas le peuple. Un peuple acculé est *terrible* (1).

3136. Crotoniates! à l'exemple de l'ancien peuple d'Egypte (2), abstenez-vous de tout ce qui ne se trouve pas sur votre *territoire*.

3137. Avant de porter des lois à un peuple, connais le gisement de son *territoire*.

3138. Censeurs de la république! surveillez-en les chefs; la corruption d'un peuple commence là.

Demandez aux pêcheurs qu'elle partie se gâte la première dans un poisson? ils vous répondront : la *tête* (3)!

3139. Peuple de Crotone! dans ton estime, ne places point le guerrier au-dessus de tes magistrats : ne sacrifies pas la *tête* au bras.

3140. L'homme entre dans le monde par la *tête* :

Crotoniates! qu'on ne puisse pas entrer autrement dans votre sénat!

3141. Ne te couvres la *tête* que quand tu ne peux faire autrement (4).

La tête découverte sied à l'homme.

3142. Citoyennes de Crotone! si la maladie ou le temps dépouille votre *tête*, doublez vos voiles plutôt que de parer votre front d'une chevelure empruntée.

----

(1) *Verbum verbo*, mis au pied du mur.
(2) Porphyre, *abstin. de la chair.* IV. 7.
(3) D'où le proverbe : *piscis à capite foetet.*
(4) Pythagore parle ici, comme presque partout, d'après sa propre expérience. Il fit l'épreuve, le premier, de la plupart des lois qu'il promulgua dans son école.

DE PYTHAGORE. 393

Femme qui dissimule la couleur ou le nombre de ses cheveux, dissimulera dans de plus graves circonstances.

3143. Mères de famille! gardez le souvenir de *Teth-Mosis* (1); il fit cesser à Héliopolis la coutume qu'avaient les Phéniciens d'immoler des enfans au Soleil.

3144. Crotoniates! exécrés la mémoire de *Teucer*, fils de Télamon, si ce fut lui qui fonda une victime humaine sur l'autel des Dieux de Salamine.

3145. Gardes le souvenir de ce que *Thalès* disait le plus souvent : « Point de république, où il y a des pauvres et des riches ! point de démocratie, sans égalité » !

3146. Magistrats de Crotone! laissez croire au peuple que le génie de *Thamyris* (2) est passé dans le gosier d'un rossignol, et l'ame d'Amasis dans le corps d'un renard.

3147. Crotoniates! dans le choix de vos magistrats, soyez plus prudens que les Scythes, lorsqu'ils élurent pour leur roi *Thamyris* (3), après l'avoir entendu jouer de la lyre.

3148. Sois sobre, pour être libre. Ne vantes point ton indépendance, si tu ne peux faire un bon repas sans vins (4) de *Thasos* (5).

3149. Exerces ta pensée. Les travaux de la main des hommes ne résistent point au bras du temps; il n'en est pas de même des œuvres du

---

(1) Newton, *chronologie abrégée. in-4°*.
(2) Poëte et musicien.
(3) *Bibl.* Phot.
(4) Plutarque, *traité de la vie joyeuse, selon Epicure.*
(5) Ile de la mer Ægee.

cerveau de l'homme. La pensée demeure intacte au milieu des révolutions du globe. Les conceptions fugitives de *Thaut* et d'Homère ont survécu à leurs auteurs. S'il y a quelque chose de réel et de permanent sur la terre, c'est la pensée. Exerces ta pensée.

3150. Femmes de Crotone, et de toutes les autres villes du monde (1)! honorez la mémoire de *Théano*, l'épouse de Pythagore; interrogée combien il faut de jours à une femme pour être pure, après avoir eu commerce avec un homme?

Théano répondit : « Avec son mari, elle ne cesse d'être pure; avec un autre, elle ne peut plus l'être ».

3151. Crotoniate! tiens pour sage cette loi de *Thèbes* (2), qui ferme la porte des magistratures aux marchands de profession.

3152. Comme à *Thèbes* (3), bannis de la cité tout artiste qui rend mal la nature.

3153. Crotoniates! ne placez point sur vos autels une *Thémis* à deux visages et regardant en arrière, comme Janus (4).

3154. Statuaire! représentes *Thémis* une coudée à la main.

La coudée (5), symbole des lois justes, avertit les hommes d'observer la mesure en toutes choses.

3155. Citoyens de Crotone! point de milieu!

---

(1) Cette loi pourrait bien être de Lysis.
(2) La Thèbes grecque.
(3) Winckelmann, *journal étrang*. janvier. 1756. p. 114.
(4) Pythagore se déclare ici contre les lois rétroactives.
(5) *Antolog.* IV. 12.

soyez républicains ou *théocrates*. Le plus grand de tous les scandales est de voir un homme commander à des hommes.

3156. A un peuple variable et léger, donnes des lois *théocratiques* ; il n'est pas digne de la liberté.

3157. Gardez le souvenir de *Théodore*, architecte samien, l'inventeur de la règle et du niveau.

3158. Crotoniates ! conservez la mémoire de *Théopompe*, roi de Lacédémone ; lui-même, il provoqua l'institution de cinq magistrats pour surveiller le trône (1).

3159. Fils de la terre ! aux belles *théories*, préfères les traités d'agriculture, écrits avec la charrue sur le dos de ta mère.

3160. Ne t'en rapportes pas aux décisions de la *théorie* raisonneuse. Appelles-en au tribunal de l'expérience (2) ; qui le décline, craint la vérité.

3161. Magistrat ! laisses un libre cours à la critique. Les coups de langue d'un *Thersite* peuvent profiter aux grands hommes eux-mêmes.

La piqûre d'un insecte hâte la maturité des figues (3).

3162. Jeune homme ! prends un modèle : *Thésée* devint un héros, en imitant Hercule.

3163. Crotoniates ! soyez sages après la

---

(1) Les *éphores* de Sparte.
(2) Le germe de tous les beaux ouvrages de Bacon est dans ce précepte de Pythagore.
3) Les figues de l'Archipel.

victoire, comme auparavant. N'imitez point *Thésée*, qui déshonorait les femmes de ses ennemis vaincus.

3164. Soit flétrie la mémoire de *Thésée* ! il fit des lois sages : mais il enleva une fille à son père.

3165. Epoux volages ! rappelez-vous le supplice de *Thésée* dans les enfers (1) ; l'infidelle y est condamné à rester assis sur une pierre brûlante, (2) tant qu'il y aura en ce monde des femmes crédules et séduites.

3166. Gardez la mémoire de *Thespis*, le fondateur de l'art dramatique.

3167. Amis nouveaux ! buvez du vin de *Thessalie* (3).

3168. Peuples ! essayez du régime des *Thessaliens* : pour apprendre à marcher en mesure, leurs magistrats sont des maîtres de danse : vous faites trop souvent de plus indignes choix.

3169. Citoyennes de Crotone (4) ! laissez aux *Thessaliennes* les conjurations de la lune : contentez-vous d'être paisibles et silencieuses comme cet astre.

3170. Poëtes et philosophes ! n'écrivez point

---

(1) Durondel, *chenix de Pythag.* 96, 97.
(2) *Sedet aeternumque sedebit infelix Theseus.*
    Virgil. *aeneid.*

(3) Vin rude d'abord, mais qui, avec les années, prenait du corps et de la chaleur.
(4) Les femmes crotoniates redoutaient beaucoup les influences lunaires.

vos vers, ni votre doctrine : souvenez-vous de *Thestorides* (1).

3171. Donnes du *thim* à l'abeille, de la rosée à la cigale (2), et à ta patrie des lois aussi pures que la rosée, et d'aussi bonne odeur que le thim.

3172. Législateur ! si le peuple te demande des Dieux, envoyes-le chez les *Thoïtes* (3).

3173. Crotoniates ! veillez !

Le *thon*, endormi, se laisse prendre ; à son réveil, il ne sait comment il a perdu sa liberté.

3174. Peuple de Crotone ! laisses les Phéniciens s'enorgueillir d'avoir pêché le *thon* les premiers.

Sois plutôt jaloux qu'on dise : « Crotone est la première ville qui transcrivit ses loix sous la dictée de la raison ».

3175. Amis des saintes mœurs ! gardez le souvenir de *Thouin*, magistrat de Canope; il refusa l'asile, dans le temple de Sérapis, au ravisseur d'Hélène.

3176. Crotoniates ! si l'on vous propose une loi nouvelle, ne la recevez pas les yeux fermés, comme en agit le peuple *Thrace*, quand il use de certaine potion ordonnée par les médecins (4).

3177. Flétrissez le souvenir de *Thrason*, si ce fut lui qui éleva la première muraille.

---

(1) Phocéen qui vola l'Iliade à Homère.
(2) Anacréon, *od*. 43.
(3) Cette nation, voisine de la Thrace, était sans culte.
Porphyr. *abstin*. II.
(4) *Amystis*...

3178. Magistrat ! que les faisceaux, dans ta main, ne se changent pas en *thyrses !*

3179. Homme de génie, qui veut de la célébrité ! évites de ressembler au *Tibre :* de tous les fleuves de l'Italie, c'est le plus fameux et le plus trouble.

3180. Crotoniates ! n'allez point au combat, ivres de vin, comme les Grecs : n'en revenez point, ivres de sang, comme les *tigres.*

3181. Attèles-toi au *timon* d'une charrue, plutôt que de prendre en main celui d'un navire, ou d'une république.

3182. Honores la mémoire de *Tiresias* (1), qu ne mentit jamais.

3183. Homme laborieux ! n'épouses point femme dissipatrice : rappelles-toi la corde (2) d'Ocnus le *tisserand* (3).

3184. Homme public ! si tu tiens à l'existence, descends, rentres dans la foule ; ne te flattes pas de vieillir sur les hauts siéges, jusqu'à l'âge de *Tithon* (4).

3185. Le *Tmolos* (5) fournit une pierre de touche (6), propre à essayer les métaux. Magistrat ! cherches-en une propre à éprouver les hommes.

3186. Crotoniates ! à la première tache, dé-

---

(1) Homère.
(2) Corde de jonc, qu'une ânesse mangeait, à mesure qu'*Ocnus* la tissait.
(3 Proverbe d'Ionie.
(4) *Tithoni senectus.* Prov. gr.
(5 Fleuve de Lydie,
(6) *Lapis lydius.*

chirez la *toge* de vos sénateurs : elle doit être vierge, comme la loi.

3187. Sois d'abord sage pour *toi* (1).

3188. Pour conserver intacte la *toison* de tes brebis, ne sèmes point d'épines sur leur route.

Pour posséder long-temps le cœur de ta femme, ne lui parles point avec aigreur.

3189. Magistrat père de famille ! en présence du peuple et de tes enfans, n'entres point dans ta maison par la fenêtre ; en ton absence, ils voudraient y entrer par le *toit*.

3190. Fuis la contrée grosse d'une révolution ; fuis, ainsi que les bergers du mont *Tomare* (2), à la rencontre d'une lionne en travail.

3191. Le père bâtira une maison pour ses enfans :

Les enfans consacreront une *tombe* à leur père.

3192. Du moment qu'un coupable sera descendu dans la *tombe*, fermez à jamais la tombe sur lui, et sur ses fautes en même-temps.

3193. Crotoniates ! donnez un *tombeau* à l'ambitieux qui vous demande un autel.

3194. L'époux et sa femme, l'ami et son ami n'auront qu'une seule et même tombe. Un *tombeau* sera toujours pour deux ; celui qui aura vécu seul et pour lui seul, ne jouira point des honneurs du tombeau.

---

(1) *Linguam ante alia contine.* Pythag. *symb.*
Primum sapientiae opus, rationem convertere in se ipsum. Nic. Scutellius. p. 46, *in*-4°.

(2) Chez les *Molosses*.

3195. Crotoniates ! n'élevez point vos *tombeaux* à une hauteur telle, que leur construction puisse mettre en péril les ouvriers.

Il ne faut pas que le soin des morts soit funeste aux vivans.

3196. Familles agricoles ! ne donnez que trois journées de travail à la confection de vos *tombeaux*, et neuf à vos maisons.

3197. Fais-toi autant de scrupule d'enlever aux morts une pierre de leurs *tombeaux*, que d'enlever aux vivans une pierre de leurs maisons.

3198. Ne bâtis point une maison à tes enfans avec les pierres du *tombeau* de tes aïeux.

3199. Le jour même des funérailles, on plantera, près de la *tombe*, un arbre pour l'abriter.

3200. Crotoniates ! construisez plus solidement vos *tombeaux* que vos maisons.

Le règne de la mort est plus long que celui de la vie.

3201. Un *tombeau* tiendra le moins de place possible sur la terre. Les vivans seuls y jouent un rôle ; les morts ont fini le leur, et ne doivent en laisser d'autre trace que le souvenir.

3202. Peuple de Crotone ! regardes les magistrats despotes comme morts de leur vivant ; ouvres leurs *tombeaux* (1).

---

(1) *Infidelis homo, mortuus est corpore vivente.*
Sexti Pythagorei. *sententiae.*

Pythagore pratiquait dans son école cette loi symbolique. Il faisait célébrer les funérailles de ceux de ses disciples, indignes de vivre dans sa communion.

3203.

3203. Ne t'occupes que de tes affaires (1), et ne connais dans le monde que *toi*.

3204. Crotoniates ! ne vous croyez pas des hommes parfaits : ainsi que tous les autres peuples, vous êtes un composé des deux *tonneaux* de Jupiter (2).

3205. Quand il *tonne*, réfugies-toi dans le sein de la terre (3). Réfugies-toi dans le cercueil, plutôt que de tomber vivant entre les mains du peuple ou des rois.

3206. Magistrat ! ne te laisses point manier. La *topaze* s'use sous le toucher.

3207. Ne touches point à la *torpille*; n'approches point d'une belle femme. La torpille engourdit la main; une belle femme hébête la raison.

3208. Profites du conseil d'Homère (4) : seul, ne t'opposes point au *torrent* de la multitude ; laisses-le passer, ou passes à côté.

3209. Jeune épouse qui veut faire bon ménage ! évites le *tort* d'avoir toujours raison avec ton mari.

---

(1) Platon (*Timée*) appelle cette loi *une belle parole*. Montaigne l'a rendue ainsi, dans ses *essais*. I. 3 :
« Fay ton faict, et te cognoy »
(2) Voy. Hiéroclès et Homère.
(3) Le premier membre de cette loi se retrouve au nombre des symboles. Pythagore ne proféra le reste qu'en deçà du voile qui séparait son école en deux, et formait deux classes distinctes parmi ses disciples. La seconde partie de cette loi fut pour ses intimes, tels que Charondas, Zaleucus, et Lysis qui recueillit toutes les paroles de son maître.
(4) . . . . . *Crudelia fata,*
  Si multis pugnare velit. Odyss. II.

L o i s

3210. Si l'on vient te dire : « Hier encore, esclaves de leurs prêtres et de leurs rois depuis tant de siècles, les Egyptiens se sont levés aujourd'hui et déjà se montrent dignes de l'indépendance et de l'égalité »;

Réponds : « J'aime mieux croire an vol de la *tortue* (1) ».

3211. Femme en ménage ! ne quittes pas plus ta maison que la *tortue* la sienne ; n'y fais pas plus de bruit (2), sois plus diligente.

3212. On ne voit pas deux *tortues* sous la même écaille, ni deux écailles pour une seule tortue.

Législateur d'une république ! n'y souffres pas deux domaines entre les mains d'un seul propriétaire.

3213. Veux-tu parvenir vîte à la faveur populaire ? traverses le forum sur un char attelé par des *tortues* (3).

3214. Les animaux eux-mêmes, quand ils se rencontrent, se donnent des signes de bienveillance.

Honores-toi dans ton semblable.

Que le voyageur *touche* la main du voyageur !

3215. Evites avec le même soin un tourbillon de poussière, et la *tourbe* du peuple (4).

3216. Législateur ! es-tu jaloux d'élever un monument durable et d'un bel ensemble ? n'ais pas souci de plaire à la *tourbe* changeante (5).

---

(1) D'où le proverbe latin : *testudo volat*.
(2) La tortue était l'emblême du silence.
(3) Type d'une monnaie du Péloponése.
(4) Lamothe Levayer, *opusc. scept*.
(5) *Multitudini placere ne satagas*. Sextus Pythagor.

3217. Législateurs et magistrats! inflexibles pour le crime, soyez indulgens pour le coupable.

Tout mortel est dans le *tourbillon* de la nécessité (1), comme la terre autour du soleil.

3218. Sois à la recherche de toutes les vérités; et si tu les trouves, ne les dis pas toutes à *tout* le monde.

3219. Ministres de la santé! modelez-vous sur *Toxaris* (2); ce Scythe, dans Athènes, guérissait, moins avec des remèdes que par la confiance.

3220. Homme d'état! évites toute loi *tracassière*.

3221. Fais le trajet de la vie, sans laisser plus de *trace* sur la terre, que le vaisseau qui sillonne l'océan.

3222. Législateur! bannis de la cité le sacrilége qui ouvre école pour y vendre la sagesse. Au prêtre seul appartient de *trafiquer* des choses saintes.

3223. Législateur! places le peuple entre ses magistrats et la loi:

Ses magistrats, devant, pour le conduire; la loi, derrière, pour aiguillonner les *traîneurs*.

3224. Crotoniates! soyez fidelles aux *traités*. Il n'est pas de victoire qui efface la honte d'un traité rompu.

---

(1) Les Pythagoriciens avaient eu bien des pensées cartésiennes, avant Descartes. Le P. Regnault, *orig. anc. de la physique nouv.* p. 137. tom. II.

(2) Contemporain de Solon et du vieil Anacharsis.

3225. Jeune homme ! ne bois pas à longs *traits* dans la coupe du plaisir.

3226. Réformateur ! ne te bornes pas à la *transfusion* des lois d'un peuple chez un autre.

3227. Plusieurs savans sont à la poursuite d'un secret pour convertir les métaux vils en or pur (1);

Découvres un procédé pour *transmuter* les passions en autant de vertus; ce serait là vraiment le grand œuvre du sage.

3228. Magistrat d'une république bien ordonnée ! protèges, encourages, honores le *travail*.

Abandonnes le commerce et l'industrie à leurs propres forces.

3229. Inities de bonne heure tes enfans au *travail*, pour les rendre hommes de bonne heure.

3230. Crotoniates ! honorez du nom de *travail* l'agriculture seulement. Il n'y a que l'agriculture et le mariage qui mettent quelque chose de plus dans l'univers.

3231. Peuple républicain ! crains de t'abâtardir par l'excès du *travail*.

Des nations entières devinrent esclaves pour avoir consacré toute leur existence à des occupations viles, qui ne leur laissaient ni le loisir, ni la faculté de se conserver libres.

3232. Jeune homme ! tu n'existes point pour

---

(1) Cette loi est dirigée indirectement contre les Egyptiens qui s'occupaient beaucoup trop de l'alchimie.

travailler; mais il faut que tu travailles pour exister.

3233. Ne *travailles* des mains que pour toi et ta famille.

Qui loue ses bras n'est plus libre.

3234. Législateur ! bannis de la cité tout citoyen en état de vivre sans *travailler*.

3235. Qu'il soit condamné au service des pompes, le magistrat qui a mis à sec le *trésor* public !

3236. Voyageur ! au lieu de mettre de l'or dans ta ceinture, écris sur ton bâton ce vers du bon Hésiode.

« Langue discrette est un *trésor* ».

3237. Crotoniates ! n'accumulez point les *trésors* dans les temples de vos Dieux (1). Les Dieux n'aiment point le luxe ; il n'y en a pas dans l'Elisée.

3238. Dans un temps de guerres civiles, bois du vin de *Trézène* (2).

3239. Crotoniates ! n'épousez point de trop jeunes femmes. L'oracle l'a dit aux *Trézéniens* : « Ils auront de longues années, s'ils ne mangent plus leurs fruits trop verts ».

3240. Législateur ! infliges rarement des peines graves.

Les aphorismes d'un médecin habile con-

---

(1) *Dactyliotheca* ; comme on a dit long-temps en France : *le trésor de Saint-Denis* ; en Italie : *le trésor de Notre-Dame de Lorette*.

(2) Théophraste prétend que ce vin rend stérile la couche nuptiale.

viennent mieux aux hommes, que les arrêts d'un *tribunal* sévère.

3241. N'en appelles jamais au *tribunal* du peuple : il croit tout, sans voir; il te condamnerait, sans t'entendre.

3242. Préfères à la *tribune* publique, l'écho de la solitude (1).

3243. Orateur ! conserves dans ton discours la supériorité que te donne déjà sur le peuple le lieu d'où tu le harangues (2).

3244. Qu'importe au peuple la république ou la monarchie ?

Hommes d'état ! il ne vous demande que des *tribunaux* et du pain.

3245. Dans une assemblée populaire, homme sage, pour l'intérêt même de la vérité, ne t'empares pas le premier de la parole (3). La multitude est au dernier occupant la *tribune*.

3246. Ne montes point dans la *tribune* publique, pour y tonner contre les vices du peuple et les crimes de ses gouvernans. Contentes-toi d'être le gnomon silencieux qui indique l'heure des devoirs.

3247. Crotoniates ! donnez la préférence au *trident* des laboureurs sur celui de Neptune (4).

3248. Crotoniates ! si vous naviguez, que ce

---

(1) *Symb.* LIV.
(2) Pour parler en public, on était monté sur quelques gradins.
(3) *In conventu ne satagas primum dicere.*
Sextus Pythagoreus.
(4) La ville de Crotone était baignée par la mer.

soit comme *Triptolème* (1), pour porter le froment que vous avez de trop aux nations qui n'en ont pas assez.

3249. Hommes et femmes ! laissez les Dieux pour ce qu'ils sont ; ne vous adressez pas aux uns plutôt qu'aux autres : quoiqu'en aient dit Orphée et le *Trismégiste*, les Dieux n'ont point de sexe (2).

3250. Crotoniates ! simplifiez votre gouvernement : craignez le despotisme d'un seul ; mais plusieurs centaines de sénateurs (3) ! c'est beaucoup *trop* ; redoutez les avis et l'administration de tant de monde.

3251. Lorque le peuple est sourd ou rebelle à la loi, magistrat ! montes sur le trépied, dans l'antre de *Trophonius* (4).

3252. Les bergers donnent de temps en temps à leurs *troupeaux* une certaine mesure de sel ;

Pasteurs de peuples ! mettez du sel dans vos lois.

3253. Cèdes le pas à un *troupeau* et au peuple.

Fais mieux ; ne te trouves jamais sur leur chemin.

3254. Peuple de Crotone ! puisque tu formes un *troupeau*, souffres des bergers et des chiens.

---

(1) Sur un vaisseau à deux voiles, nommé *Dragon* ; ce qui donna lieu aux poëtes de dire que Cérès l'enleva, et le fit voyager sur un char traîné par deux dragons ailés.

(2) Ces deux grands hommes faisaient les Dieux *Androgines*.

(3) Le sénat de Crotone était fort nombreux.

(4) Cette loi-symbole a donné lieu à deux proverbes grecs :

Antrum Trophonii. Ex tripode dicta.

3255. Législateur! dis à l'homme : « Tu es né pour vivre sans maître ».

Dis au peuple : « Il te faut à tout le moins un maître ».

Chaque *troupeau* a le sien.

3256. Si l'on te demande, pourquoi Homère donne le nom de pasteurs (1) aux chefs du peuple?

Dis : « Parce que le peuple est un *troupeau* de moutons ».

3257. Les hommes en société forment trois sortes de *troupeaux* : celui des armées, celui des villes, celui des campagnes.

Ne sois le berger d'aucun de ces *troupeaux*.

3258. Que nul ne puisse être magistrat du peuple, avant d'avoir été gardien d'un *troupeau*!

3259. Pour ton usage, préfères l'huile de tes oliviers, à celle (2) du lait de tes *troupeaux*.

3260. Ne rougis point des *trous*, mais des taches de ton manteau.

3261. Crotoniates! ne peuplez pas trop; les Dieux n'ont permis la guerre de *Troye*, que pour alléger la Grèce de sa trop grande population.

3262. Crotoniates! rappelez à vos femmes que le simulacre de Minerve, à la conservation duquel les *Troyens* attachaient leurs destinées, avait pour principaux attributs, une quenouille à la main, et sur la tête une corbeille remplie de laine en pelotons.

---

(1) Lamothe Levayer, *de la vertu des Payens.* IIe partie. *in*-4°. p. 176. sec. édit.

(2) Le beurre.

3263. Jeune homme! sois plus sobre de *truffes* (1) que de laitues.

3264. Périsse la mémoire de *Tryphon*, pour avoir inspiré le goût de la piraterie aux peuples placés entre le mont Taurus et la mer de Cilicie.

3265. Si tu crains les vertiges au cerveau, ne demeures pas trop long-temps entre une *tubéreuse* et une femme.

3266. Citoyennes de Crotone! ne vous flattez pas de ressembler aux *tulipes*, dont les imperfections sont autant de beautés.

3267. Citoyennes de Crotone! ne vous baignez pas dans du lait, à l'exemple de *Tullie*, épouse de Tarquin le superbe. Cette même femme lava ses mains dans le sang de son père.

3268. Avant de mettre le peuple au régime de la liberté, qu'il en fasse l'essai dans des fêtes semblables aux (2) Compitales de *Servius Tullius*.

3269. Magistrats! ayez sans cesse présent à la mémoire le nom de *Tullus Hostilius*, roi de Rome : il ne trouvait rien de plus indigne d'un homme d'état (3), que d'attacher quelqu'importance aux affaires sacerdotales.

3270. Gardez le souvenir de *Tullus Hostilius*, roi de Rome; il distribua aux citoyens sans propriété, les terres du domaine de la

―――――――――

(1) « Rien de meilleur pour les ébats amoureux », disaient les Anciens.

(2) Espèce de Saturnales.

(3) . . . *Nihil ratus esset minus regium quam sacris dedere animum.*

Titus Livius, *decad.* I. lib. Plutarch. *Numa.*

couronne, et s'en tint à l'héritage de ses aïeux.

3271. Sois la *tunique* (1) de ton mari. Sois le manteau de ta femme.

3272. Nommes une *tutelle* au peuple qui demande sa liberté : la multitude n'est que l'espèce humaine tombée en enfance.

3273. Peuple libre ! ne restes pas sans lois : les lois sont les tutrices de la liberté ; la vigne sans *tuteur*, donne des fruits acerbes.

3274. Crotoniates (2) ! ne méprisez pas les hommes qui ne sont point de haute stature : *Tydée* (3), dans un petit corps, renfermait une ame forte.

3275. Commences tes études par celle du mécanisme de l'ouïe : le *tympan* (4) de l'oreille est le premier maître de l'homme.

3276. Magistrats ! faites commémoration de *Typhis*, l'inventeur du gouvernail ou timon de vaisseau.

3277. La teinture des vertus exige les mêmes procédés que celle de la pourpre de *Tyr*.

Jeune homme ! prépares ton ame à la recevoir, en la purgeant par le silence des taches d'une première éducation vicieuse (5).

3278. Magistrat ! gardes-toi d'enchaîner la

---

(1) D'où est venu le proverbe : *tunica pallio proximior*.
(2) Les Crotoniates étaient des hommes grands et forts.
(3) Homer. *iliad*. Δ. et E.
(4) Pythagore fit connaître dans la Grande-Grèce l'anatomie... L'école de ce célèbre philosophe découvrit le tympan, et même le limaçon de l'oreille interne.
     Dictionn. antiq. Mongès.
(5) *Epist.* Lysidis *ad Hypparchum*.

pensée! qu'importe au génie qu'il ait des aîles, s'il a les fers aux pieds, comme Apollon dans *Tyr?*

3279. Crotoniates! ne laissez pas vieillir un tyran dans vos murs.

3280. Législateur! quoique tu fasses, il faut que le peuple soit ou tyrannisé ou *tyran*.

3281. Évites avec un soin égal le *Tyran* à plusieurs têtes, et celui qui n'en a qu'une.

3282. Ne parles pas, ou dis toujours la vérité, même au peuple, et aux rois, quand tu devrais éprouver le sort de *Tyresias*.

3283. Chefs de nations! à l'exemple de *Tyresias* (1), Melampus, etc. ne donnez des lois aux hommes, qu'après avoir pris leçon des autres animaux.

3284. Peuple crotoniate! gardes le souvenir de *Tyrtée*, et repètes ses chants belliqueux, quand tu seras en guerre pour une cause juste (2).

U. V.

3285. Refuses pour ami, l'homme qui verse le sang de la *vache*, dont il a bu le lait.

3286. Sois sage et modeste : la sagesse tient

---

(1) Porphyr. *abstin.*
(2) Poëte d'Athènes, contemporain des sept Sages; il était petit, borgne et boiteux. On attribue au pouvoir de sa muse la plus mémorable des victoires remportées par les Spartiates sur les Messéniens. Il obtint le droit de cité à Lacédémone. Une loi expresse enjoignait aux soldats, avant d'aller à l'ennemi, de s'assembler autour de la tente du général, pour y entendre et répéter les chants de *Tyrtée*.

à si peu, qu'en vérité il n'y a pas de quoi être *vain*.

3287. Crotoniates! tenez pour sage cette loi grecque qui défend de naviguer dans un *vaisseau* pouvant contenir plus de cinq voyageurs.

3288. *Valerius* baissa devant le peuple les faisceaux consulaires.

Magistrat! fais mieux! tiens la multitude courbée sous le sceptre de la loi.

3289. Crotoniates! ne vous faites pas du courage (1) un Dieu : qu'on ne dise pas : « Ils ont besoin de la religion pour être braves ».

3290. Crotoniates! mieux que les Egyptiens, connaissez la *valeur* des mots : gardez-vous de faire synonimes prêtres et sages.

3291. Défends la vérité : ne la *venges* pas.

3292. Crotoniates! de temps en temps, *vannez* vos grains et vos lois.

3293. Ne places point les alimens de ta journée dans un *vase* (2) de nuit, ni ton honneur dans la fidélité d'une femme.

3294. Jeunes époux! le mariage est un *vase* à deux anses.

3295. Sois semblable à la glace qui prend la forme du *vase* où elle se durcit.

Conformes-toi aux circonstances.

3296. Meurs, avant que le peuple ou le prince sache que tu as *vécu* (3).

---

(1) Les Romains avaient une Déesse de la valeur, sous le nom de *Virtus*.

Spanheim, *de usu numismat.* tom. I. *in-folio.*

(2) *Symb.* XXVI.

(3) Prov. grec.

3297. Nourris-toi de chair qui n'ensanglante point ta bouche (de *végétaux*).

3298. L'Égypte adore les *végétaux* qu'elle mange.

Peuple de Crotone! ne portes point la reconnaissance jusqu'à la superstition : ne parfumes point d'encens le pain qui te nourrit : donnes tous tes soins à la culture de l'épi nourricier ; mais ne métamorphoses point tes alimens (1) en Dieux.

3299. Ne charges point le lendemain du fardeau de la *veille*.

L'homme n'a pas reçu une dose d'intelligence et de force, grande assez pour faire en un seul jour le travail de deux.

3300. Magistrats! magistrats! *veillez*, quand la loi dort.

3301. Législateur ! ne *vends* pas tes lois au peuple : si elles sont bonnes, le peuple le plus riche ne l'est point assez pour les payer.

3302. Ne *vends* pas la science : le sophiste (2) en fait trafic ; le philosophe s'en fait honneur.

3303. Soit flétri dans la mémoire des hommes le nom d'Adraste, roi de Sycione, pour avoir bâti un temple à la *Vengeance* (3).

3304. Ne redemandes pas à ton voisin les épis que le *vent* a détachés de ta moisson, et

---

(1) « Qui serait jamais assez insensé pour avoir un Dieu qu'on boit et qu'on mange » ? dit Cicéron, *de naturâ deorum*. III. ... *Illud, quo vescatur, deum*..?

(2) Xenophon adopta l'esprit de cette loi.
Socrat. mem. I. 6.

(3) La déesse *Nemesis-Adrastia*. Pausanias. I. 33.

portés dans la sienne : demain, le *vent* contraire te les rendra.

3305. Les Lacédémoniens adorent les *vents*.

Contentes-toi d'en observer le cours.

3306. Magistrat ! ne laisses point à d'autres le droit de haranguer la multitude ; elle tournerait à tous les *vents*.

3307. Les jeunes femmes n'immoleront point de colombes ni de moineaux sur l'autel de *Vénus* : des couronnes de fleurs sont des offrandes plus convenables, sans doute, que le sang des animaux (1).

3308. Toute la Grèce est remplie de temples à *Vénus-courtisanne*.

Citoyennes de Crotone ! ayez la gloire d'élever le premier autel à *Vénus-épouse*.

3309. Homme de génie, homme sage ! abandonnes le peuple à ses destinées.

Sous la monarchie, c'est un *ver* rampant qui se laisse écraser ; en république, c'est un ours qui étouffe ses conducteurs.

3310. Jeune homme ! préfères les leçons *verbales* du sage, à ses écrits.

3311. Si tu n'es que philosophe, abstiens-toi de haranguer le peuple : pour plaire à la multitude et s'en faire écouter, il faut être *verbeux*.

3312. « Vin vieux, miel nouveau » ; dit l'Adage.

Disons : « Magistrats mûrs, à peuple *verd* ».

3313. Magistrat ! pour corriger les méchans,

---

(1) Jambl. XI. *initio*.

sers-toi des méchans ; puis jettes les *verges* au feu.

3314. Homme sage ! ne sers point la *vérité* sur la table des rois et du peuple, avant que ce fruit soit bien mûr : sa verdeur agacerait les dents, et ferait grimacer les convives.

3315. Crotoniates ! ayez le courage de vous dire, ou d'entendre la *vérité* toute entière : les demi-*vérités* ont produit bien des maux.

3316. A l'imitation du serment (1) militaire d'Athènes, promets de défendre la *vérité*, fusses-tu seul contre tous.

3317. Pardonnes à celui qui te blesse, si c'est avec l'arme de la *vérité*.

3318. Aimes la *vérité* (2) ; tu la découvriras.

3319. Ne sèmes pas de bons grains sur la mer, ni des *vérités* sur la place publique.

3320. Toutes les *vérités* nécessaires à l'homme sont découvertes ; n'en cherches point de nouvelles.

3321. S'il est vrai que la meilleure législation a besoin d'un *vernis* religieux :
Homme de génie ! trompes le peuple.
Fais mieux : ne te mêles point de ses affaires.

3322. Crotoniates ! flétrissez dans votre souvenir l'inventeur du *verrou* injurieux.

3323. Fais des *vers* pour tes amis, plutôt que des lois pour le peuple (3).

---

(1) En voici le texte : « Je jure d'opposer mon corps aux ennemis de l'état, fussai-je seul ».
(2) *Vers dorés.* XLV.
(3) Prov. gr.

3324. Rediges un précepte ou une loi, en trois *vers* (1) seulement.

3325. Jeune homme! ne te familiarises pas trop avec l'art des *vers* : le fréquent usage des expressions sonores, métamorphose insensiblement une tête pensante en écho *verbeux*.

3326. L'eau prend les formes du vase dans lequel on la *verse*.
Jeune épousée! fais de même, en entrant chez ton mari.

3327. *Verses* le mépris à dose égale, et sur les gouvernés et sur leurs gouvernans (2).
Les premiers sont de vils troupeaux; les seconds, des charlatans non moins vils : évites, si tu peux, et les uns et les autres.

3328. Citoyenne de Crotone! au milieu des caresses les plus familières, gardes une sorte de dignité; que ton mari, en te possédant, croie tenir dans ses bras la *vertu* elle-même, qui, pour plaire davantage, s'offre à lui sous les traits d'une femme.

3329. S'il te manque une seule *vertu* (3), ne prétends pas à l'amitié.

3330. Embrasses la *vertu*, sans regarder autour de toi.

3331. Si l'on te demande : « Qu'est-ce que la *vertu* ?
« La philosophie en action ».

---

(1) Vitruve, préface, trad. de Perrault. *in-fol.*
(2) Loi secrète, dirigée contre Crotone et son sénat.
(3) *Pythagoreos . . tanti boni (amiciti . capacem non esse qui non fit omni virtute praeditus adeòque vel und careat* Simplicius, *comm. enchyr.* epict.

3332.

3332. Ne te contentes pas d'être *vertueux* selon la loi : elle ne peut pas tout dire.

3333. Jeune homme ! sois *vertueux*, un seul jour; tu le seras, le reste de ta vie : une fois qu'on a touché aux fruits de la sagesse, on ne peut plus s'en passer.

3334. Jeune vierge ! demandes au jeune homme qui te désire pour femme, les mêmes *vertus* que ta mère exigea de son mari.

3335. Citoyennes de Crotone ! honorez *Vesta* (1), la première femme qui fit sentir à l'homme le besoin d'une demeure fixe, et les avantages d'une vie sédentaire devant son foyer.

3336. N'épouses point une *vestale*.

3337. Citoyennes de Crotone! ne donnez pas votre temps et vos soins aux ornemens des temples, de préférence aux *vêtemens* de vos pères et de vos maris, de vos frères et de vos enfans.

3338. Ne portes point de *vêtemens* faits à la taille d'un autre homme.

3339. Artiste ! représentes quelquefois l'Amour nu.

Donnes toujours un *vêtement* aux Grâces.

3340. Ne changes point d'ami : un ami est un *vêtement* de toutes les saisons, et qui ne s'use jamais.

3341. Si tu trouves une vérité, avant de la

_____

(1) Diod. Sicul. V. *enarrator* Pind. *olymp* I.

produire, appelles à toi les Muses (1), pour lui faire un *vêtement*.

3342. Magistrat! recommandes au peuple la propreté de ses *vêtemens* : un peuple qui se néglige sur ce point, n'a pas d'élévation dans l'ame, ni de pureté dans ses mœurs.

3343. Législateur! ne te montres point mal *vêtu* à la multitude.

3344. Sois *vêtu* ! laisse à d'autres le soin de s'habiller.

3345. Ouvres ta porte à l'orphelin, et au voyageur égaré loin de la maison paternelle.
Ouvres ton cœur à l'ami *veuf* de son ami.

3346. Un homme, *veuf* et père, ne pourra se remarier qu'à une femme *veuve* et mère.

3347. Crotoniates! ne confiez le sacerdoce qu'à des femmes *veuves* et sans enfans, comme en Grèce, et non à des vierges, comme l'a voulu Numa.

3348. Prends un ami : c'est le nécessaire (2) de l'homme, et le *viatique* de la vie.

3349. Sois content de la fortune, si tu es riche assez pour offrir au passager indigent, le *viatique* de sa journée (3).

3350. Législateur père de famille! places le *vice* hors de la portée du peuple et de ton

---

(1) Les sentences de Pythagore n'étaient point exprimées par une prose sans images... Elles étaient enveloppées dans des images et des allégories compréhensibles, que l'imagination de Pythagore produisait avec une grande facilité... Meiners.

(2) *Comm.* d'Hiéroclès.

(3) Un pain et une mesure de vin.

enfant, en sorte qu'ils se trouvent dans l'heureuse impuissance d'y atteindre.

3351. Fidelle à ton époux, ne te crois pas dispensée de tes autres devoirs : un seul défaut ternit plusieurs *vertus*; une seule vertu ne balance pas plusieurs *vices*.

3352. Magistrats! récusez le témoignage d'un *victimaire* (1).

3353. Ne sois l'ami ni d'un chasseur, ni d'un boucher, ni d'un *victimaire* (2).

3354. Ne sois ni la *victime* qui tombe, ni le *victimaire* qui frappe.

3355. Rappelles à ceux qui ont le courage d'être rois ou magistrats, Onoclus, lapidé dans un temps de sècheresse, par ses sujets les Ænianiens, comme *victime* expiatoire.

3356. Crotoniates! ne multipliez pas vos Dieux : beaucoup d'autels nécessitent beaucoup de prêtres (3); et beaucoup de prêtres exigent beaucoup de *victimes*.

3357. Peuple de Rhegium! que les offrandes à tes Dieux ne soient point des *victimes*; les Dieux n'aiment pas le sang : il n'y a point de sang dans le nectar dont ils s'enivrent; il n'y a point de chair d'animaux dans l'ambrosie dont ils se repaissent.

---

(1) Cette loi de Pythagore est passée dans la jurisprudence criminelle anglaise ; elle récuse pour témoins les bouchers.

(2) . . . *Nec coquis, nec venatoribus unquam appropinquarit*. . . Porphyr. 7.

(3) « La corruption des prêtres, et leur avarice, est, dit Pythagore, la source de tous les maux ».

Ramsay, *voyage* de Cyrus. VI.

3358. N'aspires point à des *victoires* qui nécessitent, après les avoir obtenues, de se laver les mains (1).

3359. Secoues tes pieds, quelques jours avant de sortir de la *vie*.

3360. Donnes le moins de surface possible à l'édifice de ta *vie*.

3361. Jeune homme! ne dépenses pas toute ta *vie* en un seul jour.

3362. Citoyen de Crotone (2)! ne manges pas ta *vie*, en un seul repas.

3363. Veux-tu de longs jours? caches ta *vie*. La mère d'un homme public doit s'attendre à vivre plus que son fils.

3364. Pour vivre longuement, ménages-toi du vin vieux et un *vieil* ami.

3365. Ne fais point l'éloge de la jeunesse, en présence d'un *vieillard* chagrin.

3366. Voyageur! ne passes point entre un *vieillard* et le soleil.

3367. Jeune homme! un *vieillard* t'appelle; retournes sur tes pas, quand bien même tu serais attendu par la femme qui te plaît.

3368. Législateur! invites le peuple à n'avoir pour prêtres que des *vieillards*, chefs de famille.

3369. Jeunes hommes! laissez le vin vieux aux *vieillards*.

---

(1) Allusion à l'usage des Anciens, qui exigeaient du vainqueur qu'il se lavât les mains, avant de faire un sacrifice.

(2) Nous avons remarqué déjà que l'habitant de cette ville mangeait beaucoup.

DE PYTHAGORE.

3370. Magistrat! dans les jeux publics, réserves un prix au plus beau des *vieillards* : une belle *vieillesse* est presque toujours la marque d'une vie pure (1).

3371. Que le bain des *vieillards* ne soit pas commun aux jeunes hommes !

3372. N'aspires point à de trop longs jours : crains la métempsycose de Tithon en Cigale ; préfères le silence religieux du tombeau, à la loquacité méprisable des *vieillards*.

3373. Honores les *vieillards*! jeune homme! les *vieillards* sont les Dieux du jeune âge.
Honores d'un respect plus profond, le *vieillard* de l'âge de ton père.

3374. Qu'une fille *vieille* soit condamnée au service des Dieux, et à l'entretien de leurs temples !

3375. Pour choisir un ami, n'attends pas la *vieillesse*.

3376. Crotoniates! exemptez-vous de consacrer à la *vieillesse* un temple comme dans Athènes, ou un autel comme à Gades (Cadix).
Ne vous dispensez pas d'honorer les *vieillards*.

3377. Jeune homme! défies-toi des plaisirs : le soleil décline, quand il quitte le signe de la *vierge* (2).

---

(1) Cette loi semble prise dans le ch. XXIII de l'*Iliade*.
« Pythagore tirait, des ouvrages d'Homère et d'Hésiode, des passages qu'il croyait propres à servir d'instruction et d'exemple ». Meiners.
(2) *N. B.* Cette loi morale et symbolique, empruntée d'une vieille tradition orientale, a donné un motif au

3378. Peuple, sénateurs et magistrats de Crotone ! veillez sur la loi ; n'y touchez point : la loi est une *vierge*.

3379. Une femme mariée n'aura le pas sur une fille *vierge*, que quand elle sera devenue mère.

3380. Jeunes femmes ! ne dites point au jour les secrets de la nuit : gardez-vous surtout d'initier les sœurs de l'Amour, aux derniers mystères de l'Hymenée. Par des récits indiscrets, n'allumez point le feu du désir, dans le cœur paisible de la jeune *vierge*.

3381. La raison veut que tu donnes à la nature seule, la qualification sublime de *vierge-mère* (1).

3382. N'épouses point une *vierge* qui n'a jamais sacrifié, le matin, à Minerve Pandrose (2).

3383. Citoyennes de Crotone ! *vierges* ou mariées, qu'aucune de vous, dans tous les instans de sa vie, ne se croie jamais seule et sans témoins.

---

calomniateurs, pour charger la mémoire de Pythagore du ridicule d'astrologue.

« Pythagore rechercha tout ce qui était digne d'être su de son temps, et le tourna à l'utilité, au bonheur, à l'instruction de ses contemporains ». Meiners.

(1) C'est le titre que les Egyptiens consacraient à leur Isis.

Voyez aussi le culte des Druides, aux paragraphes du *voyage de Pythagore dans les Gaules*.

(2) Minerve *toute rosée*. Le sens de cette loi est de ne pas épouser une fille paresseuse, qui n'est point matinale, ni vigilante ; qui n'a jamais pris un bain de rosée.

3384. Tant que la nature ne vous conseillera pas le contraire, demeurez *vierges ;* mais conservez-en les mœurs toute votre vie.

3385. Que le bain des femmes mariées ne soit pas commun aux filles *vierges* !

3386. Jeunes filles de Crotone ! entrez *vierges* dans le temple de l'Hymen.

3387. Citoyennes ! portez le nom de vos époux, avec ce respect religieux, dont les *vierges* d'Athènes sont penétrées, quand elles portent les choses saintes sur leur tête (1), aux fêtes de Minerve.

3388. Si le peuple, avant ta cinquantième année, te nomme législateur, dis lui : « Je suis encore trop jeune ».

S'il t'appelle à la rédaction de ses lois, après ta cinquantième année, dis lui : « Je suis déjà trop *vieux* ».

3389. Hommes d'état ! ne donnez point des lois jeunes à un *vieux* peuple.

3390 Mère de famille ! ne maries point la *vigne* (2) au chou.

3391. A tes enfans qui te parlent d'Hyménée, rappelles les lois de la greffe : dis-leur que l'union de la *vigne* et de l'olivier, est rarement heureuse ; dis-leur que l'antipathie des caractères est plus difficile encore à vaincre que

---

(1) Les *Canephores.*
(2) C'est-à-dire, consultez la sympathie,
Les Anciens prenaient de la graine de chou, pour antidote à l'ivresse.
Nous avons remarqué plus haut, d'après Pline, que Pythagore avait composé un traité sur cette production légumineuse.

celle des *végétaux*, et que l'assortiment des ames, fait seul les bons ménages.

3392. Ne fais pas libation aux Dieux (1) de l'Amitié, avec le vin d'une *vigne* négligemment entretenue.

3393. Ne maries point la *vigne* (2) au laurier. On n'est point à-la-fois grand buveur et grand homme.

3394. Abstiens-toi du vin! la *vigne* donne trois fruits (3) : le plaisir de boire; ensuite, l'ivresse; laquelle est suivie de la dispute.

3395. Tu dépouilles ta *vigne* des feuilles qui en dérobent la grappe aux rayons du soleil.
Homme de bien! laisses aussi entrevoir ta vertu, pour qu'elle fructifie par l'exemple.

3396. Visites la *ville* : séjournes aux champs.

3397. Tu ne dégustes pas le *vin*, quand il bouillonne dans la cuve.
Abstiens-toi de juger un homme dans sa colère.

3398. Crotoniates! n'imitez point les Grecs, qui font synonimes le *vin* et la vérité.
Malheur au peuple qui ne dit, ou ne permet la vérité que dans le *vin*.

3399. Crotoniates! soyez sobres; à mesure que le *vin* entre, la raison sort.

3400. Citoyennes! abstenez-vous de *vin* sans eau; le *vin sans eau* fait changer de sexe.

3401. Législateur! restes en repos chez toi :

---

(1) *Ex imputatis vitibus ne diis. . . libes.* Symb.
(2) Les Anciens croyaient à l'antipathie de ces deux productions.
(3) Antonius Monachus. lib. I. *meliss.* cap. 41.

il n'y a rien à faire d'un *vin* tourné, et d'un peuple corrompu.

3402. Ne rinces pas avec du *vinaigre* la coupe de l'amitié.

3403. Crotoniates ! bannissez d'entre vous le parfumeur et le *vinaigrier* (1); craignez les extrêmes.

3404. Peuple de Crotone ! interdis à tes magistrats le vin *vieux* et les jeunes femmes.

3405. Ne vas point allumer ta lampe au foyer d'un homme *vindicatif*.

3406. Epouse offensée ! ne sois point *vindicative*: le pardon d'une injure embellit Vénus même.

3407. Ne méprises pas la *violette*, parce que tu la rencontres parmi des chardons ; jouet des vents, elle fleurit là où les vents ont porté sa semence.

3408. Jeunes filles ! même au milieu des occupations les plus ingrates du ménage, conservez sur vous un air de parure et de fête.
Vous avez quelquefois cueilli la *violette* parmi des roches sauvages et repoussantes.

3409. Sois sobre ! tu vivras plus longuement que si tu mangeais de la *vipère* (2).

3410. Législateurs, magistrats ! tout n'est pas mauvais dans les méchans; sachez en tirer parti.
Si la *vipère* porte sous sa dent un venin qui

---

(1) *Symb.* XXIX.
(2) Les Anciens attribuaient à la chair de ce reptile la vertu de faire vivre long-temps.

tue, elle offre sous ses écailles une graisse qui rajeunit.

3411. Pour connaître la *virginité* de la femme que tu veux épouser, n'interroges que ses mœurs.

3412. Citoyennes de Crotone ! au plus léger nuage, sacrifiez à la déesse *Viri-Placa* des Romains (1).

3413. La barbe est le vêtement naturel du menton ; regardes la nudité du menton comme presqu'aussi indécente que celle de quelques autres parties du corps humain.

Un beau feuillage ne sied pas moins au chêne robuste, qu'une barbe bien soignée au *visage* de l'homme.

3414. Crotoniates ! gardez le souvenir de *Vischnou*, législateur de l'Inde, et l'un des premiers inventeurs de la métempsycose (2).

3415. *Visites* tes semblables : mais n'habites qu'avec ta famille, et ne séjournes que chez toi.

3416. As-tu besoin d'un conseil sage ? vas t'asseoir, et médites sur la tombe de tes pères.

On se trouve quelquefois bien de consulter les morts, de préférence aux *vivans*.

3417. Ne parles des morts que pour en dire du bien ; ne t'approches des *vivans* que pour leur en faire.

---

(1) Qui vaut autant à dire comme *appaise mary*.
Guill. du Blanc, *discours des parricides*. IX. *de l'uxoricide*. p. 57. *verso*.
(2) Freret, *hist. de l'acad. des inscript.* p. 52 et suiv. tom. IX. *in-12*.

3418. Législateur ! permets au peuple de déifier les hommes après leur mort, jamais de leur *vivant*.

3419. Crotoniates ! ne divinisez personne de son *vivant*.

Hercule, lui-même, ne fut Dieu qu'après sa mort.

3420. Renonces à *vivre*, plutôt que de vivre des restes de la table de ton semblable.

3421. Regardes-toi *vivre*.

3422. Prends le temps de *vivre*; ne manges pas en courant (1).

3423. Ne demandes rien aux Dieux. L'homme en naissant reçoit ce qu'il lui faut pour *vivre*.

3424. Quittes un peuple chez lequel la force des lois est balancée par la force des armes ; il n'y fait pas bon *vivre*.

3425. Pour *vivre*, procures-toi le feu et l'eau.

Pour vivre heureux, trouves un ami.

3426. Pour *vivre* longuement, abstiens-toi de la chair de perdrix (2).

3427. Peuple ami de la simplicité des anciennes mœurs ! gardes le souvenir d'*Ulysse*, qui avait fabriqué de ses mains le lit qu'il partageait avec Pénélope.

3428. Sois *un*; mais ne vis pas seul.

3429. N'appelles pas dans ta maison toutes les vertus ensemble : qu'il te suffise d'en pos-

(1) *Ne ex curru comedito.* Pythag. *symb.*
(2) Volatile lascif.

séder *une* ; celle-ci sous peu de temps attirera chez toi toutes les autres.

3430. Magistrat père de famille ! ne meubles point la tête du peuple et de tes enfans de connaissances superflues ; ne fais entrer les vérités dans leur cerveau qu'une à *une*.

3431. Magistrat ! surveilles les lois avec la sollicitude d'une mère qui a des filles.

Saches que les lois sont des perles qui ne tiennent qu'à un fil ; une seule détachée, il n'y a plus d'*union* (1).

3432. Que ta langue et ta pensée soient deux flûtes à l'*unisson* !

3433. Crotoniates ! défiez-vous de ceux qui vous cachent la vérité.

On jette un *voile* sur la tête des lions pour les enchaîner.

3434. Citoyennes de Crotone ! il vous est facile de rendre au *voile* de lin, souillé par l'usage, sa première blancheur.

Les taches faites à la réputation d'une femme sont presque toujours indélébiles.

3435. Législateur ! ne parles au peuple que derrière un *voile* (2).

3436. Une vierge, devenue femme, pourra quelquefois sortir de la maison sans ceinture, jamais sans *voile*.

3437. Avant de sortir, l'épouse prendra son *voile* des mains de son mari.

3438. Les femmes mariées mettront au *voile*

---

(1) Les Anciens appelaient les colliers de perles des *unions*.

(2) *Per parietem loqui.* Prov. gr.

de leur sein une agraffe de plus que les femmes non-mariées (1).

3439. Homme sage ne te laisses voir à la multitude, ne lui donnes une leçon qu'à travers un *voile* (2).

3440. Crotoniates! dans vos fêtes publiques, au simulacre de la liberté, substituez le livre de la loi, et ne jetez jamais un *voile* dessus.

3441. Que dans chaque tribunal (3), un grand *voile* toujours baissé rende les juges invisibles à l'accusé, ainsi qu'à ses accusateurs et à celui qui prend sa défense!

3442. Législateur! défends l'usage des *voiles* dans le sanctuaire des temples; le culte ne doit pas plus être un mystère que le soleil: il est temps, il est bon que le prêtre n'ait rien de caché.

3443. Pour bien *voir*, il ne faut pas trop voir.

Pour prendre un allignement, tu n'as besoin que d'un œil.

3444. Jeune homme! avant d'instruire ton cerveau à ne rien oublier, instruis tes yeux à bien *voir*. Le talent de voir doit précéder l'art de retenir ce qu'on a vu.

3445. Veux-tu devenir Dieu (4)? apprends à bien *voir*.

3446. Crotoniates! à l'exemple des Lydiens,

---

(1) *Peplum.*
(2) *Obducto velo, extrinsecus citra praeceptoris aspectum ab ore ejus pendebant.* Jambl. XVII.
(3) Les Romains empruntèrent cet usage à Pythagore.
(4) *Téos* (Dieu), mot grec, signifiant celui *qui voit*.

n'allez pas chercher vos magistrats ou un roi dans l'atelier d'un charron.

Le constructeur d'une *voiture* ne sait pas toujours la mener.

3447. Magistrat! obliges les prêtres à réciter leurs prières à *voix* haute (1).

3448. Ne sacrifies point à ton appétit vorace, la faible *volatile* qui s'est réfugiée dans ta maison pour éviter un oiseau de proie.

3449. Observes de loin l'éruption d'un *volcan*, et les mouvemens d'un grand peuple.

3450. Ne dors point le jour; tu ressemblerais aux *voleurs* (2).

3451. Plains l'oiseau qui chante dans sa *volière*.

Plains et méprises le peuple esclave qui s'endort au bruit de ses chaînes; ne le réveilles pas pour le rendre à la liberté, il n'en est plus digne.

3452. Crotoniates! n'oubliez pas que les *Volsques* n'ont un roi qu'en temps de guerre.

3453. Que ta conscience soit comme un *volume*, sans cesse déroulé sous tes yeux! consultes-le à chaque heure de ta vie.

3454. Sans doute, tout peuple est son maître, et a le droit de *vouloir*.

Crotoniates! mais sachez vouloir.

3455. Ne dis: je le *veux*! qu'après avoir dit: le puis-je?

---

(1) « Les Pythagoriens vouloyent que les prières fussent publiques, et oüyes d'un chacun.
      Montaigne. *essais*. I. 56.

(2) Les Grecs appelaient les brigands, des *dormeurs de jour*.

3456. Jeunes époux ! sacrifiez ensemble, chaque matin, à la divinité des *Bons-Vouloirs* (1); vous en obtiendrez le bon accord.

3457. Reçois le jour dans ta maison par la *voûte*, plutôt que par les côtés.

3458. Architecte politique ! ne déceintres pas l'édifice social, avant d'avoir posé la clef (2) de *voûte*.

3459. Apprends à *voyager* : Hercule (3), en voyageant, est devenu héros.

3460. Avant de proposer des lois à ton pays, *voyages*.

3461. *Voyages*, avant d'être législateur ! Voyages, aussitôt après l'avoir été.

3462. *Voyages* une fois en ta vie.

3463. Attends dans le silence et le calme le retour de ton époux inconstant (4) ; places d'avance le pardon et le sourire sur tes lèvres ; reçois-le comme arrivant d'un long et périlleux *voyage*.

3464. En passant le long d'une vigne, si tu aperçois un sep privé de son appui, tu lui en feras un du bâton qui te sert dans tes *voyages*.

3465. Crotoniates ! soyez hospitaliers ! à l'exemple des Mosyniens (5), dans tous vos

---

(1) VOLUMNA *dea praestabat ut conjuges bona vellent.*
(2) Symbole pythagorique de la loi.
(3) Baudelot, *utilité des voyages.* tom. I. *in*-12.
(4) Theano, Nicostratæ *epistola*.
(5) Voici le texte de la loi :
Relinquito aliquid et hospitibus advenientibus.

partages de famille, consacrez une portion au *voyageur*.

3466. Ne séjournes point chez un peuple inhospitalier, qui raille le *voyageur* vêtu autrement que lui.

3467. Crotoniates ! rendez une sorte de culte à la personne de l'étranger qui accepte l'hospitalité dans vos murs : recevez-le comme un Dieu *voyageur* (1).

3468. L'épouse dans son ménage remplira le rôle des consonnes dans l'alphabet, le mari se réservant l'emploi des *voyelles*.

3469. Législateur et magistrats ! invitez le peuple à s'abstenir de la chair de l'*uranoscope* (2).

3470. Epoux ! préférez la qualité des fruits de l'hymen à la quantité.

Rappelez-vous les infortunes d'*Uranus*, père de quarante-cinq enfans; il trouva en eux ses plus cruels ennemis.

3471. Crotoniates ! à l'*urbanité* froide, substituez la tendre fraternité.

3472. Coupes les ongles du peuple; mais ne lui laves point la tête dans son *urine* (3) ; amendes-le, sans l'avilir.

3473. N'admets pas une grande différence entre l'*urne* des suffrages et celle du sort : rien

---

(1) *Deus vialis.*
(2) *Contemplateur du ciel;* nom d'un poisson qui a les yeux tournés vers le ciel.
(3) *Unguium, criniumque praesegmina, ne commingito.* Pythag. *symb.*

DE PYTHAGORE.   433

ne ressemble plus aux chances du hasard, que les jugemens de la multitude.

3474. Homme de génie! ne te mets pas en peine de rédiger de bonnes lois pour le peuple; il ne lui faut que des *usages*.

3475. « Punis le voleur ; punis du double l'*usurier* ».

Magistrats de Crotone! veillez à l'exécution de cette loi, qui fait plus d'honneur aux Romains, que la conquête du Latium.

3476. Politiques sages ! désirez-vous donner à vos lois une durée égale à celle de l'airain et du marbre? consultez les besoins de l'homme ; une loi subsiste, tant qu'elle est *utile*.

3477. Vas au-devant de l'*utile* ; laisses venir à toi le superflu.

3478. Ne t'engages pas dans les profondeurs obscures des hautes sciences; l'*utile*, avant tout.

3479. Une loi de la ville d'*Utique* (1) défend l'usage des briques, avant la cinquième année de leur sortie du moule.

Peuples de tous les pays ! usez des lois, la neuvième année après leur sortie du cerveau des législateurs.

3480. Ne guindes pas tes lois : le peuple a la *vue* courte.

3481. Crotoniates ! gardez le souvenir de *Vulcain*, l'inventeur du soc de la charrue.

3482. Législateur! recommandes au peuple les *Vulcanies* (2).

---

(1) Aujourd. *Bizerte*, à quinze heures de Tunis.
(2) Fête de *Vulcain*, Dieu du travail.

Tome VI.   E e

Le Dieu du travail mérite une fête, de préférence à tous les autres.

3483. Ne daignes faire un pas pour éviter le blâme, ou bien pour obtenir l'éloge du *vulgaire*. Le vulgaire est mauvais juge (1).

X.

3484. Citoyennes de Crotone ! honorez le souvenir de *Xénoclée*, prêtresse de Delphes ; elle refusa de répondre à Hercule souillé de sang humain (2).

3485. Magistrats despotes ! ne vous reposez pas trop sur l'imbécillité du peuple : un mot seul d'une femme peut faire révolution. Rappelez-vous *Xénocrite* de Cumes (3).

3486. Crotoniates ! gardez le souvenir de *Xénophanes* (4), poëte et philosophe, qui préféra l'étude de la nature au culte des Dieux.

Y.

3487. Que fera le sage, sur une grande route qui se divise en deux chemins, dont l'un mène aux assemblées du peuple, l'autre au conseil des rois (5) ? (l'*y* pythagorique).

Le sage sera stationnaire.

3488. Magistrat ! vois par tes *yeux* : ceux

---

(1) *Vulgus... judex malus.* Stob. serm. 46. n°. 152.
(2) Le sang d'Iphitus.
(3) Contemporaine de *Tarquin* le superbe.
      Plutarque, *vertueux faits des femmes.*
(4) Bayle, *dict.*
(5) *Regiam ac popularem viam fuge.* Symb. VI.

qui voyent ainsi sont les premiers d'entre les hommes, dit le bon Hésiode (1).

3489. Epouse d'un mari sage ! lis dans ses yeux la loi non écrite que tu dois suivre aveuglément ; ta dot est la soumission à sa volonté (2).

3490. Pendant le jour, ne fais rien sous les yeux pudiques de ta femme, dont tu t'abstiendrais en présence d'une fille chaste.

3491. Mère de famille ! ne te permets rien dont le souvenir puisse un jour faire baisser les yeux à ta fille.

3492. Magistrats du peuple ! ne placez point, comme font les rois d'Asie (3), vos yeux sur la tête d'un autre.

3493. Tu jettes un voile sur les yeux du quadrupède aux longues oreilles, afin qu'il tourne ta meule sans distraction (4);

Législateur ! exiges du peuple une confiance aveugle ; il ne la refuse point à ses prêtres.

3494. Jeune homme ! sois laborieux ! sous les pas de l'homme ami du travail, l'*yvraie* parasite se métamorphose en épis nourriciers.

3495. Ne juges point de la chose par le mot, ni de la pensée d'après l'expression.

La fleur de l'*yvraie* est plus agréable que celle du bon grain.

---

(1) *Eclaircissemens sur Horace*, par Dacier, p. 51, *in*-12. 1708.

(2) Melissa, *pythagorea*, *claretae*.

(3) Allusion à *l'oeil du prince*, synonyme de *ministre du roi*, dans les cours asiatiques de ce temps-là.

(4) *Mola asinaria*.

C'est aux pensées à nourrir les paroles, aux paroles à vêtir les pensées.

Z.

3496. Ne vas point aux eaux de *Zama* (1), pour embellir ta voix; elle sera toujours assez fraîche, si tu parles toujours avec vérité.

3497. Citoyennes de Crotone! redevenez ce que vous étiez, il y a vingt mille années. La métempsycose me rappelle qu'en ce temps la belle et sage *Zara* (2), ma femme, ne fréquentait d'autre augure que son mari (3), ni d'autre temple que son ménage.

3498. Citoyennes de Crotone! honorez le souvenir de *Zarine* (4), qui fut tout à-la-fois, reine et sage.

3499. Les Phéniciens et les Perses adorent les vents (5).

Jeunes filles de Crotone! ne rendez pas au *zéphir* un culte trop assidu.

3500. Jeune homme! crains de ressembler à cette poussière savante où le doigt du sage trace quelques vérités, perdues au premier souffle des *zéphirs*.

3501. Ne ressembles pas au *zéro* de la science

---

(1) Ville de Numidie, à cinq journées de Carthage.
(2) J. Olivier, *la métempsycose*. p. 14 et suiv.
(3) Pythagore a vraisemblablement ici en vue quelqu'intrigue galante d'un pontife de Junon.
(4) Reine des Saces, peuplade scythe.
(5) *Sacrificant Persae ventis*. Herodot. VII.
Persae colunt ventos. Strab. XV.

numérique; ne dois ta valeur qu'à toi-même, qu'à toi seul, et non à la place que tu occupes.

3502. Gardez le souvenir de *Zéthus* (1), frère d'Amphion ; il préféra la houlette du pasteur à la lyre des poëtes.

3503. Que la mémoire de *Zéthus* (2) soit flétrie, s'il donna le premier le scandale d'un salaire exigé pour enseigner les lois de l'harmonie.

3504. Jeunes époux ! que vos deux ames, toujours à l'unisson, soient semblables au *Zeugos* (3) !

3505. Crotoniates ! ne vous ruinez pas pour enrichir vos Dieux. L'offrande d'une pomme est aussi bien reçue du grand *Zéüs*, que le sacrifice d'un bœuf (4).

3506. Père de famille ! extirpes la zizanie de ton champ, et le luxe de ta maison ; l'une étouffe le bon grain, l'autre les bonnes mœurs.

Le luxe et la zizanie sont deux plantes parasites qui font les plus grands dégâts ; mais des deux, la plus pernicieuse, c'est encore le luxe.

―――――

(1) Platon, *gorgias.*
(2) Voy. Palephatus.
(3) *Flûte double*, ou *flûtes conjointes*, dont le même musicien grec jouait à-la-fois ; l'une servait d'accompagnement à l'autre.
(4) Ζεὺς μηλίχιος. Pollux. I. 27.

Fin des lois de Pythagore.

N. B. « Le Code de Pythagore était si complet, que par lui, tous les momens de la vie étaient remplis, toutes les actions réglées, tous les devoirs fixés, tous les biens et tous les plaisirs appréciés. . . .

L'établissement de l'Ecole de Pythagore est le système de législation, le plus sublime et le plus sage que l'on ait jamais imaginé pour l'ennoblissement et la perfection de l'espèce humaine » Meiners.

TABLE
DES MATIÈRES.

A.

Abaques, sorte de table où les Egyptiens plaçaient leurs signes numériques. Tome 2. Page 42.

Abaris, fils de Seutha, Hyperboréen de nation, s'attache à Pythagore, en Sicile. t. 4. p. 427. L'accompagne devant Phalaris. p. 431. Passe dans les Gaules, t. 5. p. 150 et 160.

Abbawi ou Siris, premières branches du Nil, t. 2. p. 262.

Abeilles de Cérès; ce que c'était, tome 4. p. 292.

Aborigènes, premiers habitans du Latium, t. 5. p. 109.

Abrote, fille d'Onchestus à Mégare, t. 4. p. 287.

Absinthe marin, plante; son infusion chasse les vers des entrailles, t. 2. p. 61.

Abydus, ville fameuse de la haute Egypte, séjour habituel de Memnon, t. 1. p. 299.

Abydus, ville d'Egypte; son territoire sacré, t. 2. p. 133. Lieu de la sépulture d'Osiris. p. 135. Son temple, et singularité des hymnes qu'on y chante. p. 136.

Acacia (l') d'Egypte; sa description, tome 2. p. 64.

Acamantide, l'une des tribus de l'Attique, t. 4. p. 309.

Acanthina, roseau du pays d'Orchomène, qui produit un lin magnifique, t. 4. p. 375.

Acanthus, conspire contre Phalaris, tome 4. p. 415.

Acanthus, ville d'Egypte; pourquoi surnommée ainsi, t. 1. p. 296. Sur son territoire il y avait de bonnes nourrices; pourquoi, ibid.

Acephales, peuples sans chef, dans les Gaules, t. 5. p. 151.

Achate, fleuve de l'île de Crète, qui roule des pierres précieuses, tome 3. p. 299.

Achæmenès, ancien roi de Perse qui, selon une tradition, était d'une richesse immense, t. 3. page 77.

Achante, ville de Lybie, à cent vingt stades de Memphis, t. 2. p. 110. Son temple desservi par trois cent soixante prêtres. Ibid.

Acharna, peuplade de l'Attique, sur le mont Parnès, aujourd'hui Cashia, instruite dans l'agriculture, t. 4. p. 351. Les Acharniens avaient le caractère dur, tome ibid. Faisaient le métier de charbonniers, p. 351.

Achéron, petit fleuve d'Italie; il ne se rend pas au Tartare, mais à la mer, t. 5. p. 30.

Achthoes, roi d'Egypte, de la dynastie des Héracléopolites, fut un tyran, t. 1. p. 318.

Acicaros, fameux mage de Babylonie, t. 2. p. 466.

Acinacès, arme des Persans, t. 3. p. 97.

Acrotaires, ornemens d'architecture, t. 1. p. 387.

Acund, ville des Gaules, dépendante des Segowellaunes, t. 5. p. 175.

Acusilaüs, historiographe d'Argos, t. 4. p. 262.

Adephagie, divinité de la Sicile, à laquelle rendaient un culte les grands mangeurs. t. 4. p. 455.

Adonis, amant de Vénus; son histoire, t. 1. p. 220 et 260. Honoré à Cnide et à Biblos, ibid. Description de sa fête, p. 263.

Adonis, fleuve de Syrie, près le mont Liban, t. 2. p. 383.

Adoration des anciens rois de Perse

lors de leur couronnement ; étiquette des cours orientales, t. 3. p. 83.

Adrastie, grande déesse, c'est-à-dire la fatalité, t. 5. p. 325.

Adribé, petite ville de la haute Egypte, rendait un culte au crocodile, t. 1. p. 299.

Adultère, comment puni chez les Cuméens, t. 5. p. 53.

Adumas, rivière de l'Inde, qui charrie dans ses eaux un gravier étincelant de diamans, tome 3. p. 155.

Æa, ville des Scythes, bâtie par Sésostris, possédait le tableau itinéraire des expéditions de ce conquérant, t. 1. p. 293.

Æaque, premier législateur et roi de l'île d'Ægine, t. 3. p. 417. et suiv.

Ædoraque, roi des Chaldéens ; sous son règne parut un législateur, moitié homme, moitié poisson, t. 3. p. 5.

Æduens, peuple de l'ancienne Gaule, ou territoire de Bibracte, aujourd'hui Autun, t. 5. p. 176.

Ægéon, premier roi des Eubæens, sous le nom de Briarée, t. 3. p. 423.

Ægia, autrement Augée, bourgade de la Laconie, t. 4. p. 49.

Ægine, (île d') dans la mer de la Grèce, remarquable par sa ville et un beau temple de Jupiter, t. 3. p. 417.

Æginètes (les) ont encore des mœurs, sont économes et laborieux, t. 3. p. 419.

Ægra, ville maritime d'Achaïe ; son culte, t. 4. p. 224.

Ægire, île de l'Achaïe, son culte dégoûtant, t. 4. p. 225.

Æthiopolis, plante d'Ethiopie ; sa vertu, t. 2. p. 274.

Agara, ville de l'Inde (aujourd'hui Agra), t. 3. p. 155 et 169.

Aglaophame, prêtre cabirique de la Samothrace, instruit Pythagore, t. 3. p. 401 et suiv.

Agneau (fête de l'), citée dans les livres secrets des Samanéens, t. 3. p. 210.

Agonothètes, magistrats qui avaient la surveillance des jeux Olympiques, t. 4. p. 116. Leurs vêtemens, ibid.

Agragas, fleuve de Sicile, aujourd'hui Drago, a donné son nom à la ville d'Agrigente, t. 4. p. 425.

Agrigente, ville de Sicile, aujourd'hui Girgente, où Phalaris faisait sa demeure, t. 4. p. 412. Avait pour type l'écrévisse, p. 414. Les environs de cette ville étaient délicieux, t. 4. p. 417. Sa topographie, p. 418. Manière de bâtir des Agrigentains, ibid. Sur les plans de Dédale, p. 419. Les Agrigentains faisaient le commerce des vins avec Carthage, pag. 420. Etaient hospitaliers, ibid. Avaient une singulière manière d'engraisser leur volaille, pag. 422. Aimaient la table, ibid.

Agrostis ; les Egyptiens se sont contentés long-temps de la nourriture qu'ils tiraient de ce végétal, t. 1. p. 315, t. 2. p. 66.

Ahriman, auteur du mal, tome 2. p. 442.

Aimant ; les Egyptiens le connaissaient, t. 2. p. 25.

Alalia, ville de Corse, fondée par les Phocéens, t. 5. p. 131.

Albe la longue, plus ancienne que Rome, tom. 5. p. 59. Alladius, l'un de ses rois, était parvenu à imiter la foudre et les éclairs. Frappé lui-même de la Foudre, ibid. Comment elle fut détruite, tom. 5. pag. 60. Etait monarchie avant d'être en répu blique, ibid.

Alcmæon, médecin à Samos, t. 1. p. 70. Ses aphorismes, p. 71.

Alcomènes, ville de Grèce. Singulier monument qu'on y voit, t. 4. p. 398.

Aléa, ville d'Arcadie ; singularité de son culte, t. 4. p. 237. 238.

Alytarque, magistrat de la Grèce ; sa fonction, t. 1. p. 209.

Alpes, nommées montagnes blanches, t. 5. p. 33.

Alpes, leur description, tome 5. p. 210 et suiv.

Ænaria, île de la mer thyrhénienne, colonie des Arcadiens, t. 5. p. 50.

Æthiopie, grande contrée de l'Afrique, t. 2. Voyez *Ethiopie*.

Alphée, fleuve de l'Elide, t. 4. p. 104. D'Arcadie, p. 247.

Altazaïde, princesse envoyée par le roi de Perse, pour conspirer contre Amasis, tom. 1. pag. 450. et 451. tome 2. p. 329 et suiv. Massacrée par le peuple, t. 2. p. 346.

Amalthée, élève de la Sibylle de Cumes, accompagne Pythagore à Rome, t. 5. p. 50. Vend à Tarquin des livres Sibyllins, t. 5. p. 67.

Amante des couronnes ; ce que c'était, t. 5. p. 55.

Amasis s'empare du trône d'Egypte, t. 1 p. 330 et 331. Cause de son élévation, p. 332 et 333. Ordonne un cadastre de l'Egypte, p. 334. Est visité par Solon, *ibid*. Beau trait de lui, tom. 1. pag. 445. Peu avant sa mort avait envoyé à Delphes mille talens, tome 4. p. 388. La maladie, la mort et le jugement de ce roi, t. 2. p. 326 et suiv.

Amathonte, cité de l'île de Cypre: statue de Vénus avec les deux sex et de la barbe, t. 1. p. 217.

Amazones, peuple de femmes près le Caucase, t. 4. p. 7.

Ambarchés, nom d'un emploi en Egypte, t. 1. p. 344.

Ambassade de Darius aux gymnosophistes de l'Inde, t. 3. p. 215.

Ambigar, roi de l'ancienne Gaule, t. 5. p. 177.

Ambologère, surnom de Vénus à Sparte, t. 4. p. 64.

Ame (l'), selon les Brachmanes, n'est autre chose que le germe ou la semence des êtres, t. 3. p. 211.

Amenthen, retraites souterraines où l'on enterrait les morts chez les Egyptiens, t. 1. p. 371.

Aménoclés, Corinthien, constructeur de navires, bâtit la fameuse jetée de Samos, t. 1. p. 215.

Amianthe ou asbête (l'art de filer l') n'est bien connu que sur les bords du Gange, t. 3. p. 182.

Amiclée, ville de Laconie, t. 4. p. 53. Honorait Bacchus *Philas*, *ibid*. Ses cygnes, p. 54.

Amintas, roi de Macédoine, bisaïeul d'Alexandre, t. 2. p. 120.

Amiterne, ville des Sabins, aujourd'hui, Santo Vittorino, t. 5. p. 225.

Amnemones, magistrats de Cnide ; leur nombre ; pourquoi ainsi appelés, t. 1. p. 210.

Ammon, pays de Lybie, où Jupiter avait un temple, t. 2. p. 119. Gouverné par un roi : Demonax, sous la minorité de Battus, partage les domaines de la couronne entre les plus pauvres du peuple, t. 2. p. 120.

Amnissus, petite ville, bâtie sur un ruisseau de ce nom, dans l'île de Crète, sur le bord de la mer, t. 3. p. 253.

Amomum, plante aromatique de la Chaldée, sert de base aux meilleurs parfums, t. 3. p. 3.

Ampelos, vignoble de Samos, où l'on recueillait d'excellent vin, t. 3. p. 325.

Amphictyons, députés de la Grèce à Delphes, t. 4. p. 379. Leur office, *ibid*.

Amphicthyon, immortel auteur de l'assemblée des états de la Grèce, t. 4. p. 311, 379.

Amphinome et Anaphias, deux frères de Catane, (belle action de), t. 5. p. 12. Donnent leur nom à une rue de la ville, p. 13.

Amphore, mesure de capacité de huit conges, chez les Romains, tom. 4. pag. 369 et tom. 5. pag. 221.

Amphytrion, roi de Thèbes, t. 4. p. 360.

Ampsa, très-petit volatile des Indes, remarquable par son instinct, t. 3. p. 149.

Anabastronpolis, ville de la haute Egypte, t. 1. p. 298.

Anacréon; son entretien avec Pythagore, à Samos, t. 3. p. 322.

Revoit Pythagore à Schio et à Téos, t. 3. p. 371. Est invité par Hypparque à aller à Athènes, t. 3 p. 379. Est harangué à son départ par l'*asymnète*, ou magistrat du peuple, au nom de tous ses concitoyens, tome 3. page 380. Va à la cour d'Hypparque, tyran d'Athènes, t. 4. p. 340.

Anadyomène, surnom de Vénus, t. 4. p. 397.

Anagnie, ville du pays des Herniques, en Italie, tom. 5. pag. 225.

Anaximandre, disciple de Thalès, ne reconnaissait point de principe unique, t. 1. p. 194. Le monde suivant lui est éternel, *ibid*. Sa théorie de l'infini, t. 1 p. 195. Auteur du sciathère placé sur le gnomon à Sparte, *ibid*.

Anaxyrides, larges haut-de-chausses des Perses, t. 3. p. 97.

Ancre sacrée, t. 3. p. 305.

Andron, espèce de sallon de compagnie pour les hommes, en Grèce, t. 1. p. 77.

Andros (île d'), fameuse par un temple de Bacchus, t. 3. p. 416.

Ane de Typhon, figure du peuple, t. 2. p. 215.

Ane rouge, était précipité le jour de la fête d'Osiris, t. 2. p. 14.

Ane, regardé par les Chaldéens, comme le symbole animé de l'équinoxe, marchait à son rang dans leurs pompes et cérémonies astronomiques, t. 3. p. 30.

Année divisée en six parties par les Brachmanes et le peuple indien, t. 3. p. 215.

Antée, ville d'Egypte, sur la rive orientale du Nil, t. 1 p. 299.

Anthiocus, historien de Sicile, t. 4. p. 411.

Anxur ou Terracine, ville d'Italie, t. 5. p. 56.

Aphaca, divinité de l'île Arados, t. 1. p. 214.

Aphester, premier magistrat de Cnide, espèce de consul, t. 1. p. 210.

Aphrodisée, fête intéressante en l'honneur de Vénus à Thèbes t. 4. p. 363.

Aphrodisiennes, fêtes de Vénus à Corinthe, t. 4. p. 281.

Apédores, premiers habitans de l'Arcadie, rassemblés par Pélasgus, t. 4. p. 228.

Apis, appelé aussi Epaphus, divinité des Egyptiens; ce que c'était; turpitude de son culte, t. 2. p. 63. Cambyse le poignarde lui-même, t. 2. p. 361.

Apocapa, montagnes voisines de l'Inde; tradition du pays à ce sujet, t. 3. p. 143.

Apollon Pythien (statue colossale d'), sculptée par les deux frères, Théléclès et Théodore; elle était de deux morceaux, t. 1. p. 31.

Apopompayes, dieux fêtés à Sicyone, t. 4. p. 277.

Apriès, fils et successeur de Spamméticus, détrôné par Amasis et mis à mort, t. 1. p. 330 et 331.

Arachosie, province limitrophe de l'Inde, p. 3. p. 142.

Arachosiens, peuple de l'Inde, reconnaissent Sémiramis pour leur législatrice, t. 3. p. 157.

Arados (île); colonie de Sidoniens; sa situation, t. 1. p. 212. Son culte, t. 1. p. 214. L'eau de la mer qui l'entoure est douce, p. 232.

Arar, rivière de l'ancienne Gaule, aujourd'hui la Saone, tome 5. p. 176 et 208.

Arbace, roi des Mèdes, vainqueur de Sardanapale, donna des lois aux Mèdes, t. 4. p. 172.

Arbre de toutes les saisons; ce que c'était, t. 1. p. 349.

Arcadès, petite ville de l'île de Crete, t. 3. p. 248.

Arcadie (l'), renommée pour ses mœurs pastorales, t. 4. p. 9. Sa topographie, t. 4. p. 228. Ses pâturages excellens; le lait y guérissait de presque tous les maux, t. 4. p. 238.

Arcadiens, peuple de la Grèce; simplicité de leurs mœurs, t. 4. p. 231. Haute origine dont ils se vantent, *ibid*.

Archiloque, poëte satyrique, t. ., p. 21.
Archives des Chaldéens, ne subsistent que dans la mémoire des anciens, t. 3. p. 49.
Arctinas, élève d'Homère, florissait sous la troisième olympiade, t. 1. p. 202.
Aréopage, l'un des tribunaux d'Athènes, était le plus célèbre et éclipsait tous les autres, t. 4. p. 329. Belles fonctions de ses membres, ibid. Description de ce lieu, p. 330. Quand et comment on y rendait la justice, p. 331 et suiv.
Aréthuse, fontaine de la Sicile, t. 4. p. 410.
Argiennes (les) ne se mariaient jamais qu'une fois, t. 4. p. 265.
Argie s, peuple de l'Argolide; son culte à Junon, t. 4. p. 263.
Argos, ville de Grèce, le dispute d'antiquité à toutes les autres, t. 4. p. 4. Son territoire produisait d'excellentes poires, ibid.
Ariaspes, peuplade des Indes, qui prêta secours à Cyrus, t. 3. p. 147.
Arimaspes, peuples du nord; faute qu'ils commirent, t. 5. p. 153.
Aristée, pâtre de Céos, aima mieux continuer de garder ses moutons que de devenir roi de l'île, t. 3. p. 416.
Aristée, premier législateur des Sardes, t. 5. p. 130.
Aristocléa, nom de la Pythie qui rendait les oracles à Delphes ; s'entretient avec Pythagore et lui donne le nom de frère, t. 4. p. 385.
Aristodème, roi des Messéniens, immole sa propre fille, t. 4. p. 24. Se tue de désespoir, t. 4. p. 26.
Aristomène, à la tête des Messéniens, secoue le joug de Sparte, t. 4. p. 27. Comment il se sauve de sa prison, p. 36. Sa mort glorieuse, p. 30.
Aristogiton et Harmodius, surnommés les deux amis, tuent Hypparque, tyran d'Athènes, t. 4. p. 347. Aristogiton est immolé à son tour aux mânes d'Hypparque, p. 348.
Arles, ville des Gaules, d'où elle tire son nom, t. 5. p. 174.
Armaïs, frère de Sésostris, conspire contre lui à Péluse, t. 1. p. 321.
Armes en usage chez les Chaldéens consistent en deux javelots et un bouclier d'osier, t. 3. p. 52.
Armorique, contrée des Gaules, aujourd. la Normandie, t. 5. p. 202.
Arnos, devin d'Apollon, tué par un petit-fils d'Hercule, t. 4. p. 396.
Aroanius, fleuve d'Arcadie; singularité de ses poissons, t. 4. p. 236.
Arottes (les) étaient esclaves des Syracusains, t. 4. p. 51.
Arpedonaptes, nom des prêtres enseignans à Memphis, t. 2. p. 73.
Artacoana, résidence du roi de l'Arie, près du lac Zéré, dans l'Inde, t. 3. p. 146 et 147.
Artesyran, courtisan de Cambyse, t. 2. p. 350.
Artisan, le même partout, travaillant pour vivre, sans prévoir le lendemain, t. 1. p. 64.
As, monnaie romaine de bronze, t. 5. p. 103.
Asbeste, voyez amianthe, t. 3. p. 181 et 182.
Ascra, petite ville au pied du mont Hélicon, patrie d'Hésiode, t. 4. p. 373.
Asonace, mage d'Ecbatane, maître de Zoroastre, t. 3. p. 130.
Asope, rivière de Béotie, tome 4. p. 359.
Assis, roi de Thèbes en Egypte ; comment trouvait la différence d'une année à l'autre, t. 5. p. 405.
Astaboras, fleuve de l'Ethiopie, forme avec le Nil, l'île de Méroé, t. 2. p. 266.
Astipalée, île de la mer carpathienne, appelée la table des Dieux, t. 3. p. 356.
Astomes, peuple sans bouche, ne se nourrissant que de parfums, voyez Indiens, t. 3. p. 168.
Astronomie (l'), première source des superstitions, t. 3. p. 16.

Astypalée, ville de Crète, patrie de Phalaris, t. 3. p. 300.

Athènes, fondée par Cécrops, t. 4. p. 5. Athènes, ville de l'Attique, dans l'origine n'avait qu'un puits, qui était commun avec la ville d'Argos, t. 4. p. 308. Il y avait trois autels dédiés à tous les Dieux inconnus, p. 309. Son territoire devrait être la patrie des vertus, car il y avait plus de Divinités que d'hommes, p. 310. Avait une multitude de tribunaux, p. 328. Mœurs privées d'Athènes, p. 335. Topographie de ses environs, p. 349. On ne rencontrait pas un seul mendiant sur son territoire, p. 355.

Athéniens, rendaient un culte à la Vénus populaire, t. 4. p. 358, Leurs mœurs corrompues, *ibid.*

Athotis, ancien roi d'Égypte, composa des livres d'anatomie, et disséqua plusieurs cadavres, t. 1. p. 137.

Athyr, troisième mois de l'année chez les Égyptiens, t. 2. p. 20.

Attique, contrée de la Grèce, aujourd'hui le duché de Setines, t. 4. p. 8. Ses maisons de campagne, plus embellies que les villes, p. 357. Ses figues délicieuses; l'exportation en était défendue, *ibid.* Ses bourgades avaient pour type de leur bonne union deux chouettes accolées sur une même tête, p. 358.

Attis, divinité phrygienne; son histoire, t. 4. p. 216.

Avariscum, ville de l'ancienne Gaule, aujourd'hui Bourges, t. 5. p. 177.

Au bon Dieu, inscription que portait un temple d'Arcadie, t. 4. p. 242.

Avignon, ville des Gaules; son origine, t. 5. p. 174.

Aulide, ville de Grèce, rendez-vous des princes grecs pour l'expédition contre Troye, dans la suite habitée par de paisibles potiers de terre, t. 4. p. 366.

Aulon, ville sur le territoire de Messénie, t. 4. p. 101.

Auranie, dryade chez les Carnutes, logeait dans un arbre, tom. 5. p. 180.

Aurites, ancien nom des Égyptiens, t. 1. p. 311.

Autel putéal dans le forum à Rome, t. 5. p. 107.

Autharchie, régime qui consiste à n'avoir besoin de personne, t. 3. p. 359. Son prix, t. 4. p. 141.

Autochtone, le peuple d'Égypte, t. 2. p. 218.

Autochtone (l'homme est); ce que c'est, suivant Pythagore, t. 4. p. 145.

Autochtones, ouvrage sur les antiquités de l'Attique, composé de dix livres.

Autopsie, dernier degré de la science mystique, t. 4. p. 304.

Autricum, depuis Carnutum, à présent Chartres, ville de l'ancienne Gaule, t. 5. p. 179 et 180.

B.

BABYLON, ville du nome d'Héliopolis, t. 1. p. 33.

Babylone, ville d'Égypte, sur le Nil; cause de sa fondation, t. 1. p. 295.

Babylone, la plus grande des villes, bâtie sur l'Euphrate, t. 2. p. 408. Fertilité de son territoire, t. 2. p. 411. Mesure de son territoire, p. 412. Ses dehors annoncent une vaste prison, p. 413. Ses murailles cimentées de bitume, p. 414. Sa description, *ibid.* Costume de ses habitans, p. 416. Ses places, comme ailleurs, remplies de charlatans, p. 417. Leur manière d'apprêter le poisson, p. 419. Mœurs des Babyloniens, tom. 2. p. 420 et suiv. Leur immoralité, p. 433, t. 3. p. 54. Un voyageur à cheval pouvait à peine la traverser en huit heures, t. 3. p. 54. Présent de cette ville à Darius, lors de son couronnement, consistant en trois cent soixante-cinq jeunes filles, accompagnées d'autant de jeunes eunuques, t. 3. p. 82.

Babys, père de Phérécyde, regardé comme un huitième sage de la Grèce, t. 1. p. 117, 152.

Bacchus, regardé par les Indiens comme leur législateur, tome 3. p. 156.

Bacchus et Osiris, suivant une vieille tradition, les deux premiers conquérans de l'Inde, t. 3. p. 156.

Bacchus; son histoire, tome 4. p. 163. Ses différens surnoms, p. 165.

Bagradas, fleuve de l'intérieur de l'Afrique; son embouchure près de Carthage; tire sa source du Mont-Dusargala, t. 2. p. 316.

Baie, excellence de ses eaux thermales, t. 5. p. 53.

Baisers (des), fête à Mégare, t. 4. p. 288.

Ba , ou autrement Héliopolis, ville de Syrie; sa situation, tome 2. p. 384. Ses habitans adorent le soleil, surnommé *Adad*; partagent avec les étrangers leur table et leur couche, tome 2. p. 388. Possèdent les meilleurs joueurs d'instrumens, tome 2. p. 388. Comme à Halycarnasse, temple le plus riche de l'Orient, t. 2. p. 400. Honore le phallus, p. 401. A plus de 300 prêtres, p. 405.

Balance portée devant Darius, lors de son entrée à Persépolis, t. 3. p. 104.

Ballichradas, cri des enfans argiens, t. 4. p. 262.

Baltus, prince mineur du pays d'Ammon, t. 2, p. 119.

Bambycates, peuplade voisine de Babylone, t. 3. p. 65.

Banquet des sept sages, t. 1. p. 159. Réflexions sur le meilleur gouvernement, t. 1. p. 167.

Bartam, pierre noire et dure, p. 304.

Bardes, poëtes gaulois, tenaient lieu de peintres et d'historiens, t. 5. p. 167. Leur poëmes nationaux remontaient à 60 siècles, *ibid.*

Baris, gondole du Nil à plusieurs étages, t. 1. p. 443. Pouvait contenir 200 personnes, t. 1. p. 447.

Barques du Nil, leur fabrication, t. 1. p. 363.

Barro, nom que les gangarides de l'Inde donnent à l'éléphant, t. 3. p. 226.

Basalte, pierre d'Ethyopie qui ressemble au fer; Canope possédait une statue du Nil, de cette matière, t. 1. p. 341.

Batricharta, ville de la Chaldée, t. 3. p. 2.

Batus fonde la ville de Cyrène en Lybie, t. 1. p. 25.

Beau promontoire, près Carthage, t. 5. p. 123.

Beauté (fête de la), à Lesbos, t. 3. p. 389.

Bélus (combat de), donné aux Persans lors du couronnement de leurs rois, t. 3. p. 89.

Bélier (tour de), tom. 3. p. 17. Sa description, t. 2. p. 424. Berose la fait voir à Pythagore, p. 465.

Béotie, pays de la Grèce, appelé l'île des Bienheureux, aujourd'hui Strumulipe, autrefois l'Aonie, t. 4. p. 359.

Béril, pierre précieuse, dont se parent les Indiens, t. 3. p. 166.

Bérose, astronome Chaldéen, t. 3. p. 46.

Bérose, prêtre, interprète des étrangers à Babylone, t. 2. p. 465.

Beryte, ville de Phénicie, se croyait plus ancienne que Sidon, tome 1. p. 258. Gouvernée par un roi, *ibid.* p. 259.

Besa, divinité, honorée à Abydus, ville d'Egypte, t. 2. p. 137. Singulière manière de prier ce Dieu, *ibid.*

Bias, l'un des sages de la Grèce, citoyen de Prienne, reçoit Pythagore, t. 1. p. 154. Ses maximes, t. 1. p. 155. Sa morale, *ibid.* Plaide en faveur de son ami, et le sauve de l'échafaud par son

éloquence, t. 1. p. 156. Son discours contre la calomnie, tome 1. p. 157.
Bibliothèque de Memphis, peu considérable, t. 2. p. 74.
Biblos, ville de Phénicie, tome 1. p. 259. Tombeau d'Atlas, p. 260.
Biblyennes, montagnes crues les sources du Nil, t. 2. p. 314.
Bituriges ou Boiens, les plus braves des peuples de l'ancienne Gaule, t. 5. p. 179.
Bocchoris, roi d'Egypte, petit de corps, grand par son génie, donne de bonnes lois, t. 1. p. 317.
Bolbitine, l'une des bouches du Nil, t. 1. p. 285.
Bon retour, rade d'Egypte, vis-à-vis Pharos, t. 1. p. 285.
Borsippa, ville et résidence de l'une des familles sacerdotales Chaldéennes, consacrée au soleil et à la lune, t. 3. p. 1.
Bouc à queue de poisson, symbole de la nature, t. 2. p. 221.
Boucs, aux environs de Suse n'ont qu'une seule corne, t. 3. p. 69.
Bovianum, cité du Samnium, contrée d'Italie, aujourd'hui Bojeno, t. 5. p. 231. Description de son temple, *ibid*.
Brachma, roi de l'Inde; son amour pour l'astronomie, t. 3. p. 182.
Brachmanes, secte de Gymnosophistes, t. 3. p. 199 et suivantes. Définissent Dieu par l'image des parties de la génération, t. 3. p. 203 et 204.
Brachmé, chef-lieu des Gymnosophistes de l'Inde, t. 3. p. 170.
Brachmé (cité de), aujourd'hui *Canje-Varam*, t. 3. p. 215.
Brachma, rivière de l'Inde, t. 3. p. 155.
Brahmes, croient le monde éternel et sans principes; un pur esprit ne leur parait pas possible, t. 3. p. 194.
Briarée, aux cent têtes et aux cent bras, premier roi des Eubœens, t. 3. p. 423.
Brique, réservée par les Indiens aux constructions sur les lieux élevés, t. 3. p. 144.
Brivadurum, ancienne ville des Gaules, aujourd'hui Briare, t. 5. p. 179.
Brutiens, peuples anciens d'Italie, t. 5. p. 240.
Bubastis, ville d'Egypte, rend un culte à la Chouette, t. 1. p. 295.
Bûcher d'un Gymnosophiste, t. 3. p. 215.
Budda, mage de l'Inde, fait mystère de sa doctrine pendant sa vie, t. 3. p. 201. Prétend qu'il n'y a d'autre divinité que la vertu, *ibid*. p. 202.
Butoi; ce que signifie ce mot.
Busiris, ville d'Egypte; son temple d'Isis, t. 1. p. 284
Byssus, lin précieux cultivé dans l'Achaïe, t. 4. p. 220.

C.

CABIRES, nom des dieux de la Samothrace, t. 3. p. 400.
Cabyres, leur temple à Memphis, profané par Cambyse, t. 2. p. 364.
Cache ta vie: précepte d'un des sept sages de la Grèce, tome 1. p. 55.
Cadmus, Phénicien, originaire de la Thèbes d'Egypte, fondateur de Thèbes en Grèce, y donne des lois, t. 4. p. 176. Inventeur des caractères de l'écriture. Bâtit la citadelle de Thèbes, t. 4. p. 361.
Cadastre de l'Egypte, ordonné par Amasis, t. 1. p. 334.
Calathus, joli petit panier d'osier dont on se servait à Athènes, t. 4. p. 310.
Calchis, ville de l'île d'Eubœe. La nature désavoue le genre de volupté de ses habitants, tome 3. p. 420 et 421.
Calculs musicaux, ou sons diatoniques, dérivent des calculs astro-

nomiques chez les Chaldéens, et sont appliqués par eux à l'ordre de leurs sept planètes, tome 3. p. 39.

Calendrier Egyptien, t. 1. p. 403. Ses différentes divisions, p. 405. Sert de règles aux cérémonies religieuses, t. 1. p. 406.

Calendrier Chaldéen (détails sur le), t. 3. p. 38.

Calinges, habitans du Continent, vis-à-vis la Taprobane, tome 3. p. 229.

Callinus, poëte historien d'Ephèse, t. 1. p. 150.

Callipolis, bourgade au bas de l'Etna, t. 5. p. 2.

Calovaz, ville de la Chaldée, t. 3. p. 2.

Calus, élève et neveu de Dédale ; son meurtrier, t. 4. p. 315.

Calysires, légion de mille hommes, garde de la personne de Psammétis, mis à mort, t. 2. p. 347.

Cambaules, chef des Gaulois, pénètre jusque dans la Thrace, t. 5. p. 177.

Cambyse, roi de Perse, fait une invasion en Egypte, t. 2. p. 343. Fait massacrer Spammétis, t. 2. p. 350. Marche pour détruire les Ammonéens, p. 354. Destruction de son armée, p. 356, 357. Retourne à Thèbes, *ibid.* Puis à Memphis, la dévaste et la dépouille, p. 358. Ordonne l'embrasement de Thèbes, que Pythagore arrête par ses conseils, t. 2. p. 360. Se fait amener le dieu Apis et le poignarde lui-même, et fait flageller les prêtres, t. 2. p. 36. Reçoit une ambassade des Ethyopiens, t. 2. p. 355. Profane le temple des Cabyres, t. 2. p. 363. Fait brûler le temple d'Héliopolis, p. 365. Averti d'une conspiration tramée dans Suse, prend la route de ses états, t. 2. p. 369. Se blesse mortellement à la cuisse, t. 2. p. 390.

Camyrus, ville de Rhodes, t. 3. p. 311.

Candaule, roi de Lydie ; son histoire, t. 4. p. 37. Epoque de sa mort, p. 41.

Canathos, fontaine près de la ville de Nauplia ; vertu de ses eaux, t. 4. p. 250.

Canephores, jeunes filles qui portaient sur leur tête la corbeille mystique dans les mystères d'Eleusis, t. 4. p. 302.

Canope, ville d'Egypte, t. 1. p. 287. Son culte, p. 289. Possédait des tables géographiques de l'Egypte, p. 292. Remplie d'hotelleries pour recevoir les étrangers accourans aux solennités phalliques ; ses mœurs et ses coutumes, p. 341. Ses plus longs jours, t. 1. p. 341. Culte et caractère de ses habitans, t. 1. p. 336.

Canope, ville de la haute Egypte, t. 2. p. 257.

Car, fondateur de Mégare ; son tombeau à Erene, t. 4. p. 288.

Carbasus, nom du plus beau lin d'Espagne, t. 5. p. 66.

Carchesienne, coupe d'or qui avait la forme d'une gondole, dont Jupiter fit cadeau à Alcmene, femme d'Amphitryon, t. 4. p. 360.

Cardina, déesse des gonds, chez les Romains, t. 5. p. 100.

Carduques, colonie Chaldéenne indépendante, aujourd'hui appelée *Curdes*, t. 3. p. 54.

Carie, citadelle de Mégare, bâtie par Car.

Cariens, peuple d'Asie, désigné sous le nom d'hommes de cuivre et de pirates, t. 1. p. 199.

Carmel, montagne de Perse, sur laquelle Ecbatane est bâtie, t. 2. pag. 371. Son oracle, tom. 2. pag. 371.

Carons, bateliers du Nil, tome 1. p 343.

Carthage, république, ville d'Afrique ; sa description, sa population, sa puissance, t. 5. p. 118. Son commerce, p. 119. Beauté de ses routes, p. 120.

Carthaginois ; leurs mœurs et leurs modes, t. 5. p. 119. Formule de leurs sermens, t. 5. p. 125.

Carystos, ville d'Eubœé, tome 3. p. 421.
Caspira, ville de l'Inde, (aujourd'hui *Kashmir*) t. 3. p. 153.
Cassandre, fille d'Hécube et de Priam, avait une statue dans la Doride, t. 4. p. 392.
Cassiterides, insulaires du nord, aujourd'hui l'Angleterre, étaient anciennement androphages, t. 5. p. 153. Les chiens de ces îles plus estimés que les hommes, *ibid*.
Casus, petite île et ville de la mer Egée. On y recueille du miel en abondance, t. 3. p. 352.
Catalysme, c'est-à-dire, déluge, t. 3. p. 411. tome 1. p. 55.
Catane, ville de Sicile, chef-lieu des Cyclopes, t. 1. p. 15. t. 5. 2. Souvent en alarmes à cause des éruptions du Mont-Etna, t. 5 p. 8. Ses habitants se servent de briques pour leurs constructions, t. 5. p. 16.
Cathéens, peuples indiens; leur petit pays est monarchique; leur roi doit être le plus bel homme d'entre eux, t. 3. p. 161.
Cavares, nation puissante, voisine des *Salyens*, dans les Gaules, t. 5. p. 174.
Cayumarath, nom d'un Persan qui régna mille ans, t. 3. p. 77.
Cécrops, premier législateur des Grecs, t. 4. p. 175.
Cécrops, la forteresse de ce nom à Athènes, était au milieu de la ville; raison pour quoi, tome 4. p. 317.
Cèdres du Liban; leur beauté, t. 2. p. 393. Fête en leur honneur, p. 395.
Célée, bourg de l'Argolide, où l'on célébrait les mystères de la Bonne Déesse, t. 4. p. 267.
Celtes, peuple ancien du nord; leurs mœurs, t. 5. p. 156. Leurs poëmes nationaux. On était plus de vingt années à les apprendre. Leur ancienneté remontait à plus de soixante siècles, t. 5. p. 167.
Centuripe, ville de Sicile, aujourd'hui Centorbi ou Centorve, dans la vallée de Demona; Symique s'y établit tyran, t. 4. p. 456.
Céos (île de); Pythagore y rencontre un jeune poëte, t. 3. p. 412 et suiv. Mœurs de ses habitants, t. 3. p. 415. Renferme une source dont les eaux rendent stupides, *ibid*.
Céphène (voyez *Chaldée*), t. 3. p. 1.
Céramique, marché aux tuiles à Athènes, t. 4. p. 310.
Cerceau (le jeu du); ancienneté de ce jeu d'enfant, t. 4. p. 290. Connu à Rome sous le nom de *trochus*, et chez les Grecs sous celui de *élatéra*, *ibid*.
Cercésura, ville d'Egypte, tome 1. p. 442.
Cercésura, endroit où le Nil se divise en deux grands canaux naturels, t. 1. p. 363.
Cercueil; nom que lui donnent les Egyptiens, ainsi qu'à la mort, t. 1. p. 368. Ils les gardaient chez eux, dans l'appartement le plus honorable.
Cerné, île d'Afrique, l'Arguin, ou Ghir, selon les Maures, t. 5. p. 113.
Cétès, roi d'Egypte, rend Hélène à Ménélas, t. 1. p. 323. Fait fermer beaucoup de temples, tome 1. p. 324.
Chaîne (le mont de la) en Egypte, t. 1. p. 303.
Chaldée, pays de l'orient, autrefois appelée *Céphène*, t. 3. p. 1.
Chaldéens; leur culte au feu, t. 1. p. 289. Les premiers astronomes, t. 2. p. 466. Distinguent deux années, t. 2. p. 467. premiers auteurs de la division du Zodiaque, *ibid*. Possédaient une suite d'observations astronomiques, depuis quatre cent soixante-treize mille années, t. 2. p. 469. Appelés par les juifs *espieurs d'étoiles*, t. 3. p. 17. Etudièrent la nature des astres, leurs influences, t. 3. p. 33.
Chaldéens-Orchoënes, vivent communément plus d'un siècle et conservent

DES MATIÈRES. 449

conservent tous leurs sens jusqu'à leur dernière heure, t. 3. p. 50.

Chalybon, ville de la Chaldée, t. 3. p. 2.

Chameau, nommé par les Perses *navire de terre*, t. 2. p. 110 et t. 3. p. 142.

Champ de la lapidation (le), t. 4. p. 257.

Champsa, nom donné au crocodile dans certains endroits de l'Egypte, t. 2. p. 139.

Charidotes, fête de Mercure, établie à Samos, t. 1. p. 41.

Charmus est le premier Athénien qui consacra un autel à l'Amour, t. 4. p. 339.

Charriot des Dieux, montagne en Afrique, t. 5. p. 115.

Chasse-mouches, officiers des rois de Perse, t. 3. p. 90.

Chélonides, marais d'Ethiopie, t. 2. p. 313.

Chephrènes, roi d'Egypte, fait fermer nombre de temples, t. 1. p. 324.

Chemnies, ville d'Egypte, renferme beaucoup de monuments, t. 1. p. 300. Chemnis, roi d'Egypte, a bâti la plus haute des trois pyramides, *ibid.*

Chêne de Prienne (le), chargé de la malédiction publique, t. 1. p. 172.

Chenoboscion, ou la ville des oies en Egypte, t. 1. p. 300.

Chersines, espèces de tortues de terre, t. 2. p. 110.

Chersonèse taurique, fournissait de blé la Grèce, t. 4. p. 216.

Chilon ; anecdote à son sujet, t. 4. p. 48. Ne s'exprimait que par sentences, p. 49. L'un des cinq éphores de Sparte, p. 71. Son fils remporte le prix de la lutte, p. 135 et 136. Chilon en meurt de joie, *ibid.* Ses funérailles, p. 137 et 141.

Choaspe, fleuve de la Susiane, t. 3. p. 66.

Chon, grande ville d'Hercule, près le canal célèbre en Egypte, t. 2. p. 128.

Choro Mithréna, ville des Indes,

connue par un pyrée au dieu *Mithra*, t. 3. p. 145. Solennité du feu, p. 146.

Chou prophétique, t. 5. p. 53.

Chou, préservatif contre l'ivresse, t. 5. p. 248.

Chresmologue ; ce que c'est, t. 4. p. 345.

Chthonia, surnom de Cérès, à Hermioné, t. 4. p. 251.

Chudda, ville de la Gédrosie, province limitrophe de l'Inde, t. 3. p. 143.

Ciment de Cumes, t. 5. p. 52.

Cinnamomum : les gymnosophistes l'offrent en offrande au soleil, t. 2. p. 270. Usage de sa culture, *ibid.*

Cinocéphale, nom du singe en Egypte, t. 1. p. 376.

Cinœthe de Sicile, avait fait une nouvelle copie des poëmes d'Homère, t. 4. p. 411.

Cinq, nombre ; ce qu'il représente, t. 2. p. 40 et 45.

Cippes de pierre gardés dans la citadelle d'Athènes, comme les garans des traités et des annales authentiques, t. 4. p. 317 et 320.

Cirrades, peuples demi-sauvages de l'Inde ; leurs narines aplaties, t. 3. p. 169.

Citeria, espèce de marionettes, connues du temps des Romains, t. 5. p. 216.

Clara, jument de l'Epire ; son histoire, t. 4. p. 117.

Clarotes, nom des esclaves de Crète, t. 3. p. 255 et t. 4. p. 51.

Cléobule, sage de l'île de Rhodes. Son entretien avec Pythagore, t. 3. p. 307.

Cléobuline, fille de Cléobule, t. 3. p. 307. Chargée par son père de montrer à Pythagore les antiquités de Rhodes et du temple de Minerve, p. 308. Son vrai nom ; modèle de piété filiale et de sagesse, p. 315.

Clepsydre zodiacale ; son invention disputée par l'Egypte à la Chaldée, t. 3. p. 27.

Clepsydre, instrument propre à mesurer la durée du temps, t. 5. p. 352.

Tome VI. Ff

Cnat et sicat, mots Egyptiens, génies et dieux éthérés; ils présidaient aux trente-six parties du corps humain, t. 1. p. 365.

Cnef, divinité égyptienne, le Psyché des Grecs, t. 2. p. 184 et 232. Son temple contenait le nilomètre, *ibid.*

Cnide, ville de l'Asie Mineure, t. 1. p. 210. Cultes des habitants, *ibid.* Son gouvernement, *ibid.* Les Cnidiens ne sont jaloux que de soutenir la réputation de leurs vins, t. 1. p. 211. Longueur des jours, *ibid.* Propriété de l'oignon qui y croit, *ibid.*

Cnossus, ville du premier rang dans l'île de Crète, t. 3. p. 254.

Codrus, roi d'Athènes, t. 4. p. 17.

Colchide, pays près du Caucase, où Sésostris trouva quelque résistance, t. 1. p. 522.

Colis, près de Taprobane, nommée *île du Soleil*, t. 3. p. 229.

Colocasse, fèves d'Egypte, t. 2. p. 66.

Colonnes qui limitent l'Assyrie et la Perse. Inscription qu'elles portent, t. 3. p. 66.

Colonnes indicatives des lieux et de la mesure des pas, placées sur les routes de l'Inde, t. 3. p. 161.

Columna Lactaria; ce que c'était à Rome, t. 5. p. 78.

Comaria (promontoire), dans le golphe de Colchide (aujourd'hui *cap Comorin*), t. 3. p. 228.

Commerce des Chaldéens; échange de leurs troupeaux, t. 3. p. 49.

Communauté de biens; son utilité, t. 5. p. 329 et suiv.

Côné, ville de l'ancienne Gaule; son origine, t. 5. p. 178.

Confession publique de chaque chef de famille des fautes de ses enfans; solennité annuelle sur les bords du Gange, t. 3. p. 211.

Congé romain, la huitième partie d'une amphore, t. 5. p. 221.

Conopées, t. 1. p. 443.

Conques pélorides, t. 5. p. 19.

Conseillers (les); on nommait ainsi à Athènes les grands législateurs, t. 4. p. 312.

Consentia, capitale des Brutiens en Italie, t. 5. p. 30.

Copaïs ou Copac, aujourd'hui Topoglia, petite ville près Chéronée; intelligence de ses habitants, t. 4. p. 376.

Coptes, peuples de l'Egypte; leur culte au crocodile, t. 2. p. 139. assaillent les Tentyrites, p. 140.

Coptos, ville de la haute Egypte, où l'on trouvait des émeraudes, t. 1. p. 298. Autre ville du même nom sur le Nil, p. 301.

Coptos, ville de la moyenne Egypte; possédait un simulacre d'Orus, t. 2. p. 24.

Coqs de l'Inde, d'une grandeur hors de toute proportion avec les nôtres, t. 3. p. 149.

Coquetterie (danger de la), t. 5. p. 266.

Corœbus le Phrygien, fils de Megdon; son histoire, t. 5. p. 347.

Corail, très-beau, recueilli dans les mers indiennes. Les femmes du continent s'en fabriquent des colliers et des amulettes, t. 3. p. 166.

Corbeau sacré, *hiérocorax*, nom d'un ministre subalterne, à la fête de Mithra, t. 3. p. 96.

Corde tendue, jeu d'enfans chez les Grecs, t. 4. p. 290.

Corésus (aventure de) et de Callirhoë, t. 4. p. 218.

Corinthe, aujourd'hui Coranto; son origine, son histoire, t. 4. p. 43. Sa description, p. 278. On y voyait plus de statues que d'hommes, *ibid.* Son territoire, p. 281.

Corne de l'occident, ou cap des Palmes, t. 5. p. 114.

Corps humain (le) est une espèce d'instrument de musique, t. 2. p. 37.

Corse, île de la Méditerranée; sa description, t. 5. p. 131. Mœurs et coutumes des Corses, p. 132.

Corynéphores (les), esclaves des Sicyoniens, t. 4. p. 51.

Cos, principale des îles de la mer Egée, t. 3. p. 352.

Cosmopole, premier magistrat d'une ville, en Sicile, t. 5. p. 27.

Cosséens, habitans de l'Inde, au-delà du Taurus; légers à la course, t. 3. p. 143.

Côte des fumigations, côte d'Afrique, aujourd'hui *Rio dos Fumos*, t. 5. p. 114.

Coupe d'or qui a la forme d'un œuf, dans laquelle boivent les initiés aux mystères de *Mithra*, tome 3. p. 99.

Crathis, rivière d'Italie dans le pays des Brutiens, aujourd'hui le Crate, t. 5. p. 248.

Crau, plaine de la Crau, en Languedoc, t. 5. p. 173.

Créanciers (les), chez les Egyptiens, avaient droit sur les cadavres de leurs débiteurs, t. 1. p. 370.

Créophile de Samos reçut chez lui Homère pendant long-temps, t. 1. p. 11 et 13. Est légataire de ses poëmes, p. 13. Lui ferme les yeux, p. 14.

Crète (aujourd'hui Candie), t. 3. pag. 247. Son gouvernement, d'abord monarchique, devint une espèce de confédération de petits états républicains, p. 302.

Crithologue, magistrat chez les Opontiens, qui avait la surintendance du culte, t. 4. p. 371.

Crocée, l'une des cent villes de la Laconie, t. 4. p. 50.

Crocodile du Gange, si grand qu'un homme de bout tiendrait entre ses deux mâchoires, tom 3. pag. 154.

Croix et pile (jeu de); son antiquité, t. 5. p. 79.

Croix, supplice en usage à Rome, dès le règne de Tullus Hostilius, t. 5. p. 77.

Crotone, ville ancienne d'Italie, t. 5. p. 251 et 252. Son territoire produisait la manne, *ibid*. Aujourd'hui porte le nom de marquisat de Crotone, p. 253. Leur sénat composé de mille têtes, p. 256. Leurs mœurs et coutumes, p. 257. Accueillent avec honneur Pythagore, p. 258. Etat politique de cette ville, p. 281. Les Crotoniates font la guerre aux Sybarites et les vainquent, p. 287. Portraits des magistrats de cette ville, p. 291. Lois morales et politiques que Pythagore donne aux Crotoniates, t. 6. *passim*.

Culte astronomique; hymne à la lune, t. 3. p. 34.

Culte du soleil, exercé par les mages d'Ecbatane, t. 3. p. 131.

Culte religieux, le premier des cultes, du moins la source de tous les autres, dans la Chaldée, au sein des ténèbres et du calme; le premier des astronomes en fut le père, t. 3. p. 4.

Culture des terres, en Crète, abandonnée aux esclaves, t. 3. p. 293.

Cumes (île et ville de), située vis-à-vis Lesbos. Son port jouit de toute franchise, t. 3. p. 391. Les principaux magistrats de Cumes rendent compte chaque année de leur administration, p. 392.

Cumes, ville d'Italie, t. 5. p. 44. Sa situation, p. 45. D'où elle tirait l'argile propre à la fabrication de ses beaux vases, *ibid*. Manière dont les Cuméens faisaient leurs beaux vases, *ibid*. Fertilité de son territoire, t. 5. p. 53.

Cumin (le) mêlé au miel, guérit beaucoup de maux en Ethiopie, t. 2. p. 302.

Cures ou Curis, aujourd'hui Corèze, ville de la campagne de Rome, patrie de Numa, t. 4. p. 196 et t. 5. p. 227.

Cybèle (les prêtres de) se rendaient eux-mêmes eunuques, t. 3. p. 282.

Cycéon, était une boisson exprimée de l'orge germée, espèce de bière égyptienne, t. 4. p. 305.

Cyclopes, ancien peuple de Sicile; il y en avait de trois sortes. Ils n'étaient pas tous cruels, t. 4. p. 444.

Cydonie, ville de Crète, tome 4. p. 255.

Cygnes (île des), près Lutèce, dans les Gaules, t. 5. p. 203.
Cyllène, mont le plus élevé de l'Arcadie, t. 4. p. 235.
Cynéthéens, peuple d'Arcadie, t. 4. p. 236.
Cyniras, roi de Cypre, fondateur de Paphos, t. 1. p. 219. Vit sortir Vénus du sein de la mer, sous son règne, p. 220.
Cynèthe, nom d'un *homéride* ou *rapsode*; il raconte à Pythagore l'histoire d'Homère, t. 3. p. 367.
Cynocéphales, peuplade des Indes, demi-sauvage, n'ayant pour vêtement qu'une peau de chien; vivent du lait de leurs bestiaux et parviennent jusqu'à l'âge de cent cinquante ans, t. 3. p. 152.
Cynopolis, la ville du chien, en Egypte, t. 1. p. 284, 296.
Cypérus, souchet, espèce de jonc triangulaire; sa racine était un antidote à la morsure des serpens, t. 2. p. 112.
Cypre, île de la mer de Grèce; sa topographie, t. 1. p. 215. Renferme beaucoup de mines de cuivre, p. 216. Comptait dix villes, p. 217. Son sol de roc, p. 218. Abonde en amianthe et pierres fines, *ibid.* Gouvernée par neuf à dix petits rois, p. 219. Bassesse de sentimens des femmes cypriennes, *ibid.* Regardent Homère comme leur compatriote, *ibid.* Fait présent à Darius, lors de son couronnement, de cinquante jeunes filles destinées à servir de marche-pied à l'épouse du roi. On les façonne à se précipiter entre les roues et à tendre le dos, t. 3. p. 82.
Cyprès, chez les Egyptiens, est l'hiéroglyphe de la justice, t. 2. p. 222.
Cypsèle, fils de Labde, reine de Corinthe. Son histoire, t. 4. p. 46. Monte sur le trône de Corinthe, p. 47.
Cyrnos, principale cité de Corse, t. 5. p. 132.
Cyrophanès, le premier statuaire de l'Egypte, fondateur du premier culte, t. 2. p. 232.
Cyrus, roi de Perse, t. 2. p. 438. Ses dernières funérailles, t. 3. p. 118.
Cythère (île de), aujourd'hui *Cérigo*, île de Grèce, tome 3. p. 440.
Cytise, plante de l'île de Délos, remarquable par ses propriétés, t. 3. p. 439.

D.

Dactyles Idéens, société d'hommes sur le mont Ida; leur nombre; les dix premières villes de Crète bâties en leur honneur, t. 3. p. 275.
Dadouque, était le second pontife dans les mystères religieux d'Eleusis, t. 4. p. 303.
Damo, fille de Pythagore, t. 5. p. 274.
Danses à l'honneur du soleil; leur description, t. 1. p. 422.
Danse des lampes, aux Indes, t. 3. p. 208.
Danses en Perse, t. 3. p. 89.
Daphnoïdes, ou laurier-roses, étaient communs sur le mont Hymette, t. 4. p. 352.
Dardanus, Arcadien, premier roi de Troye, t. 4. p. 9.
Darique, monnaie d'or, ou médaille distribuée par les anciens rois de Perse lors de leur couronnement, t. 3. p. 85.
Darius; cérémonial de son couronnement à Suze, t. 3. p. 76. Initié au culte de *Mithra*, p. 95. Son entrée à Persépolis, p. 103 et suiv. Sa lettre aux Gymnosophistes, t. 3. p. 217.
Dattes; Pythagore ne vivait presque que de ce fruit en Ethiopie, t. 2. p. 325.
Daulis, ville de la Phocide; les hirondelles ne séjournent jamais

sur leur territoire, t. 4. p. 377. Rendent un culte à Diane, *ibid.*

Décan, nombre décadaire en Egypte, t. 2. p. 41.

Decelia, ville de l'ancienne Gaule, aujourd'hui Decize, t. 5. p. 176.

Dédale, célèbre sculpteur grec; on conservait à Athènes jusqu'à ses moindres ouvrages, t. 4. p. 317.

Déjocès, roi des Mèdes; son histoire, t. 4. p. 173.

Déliaques, nom qu'on donnait à ceux qui faisaient trafic d'œufs, t. 5. p. 275.

Délos, île de la mer de Grèce, appelée *Terre sacrée*, fameuse par un temple d'Apollon, t. 3. p. 435 et suiv.

Delphes, ville de la Phocide, où il y avait un oracle célèbre, à présent Castri, chétif hameau, t. 4. p. 378. Histoire des révolutions qu'elle a éprouvées, t. 4. p. 379. Topographie de son territoire, *ibid.* Antiquité de son oracle, t. 3. p. 9.

Demarques, magistrats ruraux annuels dans l'Attique, t. 4. p. 352.

Demi-Dieux; les Egyptiens les logeaient dans les planètes, t. 2. p. 11.

Demi-Ourgos, divinité d'Egypte, t. 2. p. 169.

Démonax, de Mantinée, appelé par l'oracle à gouverner le peuple d'Ammon, t. 2. p. 120.

Devoirs (les derniers) rendus aux parens, presque partout suivis d'un banquet, t. 1. p. 369.

Dia, surnom donné à Hébé, par les Phliasiens, t. 4. p. 269. Son temple jouissait du droit d'asile, *ibid.*

Diana Pitho, déesse de la persuasion, était honorée à Argos, t. 4. p. 264.

Diatessaron (la quarte), la plus noble de toutes les consonnances, t. 1. p. 404.

Dicéarchie, ville d'Italie, arsenal maritime, t. 5. p. 331. Aujourd'hui Pouzzoles, p. 51.

Dictys (tombeau de), fameux historien Crétois, t. 3. p. 264.

Dieu, suivant Pythagore, t. 5. p. 320 et suiv.

Dieu, est dans tous les hommes, et tous les hommes sont en Dieu, t. 5. p. 345.

Dieu aux Pommes; Hercule était honoré sous ce nom à Thèbes, t. 4. p. 360.

Dieu nud (le), honoré dans les trois Mondes, t. 2. p. 245.

Dieu sauveur, était honoré à Thespies sous la figure d'un bel enfant à la mamelle, assis sur les genoux de sa mère, t. 4. p. 372.

Dionysiopolis, ville de l'Inde, (voyez *Nisa*), t. 3. p. 153.

Dipœnus, élève de Dédale, habile sculpteur, t. 4. p. 265.

Disciples de Pythagore; leurs noms, t. 5. p. 343. Leur nourriture, leurs vêtemens, page 349.

Dodécaèdre; ce qu'il représente, t. 2. p. 45.

Doliola, endroit ainsi appelé, au pied du mont Quirinus, t. 5. p. 63.

Dolon, poëte bouffon, d'Icarie, hameau de la tribu Ægeide dans l'Attique, t. 4. p. 352.

Dorer, manière de dorer des Egyptiens, t. 2. p. 72.

Doride, petite région de la Grèce, avait érigé une statue à Cassandre, fille de Priam, t. 4. p. 392.

Dorophores (les), esclaves des Héracléotes, t. 4. p. 51.

Dracon, législateur d'Athènes; son histoire, t. 4. p. 199.

Drépana, ville de Sicile; ses habitans étaient actifs et laborieux, t. 4. p. 447.

Drépanos, promontoire de Cypre, t. 1. p. 215.

Dromos, lieu où les jeunes Spartiates s'exerçaient à la course, t. 4. p. 61.

Druides; leurs vêtemens; leur culte n'exigeait ni temple, ni autel, ni simulacre, t. 5. p. 183, 191. Leurs sacrifices, *ibid.* Leur chef, ses marques de dignité, p. 192. Comment ils annonçaient la nouveille année, p. 193. Surveillaient la législation, t. 5. p. 194. Leur autorité, t. 5. p. 195. Description de l'île où ils se retiraient, t. 5. p. 197. Honoraient la vierge qui enfante, t. 5. p. 198. Duradus ou Daratis, fleuve de l'Afrique, t. 2. p. 315.

E.

Eau, principe des corps, t. 2. p. 16.

Eau d'orge, boisson des anciens Romains, t. 5. p. 101.

Ebusopès, vainqueur de Sésostris, t. 1. p. 322.

Ecbatane; deux villes de ce nom, t. 3. p. 68.

Ecbatane des mages, ville, t. 3. p. 126. A sept enceintes, p. 127. Culte de ses habitans, p. 134 et 135.

Ecbatane des Mèdes, ville du Caucase, t. 3. p. 129.

Ecbatane (l') royale servait de dépôt aux annales de l'Empire, t. 3. p. 68.

Echinite, fossile, ou poisson pétrifié, ou œufs de serpens, amulette des Druides, t. 5. p. 92.

Ecole de Pythagore; épreuves pour y être reçu, t. 5. p. 272 et suiv. Son régime, p. 348. Pythagore fonde une école de vérité, incendiée, t. 1, 2 et 5, *ad finem*.

Ecriture (l') hiéroglyphique rend la science plus respectable, t. 2. p. 229.

Ecuries des chevaux des anciens rois de Perse, plus magnifiques que des temples, t. 3. p. 72.

Edepsus, ville d'Eubœé, tome 3. p. 421.

Edifice (petit), dont les pierres ont pour ciment de l'or fondu, construit par ordre de Cyrus, t. 3. p. 118.

Effets; observer les effets, avant de remonter aux causes, t. 1. p. 22.

Egalité, l'un des principes du système politique de Pythagore, t. 5. p. 331.

Egalité de fait parmi les hommes, dernier but de l'ordre social, professé par les Gymnosophistes, t. 3. p. 197.

Egicore; on nommait ainsi les gardeurs de chèvres dans l'Attique, t. 4. p. 350.

Egoûts (déesse des); son simulacre, t. 5. p. 76.

Egypte; sa topographie, tome 1. p. 293 et suiv. La *mère des sciences*, p. 309. Pendant quinze ans sous douze gouverneurs, p. 328. Avait près de vingt mille villes, p. 334. Belle loi, *ibid*. Eloge de ce pays, p. 345, 360 et suiv. Berceau de toutes les fables; pourquoi, t. 4. p. 3.

Egyptiens; leur période de mille siècles, t. 1. p. 309. Leurs repas, p. 370. Leur sobriété, p. 373. Leurs usages, p. 371. Mangeaient du poisson une fois l'année, p. 377. Premier peuple agricole, *ibid*. Etaient routiniers, p. 378. Possédaient de toute ancienneté l'art de graver sur les pierres fines, *ibid*. Et de faire le verre, p. 381. De rendre l'ivoire ductile, *ibid*. N'étaient pas de beaux hommes, p. 383. Petits et myopes, *ibid*. Avaient plusieurs femmes, p. 386. Etaient d'un caractère mélancolique, *ibid*. Leurs monumens sont des montagnes, et leurs livres des carrières, t. 2. p. 35. Le peuple le plus sage, p. 193. Sa grande population. Emprunte de l'Ethiopie une partie de ses plus anciens usages, p. 268. se préparent à résister à Cambyse, p. 344. Description de leur armure, p. 345. Invasion de leur pays par Cambyse, p. 361.

Eléens, peuples du Péloponèse, passaient pour menteurs, t. 4. p. 213. Pourquoi, *ibid*. Leur gouvernement, *ibid.* Mettaient leur gloire à bien cultiver leurs champs, p. 215. N'aliénaient point le champ paternel, p. 216.

Eléphans de l'Inde, abattent les murailles les plus solidement construites, t. 3. p. 148. Sont plus communs dans l'Inde que les chameaux ; ils servent de monture et d'attelage. Un jeune homme donne un éléphant à la femme qu'il aime, p. 161. Couronné tous les ans à Tayla, ville sur l'Indus, et proclamé le plus sage des animaux, sans en excepter l'homme, t. 3. p. 153.

Eléphantine, ou l'île fleurie, île du Nil, t. 1. p. 303. Faisant face à Siéné, dernière ville de l'Egypte, t. 2. p. 257.

Eleusis, ville d'Elide, aujourd'hui Lepsine ou Eleffin, t. 4. p. 291. Son temple pouvait contenir plus de monde que bien des grandes villes, et était fortifié par de bonnes murailles, p. 292. Les Eleusiniens, l'un des peuples les plus anciens de la Grèce, p. 299.

Eleusis, ville de l'Attique, t. 4. p. 8. Ses mystères, p. 289.

Eleutherne, ville de l'île de Crète ; ses habitants adonnés aux chansons, t. 3. p. 257.

Elianatte de la ville d'Homera, bon géomètre, donne aux Panormitains une nouvelle forme de gouvernement, t. 4. p. 452.

Elis, ville d'Elide, sur le Pénée, aujourd'hui Gastouny, où les athlètes se préparaient aux jeux olympiques, t. 4. p. 210. Son gouvernement, son agriculture, p. 214.

Ellébore blanc, croissait en abondance sur le mont Oëta, t. 4. p. 369. Il guérit les hommes et tue les mouches, *ibid.*

Elyre, petite ville de Crète, t. 3. p. 256.

Embaumeurs des corps en Egypte ; loi contre eux, t. 1. p. 367.

Emplumé (air) ; explication de ces mots, t. 5. p. 151.

Enchanteurs ou charlatans ; font danser des serpens, t. 3. p. 159.

Engyum, *Petra herbita*, aujourd'hui Saint Nicolas, hameaux de Sicile, dont le séjour était délicieux, t. 4. p. 454.

Enna, ville agréable de Sicile, appelée le haut nombril de la plus belle des îles, t. 4. p. 454. Costume des femmes de cette ville, *ibid.*

Encelidas de Sparte, vainqueur aux jeux olympiques, t. 4. p. 111.

Epée d'Ariès, signe consacré à la génération, voyez *Mithra*.

Epervier, signe générique des Dieux, t. 2. p. 17.

Ephèse ; son origine, t. 1. p. 144. Son temple, p. 145. Description de ce bel édifice, p. 146 et suiv. Description de la ville, p. 148. Et des environs, p. 149. Le citoyen d'Ephèse se croit le premier peuple de l'Asie, *ibid.*

Ephores, magistrats de Sparte, t. 4. p. 74. Leur nombre, *ibid.*

Epidaure, ville d'Argolide, patrie d'Esculape, aujourd'hui Pigiade, t. 4. p. 259. Sa fondation, p. 9.

Epihi, onzième mois de l'année égyptienne, t. 2. p. 23.

Epiménide ; son entretien avec Pythagore, t. 3. p. 269 et suiv. Sa réprimande aux habitants d'Etéa, p. 289. Son entretien avec Myson, l'un des sept sages de la Grèce, p. 191.

Epreuves rigoureuses des initiés aux mystères de *Mithra*, t. 3. p. 98.

Eques, peuples de la Sabinie, province ancienne d'Italie, tome 5. p. 226. Ce qui a donné lieu à leur nom, *ibid.* Coutumes et mœurs de ces peuples ; sagesse de leur gouvernement, p. 227. Leur territoire, aujourd'hui *Cicoli.*

Erannoboas, rivière de l'Inde, t. 3. p. 155.

Erétrie, ville d'Eubœé, t. 3. p. 421.

Erymanthe, montagne d'Arcadie, t. 4. p. 240.

Eryx, montagne de Sicile très-élevée, aujourd'hui San-Juliano,

Ff 4

t. 4. p. 445. On y rendait un culte à Vénus Erycine, *ibid*.

Eryxidas de Chalcis, vainqueur aux jeux olympiques, t. 4. p. 137.

Esclaves; les différens états de la Grèce avaient des esclaves en titre, t. 4. p. 51.

Esclaves, ville des Esclaves, t. 2. p. 111.

Esculape, dieu de la médecine, nommé par Homère *médecin irréprochable*, t. 4. p. 237. Le bon génie d'Epidaure, p. 259.

Esculape (temple d'), dans la ville de Cos; les colonnes et les murailles chargées de préceptes pour la santé, t. 3. p. 353.

Esope Phrygien, l'un des convives du banquet des sept sages, t. 1. p. 161. Célèbre par ses fables; son apothéose, t. 4. p. 391.

Espadon, poisson commun dans la mer de Sicile, t. 5. p. 19.

Espagne, pays d'Europe; son commerce avec Carthage, tome 5. p. 120.

Esquisse historique des premiers temps de la Grèce, t. 4. p. 1.

Essai du vin et des viandes; se faisait à la table des anciens rois de Perse, t. 3. p. 85.

Etéa, ville de Crète; corruption de ses habitans, t. 3. p. 288.

Ethiopie (description de l'), t. 2. p. 301. Bonté de l'eau de ses fleuves, p. 302. Abonde en riches métaux. Son sol est sulphureux, *ibid*. Trois récoltes en une année, p. 304. Ne font point de vin, des raisins, *ibid*. Les Ethiopiennes enfantent sans douleurs et se délivrent elles-mêmes, p. 307. On a débité sur ce pays beaucoup de monstruosités, p. 310.

Ethiopiens, choisissent pour roi le plus beau d'entr'eux, t. 2. p. 276. Leur langue est celle de toutes qui rappelle mieux le mécanisme de la parole, p. 295. Appelés hommes sans dieux, p. 297. Ethiopiens sauvages, t. 5. p. 113.

Etna, ou montagne de feu, volcan de la Sicile, t. 5. p. 1. Son sol produit d'excellentes figues; ses diverses températures, p. 3. Suivant les poëtes, une des bouches des enfers, p. 8. Description d'une de ses éruptions, p. 9. et suiv. Ses habitans, p. 21.

Etrusques (vases); les peintures de ces vases, sur un fond monochromes, t. 5. p. 46 et 47.

Eubages, devins chez les Gaulois, t. 5. p. 195.

Eubœé (île d'), aujourd'hui *Négrepont*, dans la mer de la Grèce, t. 3. p. 419. Produit d'excellens vins, p. 427. Singularités sur le flux et reflux de la mer dans les parages de cette île, *ibid*.

Eubœens (les) se disent issus de géans. Briarée fut leur premier législateur et leur premier monarque, t. 3. p. 422 et 423.

Eubulide, célèbre statuaire de la ville d'Athènes, t. 4. p. 311.

Euclus, poëte grec, auteur des poësies cypriennes, t. 1. p. 219.

Eudœus, sculpteur, élève de Dédale, t. 4. p. 315.

Eugubium, ville d'Italie, aujourd'hui Gubbio, t. 5. p. 32.

Euhadnès, selon Hygin, vint par mer en Chaldée, et y enseigna l'astrologie. Son discours aux Chaldéens, t. 3. p. 7. Passe pour le premier roi d'Orchoë, p. 15.

Eulœus, fleuve de la Cissie, province de Perse. Bonté de ses eaux. Les rois de Perse n'en buvaient point d'autre, t. 3. p. 66.

Eumétide, fille de Cléobule, voyez *Cléobuline*.

Eunostus, demi-dieu des Tanagréens; son histoire; avait un sanctuaire, t. 4. p. 367.

Euphrate, fleuve d'Asie; son cours est lent, t. 2. p. 409. Ses bords couverts de palmiers, p. 410.

Euripe, nom que les anciens donnaient aux bras de rivière qui ceignaient les cirques, t. 4. p. 62.

Euripe, écoulement intérieur de la mer Ægée, t. 4. p. 371.

Eurotas, fleuve de la Laconie, aujourd. Valisi Potamos, t. 4. p. 53.

Evemarion, divinité de Sicyone, t. 4. p. 278.

Expédition des Grecs contre Troye ; sa description, t. 4. p. 14.

F.

Familles sacerdotales de la Chaldée, t. 3. p. 23.
Fars, nom des chevaux des écuries du roi de Perse, instruits à se baisser pour recevoir le cavalier, t. 3. p. 101.
Femmes (les) d'Egypte n'étaient pas belles, t. 1. p. 382 et suiv. Détail sur leurs mœurs, *ibid*. Ne sont regardées que comme des instrumens de population, p. 384. Sont très-fécondes, *ibid*. Celles des rangs mitoyens, laborieuses et intelligentes, *ibid*.
Femmes de Crète ; leurs morsures dangereuses, t. 3. p. 251.
Femmes publiques, protégées dans l'Inde, parce qu'elles servent d'espions aux magistrats, t. 3. p. 161.
Fer et autres métaux connus, en usage chez les Chaldéens, t. 3. p. 53.
Féronia, ville d'Italie, aujourd'hui *Monte di San Silvestro*, t. 5. p. 54.
Féronie, divinité champêtre qui préside aux forêts ; son image, son surnom, son culte, t. 5. p. 54 et 55. Ses prêtres marchent nus pieds sur les charbons ardens, p. 56.
Feu sacré, éventail de plumes pour en réveiller la flamme, t. 2. p. 65.
Fidius, dieu honoré dans le Samnium, t. 5. p. 231 et 237.

Figues de l'Attique, délicieuses ; l'exportation en était défendue, t. 4. p. 357. Le goût pour ce fruit est peut-être le seul point de contact entre Athènes et Sparte, *ibid*.
Figures de différens animaux, servant de masque au roi de Perse, dans l'antre de *Mithra*, t. 3. p. 6.
Filles (jeunes) présentées au roi de Perse, lors de son couronnement. *Voyez* Babylone et île de Cypre.
Flamme inextinguible, entretenue sur le faîte du palais des rois de Perse. Une infinité d'autres foyers correspondent à ce centre et indiquent tout ce qui se passe aux extrémités et dans l'intérieur de l'empire, t. 3. p. 78.
Fontaine de l'Inde, produit tous les ans une liqueur d'or, pour remplir cent vases d'argile, t. 3. p. 150.
Foudre (imitation de la) et du tonnerre au couronnement des rois de Perse, t. 3. p. 84.
Fourmi-lion ; structure admirable de ses conduits souterrains, t. 2. p. 84.
Fundi, ville d'Italie, près Cumes, t. 5. p. 54.
Funérailles des pontifes, à Thèbes en Egypte, t. 2. p. 248.

G.

Galéote de profession ; ce que c'était, t. 4. p. 408.
Galaber, ruisseau des Gaules, nommé aujourd'hui Galaure, en Languedoc, t. 2. p. 4.
Gangarides, peuples de l'Inde, t. 3. p. 169.

Gange, fleuve de l'Inde ; sa largeur, t. 3. p. 154. Ses eaux sont appelées *eaux célestes* ; il produit des anguilles aussi longues que des serpens, p. 167. Produit un poisson de quinze coudées de long, assez fort pour mordre un éléphant à la trompe et l'entraîner à lui, p. 168.

Gangerides, nation indomptée des Indes, a toujours cinq mille éléphans dressés au combat, et rangés en bataille. Les gymnosophistes sont sous sa sauve-garde, t. 3. p. 174. Peuplade d'Indiens qui habitaient le pays nommé aujourd'hui *Bengale*, p. 225. Sont tout-à-fait noirs; de mœurs aussi douces en temps de paix qu'elles deviennent âpres et fières quand ils sont sous les armes, p. 227.

Gaphiphe, jeune homme qui accompagne Pythagore, de Naucratis à Memphis, t. 1. p. 344. Son caractère, *ibid*. L'accompagne encore dans son voyage de Lybie, t. 2. p. 109. Délivre une famille sacerdotale renfermée dans la pyramide du labyrinthe, p. 347.

Garama, chef-lieu des Garamantes, en Afrique, t. 2. p. 316.

Garamantile, voyez *Sandarèze*.

Garamantes, surnommés Hammoniens, peuple de Lybie, t. 2. p. 112. Leurs maisons bâties de pierre de sel, *ibid*. Il y a aussi dans l'Ethiopie un peuple de ce nom, p. 308.

Gardiens du palais des rois de Perse, appelés *les yeux et les oreilles du roi*, t. 3. p. 77.

Gaule; ses différens peuples, t. 5. p. 157. Sa topographie, p. 173.

Gaulois; leurs mœurs, t. 5. p. 150. Etaient d'une haute stature, p. 153. N'avaient point de temples, p. 154. Portaient de longs cheveux, *ibid*. Rome emprunte beaucoup de leurs usages, p. 155, 158 et suiv. Ne tenaient point au sol, comme les plantes, p. 160. Méprisaient l'or, p. 166. N'avaient point d'écriture; tout était dans leur mémoire, p. 168. La vieillesse honorée chez eux, p. 173. Croyaient à un autre monde, p. 193. Le premier objet de leur culte fut l'univers entier, p. 197.

Gaza, ville de Phénicie, presqu'aussi riche qu'Ophir, t. 1. p. 281.

Gebel-Sinan, montagne de la Chaldée, t. 3. p. 3. Sert aux observations astronomiques, p. 29.

Gédrosie, province limitrophe de l'Inde, t. 3. p. 142.

Genecée, appartement des femmes, à Samos, t. 1. p. 67.

Genethliaques, nom de ceux qui dressent les horoscopes, chez les Chaldéens, t. 3. p. 15.

Génie conducteur, *Agathos Dæmon* (chaque nation a son), t. 2. p. 11.

Gérestus, ville d'Eubœé, t. 3. p. 421.

Gir ou Nigir, fleuve de l'Afrique, t. 2. p. 313.

Glaucus, célèbre par ses forges dans l'île de Schio, t. 3. p 363.

Gortyna, petite ville de l'île de Crète, sur le bord de la mer, t. 3. p. 249 et 254. Fondée par un fils de Rhadamante, avec plusieurs temples, entr'autres un a Jupiter, p. 258.

Grecs (les), de tous les peuples de la terre, celui qui a le plus de monumens, t. 4. p. 53.

Grottes souterraines de Thèbes; leur description, t. 2. p. 250.

Guérir (l'art de), semblable à la science des augures, t. 1. p. 27.

Gunda, ville de la Chaldée, t. 3. p. 2.

Gygès, roi de Lydie; son histoire, t. 4. p. 42.

Gymnesies, îles de la Méditerranée, aujourd'hui Majorque et Minorque, t. 5. p. 126. Ses habitans les meilleurs frondeurs de la terre, *ibid*.

Gymnètes (les), esclaves des Argiens, t. 4. p. 51.

Gymnosophistes de Méroë, t. 2. p. 261. Avaient, dit-on, pour chef un chien, p. 263. Leur manière de se vêtir, p. 288.

Gymnosophistes, sages de l'Inde; leur doctrine, t. 3. p. 175. N'ont jamais voulu prendre aucune part directe au gouvernement, autant par prudence que par dédain, p. 177. Nus et sans habits; leurs bains de soleil, p. 180. Leur cos

DES MATIÈRES.   459

tume ordinaire, *ibid.* Leur robe d'amianthe, p. 181. Ce nom signifie chez les Indiens, amis purs de la vérité nue, p. 183. Leurs enfans ne mangent jamais avant le travail, p. 185. Font des élèves en petite quantité, p. 187. N'ont ni esclaves ni valets, et se servent réciproquement, p. 188. Lorsque quelqu'un d'eux est convaincu d'erreurs dans ses pronostics astronomiques, il est condamné au silence pour le reste de ses jours, p. 190. S'appliquent à l'étude de la physionomie, p. 191. N'achètent aucune provision de bouche; en se promenant par la ville, ils choisissent ce qui leur convient et l'emportent; les ordres sont donnés de ne leur rien refuser, p. 192. Leur doctrine toute matérielle, p. 193 et suiv. Diffèrent des Brachmanes et des Samanéens en plusieurs points de doctrine, p. 199.

Gyneconomes; on appelait ainsi les magistrats de l'aréopage, chargés de la direction des mœurs, t. 4. p. 329.

Gyphtarim, fils de Bansar, est le premier qui se consacra en Égypte au culte des astres, t. 1. p. 351.

H.

Haches de pierre, chez les Chaldéens, t. 3. p. 53.

Habitations pélasgiennes; leur solidité, t. 4. p. 356.

Halycarnasse, ville de Carie; sa fondation, t. 1. p. 202. Stratagême de ses premiers citoyens pour se procurer des femmes, p. 204 et 205.

Harmodius et Aristogiton, t. 4. p. 342. Tuent Hypparque, p. 347.

Héemalay, montagne couverte de neiges, limite à l'Inde et à la Tartarie, t. 3. p. 215.

Helea, ville d'Italie, fondée par les Phocéens, t. 5. p. 31.

Hélène, trop fameuse par sa beauté, a coûté la vie à un million cinq-cent-soixante mille individus, t. 4. p. 11.

Hélicaon, disciple de Pythagore, t. 1. p. 4.

Hélicon (montagne de l'), en Béotie, t. 4. p. 373.

Héliopolis, ville du Soleil, t. 1. p. 398. L'un de ses obélisques, ouvrage de vingt mille hommes, page 399. Description de son temple, p. 401 et suiv. Explication des trois figures placées dans ce temple, t. 2. p. 29.

Hélios, ville du nome d'Héliopolis en Égypte, t. 1. p. 391.

Héliotrope, cadran sciathérique naturel dans l'île de Scyros, t. 1. p. 97.

Hellanicus, prononce l'éloge de Pittacus, t. 3. p. 382.

Hælvétiens, aujourd'hui les Suisses, t. 5. p. 209. Avaient fait plusieurs invasions dans l'Italie, *ibid.* Leur territoire, p. 210.

Héraclée, ville de Sicile, t. 4. p. 443.

Herbe merveilleuse distribuée par Darius à ses courtisans, t. 3. p. 83.

Herculanum, ville voisine du Vésuve, t. 5. p. 42. Petite république, p. 43.

Hercule; son histoire, t. 4. p. 166. Législateur armé, p. 171. Ses travaux, p. 167 et suiv.

Hermès ou Mercure, l'ancien sage d'Égypte, auteur de grands établissemens dans ce pays, t. 1. p. 352. S'appelait aussi Edrise, p. 359. Auteur des traditions égyptiennes, t. 2. p. 218. Législateur; son histoire, t. 4. p. 160.

Hermès, sage de la Chaldée, t. 3. p. 4.

Hermioné, ville d'Argolide; son culte, t. 4. p. 250.

Hermodamas; sa mort, ses funérailles, t. 1. p. 126.

Hermotybies, légion de mille hommes, gardes de Psammetis, t. 2. p. 347.

Hermontis, ville d'Egypte, t. 1. p. 301. Cultes qu'elle pratique ; son nilomètre, p. 302.

Hermopolis, la petite, ville d'Egypte, t. 1. p. 285.

Héroopolis, ville du nome d'Héliopolis, t. 1. p. 391.

Hérophile, l'une des plus anciennes Sibylles, rendait les oracles à Delphes, t. 4. p. 381. Mourut dans la Troade ; son épitaphe, *ibid*.

Hésiode, ami et rival d'Homère, t. 1. p. 20. Regardé comme un véritable législateur, t. 4. p. 192. Assassiné par des brigands, p. 396. Son tombeau à Orchomène, p. 373.

Hespérie, pays d'Europe, aujourd'hui l'Espagne, t. 5. p. 120.

Hiérocerix ; proclamation contre les profanes aux mystères d'Eleusis, t. 4. p. 291.

Hiéroglyphes égyptiens ; explication des principaux, t. 2. p. 216.

Hiérophante, ou père des mystères, fonction exercée par Zoroastre à la fête de Mithra, t. 3. p. 55. Premier pontife dans les mystères, t. 4. p. 303.

Hippius-Neptune, honoré à Mantinée, t. 4. p. 233.

Hippolyte virbius ou bis-vir, deux fois hommes, t. 4. p. 260.

Hipsa, fleuve de Sicile, à présent Naro, t. 4. p. 425.

Hiver des Indiens, de quatre mois, t. 3. p. 148.

Homère à Chios, t. 1. p. 12. Devenu aveugle, *ibid*. Recueilli par Créophile, p. 13. Regardé comme législateur de la Grèce, t. 4. p. 192. Eut un temple, t. 3. p. 365. Tenait école de musique à Smyrne, t. 2. p. 56. Les Cypriens le regardent comme leur compatriote, t. 1. p. 219. Fut conçu à Smyrne et naquit dans l'île de Schio, t. 3. p. 368. Oracle sur Homère, t. 4. p. 383.

Homme (l') indépendant, t. 4. p. 122. Ont habité d'abord le sommet des montagnes, t. 1. p. 56. Combien il diffère à très-peu de distance. t. 4. p. 309. Brûlé anciennement sur les rives du Gange, t. 3. p. 223. Race d'hommes au centre des régions indiennes, qui n'ont pas deux coudées de haut, p. 150. Autre race, haute de treize coudées et qui vivent deux siècles. Voyez *Sères*, p. 151. Autre race sur les rives du Gaïte, dans l'Inde, ont des queues de bêtes, comme les satyres, *ibid*. Autre race, appelée *cynocéphales*. Voyez ce dernier mot, p. 152.

Hospitalité, chez les Indiens montagnards, voisins de la mer, t. 3. p. 158.

Hostanès, gymnosophiste, se brûle à la place d'une jeune veuve, t. 3. p. 220.

Huit, nombre, symbole de l'égalité, t. 2. p. 40 et 44.

Humanité, mot inventé par Pythagore, t. 5. p. 328 et 334.

Hyades ; elles étaient sept constellations pluvieuses, t. 4. p. 351.

Hyagnys, père de l'harmonie phrygienne, t. 2. p. 50.

Hyala, ville de l'Indus ; le gouvernement y était mixte, comme à Lacédémone, t. 3. p. 144.

Hydrie, vase servant à contenir de l'eau, t. 2. p. 18.

Hylobiens, secte de Gymnosophistes, t. 3. p. 201. Fuient le commerce des hommes, p. 211.

Hymera, ville de Sicile, t. 4. p. 454.

Hymette, double mont, dans l'Attique, aujourd'hui le monastère de St. Jean, t. 4. p. 349. Jupiter y avait un temple, p. 350. Maisons de bois portatives, p. 354.

Hymne au Soleil, au Nil, t. 2. A la Lune, t. 3. p. 33.

Hymnia, surnom de Diane, chez les Orchoméniens ; son culte, t. 4. p. 234.

Hyperboréens, peuples du Nord ; leurs mœurs, t. 5. p. 151. Leur surnom d'*hommes vertueux*, p. 154.

Hypérésie, ville d'Achaïe ; son culte, t. 4. p. 224.

Hypparque, tyran d'Athènes ; son

caractère, ses mœurs, tome 4. p. 341. Est tué par Harmodius et Aristogiton, p. 347.

Hyppoborus, fleuve de l'Inde occidentale. Propriétés de ses eaux, t. 3. p. 151.

I. J.

Jalysos, ville de l'île de Rhodes, t. 3. p. 311.

Janigènes ou Gegènes, peuples qui ont succédé aux Cyclopes, t. 1. p. 15.

Janus, premier législateur de l'Etrurie; son histoire, t. 4. p. 186.

Jardins de l'Inde, t. 3. p. 158.

Jaspe de l'Inde, sert d'amulette favorable à ceux qui haranguent le peuple, t. 3. p. 166.

Ibeum, ville d'Egypte, t. 2. p. 131.

Ibis, l'oiseau d'Isis, vénéré chez les Egyptiens; sa description, t. 2. p. 132. Son utilité, *ibid.*

Icaria, île de l'Archipel, t. 1. p. 92.

Icarie, île de la mer Ægée. Les insulaires icthiophages sont de tous les peuples de la terre, les plus pauvres et les moins malheureux, t 3. p. 357. Mœurs de ses habitans, p. 358.

Icosaèdre; ce qu'il représente, t. 2. p. 45.

Ida; il y avait plusieurs monts dans la Grèce qui portaient ce nom, t. 4. p. 381.

Ida, montagne de Crète, tome 3. p. 267.

Idithya; horrible coutume pratiquée dans cette ville d'Egypte, t. 2. p. 28.

Jenetore, surnom d'Apollon à Délos, t. 5. p. 276.

Jeux des carrefours, institués par Tarquin, t. 5. p. 99.

Jeux du cirque à Rome, donnés par Tarquin le superbe, t. 5. p. 83.

Jeux olympiques (description des), t. 4. p. 116.

Iliade, poëme d'Homère. L'histoire de la guerre de Troye, t. 4. p. 192. Iliade, signifiait aussi une infinité, t. 2. p. 214

Illustres (livre des), composé par Arméli, t. 1. p. 359.

Ilotes, esclaves à Sparte; leur origine, t. 4. p. 31. Causaient de l'inquiétude à leurs maîtres, p. 32.

Immortels, nom d'un corps de jeunes Persans, qui accompagnent toujours le monarque par-tout où il va, t. 3. p. 80.

Inachus, Égyptien, législateur, fondateur du royaume d'Argos; son histoire, t. 4. p. 174.

Inde; topographie de ce pays; mœurs et usages de ses différens peuples, t. 3. p. 142. Aujourd'hui l'*Indostan*, p. 155. A été la législatrice de presque toutes les contrées de la terre, p. 176. Reconnaît sept castes dont elle assigne la première aux Gymnosophistes, *ibid.* Célèbre tous les ans la fête du Soleil et du Gange, p. 208.

Indien qui a vécu dans le vice, est abandonné dans sa vieillesse. t. 3. p. 162. Comme les autres nations, composent les élémens de leur histoire avec les matériaux de l'astronomie, p. 156. Montagnards non loin de la mer, se vantent d'être les premiers-nés de toute l'Inde, parce qu'ils possèdent un idiôme à leur seul usage, p. 158. Sont décens jusqu'au scrupule dans leurs moindres actions, p. 159. N'ont pas tous les mêmes mœurs; les soldats y sont déclarés infâmes, p. 160. Honneur pour une famille lorsqu'un Gymnosophiste inscrit quelques paroles d'éloges sur la porte de la maison, *ibid.* Dans certains cantons, se cachent pour manger; leur raison. p. 161. Dans d'autres cantons, exposé le corps nu aux premiers rayons du soleil, p. 162. D'une certaine contrée, usent d'une herbe séchée et mise en poudre qu'ils respirent avec délices, ce qui ressemble beaucoup à notre tabac, p. 165. Voisins du Gange, de l'Indus et de la mer, construisent leurs domiciles avec les ossemens d'énormes poissons, p. 167. Habitans par-delà le Gange, n'ont point de noms fixes, et en changent selon les circonstances, p. 168. Habitans par-delà le Gange, appelés *Astomes*, ou peuple sans bouche, *ibid*. Beaucoup de nations indiennes sont exemptes d'ambition, et ont horreur du sang, p. 202 et 203.

Indiennes (femmes); on en trouve en grand nombre qui se livrent au public, pour un éléphant, très-petite pièce de monnaie, t. 3. p. 159.

Indus, fleuve; sa largeur, t. 3. p. 148.

Initiation; ses résultats, tome 2. p. 230.

Insouciants, société académique établie à Babylone, t. 3. p. 60.

Invincible (le seul), nom donné au jeune homme qui représente *Mithra*, t. 3. p. 97.

Io; quelle elle était, t. 2. p. 31.

Ios (île d'), dans la mer de Grèce, se vante d'être la patrie d'Homère, t. 3. p. 431.

Jouissance, la véritable, tome 1. p. 222.

Ira, montagne dans la province Triphylia, sur la route de l'Elide, t. 4. p. 101.

Irac-Arab, nom actuel de la Babylonie et de la Chaldée, selon Gébelin, t. 3. p. 21.

Isar, rivière des Gaules, aujourd'hui l'Isère, t. 5. p. 175.

Isis; ce que les prêtres de cette déesse entendaient par son nom, t. 2. p. 2. Appelée l'aînée des Muses, p. 3. Ce nom était aussi donné à la nature, *l'ancienne de toutes choses*, *ibid*. Ses prêtres ne mangeaient point de chair, ni sel, ne buvaient point de vin, p. 4. Les premiers dans les rangs de la société civile, p. 5. Explication de la fable d'Isis et d'Osiris, p. 18. Doit être la lune, p. 24. Description d'une célébration de fête d'Isis, p. 65. Réparation de sa statue à Memphis, p. 71. Son image couverte d'un réseau, p. 216. Avait un sceptre de pavot, *ibid*.

Isis, Osiris et Orus, grand hiéroglyphe ternaire de l'homme et de la nature, t. 2. p. 29.

Isis, bourg d'Egypte, à cause du temple de cette divinité, tome 1. p. 284.

Isonomonie; ce que c'était, t. 4. p. 349.

Isopérimètres (doctrine des), t. 2. p. 47.

Isthme de Corinthe; on a tenté plusieurs fois de le couper, t. 4. p. 282. Les navigateurs savaient transporter leurs navires par-dessus d'une mer à l'autre, *ibid*.

Isthmiques (jeux), se célébraient tous les trois ans, près l'isthme de Corinthe, t. 4. p. 281.

Ithaque, patrie d'Ulysse, à présent *Val du Compère*; sa description, t. 4. p. 397.

Ithôme, ville de Messénie, t. 4. p. 99.

Ithôme, colline de Messénie, t. 4. p. 100.

Julis (ville de), dans l'île de Céos, t. 3. p. 412.

Junius Brutus renverse le trône des Tarquins, t. 5. p. 89. Rencontre Pythagore et l'invite à manger chez lui, p. 94. Description de ce repas, p. 95.

Junon, femme et sœur de Jupiter, est l'inventeur des modes des femmes, t. 1. p. 50. Jour de sa fête à Samos; sa célébration, p. 48. Son temple y a trois autels consacrés à Jupiter, Minerve et Hercule, p. 51.

Junon Ammonéenne, t. 2. p. 115.

Jupiter, dieu de l'Olympe; son histoire, t. 4. p. 162. Etait le soleil que les anciens regardaient comme l'ame du monde, ou même le monde, t. 2. p. 198.

Jupiter Ammon; son temple en Lybie, t. 2. p. 111. Ce que signifiait Ammon, *ibid*. Fontaine qui coulait auprès, ombragée de cyperus (souchets), p. 112. Ville

DES MATIÈRES.

d'Ammon, fournit l'Egypte de sel plus beau que celui de mer, *ibid.* Le soleil stationaire, une fois l'année, au-dessus de son temple, p. 113. Approche de ce temple défendue par les abîmes de sable, *ibid.* Fertilité du terroir d'Ammon, *ibid.* Image de Jupiter sous la forme d'un bélier avec des cornes d'or. Rapport entre Jupiter et le bélier *ibid.* Riches présens que renferme ce temple, p. 115. Ses prêtres débitent des lames d'or en forme de cœur, préservatives de tout mal, p. 116. Origine du culte de Jupiter Ammon, *ibid.*

Jupiter *Inventor* avait un autel à Rome, t. 5. p. 79.

Jupiter olympien; son temple commencé par Pisistrate, ne fut terminé que par l'empereur Adrien, sept siècles après, t. 4. p. 313. Durée de ce temple; nom des architectes; son étendue, p. 314.

Jupiter Chasse-mouche, ou dieu des mouches, t. 4. p. 107.

Jupiter Cosmetès, ou le grand ordonnateur des choses, était honoré à Sparte, t. 4. p. 63.

Jupiter Horcius, t. 4. p. 111.

Jupiter le ténébreux, honoré dans la Laconie, t. 4. p. 50 et 57.

Jupiter sauveur, honoré chez les Messéniens, t. 4. p. 99.

Jupiter législateur, t. 4. p. 162.

Jurassus, chaîne de montagne de la Gaule, connue aujourd'hui sous le nom du Jura, t. 5. p. 208.

K.

Kelbéens, peuplade barde, habitant la Syrie, tome 2. pag. 397.

Kenabum, ancienne ville de la Gaule, aujourd'hui Orléans, t. 5. p. 179.

Kenthor, surnom de la *nature* ou *Dieu-Tout*, t. 2. p. 218.

Komah, nom que les anciens donnaient à leur statue, t. 2. p. 72.

Kosti, signe que faisait prendre Zoroastre à qui embrassait sa loi, t. 2. p. 445 et 461.

Koth, Ompheth, formule égyptienne avec laquelle on congédiait l'initié aux mystères d'Isis, t. 2. p. 234.

L.

Labda; son histoire, t. 4. p. 44.

Laboureur, dans l'Inde, n'est jamais arraché à son champ pour porter les armes, t. 3. p. 162.

Labyrinthe d'Égypte; son antiquité, t. 1. p. 359. Premier palais national des douze monarques, qui ait été bâti, t. 2. p. 98. Appelé le palais de Caron par les Arabes, pag. 99. Composé de trois mille appartemens, dont mille cinq cents sous terre, p. 100. Il n'y avait dans cet édifice ni fer ni bois, p. 101. Scène intérieure, p. 102. Renfermait le corps de Psammetique; une famille de prêtres renfermée auprès, p. 105.

Labyrinthe de Crète, t. 3. p. 260 et 261.

Lacédémoniens; mœurs, lois, usages, coutumes des Lacédémoniens, t. 4. p. 66 et suiv. N'avaient point de lois écrites, p. 71. N'étaient pas ignorans par stupidité, p. 1.

Lacinium, ville d'Italie, t. 5. p. 22.

Ladas, l'homme le plus agile de son temps, couronné aux jeux olympiques, t. 4. p. 52.

Ladon, fleuve d'Arcadie, tome 4. pag. 236.

Lagynes, sorte de vases antiques, t. 1. p. 369.

Lampes, fête des lampes à Saïs, t. 2. p. 353.

Lapethus, fleuve de l'île de Cypre, t. 1. p. 216. Donne son nom à une ville, *ibid.*

Lasus, poëte musicien, de la cour d'Hypparque, t. 4. p. 344. Son expression habituelle, p. 346.

Latopolis, ou Asna, ville d'Égypte, t. 1. p. 302.

Latopolis, ville de la haute-Égypte, t. 2. p. 256.

Latos, poisson commun aux environs de la Sicile, t. 5. p. 19.

Laüs, ruisseau de l'Apennin, aujourd'hui Laino, t. 5. p. 31.

Lebadie, cité de Béotie; son culte à Jupiter-roi, t. 4. p. 362.

Lecheon, palais où Périandre, tyran de Corinthe, donna le fameux *banquet des sept sages*, tome 4. p. 280.

Lemnos (île de), fameuse par ses reptiles et son volcan. Les prêtres de Vulcain y immolent des filles; les femmes s'y défont souvent de leurs maris, et les pères y égorgent leurs femmes et leurs enfans. Les sages n'y voyagent point, t. 3. pag. 398.

Léon, roi de Phliunte, reçoit Pythagore, t. 4. p. 269. Leur entretien, p. 270.

Léontopolis, ville d'Égypte; son culte au lion, t. 1. p. 295.

Lepreos, ville du Peloponèse, t. 4. pag. 102.

Lesbos, sujette aux tremblemens de terre. Topographie de cette île. Usages et mœurs des insulaires, t. 3. p. 380.

Leschée, portique du temple de Delphes, où les citoyens se rassemblaient pour converser ensemble, t. 4. p. 383 et 384.

Leschée, poëte, auteur d'une petite Iliade, t. 4. p. 384.

Letus, ville d'Égypte, chef-lieu d'un nome, t. 1. p. 363.

Lézards, roux de l'Inde, longs de vingt-cinq pieds. (Voyez montagne), t. 3. p. 149.

Liban, montagne de Syrie; sa description, t. 2. p. 380. Sa vallée, p. 381. Bordée de distance en distance de petites grottes, p. 391. Ses cèdres, p. 393 et 394.

Libri Lantei, ou annales des Samnites, écrites sur la toile, t. 5. pag. 235.

Lierre, arbrisseau, dédié à deux Divinités différentes, t. 2. p. 69.

Lieux élevés, leurs habitans plus religieux que ceux des plaines, t. 4. p. 274.

Limna, bourg de l'Attique, t. 4. pag. 351.

Lindos, ville de l'île de Rhodes; sont emple de Minerve, que Cléobule fit rebâtir à ses frais, t. 3. pag. 306.

Lingam (le dieu), idole imaginée par les Gymnosophistes; c'est le phallus des Egyptiens, des Grecs et des Romains, t. 3. p. 194.

Lingones, peuples de la Gaule, aujourd'hui ceux du territoire de Langres, t. 5. p. 208.

Linus, poëte chanteur de Phénicie, qui exécutait aux banquets de famille des cantiques, tome 1. pag. 257.

Lion; sa tête placé sur les monumens d'Egypte, t. 1. p. 411.

Livres Sammanéens, contiennent plus de soixante sciences. L'astronomie est la mieux traitée, t. 3. p. 205. Prière astronomique contenue dans l'un de ces livres, suivie de danses exécutées par des filles publiques, p. 208.

Lixus, fleuve de la Lybie, tome 5. pag. 113.

Locres, ville d'Italie, aujourd'hui Giraci, t. 5. p. 25. Aucun Locrien n'avait le droit de prendre à ses gages des serviteurs, p. 28.

Lotus, arbrisseau d'Egypte, représente l'ame universelle de la nature, t. 2. p. 222.

Lucanie, contrée ancienne de l'Italie; origine des peuples qui l'habitent, t. 5. p. 238. Éducation de leur jeunesse, fort adonnée à la chasse, p. 239. Mœurs et gouvernement de ses habitans, p. 240.

Lucanus, Samnite de naissance, fondateur de la république de Lucanie, et législateur, t. 5. p. 238.

Lucumon, titre donné à Pélasgus, premier roi d'Arcadie, tome 4. pag. 225.

Lucumonies,

Lucumonies, assemblées démocratiques où l'on élisait les magistrats chez les Etrusques et les Toscans, t. 4. p. 195. États fédérés d'Italie, t. 5. p. 34.

Lugdunum, ville de l'ancienne Gaule, aujourd'hui Lyon, t. 5. pag. 176.

Luna, ville d'Italie, aujourd'hui Carrara Merbris, t. 5. p. 214.

Lune; parcoure le *cercle des astres* treize fois en un seul voyage du soleil ; ses phâses durent sept jours ; a servi à partager le temps en années lunaires, t. 1. p. 404.

Lune (montagnes de la), que l'on croit être les sources du Nil, t. 2. p. 315.

Lutèce, ville des Gaules, aujourd'hui Paris, chef-lieu du territoire des Parisiaques, t. 5. p. 20. Signification de ce nom, *ibid.* p. 204. Description des habitations de ses habitans, p. 203. Liés de commerce avec les Phéniciens, p. 206.

Lycaon, fils de Pélasgus ; son histoire, t. 4. p. 229.

Lyctos, ville de Crète. On y voue des vierges à Jupiter, tom. 3. p. 257.

Lycosure, ville d'Arcadie, la plus ancienne selon ses habitans, t. 4. pag. 244.

Lycopolis, ville d'Egypte, où le soleil et le *loup* avaient un temple, t. 2. p. 132.

Lycurgide, nom d'une société à Sparte, t. 4. p. 68. Ce que c'était, pag. 70.

Lycurgue, législateur de Lacédémone ; temps où il vivait, t. 4. p. 18 et suiv. Son histoire, p. 193. A aboli à Sparte les sacrifices humains, p. 63. Fait le vœu de bâtir un temple à Minerve ; motif de ce vœu, p. 56. Extrait de ses lois, dans lesquelles se trouve comprise l'égalité parfaite, et le partage des terres entre les hommes, t. 3. p. 263. Son tombeau dans l'île de Crète, t. 3. p. 261 et suiv.

Lygdamus, fameux athlète Syracusain, remporte les cinq prix aux jeux de Pise, t. 4. p. 410.

Lylibae, ville de Sicile, aujourd'hui Mursalla, t. 4. p. 443.

Lybiens ; leur manière de conserver les restes de leurs bons rois, t. 2. pag. 122.

Lynxama, ville d'Ethiopie, t. 2. pag. 313.

Lysis, disciple de Pythagore, t. 1. pag. 4.

M.

Maara, grotte de l'Hiérophante, près Sydon, tome 1. p. 235.

Macaria, ville de Cypre, tome 1. page 216.

Maandrias, gouverneur de Samos, tome 3. pag. 336. Son discours au peuple, pag. 337. Son histoire, t. 4. p. 58.

Maléa, montagne de la Taprobane, t. 3. p. 236.

Malédiction prononcée par les Gymnosophistes, contre tout individu qui attaquerait la personne d'un laboureur, t. 3. p. 198.

Malfaiteurs condamnés à mort chez les Indiens, sont envoyés à la pêche des perles, t. 3. p. 166.

Malli, peuplade d'Indiens soumis à leurs propres lois, t. 3. p. 144.

Mamertins, peuple de Sicile ; possédaient un beau vignoble, t. 5. p. 30.

Mandraite de Prienne, ne connaissait que deux hommes parfaits, Thalès et Bias, t. 1, p. 172.

Manethos, fête lugubre, t. 2. p. 54.

Mages d'Ecbatane, ne reconnaissent d'autre divinité que le Soleil, t. 3. p. 131. Soutiennent que son culte fera le tour du monde, et durera autant que son objet, *ibid.* p. 132. Leurs mœurs ; ne vont point mendier des faveurs à la cour des rois ; mais ceux-ci les font presque toujours entrer dans leurs conseils, et ont de grands égards pour eux, à cause de leur pouvoir sur l'esprit du peuple, p. 136. Il en est qui sont hommes d'état, pag. 137. Massacre des mages à Suse, p. 71.

Mantinée, ville d'Arcadie ; son plan semble à une toile d'araignée, t. 4. p. 232. Les raves de son territoire étaient excellentes, *ibid.* Son gouvernement, p. 233.

Mard-Coura, nom d'une peuplade antropophage de l'Inde, tome 3. pag. 143.

Marine (la) n'est pas toujours un avantage ; elle excite la jalousie des voisins, et dérobe bien des bras à l'agriculture, t. 1. p. 17.

Marseille, ville des Gaules, colonies des Phocéens, t. 5. p. 138. Son alliance étroite avec Rome, p. 139. Loi qui défendait de recevoir aucun étranger avec des armes, *ibid.* Mœurs et coutumes des Marseillais, p. 142. Description de la ville, p. 143. Suicides, p. 146 et 148. Le palme cubique de cette ville égalait le pied de Delphes, p. 150.

Meandre, fleuve de Phrygie, t. 1. pag. 96.

Médecine de l'ame, nom donné aux livres, t. 1. p. 316.

Mediolanum, aujourd'hui Milan, colonie des *Insubres*, nation de la Gaule, t. 5. p. 176.

Megalarte, ou grand pain, était honoré à Scole, comme une divinité, t. 4. p. 372. Sa forme et sa grosseur, *ibid.*

Mégare, ville de Grèce, aujourd'hui Mégra ; sa fondation, tome 4. p. 283. Apollon travailla à la construction de ses murs, p. 284. Sénat de Mégare, p. 285. Ses habitans n'avaient pas de bonnes inclinations, p. 286. On y parlait le dialecte dorien, p. 287.

Meilique, ceste dont on se servait aux jeux olympiques, t. 4 p. 135.

Melophore ; Cerès honorée sous ce nom à Mégare, t. 4. p. 286.

Memnon ; sa statue, t. 2. p. 240.

Memnonium, superbe temple à Sérapis, t. 2. p. 240. Ses dimensions, t. 2. p. 246.

Memphis, ville d'Égypte, surnommée aussi Momphta ; sa description, t. 1. p. 363. Beauté de ses environs, et douceur de sa température, p. 364. Lieu de la sépulture d'Osiris, t. 2. p. 8. Sa description ; assiégée par Cambyse, se rend sans résistance, p. 347. Un taureau est sa Divinité, p. 352. Dévastée par Cambyse, p. 358.

Mendès, ville d'Égypte ; son culte au bouc, t. 1. p. 284. Ses autels, t. 2. p. 221.

Menès, second législateur des Egyptiens, t. 1, p. 314.

Menœchme, statuaire de Naupacte, t. 4. p. 396.

Mer Egée (description des îles de la), t. 3. p. 346 et suiv.

Mercure ; son temple et ses prêtres, t. 1. p. 41. Cérémonial singulier usité à une de ses fêtes, *ibid.* Usage d'aller voler les voyageurs sur le grand chemin pendant cette fête, p. 42.

Meroë (collège de) ; les initiés de Thèbes y pouvaient être admis, t. 2. p. 235. Leur habillement, p. 254. Ile de Meroë, p. 266. Ses mines de diamans, *ibid.* Ville du même nom, au milieu de l'île, *ibid.* Pillée plusieurs fois à cause de sa richesse, p. 267. Ses rois sont tirés du collége des pontifes, p. 269. Le peuple passe sa vie à la chasse des éléphans, et s'en nourissent, p. 273. Honorent le dieu Pan, *ibid.* Fécondité étonnante de cette île, p. 274. On y cultivait les cannes à sucre, p. 275. Description d'une fête du Soleil, p. 276. Sacrifices humains, pag. 278. Son temple à Jupiter Ammon, p. 287. Gymnosophistes de Meroë, p. 289. Leur nourriture, *ibid.* Collége de ses prêtres, est comme l'aréopage de l'Éthiopie, *ibid.* Est un tribunal d'appel dans les affaires criminelles. Confirment les jugemens à mort, p. 290. Ressemblent assez aux Druides, *ibid.* Leur conduite sobre, p. 291.

Messava, ville de l'ancienne Gaule, aujourd'hui Mesve, t. 5. p. 178.

Messénie (la), le meilleur territoire du Péloponèse, tom. 4. pag. 22.

Messéniens ; leur guerre avec Sparte, t. 4. p. 25. Sont vaincus par les Spartiates, et réduits à un esclavage presqu'aussi dur que celui des Ilotes, t. 4. p. 27.

Mesogyne, ennemi des femmes, surnom d'Hercule, t. 4. p. 3.

Messine, ville de la Sicile, fondée par les Messéniens, peuple du Péloponèse, t. 4. p. 30. Détroit de Messine; conjectures sur sa largeur, t. 5. p. 20.

Mesure des terres à Rome, t. 5. pag. 98.

Metelis, ville d'Egypte, colonie des Mélésiens, t. 1. p. 285.

Métempsycose, t. 5. p. 311. Tout est métempsycose dans la nature, p. 313. Manière d'en parler, pag. 315.

Métempsycose astronomique, enseignée par les mages d'Ecbatane, t. 3. p. 128.

Méthone, ville de l'Argolide, t. 4. pag. 259.

Méthora, ville de l'Inde, aujourd'hui Matura, t. 3. p. 155.

Micone, ville de l'île de Pathmos; proverbe grec sur cette île, t. 1. pag. 94.

Mictocosme, mot inventé par Pythagore ; ce qu'il signifiait, t. 5. vers la fin.

Mihir, nom d'un Dieu dont il est question dans la fête de l'antre de Mithra. Les initiés lui prêtent serment, t. 3. p. 98.

Mihirdad, *ami de la justice*. Les rois de Perse sont proclamés de ce nom lorsqu'ils ont exercé quelque grand acte de clémence, t. 3. pag. 82.

Milétiens ; singulière institution de cette ville, de tenir ses assemblées sur un vaisseau, tome 1. pag. 202.

Milet, ville de l'Asie-Mineure ; son origine et sa description, tome 1. pag. 176.

MLXXXXV, nombre, symbole du silence, t. 2. p. 219.

Mille quatre-vingt-quinze, nombre; son symbole, t. 2. p. 41.

Milon le Crotoniate, disciple de Pythagore ; sa force extraordinaire, t. 1. p. 4. t. 4. p. 120. Six fois vainqueur aux jeux olympiques, p. 127.

Mine d'or près Héliopolis; comment exploitée, t. 1. p. 392.

Mines d'or, exploitées dans l'Inde par des fourmis ; hyperbole orientale, t. 3. p. 159.

Minerve laborieuse ; son autel à Thespie, t. 4. p. 372.

Minos, roi de Crète ; récit qu'en fait Epiménide, t. 3. p. 277 et suiv. Ses lois sont gravées sur des lames de cuivre, p. 284. Législateur de la Crète, t 4. p. 187.

Miroir de Diane, nom d'un lac aux portes de Rome, t. 5. p. 57.

Miron, roi de Sicyone, tom. 5. pag. 113.

Mithra (mystères de), fête astronomique établie par Zoroastre, tom. 3. pag. 94 et 95. Représenté par un beau jeune homme, assis sur un taureau etc., p. 96.

Mizéens, peuplades sauvages, mais libres, limitrophes de la Suziane, t. 3. p. 68.

Mnésarque, père de Pythagore, célèbre sculpteur de Samos, t. 1. p. 6.

Mnésiphile de Phréar, orateur célèbre d'Athènes, t. 4. p. 353.

Mnevis, ville d'Egypte, tom. 1. p. 398.

Modes; leur invention attribuée à Junon, t. 1. p. 50.

Mœris, roi d'Egypte, t. 1. p. 319.

Mœris, grand lac de ce nom, près Memphis, t. 1. p. 364. Sa grandeur, son ancienneté, sa description, t. 2. p. 128. Sa grande utilité, rempli de poissons, p. 131.

Mois ; le mois égyptien partagé en trois décans, t. 1. p. 275.

Molpagoras, despote d'Ionie, t. 1. p. 162.

Monochorde ; ses divisions harmoniques, t. 2. p. 47. Instrument des anciens, perfectionné par Pythagore, p. 49.

Montagnard corse (sagesse d'un), t. 5. p. 132.
Montagne de l'Inde, près la ville de Nisa, produit des lézards roux, longs de vingt-cinq pieds, t. 3. p. 149.
Montagnes de la mort; nom donné aux sommets de l'Apennin, t. 5. p. 30.
Monts Lycéens, couverts de bois consacrés à Diane, t. 4. p. 244.
Moschophages, peuples qui ne se nourrissent que de la chair de lions, t. 2. p. 264. Pour être leur chef, il faut n'avoir qu'un œil, *ibid.*
Moschus, hiérophante de Sidon, t. 1. p. 238. Sa morale, p. 240. Législateur de Périzziens, p. 279. Ses neuf commandemens.
Mummies, ou *cadavre sec*, tome 1. p. 371. Soin qu'en avaient les Egyptiens, t. 2. p. 27.
Munychie, bourg de l'Attique; malédiction prononcée contre lui par Solon, t. 4. p. 310.
Mur du Soleil, place de commerce des Carthaginois, t. 5. p. 113.
Mûrier; se plantait dans le Péloponèse, t. 4. p. 103.
Musique; sa definition, t. 2. p. 49 et 50. Différence des harmonies des différens peuples, p. 51. Les plus grands héros en faisaient leur étude, p. 53.

Mutinus, surnom de Priape, époux de la sevère Junon, t. 1. p. 52.
Myagrus, héros honoré à Alephère, t. 4. p. 241.
Mycène, ville de l'Argolide, t. 4. p. 267.
Mycène, ville de Crète, bâtie par Agamemnon. t. 3. p. 261.
Mycerine, roi d'Egypte, succède à Chephrénès, t. 1. p. 324.
Mylès, fils de Lelex, prince grec, se servit le premier de pierre pour moudre le bled, t. 4. p. 8. Il était d'Alésie; aurait mérité ces temples, p. 53.
Mylista, ou Salambo, temple de Babylone où les étrangers portaient leur tribut, t. 2. p. 426. Singularité de son culte, *ibid.*
Myson, l'un des sept sages de la Grèce, cultive lui-même son petit héritage; son entretien avec Epiménide et Pythagore, t. 3. p. 291. Raconte à Pythagore comment il fut admis au rang des sept sages, p. 292. Description de son jardin et de ses productions, p. 295 et suiv.
Mystères d'Eleusis; sept degrés d'initiation, t. 4. p. 291. Par combien d'épreuves il fallait passer, p. 297.
Mythra (triple), invocation des Persans, t. 3. p. 99.
Mytilène; son territoire produit beaucoup de truffes, t. 3. p. 386.

N.

Nabocrodosorus, roi des Chaldéens; type de l'Hercule des Grecs, t. 3. p. 5.
Nacelle de l'Euphrate; leur forme singulière, t. 2. p. 408.
Narthekis, île de la Grèce, t. 1. p. 24.
Nature (la) a tout mis sous la main de l'homme; il n'a rien trouvé, t. 1. p. 93. — *De la Nature et des Dieux* (traité), de Phérécyde, p. 105 et suiv. Discours de Phérécyde à Pythagore, p. 126.
Naucratis, ville d'Egypte, fondée par les Milésiens, t. 1. p. 292, 343. Avait un prytanée, où les citoyens mangeaient en commun, *ibid.* Invoque les Dieux avant et après le repas, t. 1. p. 344.
Naupacte, ville de Grèce, de la dépendance des Locriens, aujourd'hui Lépante, ou Einebachti, t. 4. p. 396. Etymologie de son nom, p. 397.
Nauplia, petite ville maritime; aujourd'hui Napoli de Romanie, t. 4. p. 250.
Nausicaa, fille d'Alcinoüs, roi

des Phéaciens, t. 4. p. 398 et suiv.

Naxos (île de), dans la mer de Grèce, fameuse par ses vignobles, tom. 3. p. 428. Produit de beau marbre, des mines d'or, du gibier et des fruits en abondance, p. 430. Appelée reine des Cyclades. Son vin est si bon, qu'on le nomme le nectar des Dieux, p. 431.

Naxus, petite ville de l'île de Crète; son commerce d'éponges, et de pierres à aiguiser, t. 3. p. 257.

Nécessité (la); son temple à Corinthe, t. 4. p. 280. La nécessité et l'harmonie, deux souveraines qui commandent aux hommes et même aux Dieux, p. 64.

Neda, fleuve limitrophe de l'Arcadie, t. 4. p. 101.

Neith, ou chouette; temple à Saïs, de ce nom, t. 2. p. 352. Inscription de ce temple, ibid.

Néoclès, tyran de Sicyone, condamné par ses sujets à mourir de faim, t. 4. p. 278.

Nephtys, ou Aphroditopolis, ville d'Égypte, t. 1. p. 296.

Nérite, montagne qui a d'abord donné son nom à toute l'île d'Ithaque, t. 4. p. 398.

Nevers, sur la Nièvre, ville des Gaules; son antiquité, tom. 5. p. 177.

Neuf, nombre, caractère de la vieillesse, t. 2. p. 41. Ou le nilomètre, p. 44.

Neuruz (nouveau jour), nom donné à celui qui commence l'année, au signe du bélier, point équinoxial du printemps, t. 3. p. 139.

Nicotera, bourg d'Italie, aujourd'hui Nicodro, t. 5. p. 30.

Nidi, nom donné aux armoires où les Anciens renfermaient leurs manuscrits, t. 1. p. 72.

Nigir, fleuve que l'on croit être une émanation du Nil, t. 2. p. 312.

Nil, fleuve d'Égypte, lui donne l'existence et la conserve, t. 2. p. 16. Ses crues observent les mêmes croissances et décroissances que la lune, p. 22. De combien ses plus hautes et ses plus basses, ibid. Ses inondations ont rendu les Égyptiens bons nageurs, p. 88. Description d'une fête en son honneur, à Nilopolis, p. 89. Son temple desservi par un collége de prêtres, ibid. Hymne au dieu Nil, p. 90. On lui donnait aussi le nom de Chrysorrhoas, p. 91. Conjectures sur les causes de son débordement, p. 93. Dans tous les temps on a été curieux de connaître sa source, p. 303. Conjectures sur ses sources, p. 317 et suiv. Appelé dans le pays de son origine, Abenuvi, p. 303. Joncs plantés sur ses bords, à certains intervalles, pour servir de mesures itinéraires, p. 127. Les Éthiopiens pourraient très-aisément le détourner, et en priver l'Égypte, p. 262.

Niloscope, instrument propre à mesurer les crues du Nil, t. 1. p. 364.

Nisa, ou Dionysiopolis, ville de l'Inde, aujourd'hui Gara, t. 3. p. 153.

Nisyros, île de la mer Ægée; un temple à Neptune; des bains chauds, t. 3. p. 356.

Nitocris, reine d'Égypte; proverbe à son sujet, t. 1. p. 318.

Nœud d'Hercule, t. 4. p. 319.

Nomades, pâtres de l'Afrique, t. 5. p. 113.

Nomophylaces, dépositaires des lois, à Sparte, t. 4. p. 72.

Nonacris, ville d'Arcadie, tom. 4. p. 235.

Nube, marais d'Éthiopie, formé par les débordemens du Gir, tom. 2. p. 313.

Numa, habitant de Cures, second roi de Rome; y donne des lois, t. 4. p. 196.

Nutura, rivière de l'ancienne Gaule, aujourd'hui l'Eure, t. 5. p. 179.

Nymphæum du temple de Junon, à Samos; bains à l'usage des épousées, la veille de leurs noces, t. 1. p. 67.

Nysa, ville de l'île d'Eubœé, t. 3. p. 421.

O.

Oasis, vaste espace, en Egypte, entouré de sables lybiques, nommé l'île des bienheureux, tom. 1. p. 299.

Obélisques d'Héliopolis, appelés doigts du soleil, t. 1. p. 399. Ont été tirés des carrières de Syéné, p. 401.

Odyssée, préférée par quelques Grecs à l'Iliade, le livre de tous les âges, de tous les sexes et de toutes les professions, t. 1. p. 15.

Œbalus détruit les ouvrages d'Hercule, t. 5. p. 43.

Œbare, officier de la cour de Darius, t. 3. p. 70.

Œdipe; son tombeau à l'entrée de l'aréopage, t. 4. p. 331.

Œnophée, ministre du troisième ordre en Egypte, t. 1. p. 397. Explique à Pythagore le calendrier, p. 406.

Œta, chaîne de montagnes limites de la Grèce et de la Thessalie, aujourd'hui Bunina, t. 4. p. 368. Célèbre par la mort d'Hercule, p. 369. Il y croît beaucoup d'Ellébore, *ibid.* On y rend un culte presque exclusif à Hercule, p. 370.

Officiers et gens de service (nombre des) attachés au palais des rois de Perse, t. 3. p. 117.

Ogyris, île, aujourd'hui *Ormus*, couverte de sel et dépourvue de sources, t. 3. p. 144.

Oignons d'Egypte, t. 1. p. 373.

Oiseau du Phase, le faisan, t. 5. p. 244.

Oiseleurs de la Chaldée, excitent les outardes à chanter pour les prendre, t. 3. p. 1.

Olbia, ville de Sardaigne, t. 5. p. 129.

Olympe, premier musicien des Grecs, t. 2. p. 50.

Olympe (le petit), montagne de Cypre; sur son sommet un temple à Vénus-Uranie, t. 1. p. 216. Fait en forme de mamelle, p. 217.

Ombos, ville de la haute Egypte, sur le Nil, t. 2. p. 257.

Onagre, ou âne sauvage; se trouvait particulièrement aux îles Gymnesies, t. 5. p. 127.

Oncéenne, nom d'une des sept portes de Thèbes, t. 4. p. 359.

Onocrate, oiseau d'Egypte, ou le pélican, t. 1. p. 372.

Onomacrite, poëte grec, tome 4. p. 341.

Onuphis, ville d'Egypte, tome 1. p. 284.

Opinion, point d'arme plus terrible; qui sait la manier est bien fort, t. 5. p. 194.

Opis, ville de la Chaldée, appelée *la ville des livres*, école d'astronomie, t. 3. p. 2.

Opisthodomum, partie retirée du temple de Minerve Polyade à Athènes, t. 4. p. 318.

Opportunité, déesse honorée, t. 4. p. 10.

Opunce, ville du pays des Locriens; ses habitans étaient habiles à manier l'arc et la fronde, t. 4. p. 371.

Or; dieu d'or, surnom de Thamus, l'un des plus anciens rois d'Egypte, t. 1. p. 314.

Or, métal commun en Ethiopie, t. 2. p. 277.

Oracle de Delphes; son origine, ses révolutions, t. 4. p. 378 et suiv.

Orchoë, dans la Chaldée, appelée la *ville des sages*, t. 3. p. 2. Célèbre pour les mystères astrologiques, p. 16. Habitations bâties de deux sortes de briques et de terre crue séchée au soleil, p. 48. Mœurs de cette cité, *ibid.*

Orchoënes, peuples agriculteurs et laborieux de la Chaldée, t. 3. p. 2 et 3.

Oreiller, coffre rempli d'or, placé au chevet du lit des rois de Perse, t. 3. p. 78.

Oreste, purifié du meurtre de sa mère sur la pierre sacrée de Trézène, t. 4. p. 253.

Orieus, habitant de Tanagre, reçut chez lui les Dieux, t. 4. p. 367.

Origines égyptiennes, t. 1. p. 305.

Origines de l'histoire ; dénombrement des premiers législateurs, t. 4 p. 144.

Ormusd, auteur du bien, tome 2. p. 442.

Oronte, fleuve de Syrie, arrose la vallée du Liban, t. 2. p. 381.

Orphée, originaire de Thrace, premier poëte lyrique ; son histoire ; législateur de la Thrace, tome 4. p. 183. Disciple d'Amphion, p. 186. Avait décrit les phénomènes du mont Erna, tom. 5. pag. 6.

Orsippus, athlète aux jeux olympiques ; pourquoi il y fut vaincu, t. 4. p. 286.

Orus ou Aruéris, enfant d'Isis et d'Osiris, nourri par Latone, dans les marais de Buto, t. 2. p. 19. Coptos, ville de la moyenne Egypte, possédait un de ses simulacres, t. 2. p. 24.

Oscillatoires ; ce que c'était, t. 5. p. 62.

Osimandias, nom d'un observatoire à Thèbes en Egypte ; sa description, t. 2. p. 238.

Osiris, dieu de l'Egypte ; c'est à lui que commence l'histoire terrestre de la nation égyptienne, t. 1. p. 312. Lieux de sa sépulture, t. 2. p. 8. Bon génie en opposition avec Typhon, son frère, p. 13. Le même que Sérapis, *ibid*. Était brun, p. 14. Démembré après sa mort en quatorze parties, p. 21. Mythologie d'Osiris, pour expliquer les révolutions lunaires, *ibid*. Était le soleil, p. 24. L'île de Philé, dépositaire des cendres d'Osiris, p. 81.

Osiris et Bacchus, les deux premiers conquérans de l'Inde, t. 3. p. 156.

Ostane, disciple de Zoroastre, t. 3. p. 215.

Osymandias, appelé le *roi des rois*, a placé Osiris au rang des Dieux, t. 1. p. 316. Avait rassemblé les livres d'Hermès, *ibid*.

Otanès, nom du prince concurrent de Darius à l'empire, t. 3. p. 102. Conditions qu'il met à sa renonciation à la tiare persane, *ibid*.

Ouragan prédit par Phérécyde, t. 1. p. 102.

Oxidraques, nation des Indes ; n'ont point d'esclaves chez eux, t. 3. p. 156.

Oxydraques, peuplade d'Indiens distingués par leur courage et soumis à leurs propres lois, t. 3. p. 144.

P.

PAIN-D'ORGE, base des alimens des Chaldéens-Orchoëns, t. 3. p. 50.

Palais des rois de Perse à Persépolis ; sa description, t. 3. p. 105 et suiv.

Palamède perfectionne l'alphabet grec, et invente le jeu des échecs, t. 4. p. 8. Et des dez, p. 264.

Palanquin, chaise ambulante, d'une haute antiquité dans l'Inde, t. 3. p. 165.

Palibothra, ville considérable de l'Inde, sur le Gange (aujourd'hui *Helabas*), capitale des Praséens, t. 3. p. 168.

Palingénésie de la matière, t. 5. p. 199.

Palingénésie, ou renouvellement, t. 5. p. 311.

Palladium ; soin qu'on en avait à Rome, t. 5. p. 63.

Palmier ; son éloge, t. 2. p. 410.

Palmier indien ; est trois fois plus gros que ceux de la Babylonie, t. 3. p. 150.

Pamélyes, fêtes égyptiennes, t. 2. p. 18.

Pamisus, fleuve de Messénie, t. 4. p. 99.

Pan, divinité de l'Egypte, t. 2.

Panætius, tyran de Sicile, t. 4. p. 414.

Panathénées, solennités en l'honneur de Minerve, t. 4. p. 339.

Pandosia, ville d'Italie, qui sert de limites aux deux territoires de Brutium et de la Lucanie, t. 5. p. 30.

Pandosia, ville des Brutiens en Italie, aujourd'hui Casto Franco, t. 5. p. 240.

Pandes, grand peuple de l'Inde, gouverné par une femme et s'en trouve bien, t. 3. p. 158.

Panopée, ville de la Phocide, t. 4. p. 376.

Panorme, ville de Sicile, aujourd'hui Palerme, t. 4. p. 451. Sa vallée, appelée le jardin de la Sicile, *ibid*. Son port, p. 452. Se disait originaire de Chaldée, *ibid*.

Paons, superbes dans toute l'Inde, leur patrie originaire. Apprivoisés, ils perdent la vivacité des peintures de leur plumage, t. 3. p. 165.

Pape, signification de ce mot, t. 2. p. 311.

Paphos, ville de Cypre, consacrée à Vénus, t. 1. p. 219. Son origine et mœurs des habitans, 231.

Paphos, jeune Cyprienne; son histoire, t. 1. p. 224.

Papremis, ville d'Égypte; honore Typhon, t. 1. p. 285.

Papyrus, *berd*; description de ce végétal, t. 1. p. 308.

Papyrus; les opinions secrètes de Numa, roi de Rome, écrites sur le papyrus, t. 1. p. 309.

Parnasse (Mont), t. 4. p. 393.

Parasanges, mesures itinéraires des Perses, sont indiquées par des pierres sur les grandes routes, t. 3. p. 66.

Parachatti, divinité qui, selon les livres secrets des Sammanéens, accoucha des dieux, des hommes et de toutes les autres choses. On la nomme *Puissance Suprême*, t. 3. p. 209. Elle est invoquée tous les matins et tous les soirs par les femmes enceintes, et on leur fait prononcer son nom avec toute la force possible, lors de l'accouchement, afin que leur délivrance en soit plus prompte, *ibid*.

Parnou, montagne qui sert de limites aux Lacédémoniens, Argiens et Tégéates.

Paro, (île de); son beau marbre, t. 3. p. 412.

Parthenies, cantiques en l'honneur d'Apollon, t. 1. p. 446.

Parthenis, mère de Pythagore; son caractère, t. 1. p. 6.

Parthenon, le temple de Minerve Poliade, à Athènes, t. 4. 315.

Passé, plus utile de connaître que l'avenir, t. 1. p. 34.

Passions, sont nos premiers maîtres, t. 1. p. 138.

Patavium, ville d'Italie, aujourd'hui Padora; vieille tradition de cette ville, t. 5. p. 359.

Pathmos, île de la Grèce, t. 1. p. 94. Usage des femmes de cette île de se farder, *ibid*.

Patra, ville d'Achaïe, t. 4. p. 217. Les femmes y étaient belles, 216. Et portées à l'amour, 219. Culte des habitans et leurs mœurs, p. 216. Son territoire produisait le byssus, p. 220.

Patrie (la véritable) est par-tout où l'on peut devenir meilleur, t. 1. p. 22. Bien connaître ce qu'elle possède, avant de prendre le parti de voyager, t. 1. p. 22.

Pavot, Isis avait un sceptre de pavot, t. 11. p. 216.

Pedalium, promontoire de Cypre, t. 1. p. 216.

Peinture; les Egyptiens prétendaient qu'elle était en usage chez eux, depuis six mille années, t. 1. p. 309.

Pellène, ville d'Achaïe; son gouvernement, t. 4. p. 226.

Péloponèse, ou île de Pelops, dans la Grèce, aujourd'hui la Morée, t. 3. p 446.

Pélops, fils de Tantale, conquérant de cette partie de la Grèce, appelée de son nom, le Péloponèse, t. 4. p. 5.

Peluse, ville et rempart de l'Egypte, du côté de la Phénicie, t. 1. p. 283. Son territoire mal-sain, *ibid*.

Peluse (aujourd'hui Damiette), t. 3. p. 246.

Pénélope ; son tombeau en Arcadie. t. 4. p. 233. Conjectures sur sa mémoire, p. 234.

Penestes (les), esclaves des Thessaliens, t. 4. p. 51.

Pentagone, figure géométrique que portaient les Druides sur leur chaussure ; sa signification, t. 5. p. 198.

Pentecontore, galère à 50 rames, t. 4. p. 4.

Pérébole, l'enceinte d'un temple, t. 4. p. 304.

Peredis, divinité romaine ; son culte, t. 4. p. 108.

Pergame, ville de Crète, bâtie par Agamemnon, t. 3. 161.

Périandre, tyran de Corinthe, donna le banquet des sept sages, t. 4. p. 280.

Péringète, guide-interprète à Delphes, t. 4. p. 378.

Périple d'Hannon, t. 5. p. 111. Actions de grâce rendues aux dieux à ce sujet, p. 121.

Périzziens, peuples de la Phénicie, t. 1. p. 249, 274. Ont pour législateur Moschus, t. 1. p. 279.

Persa, ville de la Chaldée ; temple d'Adonis ; le culte au Phallus, t. 3. p. 1.

Persagarde, citadelle de Perse, tombeau de Cyrus, t. 3. p. 108 et 111.

Persépolis, ville Perse. Sa description, t. 3. p. 105 et suiv. Surnommée *Reine de l'Orient*, p. 113.

Perses (les), avant Cyrus, étaient vêtus et armés à l'Egyptienne. Ce prince leur donna un costume et l'armure des Mèdes, t. 3. p. 103. Affectent de passer pour le *grand peuple*, p. 118.

Petelie, ville d'Italie, t. 5. p. 251.

Peuples maritimes de l'Inde, presque tous ichtyophages, t. 3. p. 144.

Peuple ; définition de ce qu'il est, t. 5. p. 157.

Phaccussa, chef-lieu d'un nome ou département de l'Egypte, t. 1. p. 295.

Phagre, poisson du Nil, t. 2. p. 257.

Phalère, ville de l'Attique, près d'Athènes ; ses habitans étaient passionnés pour les jeux de hasard, t. 4. p. 209.

Phalaris, tyran d'Agrigente, s'entretient avec Pythagore, t. 4. p. 412. Etait de la ville d'Astypalée, en Crète, p. 416. Régna seize ans, p. 423. Hist. de sa vie par lui-même, p. 432. Meurt dans le taureau d'airain, p. 440.

Phallus, ou Ityphallus ; ce que c'était, t. 1. p. 339.

Phallus, symbole d'une infinité de choses dans la mythologie égyptienne, t. 2. p. 170. Fête religieuse du Phallus ; sa description, p. 172 et suiv.

Phamenoth, septième mois de l'année egyptienne, t. 2. p. 22.

Phaophi, le deuxième mois des Egyptiens, t. 2. p. 23. On célébrait dans ce mois la fête du bâton du soleil, *ibid*.

Pharée, ville d'Achaïe ; mœurs simples de ses habitans ; leur culte, t. 4. p. 220.

Phaselus, barque ; pourquoi ainsi appelée, t. 5. p. 110.

Phéacie, ile de Grèce, aujourd'hui Corfou, originairement Drépanum, t. 4. p. 398. Ses habitans jouissaient d'une paix profonde qu'ils devaient à leur peu d'ambition, p. 406. Leur gouvernement, *ibid*.

Phébade, prêtresse d'Apollon à Delphes, t. 4. p. 384.

Phénicie ; ses origine, t. 1. p. 247. Les Phéniciens, surnommés *loups marchands*, p. 255.

Phérécyde, philosophe de Scyros, maître de Pythagore, t. 1. p. 92 et suiv. Présage les ouragans, p. 100 et suiv. Sa mort et ses dernières paroles, t. 5. p. 280.

Phestos, ville de Crète, patrie du sage Myson, t. 3. p. 300.

Phigalus, ville d'Arcadie ; ses habitans ivrognes et menteurs, t. 4. p. 245. Coutume bizarre, p. 246.

Philé, île du Nil, en Egypte, frontière ; son culte, tom. 1. p. 303.

Sépulture d'Isis et d'Osiris, t. 2. p. 258.

Philloë, ville d'Achaïe; son culte, t. 4. p. 225.

Philosophe; sa définition par Pythagore, t 4. p. 270 et 272. Différence entre le sage et le philophe, p. 271.

Philosophie (la véritable), consiste à se passer de tout le monde et à se suffire à soi-même, t. 1. p. 121.

Phlegréens, champs, t. 5. p. 31.

Phliasie, contrée de la Grèce, t. 4. p. 267.

Phliunte, ville de la Phliasie; ses habitans reçurent avec distinction Pythagore, t. 4 p. 268. Leur culte, p. 269.

Phocéens, dans les Gaules, t. 5. p. 166.

Phocylide, disciple d'Anaximandre, t. 1. p. 201.

Phoronée, législateur, t. 4. p. 174.

Phoronée, fils d'Inacus, le premier qui ait employé la brique pour bâtir, t. 3. p. 47.

Pytha, divinité d'Egypte, t. 2. p. 169.

Phthas, surnom du dieu Vulcain, en Egypte, t. 1. p. 325.

Phya, femme d'Hypparque, tyran d'Athènes, t. 4. p. 348.

Pultophage; ce que c'était, t. 5. p. 98.

Pierre de Thèbes, ou granit, comparable au porphyre, t. 2. p. 151.

Pierre précieuse des Indes, qui attire celles que l'on aurai jetées dans les profondeurs du fleuve Indus, t. 3. page 148.

Pigmalion, statuaire de Cypre; son histoire, t. 1. p. 222. S'unit à Paphos Cyprienne, p. 224.

Pirée, bourgade du territoire d'Athènes, dont on a fait depuis un port, aujourd'hui Porto-Dracone, où Lione, t. 4. p. 309.

Pise, autrement la ville Olympique, en Grèce; sa topographie, t. 4. p. 106.

Pithée, roi de Troezène; son ouvrage sur l'éloquence, t. 4. p. 252.

Pittacus, législateur de Lesbos, l'anniversaire de sa mort célébré lors de l'arrivée de Pythagore, t. 3. p. 381. Son échelle double, consacrée par lui sur l'autel de la fortune, t. 3. p. 387.

Pitulum Hernicum, ville ancienne d'Italie, aujourd'hui *Pilio*.

Plaisir des Chaldéens; on n'en connaît point d'autres que ceux qu'on goûte dans les familles, t. 3. p. 49.

Plataniste, grand poisson du Gange, t. 3. p. 167.

Pnyx, place des harangues à Athènes, t. 4. p. 347.

Podalyre, gendre d'Alcmæon, médecin de Samos, t. 1. p. 72. Son hyménée avec Aryphile, p. 79.

Poecile, édifice d'Athènes, t. 4. p. 313.

Poëtes (les) ont été les premiers historiens, t. 4. p. 3.

Poissons, les aînés des hommes, t. 1, p. 56.

Poissons du Gange, sautent sur la terre pour y périr, à l'instar des grenouilles. t. 3. p. 154.

Polibothra, ville de l'Inde, aujourd'hui *Helabas*, berceau du premier homme, t. 3. p. 154.

Polyclète, médecin de Phalaris, t. 4. p. 413.

Polycrate s'empare du trône de Samos, t. 1. p. 87. Sa fin tragique, t. 3. p. 339.

Polyphème, l'un des Cyclopes, t 5. p. 3.

Polyzèle, Messénein, composa les annales de son pays, t. 4. p. 100.

Pompile, poisson des eaux de la Samothrace; on le répute sacré, t. 3. p. 409.

Ponobates, nom qu'on donne à une femme convaincue d'adultère et qu'on promène sur un âne, à Cumes, t. 3. p. 392.

Pont (le) du Père, aujourd'hui le *pont d'Adam*, sert à passer du continent dans la Taprobane, t. 2. p. 229.

Porphyrion, oiseau nageur, commun aux îles Gymnésies, t. 5. pag. 127.

Possidonium, ville d'Italie, à présent Poeste ; belles ruines que l'on y voit encore, t. 5. p. 31 et 37.

Poudreux (le), surnom de Jupiter à Mégare, t. 4. p. 284.

Poussière, savante ; ce que c'était t. 2, p. 34.

Praséens, peuplade de l'Inde sur le Gange, t. 3. p. 168.

Prasy, nation puissante des Indes, au territoire de Polibothra, t. 3. pag. 155.

Praxène, à Sparte, magistrat chargé de surveiller les étrangers, t. 4. p. 56.

Prêtres du temple de Diane, eunuques, t. 1. p. 147.

Prêtres Chaldéens (collége des), à Orchoë; leur doctrine, t. 3. p. 3.

Prévoyante, surnom donné à Pallas, t. 5. p. 276.

Prienne, colonie de Thèbes, t. 1. p. 151. Patrie de Bias, p. 152.

Prière, premier des devoirs des hommes, suivant Zoroastre, t. 2. pag. 443.

Printemps (le), saison consacrée aux initiations, t. 2. p. 186.

Printemps sacré, *ver sacrum* ; ce que c'était, t. 5. p. 227.

Proclès, de Samos, batit la ville basse sur les dessins d'Ion, architecte d'Athènes, t. 1. p. 31.

Prodomées, Dieux qui présidaient aux fondations d'une ville, t. 4. pag. 284.

Prométhée ; analyse de son nom, tome 4. p. 124. Son histoire, p. 132, et 153.

Provisions (détail des) de la table et de la bouche, pour un seul des repas de Cyrus, t. 3. p. 114.

Psittacus, perroquet de l'Inde, t. 3. pag. 139.

Psophis, ville d'Arcadie, tome 4. pag. 239.

Psammeticus, s'empare du gouvernement d'Egypte ; protège les Grecs qui l'avaient aidé dans cette expédition, t. 1. p. 328. Cultiva le premier la vigne, p. 329.

Psalmétique, nom d'une des bouches du Nil, t. 1. p. 284.

Psammétis, succède à son père Amasis, t. 2. p. 341. Description de son couronnement, *ibid.*

Pygarges, garelle de montagnes des Alpes, t. 5. p. 210.

Pylos, ville du Peloponèse, patrie de Nestor, t. 4. p. 103.

Pyr-Omis, beau et bon, nom donné aux pyramides d'Egypte, t. 2. pag. 78.

Pyramides ; diverses opinions sur ce qu'elles renferment, tome 1. p. 350, 353 et 354. Conjectures sur le motif de leur construction, pag. 75. et suiv. Etymologie de ce mot, p. 78. Monumens tout-à-la-fois astronomiques et religieux, t. 2. p. 82. Construites pour renfermer des trésors, ou servir de sépulture, p. 84. Grosseur prodigieuse de ses pierres, polies comme des miroirs, *ibid.* La plus grande, crue sépulture d'Osiris, *ibid.* Spectacle enchanteur de dessus la plus grande, p. 86. On la voit de quelque côté qu'on entre en Egypte, p. 87. Le meilleur temps d'y monter, *ibid.* Leur origine, p. 95 et 97.

Pythagore raconte ses voyages à l'élite de ses disciples, t. 1. p. 1. Sa naissance, sa première éducation, p. 6. Sa mère confie son éducation à Hermodamas, p. 11. Sa bibliothèque, ses premières lectures, p. 18. Visite Samos, p. 28 et suiv. Consulte la Sibylle, p. 33. Est reçu dans les bonnes maisons de cette ville, p. 40. Va voir Polycrate, p. 88. Passe à Scyros, p. 92. Chez Phérécyde, p. 96. Ferme les yeux à Hermodamas, p. 126 et suiv. Retourne à Samos, p. 131. Conseils qu'on lui donne pour voyager ; pleure Aryphile, p. 137. Passe à Ephèse, p. 144. A Prienne, p. 151. Y rencontre Bias ; banquet des sept sages, p. 159. Passe à Milet, visite Thalès, p. 173. Y voit Thrasybule, p. 186. Se rend chez Anaximandre, p. 190. Converse avec Phocylide, p. 196. Quitte Milet pour voir Halycarnasse, p. 202. Gnide, Arados,

Cypre, p. 216. Paphos, p. 219. Sidon, p. 232. Caverne de Maara; y converse avec l'Hiérophante de Moschus, p. 235 à 247. Parcourt Béryte, Biblos, p. 256. Assiste à une fête d'Adonis, p. 260, 261. Va à Tyr, p. 264. Visite les manufactures, p. 266. Offre un anneau d'or au temple d'Hercule, p. 269. Consulte ses annales, p. 272. Quitte Tyr, p. 280. Reconnaît les côtes de Phénicie, p. 282. Débarque à Canope, p. 296. Mode de vêtemens qu'il prend en Egypte, ibid. Visite le temple de Sérapis, et s'abouche avec le prêtre de Canope, p. 336. Va à Naucratis, p. 343. Y est admis au prytanée, ibid. Voyage avec Gaphiphe à Memphis, p. 344. Passe à Térénuthes, s'embarque sur le Nil, p. 368. Passe à Lætus, puis à Cercesura, ibid. Entre dans Memphis par la porte de vérité, p. 365. Loge chez Gaphiphe, et assiste aux derniers momens de sa mère, p. 366. Il est admis à l'audience du roi Amasis, p. 387, 389. Reçoit son grand sceau pour avoir accès partout, p. 390. Quitte Memphis, p. 391. Passe à Héliopolis, visite son temple, p. 396. Loge dans le collège des prêtres, p. 403. Assiste à la fête du Soleil, p. 442. Converse avec Altazaïde, femme d'Amasis, qui lui propose le trône d'Egypte, p. 450. Pythagore retourne chez les prêtres de Memphis, t. 2. p. 1. S'instruit de la doctrine égyptienne, p. 13. Apprend la musique et la géométrie, p. 42. Descend dans les souterrains du premier temple de Memphis, pour étudier les savantes colonnes de Thoth, p. 59. Assiste à l'installation du taureau Apis, p. 61. Fait sentir aux prêtres la turpitude de ce culte, p. 62. Visite un oratoire d'Isis, p. 64. Entre aux écoles de Memphis, visite la bibliothèque, p. 72. Examine les pyramides, p. 74. Pénètre dans l'intérieur de la plus grande, p. 83. Assiste à la fête du Nil, p. 89. Retourne aux pyramides, p. 95. Parcourt le labyrinthe, p. 102. Va en Lybie, p. 109. Au temple de Jupiter Ammon, p. 112. Passe à Achante, puis chez les Garamantes, p. 119, 121. Rentre dans Memphis, p. 126. Va à Thèbes et remonte le Nil, p. 127, 128. Visite le lac Moeris, ibid. Passe à Aphradytopolis, p. 133. Séjourne à Abydus, à Tentyris, p. 139. Evénemens fâcheux dont il est témoin, ibid. et suiv. Rentre dans Thèbes, p. 143. Est initié aux mystères d'Isis, p. 145. Subit sa dernière épreuve, p. 154. Est reçu initié, p. 164. Assiste à la fête religieuse du Phallus, p. 172. On lui découvre les secrets des initiations, p. 188. On lui explique les principaux hiéroglyphes, p. 216. Résultat des initiations, p. 220. Promet de n'être jamais prêtre, ni homme public, p. 234, 235. Y assiste aux funérailles d'un prêtre, p. 248. Parcourt la partie occidentale de Thèbes, p. 250. Visite les tombeaux des anciens rois, ibid. Assiste à l'héliotrapèse, p. 253. Remonte le Nil et parcourt l'Ethiopie, p. 256. Va à Méroë, p. 261. Traverse le territoire des Napathéens, p. 263. Visite les Gymnosophistes, p. 287. Assiste à la fête et aux jeux institués en l'honneur du Soleil, p. 281. Détourne les Ethiopiens, de l'usage barbare des victimes humaines, p. 285. Visite les Gymnosophistes de Méroë, p. 287. Va, accompagné de Timasion, aux sources du Nil, y rencontre des voyageurs Lybiens qui visitaient l'intérieur de l'Afrique, p. 314. Trouve un solitaire avec lequel il converse, p. 321. Revient à Méroë et rentre en Egypte, p. 325. Dans son voyage d'Ethiopie, ne vivait que de dattes, ibid. Pénètre dans le palais d'Amasis, mourant, p. 330. Le voit mourir, p. 332. Assiste à son jugement et au couronnement de son successeur, p. 340. Est témoin de l'invasion de Cambyse, roi de Perse, p. 348. En est favorablement accueilli, p. 349. L'accompagne dans son expédition contre les Ammoniens, p. 355. Le détourne de la dévastation des monumens de Thèbes, p. 359. Conseils qu'il lui donne, p. 364. Accompagne Cambyse de retour dans ses états, p. 369. Parcourt Ecbatane et ses environs, p. 371. Obtient une escorte d'Achemenides, pour son voyage au Liban; erre dans ses vallées, p. 384 et suiv. Monte sur le Liban, visite les cèdres, p. 393. Se rend sur les bords de l'Euphrate et descend à Babylone, p. 408. Visite cette ville, p. 409. Entre au temple de Mylitta; conduite qu'il y tient, p. 428. Va consulter Zoroastre, p. 437. Parcourt l'intérieur de la tour de Bélus, accompagné de Bérose, pag. 465 et suiv. Son voyage à Orchoë; origines Chaldéennes, t. 3. p. 1. Son voyage à Suse, p. 64. Soupçonne que le silence, regardé à la cour de Perse comme divinité, n'est autre chose qu'un hiéroglyphe, p. 83. Son entretien avec Zoroastre; reproches qu'il lui fait de chercher à n'établir son culte que par des impostures, p. 90. Son voyage à *Persépolis*; topographie de cette ville, p. 101 et 103. Songe historique dont il fait part à Darius, p. 109. Détails domestiques des rois de Perse, p. 109 et suiv. Son voyage chez les mages d'Ecbatane, p. 125. Son voyage dans l'Inde, p. 142. Arrivé sur les bords du Gange (aujourd'hui le *Bengale*), il se purifie dans les eaux de ce fleuve, p. 154. Son arrivée à Brachmé, chez les Gymnosophistes de l'Inde, p. 169. En qualité de sage, est revêtu par Yarbas d'une tunique d'amianthe, p. 182. Son entretien avec un *Hylobien*, p. 211 et suiv. Très-court entretien qu'il a avec Confucius, p. 224. Son voyage à la Taprobane; topographie de cette île; mœurs des insulaires, p. 225 et suiv. Son voyage en Crète; topographie de l'île, p. 246. Visite le labyrinthe de Crète, p. 249. Son entretien avec Epiménide, p. 269 et suiv. Initié parmi les Mystes, p. 279. Visite le jardin de Myson, l'un des sept sages de la Grèce, p. 291. Son voyage à Rhodes, p. 305. Son entretien avec Cléobule, p. 307. Enrichit ses tablettes des sentences et maximes de Cléobule, p. 309. En quittant Cléobule à Rhodes, en reçoit *pour gages de l'hospitalité*, une médaille d'or, p. 316. Son retour à Samos; changemens qui y sont survenus pendant son absence, p. 319. Son entretien avec un Samien, p. 320. Va à la cour de Polycrate, tyran de Samos, p. 321. Son entretien avec Anacréon, p. 322. Etablit de nouvelles mesures à Samos, p. 332. Son discours à Otanès, p. 342. Refuse de se mettre à la tête des Samiens pendant les troubles qui agitent l'île, p. 344. Son voyage aux îles de la mer Egée, p. 346. Se laisse hisser sur un rocher de la mer Egée, à l'aide d'un petit bateau qu'on fait descendre jusqu'à lui; habitans qu'il y trouve, p. 351. Son entretien avec un vieillard de la ville de *Cos*, p. 354. Son entretien avec un homéride dans l'île de *Schio*, p. 366. Retrouve Anacréon à Schio et à Téos, et s'entretient avec lui, p. 371. Son voyage à Lesbos, p. 380. Son entretien avec un Ténédien, p. 396. Aborde à l'île de Samothrace, p. 399. Son entretien avec un prêtre cabirique de la Samothrace, p. 401 et suiv. Débarque à Gythium, p. 442. Va au Taygète, aujourd'hui montagne des Mainotes, p. 444. Son entretien avec un Gythien, p. 445 et suiv. tom. 4. pag. 1 à 58. Visite la Laconie, t. 4. p. 48. Entre à Sparte, y fait cesser une épidémie, p. 56, 58. Est accueilli par un citoyen nommé Lichas, qui lui montre les monumens de cette ville, pag. 59 et suiv. Converse avec le sage Chilon sur la forme de son gouvernement, p. 80 et suiv. Passe à Pise, p. 98. Pythagore assiste aux jeux olympiques, p. 116. Converse avec Thespis, transcrit son drame de Hercule et Prométhée, p. 124. Propose dans l'assemblée générale un nouveau genre de prix à donner, p. 139. Est invité par l'assemblée à faire part de quelques-uns de ses principes, p. 142. Lit à ses disciples le discours qu'il tint alors, touchant les premières origines de l'Histoire, et les premiers législateurs de l'espèce humaine, p. 144 et suiv. Passe à Elis, p. 210. En Achaïe, p. 216. à Æge, p. 224. Traverse Philloë, p. 225. Va à Pellène, p. 226. Passe en Arcadie, p. 228. Dans l'Argolide, p. 249. A Epidaure, p. 258. Tableau de sa généalogie, p. 268. A Corinthe, p. 274. Entre dans Phliunte, est reçu avec distinction par Léon, roi du pays, et converse avec lui, p. 267. Passe à Mégare, p. 283. Delà à Eleusis, p. 289. Converse avec un initié sur les mystères d'Eleusis, p. 293 et suiv. Passe à Athènes, p. 308. Visite la citadelle et prend connaissance des lois de Solon, p. 320 et suiv. Entre dans l'Aréopage, p. 328. Y défend une cause, p. 333. Rencontre Anacréon chez Hipparque, ibid. Visite le poëte musicien Lasus, p. 346. Parcourt le Mont-Hymette, p. 349. Passe en Béotie, se rend à Thèbes, p. 359. Assiste aux mystères Cabiriques, p. 361. Monte sur le Mont-Oëta, p. 365. Va à Thespies, p. 371. Monte sur l'Hélicon, y sacrifie sur l'autel des trois plus anciennes muses, p. 373. Honore le tombeau d'Hesiode, à Orchomène ; passe dans la Phocide, p. 376. Va à Delphes, p. 378. Visite Phébade, la grande prêtresse, p. 384. Converse avec elle, p. 385, 391. Passe à Tithorée, p. 391. Assiste à l'apothéose d'Ésope, le célèbre fabuliste, ibid. Fait rendre à Tithorée, la liberté de beaucoup d'esclaves qu'on venait y vendre, p. 393. S'embarque à Naupacte, aujourd'hui Lépante, p. 396. Va pleurer sur le tombeau d'Hésiode, ibid. Passe à l'île des Phéaciens et à Ithaque, p. 397. Nausicaa, p. 398. Passe en Sicile, p. 407. Aborde à Syracuse, ibid. et suiv. Est traîné par-devant Phalaris, tyran d'Agrigente, p. 411. Son entretien avec lui, p. 412. Parcourt les campagnes d'Agrigente, p. 418. Délivre la Sicile, p. 431. Est accueilli favorablement à Camicus; on lui donne une couronne, p. 443. Passe à Héraclée, à Sélinunte, ibid. Visite à Lylibée, les descendans des Cyclopes, converse avec eux, p. 444. Gravit le Mont-Eryx, p. 445. Passe à Ségeste, p. 450. A Panorme, p. 451. A Hymère, p. 453. Passe à Centuripe, p. 457. Dissuade Symique de s'emparer de la tyrannie, p. 458 et suiv. Pythagore visite l'Etna, t. 5. p. 1. De compagnie avec Abaris, p. 5. Est témoin d'une éruption, p. 10. Descend à Catane, p. 14. Visite les environs avec Charondas, p. 15. Va à Zancle, p. 18. Passe en Italie, aborde à Lacinium, p. 22. Visite le Vésuve, p. 32. Converse avec un prêtre du temple de Vulcain, p. 32. Passe à Herculanum, p. 42. A Cumes, chez la Sibylle, p. 43. Puis l'accompagne jusqu'à Rome, p. 46 et suiv. Est présenté à Tarquin, avec Amaltha, p. 66. Assiste au spectacle des jeux du cirque, p. 83. Est témoin d'une révolution qui renverse les Tarquins, p. 85. Félicite sur cela Junius Brutus, et est invité à manger chez lui, p. 94. Il quitte Rome et s'embarque avec les députés de Rome pour Carthage, p. 110. Visite cette ville, p. 118. Assiste aux actions de grâces rendues à Saturne, à l'occasion du périple ; sacrifices humains , p. 122. Quitte Carthage et passe aux Gymnésies, p. 126. Delà en Sardaigne , p. 127. En Corse , p. 131. Son entretien avec un montagnard , p. 138. Fait route pour Marseille avec les députés de Rome, p. 138. Accueil qu'on lui fait , p. 140. Détourne ce peuple des sacrifices humains , p. 141. Passe dans les Gaules , p. 150. Arrive au pays des Carnutes, p. 180. Visite une Dryade, p. 182. Va chez les Druides , converse avec eux, p. 183. Passe à Lutèce , p. 201. Remonte la Seine et parcourt les montagnes Helvétiques, ou les Alpes, p. 208 et suiv. Descend en Italie , p. 212. Chez les Etrusques , p. 214. A Rome , assiste aux funérailles de Brutus, p. 215. Visite le tombeau de Numa, p. 219. Consulte les annales de Rome , p. 222. Passe chez les Sabins , p. 223. Chez les Eques , p. 226. Chez les Samnites, p. 231. En Lucanie , p. 238. A Sybaris , p. 240. Enfin, à Crotone, p. 251. Il y rencontre Zaleucus , p. 256. Est accueilli avec honneur par les habitants, p. 260. Leur donne des lois, p. 261. Est accompagné d'un aigle blanc , p. 270. Epouse Theano, p. 271. Ouvre une école de mœurs, *ibid*. Va fermer les yeux de son maître , Phérécyde , à Délos , p. 274. Assiste aux derniers momens de Phérécyde, p. 280. Retourne à Crotone , p. 281. Conseille la guerre entre Sybaris , p. 285. Exposé de ses principes, pag. 298 et suiv. Sa fin , pag. 354. Ses ouvrages , pag. 367.

Pythecuse, île de la mer Thyrrénienne, aujourd'hui Ischia , t. 5. p. 50. Est une colonie des Arcadiens , *ibid*.

Pythie, prêtresse de Delphes ; étimologie de son nom : les plus beaux secrets de la politique de la Grèce était dans son antre , t. 4. pag. 389.

Pythodore, statuaire de Thèbes, t. 4. p. 360.

Pyxus , ville d'Italie, appelée aussi *Buxentum*, t. 5. p. 31.

R.

Rambacia, ville de la Gédrosie, province limitrophe de l'Inde, t. 3. p. 143.

Ramlié , montagne de la haute Egypte, t. 1. p. 299.

Religion, fille de la nuit chez les Chaldéens, t. 3. p. 4.

Révolution à Athènes , par Harmodius et Aristogiton, t. 4. p. 340.

Révolution à Rome , t. 5. p. 86.

Rhacotes, bourg de l'Egypte , t. 1. p. 285.

Rhadamante, l'un des législateurs de Crète ; son histoire, tome 4. p. 187.

Rhæcus, architecte de Samos, y bâtit le temple de Junon , t. 1. p. 28.

Rhampsinet, roi de l'Egypte, succéda à Cétès, t. 1. p. 323.

Rharos ou Raria, champ de la plaine d'Eleusis, où l'on sema, pour la première fois, l'orge et le blé, t. 4. p. 289.

Rhaucos, ville de Crète, t. 3. p. 258.

Rhégium, ville d'Italie, colonie de Chalcis en Eubée, t. 5. p. 22.

Rhinocorura, ou la ville des nez coupés, en Egypte, t. 1. p. 281.

Rhodes (île de), demeure du sage Cléobule , t. 3. p. 305. Sujette aux tremblemens de terre, aux submersions et aux serpens , p. 312. D'abord monarchie, ensuite république avec un Prytanée, pag. 315. Ses productions, travaux et mœurs des habitants , p. 317.

Roc monstrueux de l'Inde, d'où

découle une rivière de miel, t. 3. p. 150.

Rodumna, ville de la Gaule ancienne, aujourd'hui Rouane, t. 5. p. 176.

Roi d'un petit royaume de l'Inde, poignardé par une femme, parce qu'il s'etait enivré. Honneur qu'on rend à la meurtrière. Le roi de ce pays n'a point de gardes : la loi est sa seule arme ; on ne lui en permet d'autres qu'en présence de l'ennemi ; il lui est défendu de dormir pendant le jour ; il ne doit se coucher qu'avec le soleil, et se lève avec lui, t. 3. p. 163. Cérémonies de son inauguration, p. 164.

Rois d'Egypte, faisaient un noviciat parmi les prêtres, t. 2. p. 6. Comment étaient punis, lorsqu'ils gouvernaient mal, p. 269.

Rois de Perse (détails domestiques des), t. 3. p. 109 et suiv.

Roi des rois, titre affecté aux rois de Perse, t. 3. p. 84.

Romains ; formule de leurs serments, dans les traités, t. 5. p. 125.

Fomaines (les) ; peine capitale contre les citoyennes qui buvaient du vin, p. 101.

Rome ; sa description ; beauté de ses murs, bâtis par Tarquin, tome 5. p. 75.

Roseaux de l'Inde, ont un suc qui produit les mêmes effets que le vin le plus capiteux, t. 3. p. 164.

Roseaux du fleuve Indus, assez gros pour faire des canots entre chaque nœuds, t. 3. p. 147.

Roseaux qui croissent sur les montagnes dont l'Indus arrose le pied, sont d'une forte végétation, et la moëlle en est plus douce que le miel ; ne sont autre chose que nos cannes à sucre, t. 3. p. 150.

Routes (grandes) de l'Inde, sont partout mesurées par des cippes de pierre, de dix stades en dix stades, t. 3. p. 143.

Routrou, instrument d'agriculture, pour remuer la terre, t. 4. p. 210.

Ruches formées de pierres transparentes, en Crète, t. 3. p. 294.

Ruscinou, ville de la Gaule qui a donné son nom au Roussillon, t. 5. p. 174.

S.

Sabes, nom que prennent les instituteurs de Memphis ; ce qu'il signifie, t. 2. p. 73.

Sabins, peuple de l'Italie ; leurs mœurs, t. 5. p. 224. Leur origine, p. 225. Beauté de leurs campagnes, p. 231.

Sacées (les), fêtes instituées par Zoroastre, t. 2. p. 446.

Sacoup, mage d'Egypte, résidait dans l'intérieur de la pyramide maritime, t. 1. p. 349.

Sacrifices humains abolis à Thèbes, t. 2. p. 298, 408 et 410.

Sagala, ville de l'Inde, t. 3. p. 153.

Sages (les) sont des livres vivans, t. 1. p. 21.

Sagesse égyptienne, consistait dans l'étude et l'admiration des choses naturelles, t. 2. p. 197.

Saïs, ville de l'Egypte, colonie des Milésiens, t. 1. p. 285.

Salamine, ville de Chypre ; sa description, t. 1. p. 216. Sacrifiait tous les ans un homme à Jupiter, ibid.

Salmacis, fontaine de Caris ; pourquoi elle porte ce nom, t. 1. p. 205.

Sambalaca, ville de l'Inde sur le Gange, aujourd'hui *Scanderbad*, t. 3. p. 155.

Sambethè, Sibylle de Babylone, t. 3. p. 62.

Samiens ; chaque famille consacrait, dans son domaine, un lieu propre à y déposer la dépouille des pères et des enfans, t. 1. p. 33. Fondent du haut de leur promontoire, comme des oiseaux de proie, sur les vaisseaux échoués, p. 46.

Samirus, roi des Chaldéens, inventeur des mesures et des poids, ainsi que de l'art de tisser la soie, t. 3. p. 5.

Sammanéens

Sammanéens, secte de Gymnosophistes, diffèrent de ceux-ci en plusieurs points de doctrine, t. 3. p. 199. Fuyent tous le commerce des femmes, p. 201.

Samnium, contrée montueuse de l'Italie, t. 5. p. 231.

Samolus, herbe que les Druides arrachaient de la main gauche, t. 5. p. 190.

Samos; sa topographie, t. 1. p. 22 et 23. Son ancien gouvernement, p. 24. N'avait point de code de lois. Bonheur des premiers habitans, ibid. Ruinée par les Cariens, ibid. Les Samiens avaient une marine, p. 25. Inventeurs des bâtimens de transport pour la cavalerie, ibid. Force des murailles de Samos, ibid. Les ruines même de Samos dignes d'être vues, p. 26. Salubrité de son climat, p. 29. Le sol devrait être mieux cultivé, ibid. Sa belle poterie, p. 30. Son jaspe, pierre samienne propre à polir l'or, ibid. Vanité des Samiens, p. 31. Ses mœurs, p. 59. Ses négocians, gens épais et rudes, p. 62. Détails domestiques, p. 66. Cour du roi de Samos. Révolution politique de Samos, t. 3. p. 335.

Sancerre, ville des Gaules; son origine, t. 5. p. 178.

Sancus ou Semo Sanctus, magistrat honoré en Sabinie, t. 5. p. 233.

Sandarèse ou Garamantile, pierre servant aux cérémonies astronomiques des Chaldéens, parsemée d'autant de points d'or qu'il y a d'étoiles dans la constellation des Hyades, t. 3. p. 25.

Sangaues, nation des Indes, inhospitalière et cruelle, t. 3. p. 145.

Sannyasée, c'est-à-dire *solitaire*, t. 3. p. 214.

Sardaigne (île de); son étendue; par qui peuplée, t. 5. p. 127. Mœurs des habitans, p. 128. Forme du gouvernement, p. 129.

Sardonica, plante vénimeuse de Sardaigne, dont l'usage procure le ris sardonique, t. 5. p. 130.

Sardoine, pierre précieuse des montagnes de l'Inde, gardée par des petits serpens très-vénimeux, t. 3. p. 151.

Sares, nom des époques ou révolutions de la lune chez les Chaldéens, t. 3. p. 45.

Sary, arbrisseau de deux coudées de haut, t. 2. p. 127. Les Egyptiens en mâchent la feuille, ibid. Ses racines donnent un charbon propre aux forges, p. 128.

Saturnales babyloniennes, t. 2. p. 433. Leur durée et singularité de cette fête, p. 434.

Saturne; son histoire, t. 4. p. 158. Honoré à Carthage, t. 5. p. 121. On lui offrait des sacrifices humains, p. 122.

Saurid, roi d'Egypte (songe de), t. 1. p. 353. Fait beaucoup d'établissemens, p. 356.

Says, ville d'Egypte; fête des lampes en cette ville; sa divinité est une brebis, t. 2. p. 352. Son temple à Neith, ibid.

Scamandre, fleuve de Sicile, t. 4. p. 450.

Schedra, ville d'Egypte; on y percevait les droits sur les marchandises, t. 1. p. 343.

Schène, mesure d'Egypte, déterminée par le relayement des bateliers dans leur travail, t. 1. p. 294. Mesure de chemin en Egypte, équivalent à soixante stades, t. 2. p. 127.

Schio, île de la mer Ægée; ses vignobles, t. 3. p. 361. Sa topographie, p. 362. Ses insulaires font commerce d'esclaves, p. 363.

Scole, bourgade de la Béotie; on y divinisait le pain, sous le nom de Mégalarte, ou *grand pain*, t. 4. p. 372.

Scribe menteur en Egypte, avait les deux mains coupées, tome 1. p. 304.

Scylles, statuaire, élève de Dédale, t. 4. p. 265.

Scyros, île de la mer Ægée, t. 1. p. 95. Séjour de Phérécyde, p. 96.

Sécochres, roi d'Egypte; sa hauteur et sa largeur, t. 1. p. 317.

Ségeste, ville de Sicile, aujourd'hui

Castro al mar di golfo ; son territoire, t. 4. p. 450.

Seize, nombre ; sa répétition, symbole de l'union conjugale, t. 2. p. 41.

Sel ; sa couleur, sur le territoire du mont Etna, t. 5. p 1.

Silago, plante que les Druides cueillaient de la main droite, t. 5. p. 190.

Sélinunte, ville de Sicile, aujourd'hui Schiacca, t. 4. p. 443.

Semavat, ville de la Chaldée, appelée *cité céleste*, t. 3. p. 1.

Sémiramis, reine d'Orient, fonda Babylone ; ses jardins, t. 2. p. 422. Sa statue d'argent du poids de huit cents talens, p. 423. Donna des lois à Ninive, t. 4. p. 172.

Semium, promontoire dans l'Attique, t. 1. p. 24.

Sène, île à l'embouchure de la Seine, séjour d'un oracle, t. 5. p. 202.

Sept ; le nombre septenaire est mystérieux, t. 2. p. 40 et 44.

Sepulture honorée chez les Egyptiens, t. 2. p. 138.

Sérapion ou Memnonium, temple de Thèbes en Egypte, dédié à Sérapis, t. 2. p. 240. Ses dimensions, p. 246.

Sérapis, divinité des Egyptiens, confondu avec Osiris, t. 1. p. 337. Invoqué par les malades, *ibid.* Ses noms et attributs, *ib.d.* Son simulacre, p. 338. Sa statue en Egypte, émeraude de neuf coudées, t. 2. p. 101. Révéré à Thèbes en Egypte, p. 244.

Sères, peuples de l'extrémité de l'Asie, hauts de treize coudées, et qui vivent deux siècles ; leurs cheveux, blancs dans la jeunesse, noirs au vieil âge, t. 3. p. 151.

Sérinda, ville de l'Inde ; vers à soie qu'on y élève, t. 3. p. 153.

Serment des initiés de *Mithra*, t. 3. p. 98.

Serpent (petit) des Indes, rouge de corps et blanc de la tête ; ne mord point ; sa salive est le plus subtil de tous les poisons (voyez *Sardoine*), t. 3. p. 151.

Sésosiris ou Sésostris, roi d'Egypte, t. 1. p. 319. Fut un conquérant ; régna cinquante-neuf ans ; sa grandeur, p. 320. Avant lui, les Egyptiens ne connaissaient d'autres armes que des bâtons arrondis, p. 321. Pénétra jusqu'à l'Inde ; n'osa se commettre dans l'intérieur ; ravagea les contrées méridionales, t. 3. p. 157.

Séthos, roi d'Egypte ; manière dont il vient à bout de détruire une armée d'Assyriens, t. 1. p. 326.

Sévesthois, expression égyptienne de *Sérapis*, t. 2. p. 13.

Sicile ; sa topographie, t. 4. p. 442. Tenait autrefois à l'Italie, t. 5. p. 7. En a été détaché un siècle avant la prise de Troye, p. 19.

Sicomore, arbre commun en Egypte : une branche de cet arbre, dressée contre une porte, annonçait un sinistre événement, t. 1. p. 365.

Sicyone, ville de Grèce, anciennement Égialée, aujourd'hui Basilica, t. 4. p. 275. Mœurs de ses habitans, p. 276.

Sidon, ville d'Asie, dispute à Tyr le droit d'aînesse, t. 1. p. 232. A cultivé très-anciennement la soie, p. 233. Sa grandeur ; son gouvernement, p. 234 et 256. Se gouvernait par ses propres lois jusqu'à Cyrus. Les Sidoniens faisaient prendre des bains de sel à leurs enfans, p. 257.

Signaux de feu en usage du temps de la prise de Troye, t. 4. p. 266.

Silence (le), hommage des prêtres de l'Egypte au Dieu principe de tout, t. 2. p. 171. Gardé chez les Chaldéens ; grande divinité, mère de tous les autres Dieux, t. 3. p. 4. L'une des principales Divinités de la cour de Perse, p. 83. La première règle imposée aux enfans des Gymnosophistes, p. 185.

Simonide, poëte de Céos, tome 4. p. 344.

Simulacres de figures, moitié humaines, moitié animales, représentant les planètes personnifiées et sont fabriquées de telle sorte, qu'elles rendent, à l'instar du memnon de Thèbes, plusieurs sons, t. 3. p. 146.

Singes blancs de l'Inde, très-petits de corps; leur queue longue de quatre coudées, t. 3. p. 148.

Siphanos (île de) dans la mer de Grèce, aujourd'hui *Siphanto*; ses habitans et son sol attestent un ancien déluge, t. 3. p. 434. Ses habitans sont dans l'usage de suspendre aux branches des arbres les enfans nouveau-nés, couchés dans des hamacs, p. 435.

Sisbonide, lac; sa position, t. 1. pag. 283.

Sisiméthrès, seigneur de la cour de Darius, et son ambassadeur chez les Gymnosophistes, t. 3. p. 215.

Six, nombre; sa propriété, t. 2. pag. 40.

Smilis, sculpteur d'Egine, contemporain de Dédale, t. 1. p. 28.

Sobiens, peuples de l'Inde, habillés de peaux, et armés de massues, t. 3. p. 124.

Soidas, statuaire de Naupacte, t. 4. p. 395.

Soixante, nombre consacré au soleil, t. 2, p. 41.

Solcie, ville de l'île de Cypre, t. 1. p. 215. A qui l'on doit sa position, *ibid*. Son temple d'Isis consacré par Solon, *ibid*.

Soldats, marchant autour de Darius lors de son entrée à Persépolis; ils étaient hauts de cinq coudées, (six pieds, sept pouces, sept lignes), t. 3. p. 104.

Soleil (le), premier des médecins, t. 1. p. 71. République du soleil; singularité de son gouvernement, t. 2. p. 266. Nom de ce Dieu en Ethiopie, p. 276. On lui sacrifie des hommes, p. 279. Détails sur son culte à Héliopolis, t. 1, p. 408. Appelé le *grand Scarabée*, p. 413. Description de sa fête, p. 416. Marche sacrée, p. 417. Hymne au soleil, p. 428. Détails, p. 442. Son culte dans les Gaules, t. 5. p. 152.

Solifuge, insecte mal-faisant, de la Sardaigne, t. 5. p. 130.

Solon, législateur d'Athènes; son histoire, t. 1. p. 201. Ses lois, pag. 321. Sa loi qui permet de tuer un magistrat surpris dans l'ivresse, t. 3, p. 163. Il vécut cent ans, et trop pour son repos et pour sa gloire, t. 4. p. 313. Ses lois gardées dans la citadelle d'Athènes, écrites sur de grandes tables de bois, p. 320.

Solphilla, prêtresse d'Egypte; ce que c'était, t. 1. p. 348. Description du château où elle s'était retirée, *ibid*.

Sondrabatis, ville de l'Inde, sur le Gange, (aujourd'hui *Sanbal*), t. 3. p. 135.

Sons (théorie des), se trouve liée, chez les Chaldéens, aux usages civils par les sept jours de la semaine, à l'astronomie par les planètes, à l'arithmétique par le calcul, à la géométrie par les proportions, et même à la physique, t. 3, p. 44.

Sophonisbe, surnom donné à la plupart des Carthaginoises bien élevées, t. 5. p. 119.

Sothis (colonnes de), tom. 2. p. 32.

Soüs, roi de Sparte, collègue d'Agis; stratagème dont il se sert pour éluder un traité avec les Clitoriens, t. 4. p. 34.

Spada, hameau à mille pas de Suse, remarquable par le dernier outrage que l'on fit pour la première fois au sexe de l'homme, par les ordres de Sémiramis. Le premier eunuque fut un jeune habitant de ce village, t. 3. p. 69.

Sparte; d'où elle tirait son nom, t. 4. p. 58. Antiquité de sa fondation, p. 18. La ville des belles femmes, p. 2. Se met à la merci de deux roi, p. 31. Topographie de cette ville, p. 48. Aujourd'hui *Palœochori*, ou le Vieux-Bourg, ou Misitra, p. 58.

Spartiates (les); n'avaient point d'annales écrites, t. 4. p. 1.

Spheltus, ville de l'Attique; ses habitans connus par leurs satyres et leur vinaigre, t. 4. p. 309.

Sphinx, figure symbolique placée à l'entrée des temples en Egypte,

t. 2. p. 6. Moitié vierge, moitié lion, p. 83.

Stésicore, poëte de Sicile, vécut quatre-vingt-quinze ans, t. 4. pag. 453.

Styx, fleuve des enfers ; ce qui a donné lieu à cette fiction, t. 4. pag. 235.

Styracium, montagne de Crète, t. 3. p. 249.

Subragues, nation républicaine d'Indiens, forte par ses lois, autant que par ses armes, t. 3. p. 144 et 145.

Suffetes, magistrats de Carthage, t. 5. p. 117. Durée de leur pouvoir ; leur nombre, p. 118.

Sujet et plan de l'ouvrage, t. 1. p. 1.

Sunium, promontoire de l'Attique, t. 4. p. 353.

Suphis, roi de Thèbes d'Egypte, auteur d'un livre sacré, t. 1. pag. 318.

Suessæ Pométiæ, capitale du pays des Volsques, t. 5. p. 56.

Susarion, poëte satyrique, dispute les prix des jeux olympiques, contre Eschyle, t. 4. p. 123.

Suse, ville de la Perse, t. 3. p. 67. Gardienne des trésors du prince, pag. 68.

Sybaris, ville d'Italie, aujourd'hui *Civita Mendonia*, t. 5. p. 240. Fertilité du territoire, p. 242. Trait singulier de la mollesse de ses habitans, p. 243. Chef-lieu de vingt-cinq autres cités, p. 244. Mœurs des habitans, *ibid*.

Sybilles ; il y en avait dans plusieurs contrées du monde, t. 5. p. 70. Ne s'exprimaient qu'en vers, p. 71.

Sybille de Cumes ; sa poësie était détestable, et en acrostiches, t. 5. p. 71. Procure de grands avantages à son pays, p. 47. Description de son antre, p. 49. Expire devant Pythagore, p. 303.

Sybille de Samos, appelée Hérophyle, tom. 1. pag. 33. Le gouvernement les fait entrer dans ses intérêts, p. 35. Son portrait, p. 37. Ne parlait qu'au son de l'or, *ibid*. Prédit l'avènement d'un restaurateur du monde, pag. 39.

Sycione, prétendait à la plus grande anciennneté dans la Grèce, t. 4. pag. 3.

Syéné, ville de la Haute-Egypte, remplie de monumens, tome 2. p. 257. Ses habitans perdent la vue de bonne heure ; pourquoi, p. 258. Longueur de ses jours, pag. 275.

Sylax, géographe Carien, chargé d'examiner le pays de l'Inde, pour faciliter une invasion de Darius, t. 3. p. 216.

Sylvain, fils de Saturne, législateur, t. 4. p. 159.

Symique, s'empare du gouvernement de Centuripe, ville de Sicile, t. 4. p. 456. Il abdique par le conseil de Pythagore. p. 458. Accompagne Pythagore au mont-Etna, t. 5. p. 1.

Syracuse, ville de Sicile ; beauté de sa situation, t. 4. p. 409.

Syne, province d'Asie, est un agréable jardin, t. 2. p. 383. Les femmes y sont bien faites, et ont de beaux yeux, *ibid*. Mœurs des Syniens, p. 384. Adorent le Soleil, p. 385. Contenait dix millions d'habitans, p. 389. Leurs bestiaux, p. 392.

Syringes ; ce que c'était, t. 2. p. 31. Probablement les plus anciens livres qui existassent, *ibid*.

Sysimethrès, chef des Gymnosophistes, t. 2. p. 279.

T.

Table d'Eméraude, gravée par Trismegiste, t. 2. p. 33.

Table de Pythagore, ou table de multiplication, t. 2. p. 43.

Tables de briques où sont gravées les annales babyloniennes, t. 2. p. 466.

Tables des lois de Romulus et de

Numa, brisées par Tarquin, t. 5. p. 73.

Tachompso, île du Nil, dernière ville de l'Égypte, du côté de l'Éthiopie, t. 1., p. 304.

Tacita, déesse honorée à Rome; sacrifice que lui offre une citoyenne, t. 5. p. 221.

Talent babylonien; sa valeur, t. 2. p. 408.

Talichmion, surnom du Gymnase aux jeux olympiques, t. 4. p. 121.

Tanagre, ville de Grèce, aujourd'hui Anatoria, t. 4. p. 366. Les Tanagriens plus religieux que les autres peuples Grecs, ibid. Se disent originaires de Phénicie, p. 367. Nourrissaient beaucoup de coqs, ibid.

Tanis, ville d'Égypte, t. 1. p. 284.

Taprobains, s'adonnent aux arts et aux sciences; leurs mœurs; bien faits et robustes; vivent longtemps, exempts de maladies et de caducité, t. 3. p. 231, 232, 233, et suivantes. Ne reconnaissent d'autres divinités que les corps célestes et surtout le soleil; se nomment *Palæogones*, c'est-à-dire, *race antique*, t. 3., p. 235 et 236. Leur manière de guérir les caliques; croyent à la métempsycose; cultivent la poësie et la musique, t. 3. p. 241.

Taprobaines (les femmes), ont de belles proportions, très-décentes, très-propres, t. 3. p. 241.

Taprobane (île de la), aujourd'hui *Ceylan*; sa température; ses productions, etc. t. 3. p. 230, 231.

Tarbechus, ville d'Égypte, t. 2. p. 133.

Tarente, colonie des Lacédémoniens, t. 4. p. 27.

Tarquin le superbe; sa tyrannie, t. 5. p. 76.

Tarquinia, ville d'Italie; ses murailles; tombeaux de ses habitans, t. 5. p. 213.

Tauroménie, ville de Sicile, aujourd'hui Taormina, t. 5. p. 16. La chouette d'Athènes représentée sur ses portes, t. 5. p. 17.

Tauromine, rivière de Sicile, aujourd'hui Casitara, t. 5. p. 16.

Tayila, ville sur la rive orientale de l'Indus, t. 3. p. 152.

Teda, arbre résineux du mont Etna, t. 5. p. 4.

Tégée, ville de Crète, t. 3. p. 261.

Tégéens, peuple de l'Arcadie, battent les Spartiates, t. 4. p. 33. Cause de la guerre entre ces deux peuples, ibid.

Tegna Tinctum, ancienne ville des Gaules, aujourd'hui Tein.

Télestique (l'art), t. 5. p. 304.

Temesa ou Tempsa, ville d'Italie; sa mine de cuivre, t. 5. p. 30.

Temples sans couverture, en usage chez les Perses, qui n'enferment point leurs divinités; doutes que cette manière de bâtir occasionne, t. 3. p. 112.

Temple de la persuasion à Sicyone, t. 4. p. 276.

Temple de fumée, monument d'Égypte, t. 1. p. 295.

Temple d'Héliopolis, communiquait avec celui de Memphis, t. 1. p. 416.

Ténare, ville de Laconie; son temple à Neptune; son port. t. 1. p. 170.

Terminus, divinité qui présidait aux limites des terres, chez les Romains, t. 5. p. 100.

Ténédos (île de), anciennement Leucophrys, t. 3. p. 394. Son origine, p. 395. Sacrifice humain, p. 397.

Ténès, premier législateur de Ténédos, fait mourir son fils, t. 3. p. 396.

Tentyris, ville d'Égypte, t. 2. p. 139. Faisait la guerre aux crocodiles; scène atroce, dont fut témoin Pythagore, p. 141.

Téos, patrie d'Anacréon, aujourd'hui *Baudrun*, t. 3. p. 377.

Térédon, ville de la Chaldée, à l'embouchure de l'Euphrate, t. 3. p. 2.

Térénuthris, ville d'Égypte; d'où l'on tirait le *nathrus*, t. 1. p. 284.

Terpandre; ses scholies, t. 1. p. 21.

Terpandre, musicien à Sparte, t. 2. p. 57.

Terre sortie des eaux; opinion des philosophes, qui ne sent que la terre sort des eaux.

Tesina, ville d'Italie, t. 5. p. 30.

Teutosages ou Tectosages; pourquoi ainsi appelés, tom. 5. p. 200.

Thabadis, ville de l'intérieur de l'Afrique, t. 2. p. 316.

Thalatha, ville de la Chaldée, t. 3. p. 2.

Thalès, l'un des sept sages de la Grèce, natif de Milet, t. 1. p. 178. Refuse de partager la tyrannie avec Trasybule, t. p. 180. Apprend aux prêtres de Memphis à mesurer leurs pyramides, p. 181. Annonce un éclipse, *ibid.* Selon lui, les dieux connaissaient même nos pensées, p. 182. Ce qu'il y avait selon lui de plus beau, p. 183. L'eau, principe de tout, *ibid.* Conseille à Trasybule de descendre du trône, p. 187.

Thaletas, poëte philosophe et politique, t. 2. p. 58. Ses pæans, p. 55. Les habitans d'Elyre honorent sa mémoire et répètent ses hymnes dans leur solennités, t. 3. p. 287.

Tharra, ville de Crète, t. 3. p. 254.

Thaut, surnom de Mercure, chez les Egyptiens, t. 2. p. 35. Les hiéroglyphes.

Theano, fille de Pythanacte, épouse Pythagore, t. 5. 271.

Thèbes, ville d'Egypte; sa description, t. 1. p. 301. Par qui fondée, *ibid.* Nommée *la Ville Sainte*, p. 359.

Thèbes, ville de Grèce; sa description, t. 4. p. 359.

Thelys, magistrat de Sybaris, fait la guerre à Crotone, t. 5. p. 281. Meurt victime de son ambition, p. 287.

Théodore, fils de Nhæcus, rebâtit le temple de Junon à Samos, t. 1. p. 31.

Thérane (Ile de), aujourd'hui Santorin, toute volcanisée, t. 3. p. 441.

Thésée, législateur et roi d'Athènes; son histoire, t. 4. p. 189.

Thesmophorie, ou fêtes de Cérès, t. 4. p. 372.

Thessalus, l'un des trois fils de Pisistrate; sagesse de sa conduite, t. 4. p. 311.

Thoht, premier mois de l'année égyptienne.

Tholus, édifice surnommé la rotonde où s'assemblaient les cinquante Prytanes chargées de présider le sénat de quatre cents, depuis les cinq-cents.

Thinites, ville de la haute Egypte, résidence des roi, t. 1. p. 299.

Tithras, ville de l'Attique; son territoire produit des figues les plus douces; les habitans sont caustiques, t. 4. p. 309.

Throni, ville de Cypre, t. 1. p. 217.

Thya, fête bacchique à Elis, t. 4. p. 212.

Thymiatérium, nom d'une colonie de Carthage, t. 5. p. 112.

Thyrsus, fleuve de Sardaigne, t. 5. p. 130.

Tibre; sa distance de Rome à la mer, t. 5. p. 110.

Timarate, disciple de Pythagore, t. 1. p. 4.

Timasion, élève des Gymnosophistes, accompagne Pythagore aux sources du Nil, t. 2. p. 300. Description de sa personne. *ibid.*

Timbrio bâtit la ville basse de Samos, t. 1. p. 31.

Titane, ville près Corinthe, remplie de temples, t. 4. p. 274. Son culte à Esculape, p. 275.

Tithorée, ville de Béotie; ses habitans, tous les ans, recouvrent de terre les restes du fondateur de Thèbes, t. 4. p. 362.

Tithoriens; leur culte à Isis, t. 4. p. 394. Esculape était leur patron, p. 395.

Tityrène, flûte égyptienne, de l'invention d'Osiris, t. 2. p. 81.

Topographie de l'Egypte, t. 1. p. 293.

DES MATIÈRES. 487

Tortue de la mer indienne ; son écaille est assez grande pour servir de couverture à une cabane, ou de nacelle, t. 3. p. 167.

Tosorthrus, roi d'Egypte, habile dans l'art de bâtir, t. 1. p. 318.

Trapesunte, ville d'Arcadie ; par qui fondée, t. 4. p. 241.

Trapesies, surnoms des agioteurs ; Athènes en était remplie, t. 4. p. 335.

Trèfle de Médie, abonde dans les prairies de la Perse; très-estimé, t. 3. p. 101.

Trépied d'Hésiode ; prix qu'il remporta dans Chalcis, et qu'il consacra aux Muses, t. 4. p. 373.

Très-haut, surnom de Dieu, chez presque toutes les nations, t. 1. p. 57.

Trézéniens; leur fête, pendant laquelle les valets et les maîtres mangeaient à la même table, t. 4. p. 258.

Trézène, ville du Péloponèse ; antiquité de sa fondation, t. 4. p. 9.

Tricastins, peuples de l'ancienne Gaule, aujourd'hui Saint-Paul-Trois-Châteaux, t. 5. p. 174.

Tripodus, ville de Crète, t. 3. p. 254.

Triptolème apprend l'agriculture aux peuples de l'Attique, t. 4. p. 179. Les lois qu'il laissa, p. 181 et 182.

Triquètre, symbole de la Sicile, t. 4. p. 415.

Troezène, ville d'Argolide, à présent Damala ou Pleda, berceau de Thésée, t. 4. p. 252. Embellie par Pithée, l'un de ses rois, p. 254.

Trogonia, porte de Rome; pourquoi ainsi appelée. t. 5. p. 65. La date de sa prise, tom. 4.

Trois cents soixante-cinq ; ce que signifiait ce nombre chez les Egyptiens, t. 2. p. 42.

Trois, nombre, symbole de l'harmonie, t. 2. p. 38, 44.

Trône (le), en Egypte, était électif, t. 2. p. 338.

Tropaea, ville d'Italie, t. 5. p. 30.

Trotée, ville d'Achaïe ; son culte, t. 4. p. 221.

Troye, ville de Phrygie, t. 4. p. 9. Appelée la ville Sainte, p. 10. Construction de ses murailles par des dieux, p. 10 et suiv. Histoire et sujet de son siége, p. 11 et suiv. p. 16.

Truffe, commune dans l'Elide, t. 4. p. 213.

Tuphium, ville d'Egypte, au-dessus de Thèbes, t. 1. p. 302.

Tycta, nom du banquet royal, à la prise de possession du trône des rois de Perse, composé de quinze mille convives, à cinq pièces d'or par tête, t. 3. p. 86.

Typhon, mauvais genie, en opposition avec Osiris, t. 2. p. 13. Etait rouge, p. 14.

Tyr, ville de Phénicie, appelée la fille de Sidon, t. 1. p. 251. Force de sa situation, t. 1. p. 265. Richesse de ses manufactures ; célèbre par la beauté de sa pourpre, p. 266. Peu étendue ; hautes habitations p. 267. Ses citernes, p. 268, Les Tyriens aimaient la table, ibid. N'admettaient point de simulacre des dieux dans leur temple, p. 271. Ses Annales, p. 272. Avait deux ports, p. 266.

Tyrinthe ; ses murailles subsistent encore, t. 4. p. 267. Les habitans, pendant les fêtes, mangent avec leurs esclaves, p. 258.

Tyrinthe, ville de l'Argolide, où Hercule reçut sa première éducation; ses habitans enclins à la gaieté, t. 4. p. 262.

Tyrtée, Athénien, général des Lacédémoniens, t. 4. p. 28.

Tyrtée, général des Athéniens, perd trois batailles consécutives contre Aristomène, t. 4. p. 28.

Hh 4

V.

Vacuna, divinité adorée dans le Samnium, t. 5. p. 231, 234. Son culte, p. 236.

Valérie porte le deuil de Brutus avec toutes les citoyennes de Rome, t. 5. p. 220.

Vases fabriqués dans l'Inde, avec un airain qui a plus d'éclat que l'or le plus pur, t. 3. p. 164.

Uchoréus, roi d'Egypte, transféra le siège impérial de Thèbes à Memphis, t. 1. p. 316.

Végétal, régime chez les Egyptiens, t. 1. p. 374.

Vénus; le culte qu'on lui rend à Paphos, t. 4. p. 220. Ses litanies, p. 226.

Vénus-Ambologère, ou qui charme la vieillesse, honorée à Sparte, t. 4. p. 64.

Vénus-Anadyomène (statue de), dans le temple d'Esculape, à Cos; précepte emblématique à l'usage des femmes, t. 3. p. 353.

Vénus-Callipige, honorée à Syracuse, t. 4. p. 409.

Vénus-Céleste, à Elis, t. 4. p. 212.

Vénus-Erycine, honorée sur le mont Eryx; fondation de son culte, tom. 4. p. 445. Richesse de son temple, p. ibid.

Vénus-Noire; son culte en Arcadie, t. 4. p. 231.

Vénus-Populaire; ses autels dans l'Attique, t. 4. p. 310.

Vénus-Vulgaire, ou Divaricatrix; son culte dans Argos, t. 4. p. 264.

Ver, long de six à sept coudées, dans le fleuve Indus, entre dans la composition d'une huile inextinguible, t. 3. p. 147.

Vérité; il faut toujours parler vérité, suivant Pythagore, tome 1. p. 4.

Verveine (plante de), tenue à la main, lors de l'adoration du soleil par les mages d'Ecbatane, t. 3. p. 131.

Vestales, prêtresses de Vesta, à Rome; comment on les punissait quand elles avaient fait une faute, t. 5. p. 222.

Vestalies, fêtes de la ville de Cures, t. 5. p. 230.

Vésuve, du temps de Pythagore, ne connait que de la fumée, tom. 5. p. 32. A fait trouver aux Etrusques la bonne architecture, p. 36.

Vibilie, divinité qui présidait aux chemins, t. 5. p. 226.

Ville des Grâces, surnom d'Orchomène, patrie d'Hésiode; son territoire couvert d'excellents pâturages, où l'on élevait de superbes chevaux, t. 4. p. 374.

Violence injuste; il y en a de légitime, t. 2. p. 18.

Un, nombre ou l'unité, symbole de ce qu'il y a de meilleur au monde; le seul nombre parfait, t. 2. p. 36, 37, 44.

Volces, peuple de la Gaule; leur territoire, aujourd'hui le Languedoc, t. 5. p. 173.

Voyages; conseils pour voyager avec fruit, t. 1. p. 139, 141, 149.

Voyageurs (les) regardaient comme un acte de religion de nettoyer les chemins des pierres, et les mettaient en monceaux, t. 1. p. 45.

Uranogrammum, cité de la Taprobane, t. 3. p. 229.

Ursoli, ville des Gaules, aujourd'hui Saint-Valier, t. 5. p. 175.

Ustrina, nom du bûcher de sépulture, chez les Romains, tom. 5. p. 217. Description de ce bûcher, p. 218.

Vulcain (le dieu) passe en Egypte, pour le père de tous les Dieux, t. 1. p. 399.

Vulcanies, fêtes de Vulcain, t. 5. p. 35.

X.

Xemoïs, fleuve de Sicile, t. 4. p. 450.
Xenée, bourg du mont Oëta, t. 4. p. 368.
Xénélasie, loi de Lycurgue, t. 4. p. 11.
Xénomède, historien de l'île de Schio, t. 3. p. 363.
Xenophane, fils d'Orthonième; trait de sa sagesse, t. 4. p. 120.
Xeste, lieu de l'Elide où les athlètes se préparaient pour les jeux olympiques, t. 4. p. 210.
Xois, ville d'Egypte; donne son nom à l'une de ses dynasties royales, t. 1. p. 285.

Y.

Yarbas, prince des Gymnosophistes; son entretien avec un mage et Pythagore, t. 3. p. 170 et suiv. Sa réponse à l'ambassadeur de Darius, p. 218.
Yinge, sabot enrichi de saphirs parmi des lames d'or, où sont inscrits des caractères constellés; les Sibylles le font tourner avec une courroye, et le signe céleste où il s'arrête, sert à connaitre la volonté des Dieux, t. 3. p. 63.

Z.

Zaleucus, disciple de Pythagore, t. 1. p. 4.
Zamolxis, disciple de Pythagore, t. 1. p. 4.
Zamolxis, Druide, s'entretient avec Pythagore, t. 5. p. 184.
Zancle, Messana, ville de Sicile, t. 5. p. 18.
Zend-Avesta, nom du corps de doctrine imaginée par Zoroastre, t. 3. p. 88.
Zéphyrios, promontoire de Cypre, t. 1. p. 215.
Zerynthos, ville des Cabires, dans l'île Samothrace, t. 3. p. 400.
Zodiaque, partagé par les Brachmanes, en vingt-sept constellations, t. 1. p. 403.
Zoroastre, législateur d'Orient, t. 4. p. 202.
Zoroastre, ou le mage d'Urmi, philosophe d'Orient, est visité par Pythagore, t. 2. p. 436. Habite la tour de Bélus, p. 438. Auteur de Zend-Avesta, p. 440. Sa morale, p. 441 et suiv. Surnommé Aigredoux, par les Perses, à cause des deux principes qu'il établissait, p. 442. Prière, premier des devoirs de l'homme, p. 443. Guérit le cheval de Darius, t. 3. p. 74. — Il tira parti de cette guérison, pour prouver la sainteté de sa mission et de son ministère, p. 75. Epreuve de l'airain bouillant, pour prouver l'authenticité de sa doctrine, p. 87. Veut rendre son culte universel, p. 92. Avait le cerveau si bouillant, qu'il repoussait les mains, p. 93.
Zythune, nom de la buze, en Egypte, t. 1. p. 373.

Fin du Sixième et dernier Volume.

LIVRES NOUVEAUX

Qui se trouvent chez DETERVILLE, *Libraire, rue du Battoir, n°. 16, quartier de l'Odéon.*

Voyages de Pythagore en Egypte, dans la Chaldée, dans l'Inde, en Crète, à Sparte, en Sicile, à Rome, à Carthage, à Marseille et dans les Gaules ; suivis de ses lois politiques et morales : 6 vol. *in-8°.* d'environ 3000 pages, caractère cicéro neuf et petit-texte ; précédés d'une très-grande carte géographique de ces voyages, dessinée par Mentelle, membre de l'Institut national, et gravée par Picquet ; ornés de six superbes figures en taille-douce. Les 6 vol. brochés et ét. 30 fr. Les 6 vol. cartonnés et étiquetés, 31 fr. 50. cent. — Les mêmes, sur carré superfin vélin satiné, dont il n'a été tiré que 50 exemplaires, *premières épreuves* des fig., et la carte coloriée, cartonnés, pap. rose et étiquetés, 72 fr.

Les Plantes, poëme, par René-Richard Castel, professeur de littérature au Prytanée français ; seconde édition, revue, corrigée et augmentée, ornée de 5 jolies figures en taille-douce ; un gros vol. *in-18.*, imprimé par *Didot jeune* avec ses beaux caractères, sur grand raisin fin, broché et étiqueté, 3 fr.

Il y en a quelques exemplaires sur grand raisin vélin superfin satiné, figures *avant la lettre*, brochés et étiquetés, 6 fr.

Elémens de Grammaire générale, appliqués à la langue française, par R. A. Sicard, 2. vol. *in-8°.*, de plus de 400 pages chacun, belle impression et beau papier, brochés, 9 fr. Reliés, 11 fr.

— Les mêmes sur pap. vélin, cart., 18 fr.

Les Loix éclairées par les Sciences physiques, ou Traité de médecine légale et d'hygiène publique, par François-Emmanuel Fodéré, médecin de l'Hospice d'humanité, et de celui des insensés à Marseille, 3. vol. *in-8.* brochés, 12 fr.

Histoire de Tristan de Léonois, de la reine Yseult, et de Huon de Bordeaux, par Tressan ; édition ornée de huit jolies figures en taille-douce ; 3 vol. *in-18.*, *papier vélin* superfin, impr. à 500 exemplaires seulement, avec beaucoup de soin, par *Didot le jeune*, br., 12 fr.

Il y en a eu 12 exemplaires de tirés sur grand raisin vélin superfin satiné, avec les fig. avant la lettre, 36 fr.

Histoire naturelle, abrégée du ciel, de l'air et de la terre, ou Notions de physique générale, par Philibert, un vol. *in*-8., sur grand raisin, avec 11 pl. en taille-douce, broché, 6 fr.

Histoire philosophique et politique des révolutions d'Angleterre, depuis la descente de Jules-César jusqu'à la paix de 1783; 3 vol. *in*-8. de 1400 pages, caractère cicéro, br., 12 fr.

Dictionnaire géographique portatif des quatre parties du monde, contenant la description des républiques, royaumes, provinces, villes, évêchés, principautés, duchés, comtés, forteresses, etc.; la nouvelle division de la France en départemens, la géographie ancienne; traduit de l'Anglais sur la dernière édition de Laurent Echard, par Vosgien; nouvelle édition, revue et rectifiée, mie en ordre, et augmentée de plus de trois mille noms de villes, bourgs ou villages qui n'avaient point encore paru dans ce dictionnaire, par J. Fr. Bastien. Paris, 1795, un gros vol. *in*-8. de plus de 830 pages, bien imprimé, en caractère neuf de *petit-texte*, à deux colonnes, sur papier carré fin de Limoges, br., 5 fr. et relié, 6. fr.

Histoire secrète de la Révolution française, depuis la convocation des notables jusqu'à la capitulation de Malthe et la cessation des conférences tenues à Seltz, etc.; par François Pagès, 3 vol. *in*-8., br., 13 fr. 50 c.

Le troisième et dernier vol. séparément, 4 fr. 50 c.

La Mythologie mise à la portée de tout le monde, ornée de cent figures en couleur, ou noir, dessinées et gravées par d'habiles artistes de Paris; ouvrage élémentaire indispensable aux jeunes gens de l'un et l'autre sexe, et utile à toutes sortes de lecteurs; nouvelle édition, imprimée par *Didot le jeune*; sur beau papier et beaux caractères, 12 vol., grand *in*-18.

Les 12 vol. avec fig. en couleur, reliés, tranche dorée, filets d'or, 66 fr.

— Les mêmes, fig. en couleur, cartonnés et étiquetés, 57 fr.

— Les mêmes, fig. en noir, brochés et étiquetés, 36 fr.

Les Métamorphoses d'Ovide, traduites en françois, avec des remarques et des explications historiques, par *Banier*; édition augmentée de la vie d'Ovide, et ornée de 16 figures en taille-douce, d'après B. *Picart*; 4 vol. *in*-8., sur papier vélin, premières épreuves, dont on n'a tiré que 50 exemplaires, br., 45 fr.

— Les mêmes, 4 vol. *in*-8. fig., sur carré fin, très-belle édition, br., 25 fr.
— Les mêmes, 4 vol. *in*-12., 16 jolies figures, br. 8 fr.
Nouveau Spectacle de la nature, contenant des notions claires et précises, et des détails intéressans sur les objets dont l'homme doit être instruit; suivi d'un exposé simple de la morale universelle, 2 vol. *in*-8. impr. par *Didot*, et ornés de 9 pl., br. et étiq., 9 fr.
Nouveau Voyage autour du monde, en Asie, en Amérique et en Afrique, en 1788, 1789 et 1790, précédé d'un voyage en Italie et en Sicile, etc. par Pagès ; 3 gros vol. *in*-8. ornés de jolies fig. 12 fr.
Cours d'histoire et de politique, contenant tout ce qui peut contribuer à la prospérité des nations et au bonheur des individus ; ouvrage propre à former le législateur, le ministre d'état, le militaire, le légiste, le négociant, le citoyen, etc. ; par le docteur Priestley : traduit en français par Cantwel ; 2 gros vol. *in*-8. avec cartes, 9 fr.
Valère Maxime, traduit du latin, par Réné Binet, ancien recteur de l'université de Paris. *Paris*, 1796, 2 vol. *in*-8. bien impr., 8 fr.
Voyage en Portugal, et particulièrement à Lisbonne, en 1796, ou Tableau moral, physique, civil, politique et religieux de cette capitale ; un vol. *in*-8., 4 fr.
Voyage du jeune Anacharsis en Grèce, par Jean-Jacq. Barthelmy ; quatrième et dernière édition, corrigée et augmentée par l'auteur ; impr. par *Didot le jeune*, sur ses beaux caractères, avec tout le soin et la perfection possibles.
 En 7 vol. *in*-4. et atlas *in-fol*, sur grand raisin superfin vélin satiné, atlas et portrait, premières épreuves, cartonnés, 300 fr.
 En 7 vol. *in*-8. et atlas *in*-4., sur carré fin d'Essone, portrait par S. Aubin, br., 48 fr.
 En 7 vol. *in*-12 d'environ 600 pages chacun, même papier et même caractère que l'*in*-8. ; le premier volume est orné du portrait de l'auteur, gravé en médaillon d'après Duvivier : les 7 vol. br. et étiq., 21 fr.
 (*Il n'y a point d'atlas à l'in-*12).
Maison (la nouvelle) rustique, ou Économie rurale, pratique et générale de tous les biens de campagne ; nouv. édition, entièrement refondue, considérablement augmentée, et mise en ordre d'après les expériences

les plus sûres, les auteurs les plus estimés, les mémoires et les procédés de cultivateurs, amateurs et artistes, chacun dans les parties qui les concernent; par J. F. Bastien. *Paris*, 1798, 3 gros vol. *in*-4. de 900 à 1000 pages chacun, impr. en caractère petit-romain neuf, sur carré fin de Limoges, et ornés de 60 planches en taille-douce, dont 31 doubles gr. *in-fol*, ce qui équivaut à 91 gr. *in*-4., nouvellement dessinée d'après nature, gravées avec soin, et représentant plus de mille sujets : prix, br., 36 fr.

—La même, solidement reliée, 42 fr.

OEuvres de Diderot, publiées sur les manuscrits de l'auteur, par J. A. Naigeon, de l'Institut national, 15 vol. *in*-8. de 500 pages chacun, impr. par *Crapelet*, avec beaucoup de soin, à 500 exempl. sur carré fin d'Auvergne, et ornés du portrait de l'auteur, gravé par *Gaucher*, et de 16 pl., ect. *Paris*, 1798, br. et ét., 75 fr.

— Les mêmes, sur grand raisin vélin double superfin satiné, avec le portrait *avant la lettre*, tiré à 50 exempl. seulement, pour faire suite aux œuvres de Voltaire, sur grand papier, 240 fr.

Les deux Voyages de le° Vaillant, dans l'intérieur de l'Afrique par le Cap de Bonne-Espérance, nouv. édition augmentée de texte et de 8 fig. qui n'avaient pas encore paru, 5 vol. *in*-8. ornés de 42. fig. et d'une grande carte de le Vaillant, pour l'intelligence de ses Voyages; broché, 36 fr.

— Les mêmes; 5 vol. *in*-8. fig., br., sans la carte, 30 fr.

Le deuxième voyage, séparément, 3 vol. *in*-8, br., 15 fr.

La carte séprément, 6 fr.

Le nouveau barrême ou nouveaux comptes-faits, en livres, sous et deniers (monnaie anc.), et en francs, décimes, centimes et millimes (monnaie nouv.), depuis un 64e. de chose jusqu'à 100,000 choses, la chose valant depuis un quart de denier jusqu'à 10,000 liv. (monnaie anc.), ou depuis 4 millimes jusqu'à 20,000 fr. (monnaie nouvelle), suivis, 1°. d'un Barrême décimal proprement dit, 2°. de Tables de réduction des monnaies anc. en monnaies nouv., et réciproquement; ouvrage indispensable à tous les fonctionnaires publics : par le citoyen Blavier, ingénieur des mines, auteur du *Tarif des contributions*, etc. très-gros vol. *in*-8. de près de 1000 pag. Prix br., 7 fr. 50 cent.

www.ingramcontent.com/pod-product-compliance
Lightning Source LLC
Chambersburg PA
CBHW060222230426
43664CB00011B/1523